中等职业教育课程改革国家规划新教材

电工电子技术与技能

（非电类多学时）

冯满顺　编著
主审　（以姓氏笔画为序）
田　玉　李红光
苏永昌　周惠莉

電子工業出版社
Publishing House of Electronics Industry
北京·BEIJING

内容简介

本书为中等职业教育国家规划教材，依据教育部2009年颁布的中等职业学校电工电子技术与技能教学大纲编写，主要内容包括认识实训室和安全用电、直流电路、磁场及电磁感应、电容和电感、单相正弦交流电路、三相正弦交流电路、供用电技术、常用电器、三相异步电动机的基本控制、电子实训室与基本技能训练、常用半导体器件、整流、滤波及稳压电路、放大电路与集成运算放大器、数字电子技术基础、组合逻辑电路和时序逻辑电路、数字电路的应用，涵盖了教学大纲要求的基础模块、选用模块的所有教学内容。

本书体现了“理实一体”的教学模式，配有“练习与思考”、“技能与实践”、“技能训练项目”、“技能训练测试”以及本章小结，加强职业能力的培养，突出知识的应用。

本书可作为中等职业学校工科非电类及相关专业电工电子技术与技能课程的通用教材，也可以作为工科电类专业、计算机应用类等专业的参考教材。

图书在版编目(CIP)数据

电工电子技术与技能:非电类多学时/冯满顺编著．—北京:电子工业出版社，2010.7
中等职业教育课程改革国家规划新教材
ISBN 978-7-121-10518-0

Ⅰ.电… Ⅱ.冯… Ⅲ.①电工技术-专业学校-教材 ②电子技术-专业学校-教材 Ⅳ.①TM ②TN

中国版本图书馆CIP数据核字(2010)第041915号

策划编辑：刘永成
责任编辑：刘永成
印　　刷：北京京师印务有限公司
装　　订：北京京师印务有限公司
出版发行：电子工业出版社
　　　　　北京市海淀区万寿路173信箱　邮编　100036
开　　本：787×1 092　1/16　印张：19.5　字数：500千字
版　　次：2010年7月第1版
印　　次：2016年6月第7次印刷
定　　价：25.00元

凡所购买电子工业出版社图书有缺损问题，请向购买书店调换。若书店售缺，请与本社发行部联系，联系及邮购电话：(010) 88254888，88258888

质量投诉请发邮件至zlts@phei.com.cn，盗版侵权举报请发邮件至dbqq@phei.com.cn。

本书咨询联系方式：(010) 88254592，bain@phei.com.cn。

中等职业教育课程改革国家规划新教材

出版说明

为贯彻《国务院关于大力发展职业教育的决定》（国发〔2005〕35号）精神，落实《教育部关于进一步深化中等职业教育教学改革的若干意见》（教职成〔2008〕8号）关于“加强中等职业教育教材建设，保证教学资源基本质量”的要求，确保新一轮中等职业教育教学改革顺利进行，全面提高教育教学质量，保证高质量教材进课堂，教育部对中等职业学校德育课、文化基础课等必修课程和部分大类专业基础课教材进行了统一规划并组织编写，从2009年秋季学期起，国家规划新教材将陆续提供给全国中等职业学校选用。

国家规划新教材是根据教育部最新发布的德育课程、文化基础课程和部分大类专业基础课程的教学大纲编写，并经全国中等职业教育教材审定委员会审定通过的。新教材紧紧围绕中等职业教育的培养目标，遵循职业教育教学规律，从满足经济社会发展对高素质劳动者和技能型人才的需要出发，在课程结构、教学内容、教学方法等方面进行了新的探索与改革创新，对于提高新时期中等职业学校学生的思想道德水平、科学文化素养和职业能力，促进中等职业教育深化教学改革，提高教育教学质量将起到积极的推动作用。

希望各地、各中等职业学校积极推广和选用国家规划新教材，并在使用过程中，注意总结经验，及时提出修改意见和建议，使之不断完善和提高。

教育部职业教育与成人教育司

2010年6月

前　言

本书是根据教育部2009年颁布的《中等职业学校电工电子技术与技能教学大纲》，并结合《国家职业标准》和职业技能鉴定的有关要求组织编写而成的中等职业教育课程改革国家规划新教材，包括新大纲规定的基础模块和选学模块的相关知识。

本书理论联系实际，将理论教学环节和实践教学环节相结合，将课堂知识与生产生活的实践相结合，将技能的规范和要求都渗透到教学内容之中，着力体现“理实一体”的教学模式。本书知识点的引入采用实物示教、典型实例或演示实验，并且适当地安排了技能训练小项目，推行边讲边练、讲练结合的教学方法，使电工电子技术与技能的教学直观可行、具体形象、生动活泼，将理论教学和实践教学融为一体，注重学生的职业能力的培养。

本书加强实践性教学环节，突出知识的应用，大量地删除了理论知识的讲授，代之以实物、实例、实验和技能训练，使学生形象直观地理解知识点的内涵及应用。本书的每一章都有技能训练项目，使学生通过任务的完成、工作过程的体验或典型电子产品的制作，掌握相应的知识和技能，提高学习兴趣，激发学习动力。全书融“教、学、做”为一体，着力体现“学中做、做中教、教中学”的职业教育的教学模式。本书有“练习与思考”、“技能与实践”以及“技能训练测试”模块，大量地删除了理论知识性的习题，强化了实践教学。同时还删除了已经过时的陈旧内容，增添了反映电工电子技术与技能的新技术、新知识、新工艺、新设备等新内容的介绍，贴近生产生活实际，反映时代特征与专业特色。

本书选材合理，深浅适度，采用模块编排方式，以便根据不同的专业、不同的需要，增删教学内容，因而适用面广。本书主要内容包括：认识实训室和安全用电、直流电路、磁场及电磁感应、电容与电感、单相正弦交流电路、三相正弦交流电路、用电技术、常用点器、三相异步电动机的基本控制、电子实训室与基本技能训练、常用半导体器件、整流及滤波电路、放大电路和集成运算放大器、数字电子技术基础、组合逻辑电路和数字逻辑电路、数字电路的应用。本书涵盖了教育部最新制定的《中等职业学校电工电子技术与技能教学大纲》要求的基础模块、选用模块的所有的教学内容，其中选用模块的部分，在标题前注有 * 号，以供选用。

本书体现了以学生为本的教学理念。书中的演示实验有电路，有参数，有数据，有结果，有分析；技能训练项目有电路，有元器件明细表，有方法，有内容和步骤，便于教师和学生的教与学。每章的小结尽可能采用表格形式，将本章的知识点及相互关系简明扼要展示出来，便于学生学习本书遵循循序渐进的认知规律。本书语言简练、图文并茂，通俗易懂，讲解深入浅出，符合中等职业学生的学习习惯和特点，易于为初学者所接受。

本书的编写，得到了上海电子信息职业技术学院、上海电子工业学校的领导的支持和教师的参与。本书通过教育部特邀常州铁道高等职业技术学校李红光老师和上海市大众工业学校的周惠莉老师的审定，他们提出了许多宝贵的意见。本书在编写过程中，参考了不少的文献和教材，在此也一并表示衷心的感谢。

由于本书编写时间过于仓促，加上编者水平有限，教材中一定会有不少欠缺或错漏之处。恳请使用本教材的师生和读者提出宝贵意见。

编　者

2010年6月

目　　录

第一部分　电路基础

第二部分 模拟电子技术

第三部分　数字电子技术

第一部分　电路基础

项目一　认识实训室与安全用电

电工实训室是学习电路基础和电工技术的重要实践场所，是学生的实训基地。在电工实训室里通过实验和实训，学生在教师的指导下自己动手，学会电路搭接、功能调试和参数测试等技能。有许多学校的电工实训室是学生的学习场所，又是实训基地，学生可以一面学习电路基础和电工技术的基本知识，一面在教师的指导下进行实践操作，掌握电工技术和技能。在学习电工电子技术与技能之前应先参观电工实训室，熟悉电工实训室的布局和环境，了解电工电子产品的特点及应用，学会基本电工工具的简单操作方法，为今后的学习打好基础。

1.1　认识电工实训室

通常的电工实训室如图 1-1 所示。走进电工实训室，可以看到里面陈列着许多电工电子产品。电工实训室的墙壁上安装有配电箱，里面有许多电源开关、电度表和漏电保护器，这些都关系到电工实训室的正常工作和安全，绝不能麻痹大意。电工实训室的前面是教师的讲台兼操作演示台，旁边放着挂有许多导线的导线架。面对讲台整齐地排列着数排电工实训操作台，每排有数张电工实训操作台，可满足一个班级的同学进行实验和实训。电工实训操作台上整齐地摆放着各种电工电子仪器仪表和电工工具。电工实训室的墙壁上挂着安全用电的规定、电工实训室的简介和实训室操作规程。

图 1-1　电工实训室

1.1.1　电工电子产品的应用及特点

电工电子产品种类繁多，如图 1-2 所示为部分电工电子产品，主要有电工电子材料、元件、器件、配件（整件）、整机和系统。

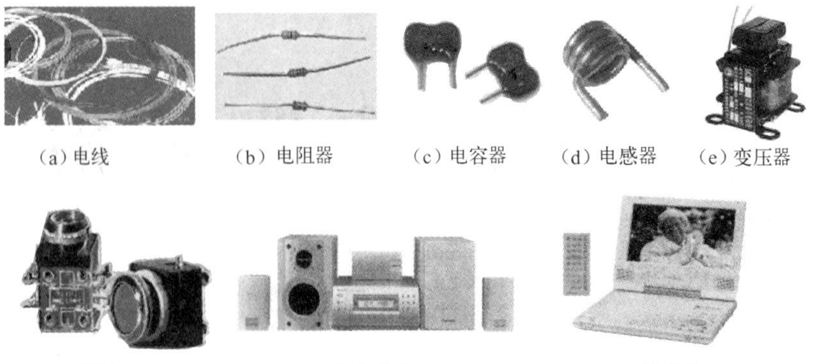

（a）电线　（b）电阻器　（c）电容器　（d）电感器　（e）变压器

（f）按钮　（g）组合音响　（h）影碟机

图 1-2　电工电子产品

电工电子材料有导电材料，如电线、电缆；有绝缘材料，如橡胶、塑料；有磁性材料，如硅钢片、磁铁氧体；还有导电性能介于绝缘体和导体之间的半导体材料，如硅晶体。常用的电工电子元器件有开关、继电器、电阻器、电容器、电感器、电声器件、半导体器件等。电工电子整件有变压器、电机、电器等。电工电子整机和系统有电工仪表、电子仪器、家用电器等，种类繁多。

随着时代的进步和电子科学技术的发展，电工电子不仅渗透到国民经济的各个领域和社会生活的各个方面，而且已经成为现代信息社会的重要标志。近年来出现的数字技术、光纤及激光技术、信息处理技术等新技术、新工艺都迅速应用到电工电子工业生产中，使新一代的电工电子产品技术精良、功能齐全、造型优美、使用方便，面貌焕然一新。由于电工电子产品的可靠性和控制精度高，而且应用电工电子产品可以大大提高生产效率、降低能源消耗、获得较大的经济效益，所以目前已广泛应用于国防、科技、国民经济各个部门以及人民生活等各个领域。

1.1.2　基本电工工具及其使用方法

基本电工工具是指一般专业电工经常使用的工具。正确使用和维护电工工具直接关系到工作质量、效率和操作的安全。

1. 低压验电器

（1）低压验电器的结构和用途。低压验电器又称试电笔或电笔，是检验低压导体和电气设备是否带电的一种常用工具，其电压检验范围为 60～500V，从结构上分可分为钢笔式和螺丝刀式，如图 1-3 所示。

低压验电器除了用于检查低压电气设备或线路是否带电外，还可用于以下场合。

1）区分相线和零线：氖泡发发光的是相线，不发光的是零线。

2）区分交、直流电：交流电通过时氖管两极都发光，而直流电通过时仅一个电极附近发光。

3）判断高低压：氖泡呈现暗红色、发光较弱，说明电压较低；氖泡呈现橘红色、发光

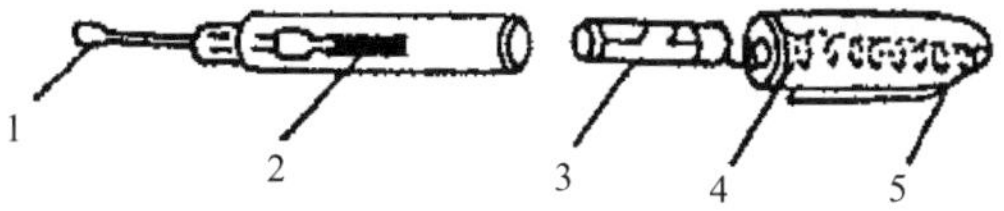

1—笔尖；2—电阻；3—氖管；4—弹簧；5—金属体

（a）钢笔式

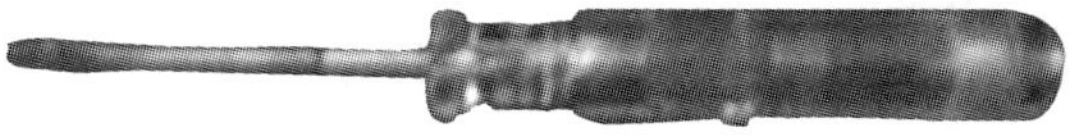

（b）螺丝刀式验电器实物

图 1-3　低压验电器

较亮，则说明电压较高。

（2）低压验电器使用方法和注意事项

1）正确握笔：以手指触及笔屋的金属体（钢笔式）或测电笔的螺丝钉（螺丝刀式），如图 1-4 所示，要防止笔尖金属体触及皮肤，以免触电。

2）使用时须先在带电的导体上检查电笔能否正常发光。

3）应避光检测，便于看清氖管的辉光。

4）电笔的金属探头，虽与螺丝刀相同，但它只能承受很小的扭矩，使用时须注意，以防损坏。

（a）钢笔式　　（b）螺丝刀式

图 1-4　低压验电器的握法

5）电笔不可受潮，不可随意拆装或受剧烈震动，以保证测试可靠。

2. 尖嘴钳

尖嘴钳的头部尖细，适合在狭小的空间操作。刀口用于剪断细小的导线、金属丝等，钳头用于夹持较小的螺钉、垫圈、导线和将导线端头弯曲成所需形状，其外形如图 1-5 所示。尖嘴钳规格按全长分为 130mm、160mm、180mm 和 200mm 4 种。电工用尖嘴钳手柄上有耐压 500V 的绝缘套。

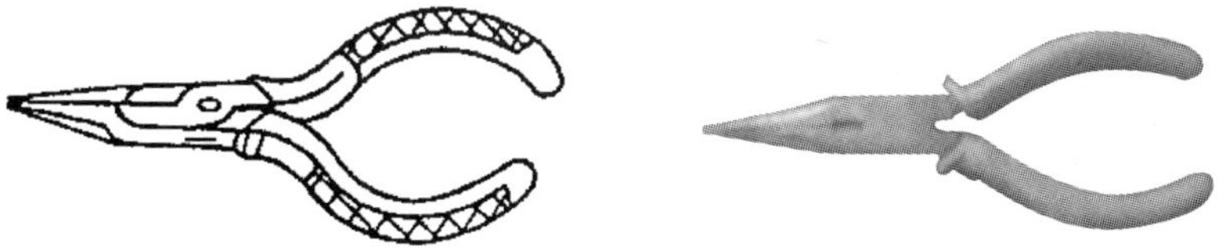

（a）结构图　　（b）实物

图 1-5　尖嘴钳外形

3. 剥线钳

剥线钳用于剥削直径为 3mm（截面积 6mm^2）以下塑料或橡胶绝缘导线的绝缘层。其钳口有 0.5～3mm 多个直径切口，以适应不同规格的线芯剥削，其外形如图 1-6 所示。其规格以全长表示，常用的有 140mm 和 180mm 两种。剥线钳手柄上有耐压 500V 的绝缘套。

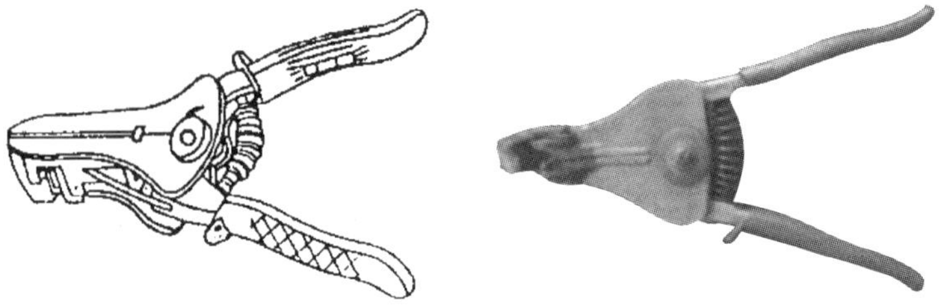

（a）结构图　　（b）实物

图 1-6　剥线钳外形

使用时需注意：电线不能放在小于其芯线直径的切口上切削，以免切伤芯线。

4. 钢丝钳

（1）钢丝钳的结构和用途。钢丝钳又名克丝钳，是一种夹钳和剪切工具，常用来剪切、钳夹或弯绞导线，拉剥电线绝缘层和紧固或拧松螺钉等。通常剪切导线用刀口，剪切钢丝用铡口，扳螺母用齿口，弯绞导线用钳口。其实物、结构和使用方法如图 1-7 所示。常用的钢丝钳规格有 150mm、175mm 和 200mm 三种。电工所用的钢丝钳在钳柄上必须有耐压为 500V 以上的绝缘套。

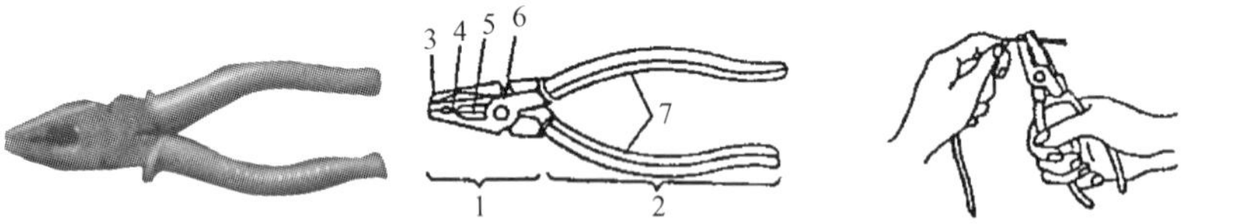

（a）外形　　（b）结构　　（c）弯绞导线

（d）紧固螺母　　（e）剪切导线　　（f）铡切钢丝

1—钳头；2—钳柄；3—钳口；4—齿口；5—刀口；6—铡口；7—绝缘套

图 1-7　钢丝钳的结构和用途

通常弯绞导线用钳口，如图 1-7（c）所示；紧固螺母用齿口，如图 1-7（d）所示；剪切导线用刀口，如图 1-7（e）所示；铡切钢丝用铡口，如图 1-7（f）所示。

（2）钢丝钳的使用及注意事项。

1）钳把须有良好的保护绝缘，否则不能带电操作。

2）使用时须使钳口朝内侧，以便于控制剪切部位。

3）剪切带电导体时，须单根进行，以免造成短路事故。

4）钳头不可当锤子用，以免变形。钳头的轴、销应经常加机油润滑。

5. 螺钉旋具

（1）螺丝刀的规格和用途。螺钉旋具俗称螺丝刀，又称起子、改锥等，按头部形状分可分为一字形和十字形两种，分别用来紧固和拆卸带一字槽和十字槽的螺钉，其外形如图 1-8（a）、图 1-8（b）所示。一字形螺丝刀规格用柄部以外的体部长度来表示，电工用的有 50mm、150mm 两种。而十字形螺丝刀其规格有 4 种：Ⅰ号适用于螺钉直径为 2～2.5mm，Ⅱ号为 3～5mm，Ⅲ号为 6～8mm，Ⅳ号为 10～12mm。

（2）螺丝刀的使用方法及注意事项。

1）螺丝刀的绝缘柄应保持绝缘良好，以免造成触电事故。

2）螺丝刀的使用方法如图 1-8（c）至图 1-8（d）所示。

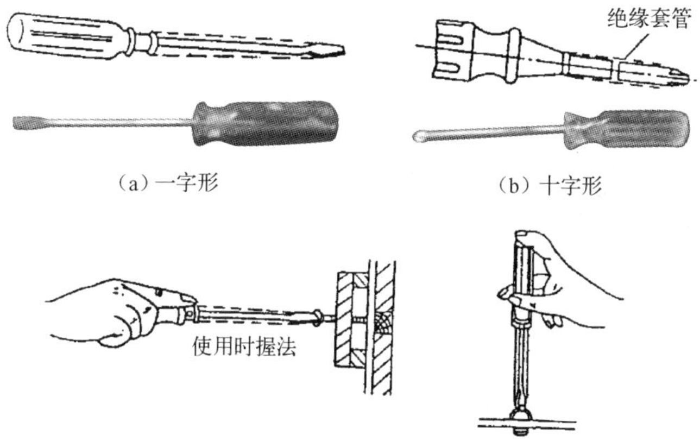

（a）一字形　（b）十字形

（c）大螺钉螺丝刀的用法　（d）小螺钉螺丝刀的用法

图 1-8　螺丝刀及其使用方法

3）螺丝刀头部形状和尺寸应与螺钉尾部槽形和大小相匹配。不能用小螺丝刀去拧大螺丝钉，以防损坏螺丝钉尾槽或头部；同样也不能用大螺丝刀去拧小螺丝钉，以防因力矩过大而导致小螺丝钉滑丝。

4）使用时应使螺丝刀头部顶紧螺钉槽口，以防打滑而损坏槽口。

6. 电工刀

图 1-9　电工刀外形

（1）电工刀的用途。电工刀是用来剖削或切割电工器材的常用工具，其外形如图 1-9 所示。电工刀有普通型和多用型 2 种。多用型电工刀除具有刀片外，还有折叠式的锯片、锥针和螺丝刀，以及可锯削电线槽板和锥钻木螺钉的低孔等。

（2）电工刀的使用方法和注意事项。

1）电工刀的刀口常在单面上磨出呈弧状的刃口，在剖削电线绝缘层时，可把刀略向内倾斜，用刀刃的圆角抵住线芯，刀向外推出。这样刀口就不会损坏芯线，还可防止操作者自己受伤。

2）用毕即将刀体折入刀柄内。

3）电工刀的刀柄无绝缘材料，严禁在带电体上使用。

基本电工具还有活络扳手、手电钻和冲击钻等，此处不再详述。

1.1.3 常用电工仪器仪表及其使用训练

电工仪器仪表可以检查电路中的电压、电流、功率参数和波形等是否正常，是调试、检查、维修电气设备的必备工具。

电工仪器仪表按结构和用途，大体可分为以下几类：

(1) 指示仪表，如指针式电压表、电流表、万用表和兆欧表等；

(2) 比较仪器，如电桥、标准电阻箱等；

(3) 数字式仪表，如数字式电压表、数字式电流表、数字式万用表等；

(4) 显示仪器，能显示波形、曲线，如电子示波器等；

(5) 变换器，即传感器，将非电量变换成电量，如将温度、压力变换成电量的装置；

(6) 扩大量程的装置，如分流器、附加电阻、电流互感器、电压互感器。

在电工实训室中，使用较多的电工仪器仪表有电压表、电流表、万用表、兆欧表、电桥、标准电阻箱、电子示波器等，如图 1-10 所示。

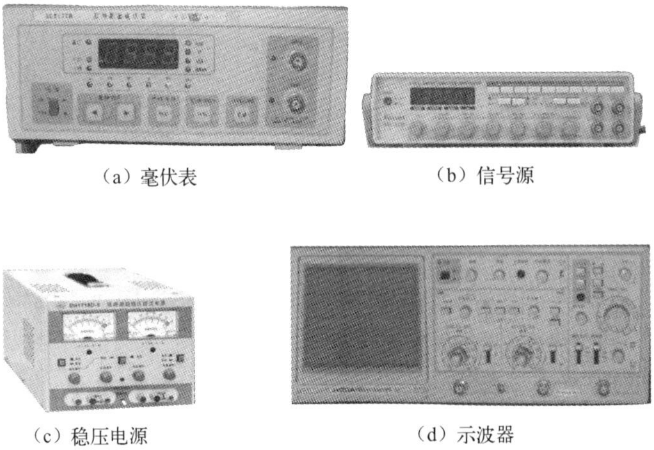

(a) 毫伏表　(b) 信号源

(c) 稳压电源　(d) 示波器

图 1-10　常用电工仪器仪表

为了方便教学，在电工实训室中还配备了电工实训操作台，如图 1-11 所示。

课堂练习 1-1　什么是基本电工工具？有哪些基本电工工具？使用这些基本电工工具要注意哪些事项？

实训室还用到电工电子实验箱，如图 1-12 所示。通常电工实训操作台上有实训所需的各类交、直流电源，直流稳压电源，交、直流电压，电流表，函数信号发生器，常用的各种元器件，接线板等，可方便地完成电工电子实训。

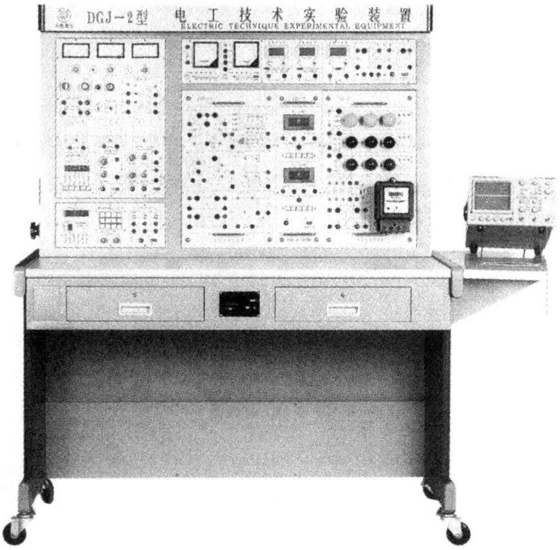

图 1-11　电工实训台

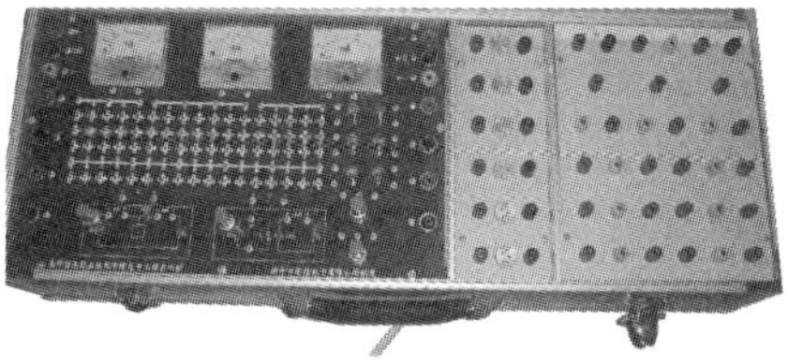

图 1-12　电工电子实训箱

1.1.4　电工电子实训台（电工电子实验箱）的使用技能训练

1. 仪器及器材

本实训需要用到电工电子实训台（电工电子实验箱）、连接导线。

2. 实训内容及步骤

（1）熟悉电工电子实训台各部分的功能。
（2）按规范启动交流电源，调节旋钮使交流输出电压分别为 10V、20V、30V。
（3）开启直流稳压电源，调节旋钮使直流输出电压分别为 5V、10V、12V。
（4）按规范关闭直流稳压电源及交流电源。

1.1.5　常用电工工具的使用技能训练

1. 仪器及器材

本实训需要用到尖嘴钳、剥线钳、钢丝钳、螺钉旋具、一段塑料硬电线。

2. 实训内容和方法

（1）用合适的工具将一段塑料硬电线的塑料包皮剥去。

（2）用合适的工具将剥去塑料包皮的硬电线剪下一段 20cm 的硬电线。

（3）用合适的工具将一段 20cm 的硬电线弯折成一个正立方体，最后用合适的工具将弯折好的正立方体固定在一块木板上。

课堂练习 1-2 电工电子测量仪表有哪些功能？电工实训室里有哪些常用的电工电子仪器仪表？

1.2 安全用电

安全用电包括用电时的人身安全和设备安全。电能的应用非常广泛，各行各业几乎都要用到电，若用电不慎，就有可能造成电源中断、设备损坏，甚至造成人身伤亡，给生产和生活带来重大损失。因此，在学习电工电子技术与技能时应注意用电安全，遵守实训室操作规程和安全用电的规定，养成良好的用电职业习惯。

1.2.1 实训室操作规程

良好的职业习惯是在职业学校学习时养成的，为此学生必须遵守下列实训室操作规程：

（1）学生必须提前 5min 进入实训室，做好课前准备工作，与实训无关的物品不许带入实训室。

（2）实训时，应按要求将工具、工具箱摆放好，保持工位的整洁。每天实训结束前，必须将工位和实训室清理干净。

（3）实训室内的仪器设备，未经许可，不准随意开启。

（4）在使用中，如设备发生故障，应及时报告教师。发现紧急情况（如冒烟、异味等）应马上切断电源。

（5）认真填写实训记录。

（6）每次实训结束后，必须切断电源。

1.2.2 安全用电的规定

为保障人身安全，必须遵守以下用电安全常识。

（1）严禁用一线（相线）一地（指大地）安装用电器具。

（2）在一个插座上不可接过多或功率过大的用电器。

（3）不掌握电气知识和技术的人员，不可安装和拆卸电气设备及线路。

（4）不可用金属丝绑扎电源线。

（5）不可用湿手接触带电的电器，如开关、灯座等，更不可用湿布擦拭电器。

（6）任何情况下都不得用手来鉴定导体是否带电。

（7）电源未切断时，不得更换熔断器，不得任意加大熔断器的断流容量。

(8) 电动机和电气设备上不可放置衣物，不可在电动机上坐立，雨具不可挂在电动机或开关等电器的上方，以防止绝缘部分破损或受潮。为了防止电线受损，不得在电线上挂物件、衣服。

(9) 堆放和搬运各种物资以及安装其他设备时，要与带电设备和电源线相距一定的安全距离。

(10) 在搬运电钻、电焊机和电炉等可移动电器时，要先切断电源，不允许拖拉电源线来搬移电器。

(11) 在潮湿环境中使用可移动电器，必须采用额定电压为36V的低压电器；若采用额定电压为220V的电器，其电源必须采用隔离变压器。在金属容器如锅炉、管道内使用移动电器，一定要用额定电压为12V的低压电器，并要加接临时开关，还要有专人在容器外监护。低电压移动电器应装特殊型号的插头，以防误插入电压较高的插座上。

(12) 雷雨时，不要走近高电压电杆、铁塔和避雷针的接地导线的周围，以防雷电入地时周围存在跨步电压导致触电；切勿走近端头落在地面上的高压电线，万一高压电线断落在身边或已进入跨步电压区域时，要立即用单脚或双脚并拢迅速跳到10m以外的地区，千万不可奔跑，以防跨步电压触电。

1.2.3　触电及电气火灾的防范及扑救

1. 触电及其防范

(1) 电流对人体的作用。人体触电时，电流通过人体，就会产生伤害。电流对人体的伤害，按其性质可分为电击和电伤两种。电击是指电流通过人体，使人体内部器官受到损害而导致人体死亡，是最危险的触电事故。电伤是指电弧或熔断器熔断时溅出的金属沫对人体的外部伤害，如烧伤、金属沫溅伤。

人体触电伤害程度取决于通过人体电流的大小，通过人体心脏的电流达到50mA时就有生命危险，而100mA的电流就足以致命。人体的电阻约从800欧至几万欧不等，但皮肤潮湿、出汗时人体电阻大为降低，容易触电。

对人体不会造成危害的电压称为安全电压。安全电压是制定安全措施和进行安全设计的依据，在保证安全的前提下尽可能提高经济性是合理确定安全电压的原则。我国根据具体环境条件不同，将安全电压值规定为：在无高度触电危险的建筑物中为65V；在有高度触电危险的建筑物中为36V；在有特别触电危险的建筑物中为12V。因此，65V、36V并非绝对安全，在潮湿和环境比较恶劣的地方，则应用12V或以下。

(2) 触电的原因。根据日常生活和工作中发生的触电情况，触电的原因主要有以下几种。

1) 线路架设不合理。例如，采用一线一地的违章线路架设；室内导线破旧、绝缘损坏或敷设不合规格；无线电设备的天线、广播线、通信线与电力线距离过近或同杆架设；电气修理工作台布线不合理，绝缘线被电烙铁烫坏等。

2) 用电设备不合符要求。例如，电器绝缘损坏、漏电及外壳无保护接地或保护接地接触不良；开关、插座外壳破损或相线绝缘老化；照明电路或用电器接线错误致使灯具或机壳带电等。

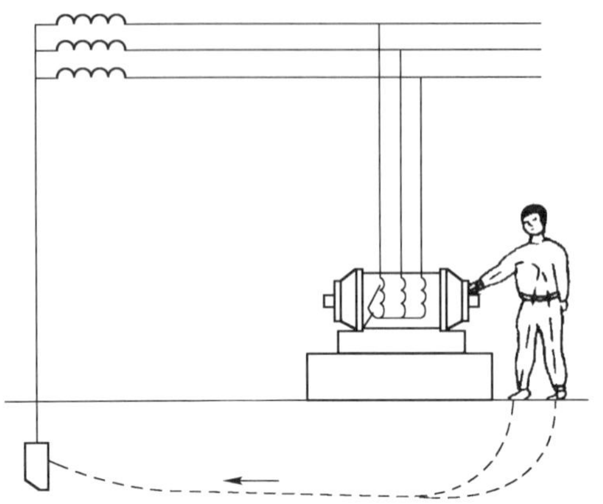

图 1–13　人体触及外壳带电的电动机而触电

如图 1–13 所示为人体触及外壳带电的电动机而触电。

3）电工操作制度不严格、不健全。例如，带电操作且未采取有效的安全措施；停电检修电路时，闸刀开关上未挂“警告牌”，其他人员误合闸刀开关；使用不合格的安全工具进行操作等。

4）用电不谨慎。例如，违反布线规程、在室内乱拉电线；未切断电源就去移动灯具或电器；用水冲刷电线和电器或用湿布擦拭，引起绝缘性能降低；随意加大熔丝规格或任意用铜丝代替，失去保护作用等。

（3）触电的急救方法

1）使触电者迅速脱离电源。如果急救者离开关或插座较近，应迅速拉下开关或拔出插头，以切断电源；如果距离开关、插座较远，应使用干燥的木棒、竹杆等绝缘物将电源移掉，或用带有绝缘手柄的钢丝钳等切断电源，使触电者迅速脱离电源。如果触电者脱离电源后有摔跤的可能，应同时做好防止摔伤的安全措施。

2）当触电者脱离电源后应在现场就地检查和抢救。将触电者移至通风干燥的地方，使触电者仰卧，松开衣服和裤带；检查瞳孔是否放大，呼吸和心跳是否存在；同时通知医务人员前来抢救。急救人员应根据触电者的具体情况迅速采取相应的急救措施。

对失去知觉的，要使其保持安静，观察其变化；对触电后精神失常的，必须防止发生突然狂奔的现象。对失去知觉的触电者，若呼吸不畅、微弱或呼吸停止而有心跳的，应采用“口对口人工呼吸法”进行抢救；对有呼吸而心脏跳动微弱、不规则或心跳已停的触电者，应采用“胸外心脏挤压法”进行抢救；对呼吸和心脏均已停止的触电者，应同时采用“口对口人工呼吸法”和“胸外心脏挤压法”进行抢救。抢救者要有耐心，必须持续不断地进行，直至触电者苏醒为止，即使在送往医院的途中也不能停止抢救。

2. 电气防火与防爆

（1）电气火灾及其预防

1）电气火灾。电气火灾是电气设备短路、过载、绝缘损坏、老化或散热不良等故障产生过热或电火花而引起的火灾。

2）预防方法。在线路设计上应充分考虑负载容量及合理的过载能力；在用电上应禁止过度超载及“乱接乱搭电源线”现象，防止“短路”故障；用电设备有故障应停用并尽快检修；某些电气设备应在有人监护下使用，“人去停用（电）”。对于易引起火灾的场所，应注意加强防火，配置防火器材，使用防爆电器等。

3）紧急处理步骤。

① 切断电源。当电气设备发生火灾时，首先要切断电源（用木柄消防斧切断电源进线），防止事故的扩大和火势的蔓延，以及灭火过程中发生触电事故。同时要拨打“119”火警电话，向消防部门报警。

② 正确使用灭火器材。发生电火灾时，决不可用水或普通灭火器如泡沫灭火器去灭火，

因为水和普通灭火器中的溶液都是导体，如果电源未被切断，救火者就有触电的可能。所以发生火灾时应使用干粉二氧化碳或“1211”等灭火器灭火，也可以使用干燥的黄沙灭火。

③ 安全事项。救火人员不要随便触碰电气设备及电线，尤其要注意断落到地上的电线。对于火灾现场的一切线、缆，都应按带电体来处理。

（2）防爆。

1）电气爆炸：与用电相关的爆炸，常见的有可燃气体、蒸气、粉尘与助燃气体混合后遇火源而发生爆炸。

2）爆炸极限（空气中的含量比）：汽油 1% ~6%，乙炔 1.5% ~82%，液化石油气 3.5% ~16.3%，家用管道煤气 5% ~30%，氢气 4% ~80%，氨气 15% ~28%。还有粉尘，如碾米厂的粉尘，各种纺织纤维粉尘，达到一定程度也会引起爆炸。

3）防爆措施：合理地选用防爆电气设备和敷设电气线路，保持场所的良好通风；保持电气设备的正常运行，防止短路、过载；安装自动断路保护装置，使用便携式电气设备时应特别注意安全；把危险性大的设备安装在危险区域外；防爆场所一定要采用防爆电动机等防爆设备；采用三相五线制与单相三线制；线路接头采用熔焊或钎焊。

课堂练习 1-2　实训室有哪些操作规程？

课堂练习 1-3　安全用电有哪些规定？

课堂练习 1-4　日常生活和工作中发生触电的原因主要有哪些？如何防止触电的发生？

本章小结

1. 基本电工工具是指一般专业电工经常使用的工具，主要有低压验电器、尖嘴钳、剥线钳、钢丝钳、螺钉旋具、电工刀、活络扳手、手电钻等。

2. 测量各种电量和磁量的仪器仪表统称为电工电子测量仪表，是调试、检查、维修电气设备的必备工具。

3. 触电的主要原因是违反用电的规章制度，因此必须严格遵守安全用电的规定和实训室操作规程。

练习与思考

1.1　电工电子产品有哪些应用及特点？

1.2　电工电子测量仪表有哪些功能？电工实训室里有哪些常用的电工电子仪器仪表？

技能与实践

1.1　1.1.2 中各处所提到的合适的工具分别是哪些基本电工工具？

1.2　遇到电气火灾时应如何紧急处理？

1.3　如遇到触电者紧握电线应如何处理？

1.4　学生在教学老师的指导下，制作“有人工作，不许合闸”等警告牌。

技能训练测试——电气插座的安装

1. 仪器和器材

本技能训练中所用到的电气元件如表 1-1 所示。

表 1-1　电气插座的安装元器件明细表

序　号	名　　称	型号及规格	单　　位	数　　量
1	配电板	850mm×550mm 木板	块	1
2	插座	双眼插座	只	1
3	二芯塑料护套线	BVV1 平方毫米（1/1.13）	米	1
4	小螺丝		只	2
5	木螺丝		只	2

2. 方法和步骤

各种电气插座如图 1-14 所示，本实训的操作方法如下：

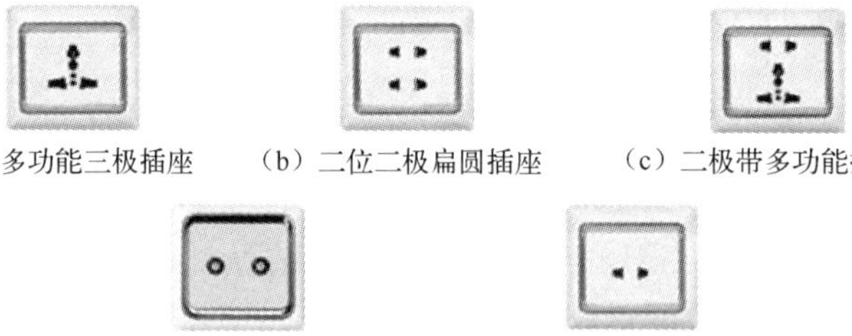

（a）多功能三极插座　（b）二位二极扁圆插座　（c）二极带多功能插座

（d）双联电视插座　（e）一位二极扁圆插座

图 1-14　电气插座实例

（1）二芯塑料护套线的四个端头用剥线钳将塑料护套剥掉。

（2）将二芯塑料护套线穿入双眼插座的底座。

（3）将双眼插座的底座用木螺丝安装在配电板上。

（4）将穿入双眼插座底座的二芯塑料护套线的两个端头安装在双眼插座的接线柱上。

（5）将双眼插座的面板用小螺丝安装在双眼插座的底座上。

项目二　直流电路

拆装生活中使用的手电筒，观察手电筒的结构。手电筒由两节 1.5V 的干电池、一只小灯泡、一段连接导线和一个开关组成，如图 2-1 所示。其中干电池即电源，小灯泡即负载，开关即控制设备。可见，电路是由电源、负载、输电导线和控制设备等组成。

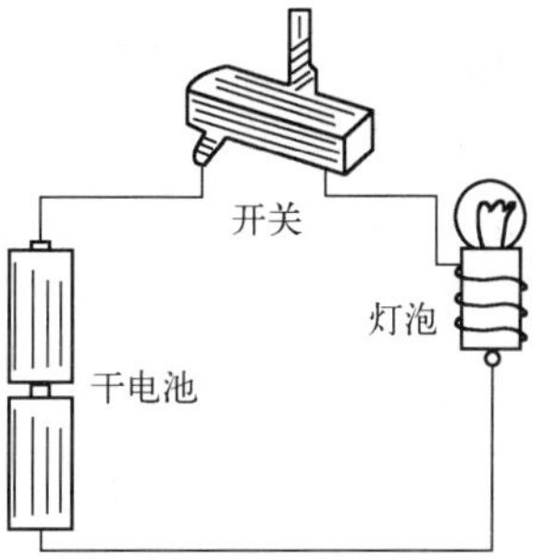

图 2-1　手电筒电路

2.1　电路

2.1.1　电路的基本组成

在日常生活和生产实践中，人们广泛地使用种类繁多的电路。例如，为了采光而使用的照明电路；收音机和电视机中将微弱信号进行放大的放大电路；工厂企业中大量使用的各种控制电路等。电路就是电流通过的路径。

如图 2-1 所示，电路是由电源、负载、输电导线和控制设备等组成。

电源是供应电能的装置，它把其他形式的能量转换为电能。例如，发电机把机械能转换成电能，干电池把化学能转换成电能。

负载是使用电能的装置，它把电能转换为其他形式的能量。例如，电灯把电能转换成光能和热能，电动机把电能转换成机械能。

输电导线将电源和负载连接成闭合回路。

控制设备：在图 2-1 所示的简单电路中，控制设备就是开关，它控制电路的接通和断开，从而使灯泡点亮或熄灭。

对电源来说，负载、连接导线和开关称为外电路，电源内部的一段电路称为内电路。

2.1.2　电气符号

在图 2-1 所示的手电筒电路中，灯泡、干电池、开关都用实物图形表示，这样的电路图称为实物电路图。这种电路图的优点是形象、直观，便于与实物一一对应，但是不够简洁，有些实物画起来还有一定难度。为此，国际电工委员会（IEC，International Electrotechnical Commission）和我国有关部门都颁布了电气元器件的符号，简称电气符号。这些电气符号所代表的电气元器件称为理想电路元件。所谓理想电路元件，是指在一定条件下突出其主要的电磁性质，而忽略其次要性质，把实际器件抽象为只含一种参数的电路元件。例如由导线绕成的线圈，在直流条件下，主要表现为电阻的特性，因此可以不考虑其电感和匝间电容，用“电阻元件”来表征；而在交流情况下，则主要表现为电感的特性，用“电感元件”来表征。

电气符号可以通过查阅电工手册及相关的资料来获得，表 2-1 列出部分电气元器件符号。

表 2-1 部分电气元器件符号

元器件名称	图形符号	文字符号	元器件名称	图形符号	文字符号
电池、电池组		*E* 或 *U*	电压源		E 或 U
电流源		I_S 或 I	灯		L
开关		S	按钮开关		SB
熔断器		FU	电阻器	(可变)	R 或 r
热敏电阻	t°	R_t	电位器		RP
电容器	+	C	电感器	(有磁芯)	L
变压器	(单相、双绕组)	T	电流互感器		TA
电压表	V	V	电流表	A	PA
检流计		G	直流电动机	M	M
交流电动机	M	M	接触器继电器		KM、KA、KT
三相交流电动机	M 3~ (绕线型) M 3~ (鼠笼型)	M	热继电器		FR
二极管		VD	稳压二极管		VD_Z
发光二极管		VD	变容二极管		VD
双极型晶体管	(NPN型) (PNP型)	VT	结型场效应管		VT
绝缘栅场效应管	(N沟道) (P沟道)	VT 耗尽型	绝缘栅场效应管	(N沟道) (P沟道)	VT 增强型
晶闸管		VT	双向晶闸管		VT
集成运放	▷∞ − + +	A	与门	&	G
或门	≥1	G	非门	1	G
与非门	&	G	基本 RS 触发器	S R Q $\overline{Q}$ S R Q $\overline{Q}$	F
JK 触发器	1J CP C1 1K Q $\overline{Q}$	F	D 触发器	D 1D CP C1 Q $\overline{Q}$	F
发光数码管			扬声器		B

2.1.3 电路图

用电气符号组成的电路就称为电原理图，或称为电路图。如图 2-1 所示的手电筒电路用电气符号绘制的电路图如图 2-2 所示。

课堂练习 2-1 查阅表 2-1，分别画出电阻、电容、电感的电气符号，并分别写出它们的文字符号。

课堂练习 2-2 在如图 2-3 所示的各电路图中，将各电气元件的名称标注在相应的电气符号旁。

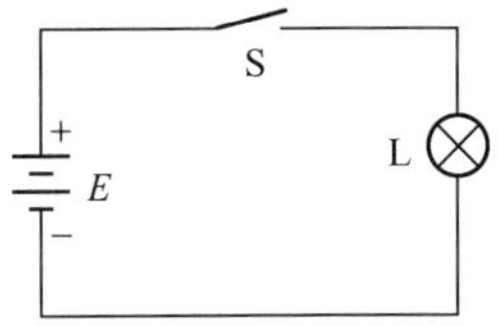

图 2-2 手电筒电路图

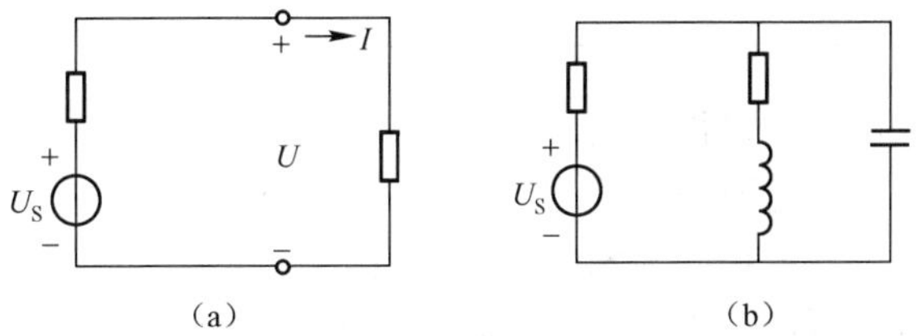

图 2-3 课堂练习 2-2 附图

2.1.4 技能训练——简单调光电路的安装

1. 简易调光电路搭接

在实验电路板上（或 EWB 平台上），按图 2-4 所示的电路图搭接简易调光电路元器件清单见表 2-2。注意观察当调节电位器 RP 时，小灯泡的发光情况。

表 2-2 简易调光电路元器件明细表

代 号	名 称	型号及规格	单 位	数 量
E	干电池	5 号电池	节	2
S	开关		个	1
RP	电位器	WS-2-0.5-1kΩ±5%-20ZS-3	只	1
L	小灯泡	3V/0.5A	只	1
	电池夹		个	1

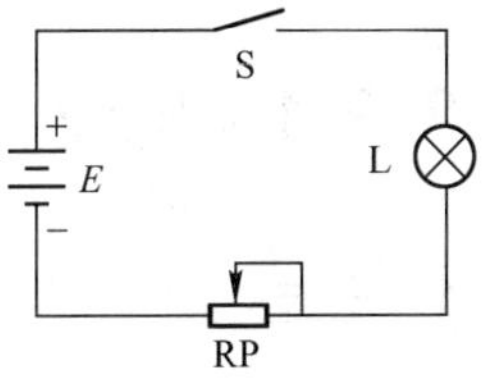

图 2-4 简易调光电路

本技能训练操作步骤如下：

(1) 正确选择电源电压，因为小灯泡的规格是 3V/0.5A，所以选择电源电压 $E=3V$。调节直流稳压电源，使其输出直流电压为 3V。

(2) 在电工电子实训平台上，按图 2-4 所示的电路图搭接简易调光电路。

(3) 检查电路是否有误。

(4) 合上开关，观察小灯泡的发光情况。

(5) 调节电位器 RP 时，观察小灯泡的发光情况。

2. 继电器控制调光电路搭接

在实验电路板上（或 EWB 平台上），按图 2-5 所示的电路图搭接继电器控制电路，元器件清单如表 2-3 所示。

表 2-3 继电器控制电路元器件明细表

代 号	名 称	型号及规格	单 位	数 量
E	干电池	5 号电池	节	4
S_1	开关		个	1
KA	继电器	JZC－20F/DC6V	个	1
L	小灯泡	3V/0.5A	只	1
	电池夹		个	1

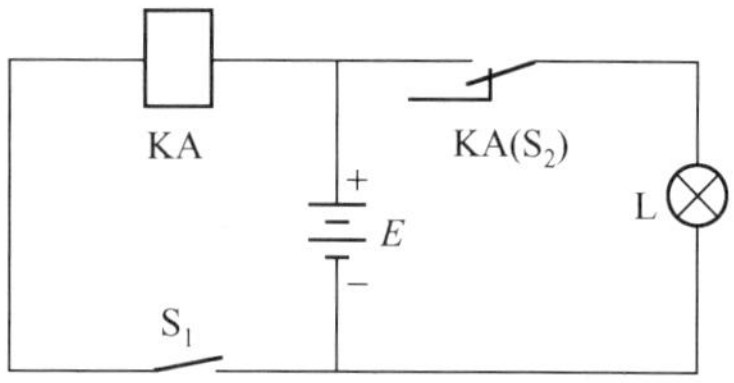

图 2-5 继电器控制电路

继电器是一种传递信号的电气元件，用来接通或切断电路。继电器的输入信号可以是电信号，也可以是压力、速度、热量等非电信号，其输出为触点的通、断。继电器的种类有很多，构造也各不相同。本实训项目用的继电器是一种常用的电磁继电器，它有一个铁芯线圈，当电流通过线圈时，铁芯吸引动触点，使它与静触点接触或分开。通常继电器有若干对触点，一类是常开的，当动触点被吸合时，它就与静触点闭合，这类触点称为动合触点；另一类是常闭的，当动触点被吸合时，它就与静触点分断，这类触点称为动断触点。

如图 2-5 所示的继电器控制电路中，继电器的一对触点 KA（S_2）是常开的，灯泡 L 不亮。当按下开关 S_1，使其闭合，这样继电器的铁芯线圈 KA 就有电流通过，使动合触点 KA（S_2）闭合，灯泡 L 中就有电流通过而发光。可见，一个电路可以通过继电器控制另一个电路的通断。

2.2 电路的常用物理量

2.2.1 电流、电压、电位和电动势

1. 电流

电荷的定向移动就形成电流。电流的实际方向习惯上是指正电荷运动的方向。电流的大小用电流强度 I 来度量，简称电流。

用直流电源和函数信号发生器分别产生直流、正弦波及锯齿波信号，接线方法如图 2-6（a）所示。分别用示波器观察，可以看到如图 2-6 所示的波形。

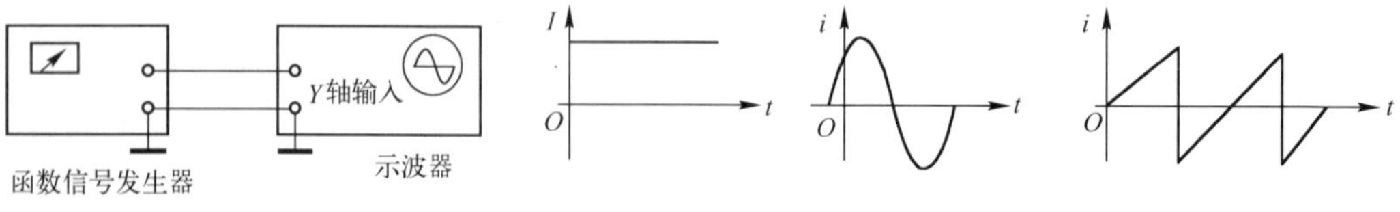

（a）实验接线示意图 （b）直流 （c）正弦波 （d）锯齿波

图 2-6 演示实验 2-1 的波形

电流可分为两类：一类是大小和方向均不随时间改变的电流，称为恒定电流，如图 2-6 (b)所示，简称直流，简写做 DC。另一类是大小和方向都随时间变化的电流，称为变动电流，其中一个周期内电流的平均值为零的变动电流则称为交变电流，如图 2-6 (c)、图 2-6 (d) 所示，简称交流，简写做 AC。

对于直流，单位时间内通过导体横截面的电荷量 Q 是恒定不变的。其电流强度为

$$I = Q/t \qquad (2-1)$$

对于交流，其电流强度为

$$i = \mathrm{d}q/\mathrm{d}t$$

在国际单位制中，电流的单位是安培 (A)，有时还用到千安 (kA)、毫安 (mA) 或微安 (μA)。其关系如下：

$$1\text{kA} = 1000\text{A} = 10^3\text{A},\quad 1\text{mA} = 10^{-3}\text{A},\quad 1\mu\text{A} = 10^{-6}\text{A}$$

电流在导体中流动的实际方向有两种可能。实际电路中电流的方向有时很难立即判定，有时电流的实际方向还在不断地改变，为了解决这样的困难，引入了电流的“参考方向”的概念。

在一段电路或一个电路元件中事先选定一个方向，作为电流的“参考方向”。若电流的实际方向与任意选定的参考方向一致。则电流值为正值，即 $i>0$；若电流的实际方向与任意选定的电流参考方向相反。则电流值为负值，即 $i<0$，如图 2-7 所示。

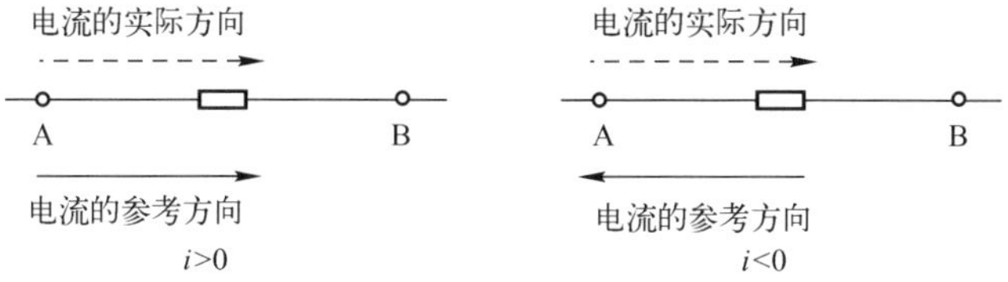

图 2-7 电流参考方向

2. 电压和电位

电路中电荷能定向移动，是由于受到了电场力的作用。在图 2-2 所示的外电路中，正电荷受电场力作用由电源的“+”端通过负载向电源的“-”端移动。正电荷所具有的电位能逐渐减小，从而把电能转换为其他形式的能量。

如图 2-8 所示，电场力 F 把正电荷从 A 端移到 B 端所做的功 W_{AB} 与被移动的电量 Q 的比值称为 A、B 两端间的电压，用 U_{AB} 表示，即

$$U_{AB} = W_{AB}/Q$$

由上式可知，A、B 两端间的电压，在数值上等于电场力把单位正电荷从 A 端移到 B 端所做的功。在图 2-9 所示电路中任选一点（如 O 点）为参考点，则某点（如 A 点）到参考点电压就叫做这一点的电位（相对于参考点），用符号 U_A 表示，可知 $U_A = U_{AO}$。

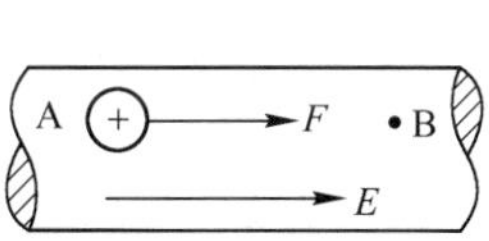

图 2-8 电压的定义

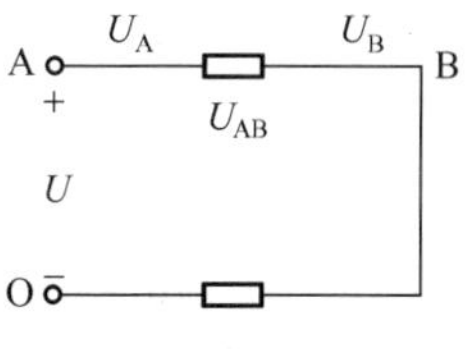

图 2-9 电压和电位

如果 A、B 两点的电位分别记为 U_A、U_B，则 $U_{AB}=U_A-U_B$。

因此，两点间的电压，就是这两点的电位之差。引入电位概念后，电压的实际方向是由高电位点指向低电位点的，所以常将电压称为电压降。

在国际单位制中，电压的单位是伏特（V），有时还需要用千伏（kV）、毫伏（mV）或微伏（μV）作单位。

和分析电流一样，对元件或电路中两点之间可以任意选定一个方向为电压的参考方向，在电路图中一般用实线箭头表示。当电压的实际方向与其参考方向一致时，电压值为正，即 $U>0$；反之，当电压的实际方向与参考方向相反时，电压值为负，即 $U<0$，如图2-10所示。有时电压用参考极性表示，即在元件或电路两端用“+”和“-”符号表示。“+”号表示高电位端，叫正极；“-”号表示低电位端，叫负极。由正极指向负极的方向就是电压的参考方向。

一般情况下，电流参考方向的选定与电压参考方向的选定是无关的。但是为了方便起见，对一段电路或一个电路元件，如果选定电流的参考方向与电压的参考方向一致，即选定电流从标以电压“+”极性的一端流入，从标以电压“-”极性的另一端流出，则把电流和电压的这种参考方向称为关联参考方向，简称关联方向，如图 2-11 所示。

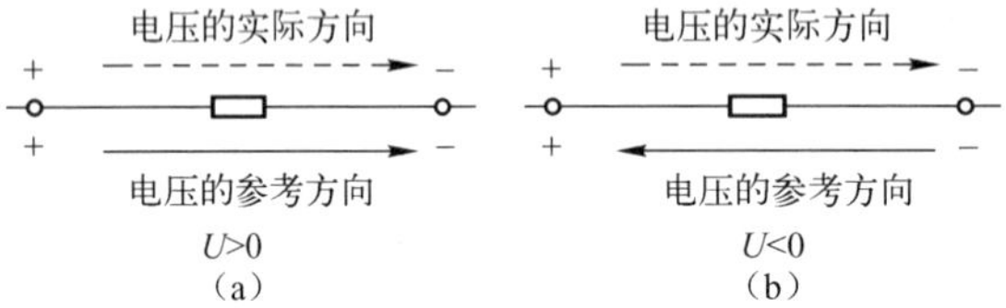

图 2-10　电压的参考方向

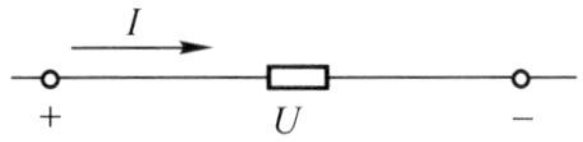

图 2-11　关联参考方向

3. 电动势

如上所述，电路中电荷能定向移动，是由于受到了电场力的作用。那么，电场力从何而来？原来在电源内部存在一种非静电力，称为电源力，它能使电源内部正负电荷分离形成正负两极，两极间具有一定的电位差。电源的电动势，在数值上等于电源力把单位正电荷从电源负极经过内电路移到电源正极所做的功，也就等于电源两极间开路（未接外电路）时的电位差。

电动势的实际方向，规定在电源内部由电源负极指向正极，可见电源中的电流与电动势同向。电动势的参考正方向也可以任意选取，当实际方向与正方向一致时，电动势为正值，反之，为负值。

课堂练习 2-3　在图 2-12 中，导线外的实线箭头表示电流的参考方向。请用虚线箭头表示电流的实际方向，同时确定 I 是大于零还是小于零。

课堂练习 2-4　图 2-13 中已给出电压参考方向，已知 $U_1=5\text{V}$、$U_2=-5\text{V}$，试指出电压的实际方向。

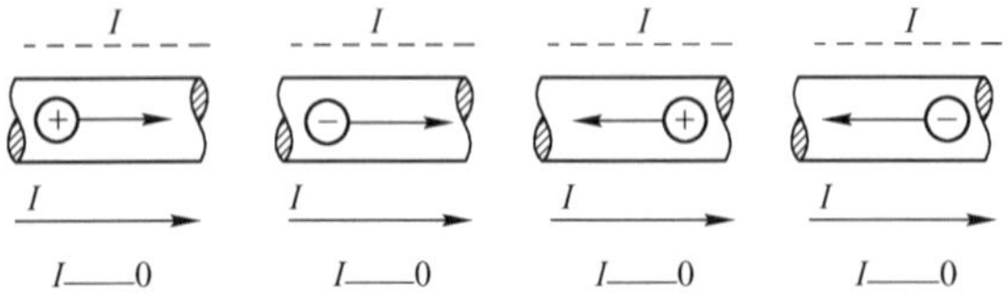

图 2-12　课堂练习 2-3 附图

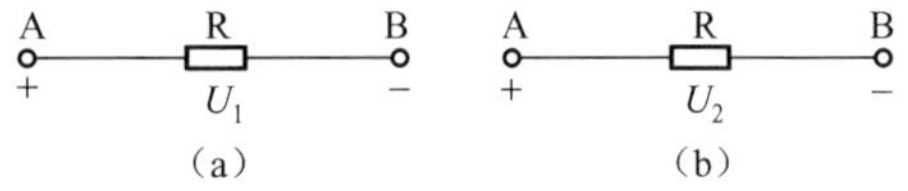

图 2-13　课堂练习 2-4 附图

2.2.2 电能和电功率

1. 电能

电路中电源提供的能量称为电能。电路的结构形式是多种多样的，按照电路的作用可将其分为两大类。一类是实现电能的传输、转换、分配和利用的，此类电路的典型例子是电力系统。一般电力系统包括发电厂、输变电环节和负载3个部分。在各类发电厂中，发电机分别把热能、水的势能以及核能等转换为电能，并通过输变电环节将电能经济、安全地输送给用户，用户的电灯、电动机、电炉等负载再将电能转化为其他所需的能量形式。另一类是实现信号的产生、传递、处理和接收的，如计算机电路、电视机电路以及各类测量电路等。

在直流电路中，负载上的功率不随时间变化，则电路消耗的电能为

$$W = Pt \qquad (2\text{-}2)$$

若功率的单位为W，时间的单位为s，则电能的单位为焦耳（J）。

在实际应用中，电能的单位常用千瓦小时（kW·h），1kW·h的电能通常叫做1度电。1度电为 $1\text{kW}\cdot\text{h} = 1000\text{W}\times3600\text{s} = 3.6\times10^6\text{J}$。

例2-1 教室中有8只40W的日光灯，每天用电4h，一个月按20天计算，问一个月耗电多少度？若每度电收费0.65元，一个月应付电费多少？

解 8只日光灯的总功率 $P = 40\times8\text{W} = 320\text{W} = 0.32\text{kW}$

一个月共耗电 $W = Pt = 0.32\times80\text{kW}\cdot\text{h} = 25.6\text{kW}\cdot\text{h}$

应付电费 0.65×25.6 元 $=16.64$ 元

2. 电功率

电流在单位时间内做的功称为电功率，简称为功率。在直流情况下，功率用符号 P 表示，有如下公式：

$$P = W/t = UI \qquad (2\text{-}3)$$

在电压和电流关联参考方向下，当计算出功率值为正，即 $P>0$ 时，表示元件是吸收或消耗电能；当计算出功率值为负，即 $P<0$ 时，表示元件产生电能，若在非关联参考方向下，我们取

$$P = -UI \qquad (2\text{-}4)$$

这样规定之后，$P>0$ 时，仍表示元件实际吸收或消耗电能；$P<0$ 时，表示元件实际产生电能。

在国际单位制中，功率的单位为瓦特（W）。1kW（千瓦）=1000W（瓦）

课堂练习2-5 图2-2中已知干电池两端的电压 $U=3\text{V}$，流过灯泡L的电流 $I=1\text{mA}$，试问干电池和灯泡哪一个吸收电能？哪一个消耗电能？并计算其功率。

2.3 电阻元件与欧姆定律

2.3.1 导体的电阻和超导现象

电荷在电场力作用下作定向运动时往往受阻碍作用。物体对电流的阻碍作用，称为该物体的电阻，用符号 R 来表示。电阻的单位是欧姆（Ω）。

由实验可知，当温度一定时导体的电阻不仅与它的长度和横截面积有关，而且与导体材料的电阻率有关，即

$$R=\rho L/S \tag{2-5}$$

式中，L 为导体的长度，单位为米（m）；S 为导体的横截面积，单位为平方米（m^2）；ρ 为导体的电阻率，单位为 W · m。

电阻率 ρ 是反映材料导电性能的参数，表 2-4 列出了几种常用的电阻率和电阻温度系数。

表 2-4 几种常用材料的电阻率和电阻温度系数

材 料	20℃时的电阻率 ρ（W · m）	电阻温度系数 α（1/℃）	材 料	20℃时的电阻率 ρ（W · m）	电阻温度系数 α（1/℃）
银	1.6×10^{-8}	3.6×10^{-3}	铁	9.8×10^{-8}	6.2×10^{-3}
铜	1.7×10^{-8}	4.0×10^{-3}	铂	1.05×10^{-7}	4.0×10^{-3}
铝	2.8×10^{-8}	4.2×10^{-3}	锰	4.4×10^{-7}	0.6×10^{-5}
钨	5.5×10^{-8}	4.4×10^{-3}	康铜	4.8×10^{-7}	0.5×10^{-5}
镍	7.3×10^{-8}	6.2×10^{-8}	碳	1.0×10^{-5}	-0.5×10^{-3}

从表 2-4 中可以看出，电阻率较小的是银、铜、铝，它们常用来制作导电器材，以降低器材的电阻和接触电阻。电阻率较高的导体材料主要用来制造各种电阻元件，电阻元件常简称为电阻。

实验还表明，导体的电阻还和温度有关。通常金属导体的电阻随温度升高而增加，如白炽灯用的钨丝，在常温时只有几十欧姆；而当有电流流过时，在钨丝上产生大量的热，使温度升高，其电阻也升高到几千欧姆。

电阻率很大的材料，电流很难通过，它对电流有绝缘的作用，称为绝缘体，又称电介质。例如，橡胶、玻璃、陶瓷、云母、塑料等都是绝缘体。常用的铜芯电线，外面都包裹着橡胶层或塑料等绝缘体，以防止漏电和保证安全。

导电性能介于导体和绝缘体之间的物质称为半导体。关于半导体的特殊性能将在电子技术篇章中介绍。

还有一类物质，在较高的温度时是导体或半导体，甚至是绝缘体。但当温度下降到某一特定低温 T_C 时，它的直流电阻突然下降为零，这种现象称为零电阻效应，这种物质称为超导体，这种失去电阻的性质称为超导电性。出现零电阻时的温度 T_C 称为转变

温度或临界温度。超导的应用涉及电力输送、发电、数字电子技术、大功率磁体、加速器、高速列车、医学等许多领域。目前科学家正致力于寻找具有较高转变温度的超导材料。

2.3.2 电阻器和电位器

1. 电阻器和电位器的外形、型号及判别

电阻器是用电阻率较大的材料制成的，在电工、电子技术、自动控制技术中广泛使用。电阻器简称电阻，在电路中起限流、耦合、负载等作用。电阻器按结构不同，可分为固定电阻器和可调电阻器（即电位器），电位器在电路中常用来调节各种电压或信号的大小。电阻器按导电材料不同，可分为碳膜、金属膜、金属氧化膜、线绕和有机合成电阻器。常用电阻器的外形如图 2-14 所示。各种电阻器、电位器实物如图 2-15 所示。

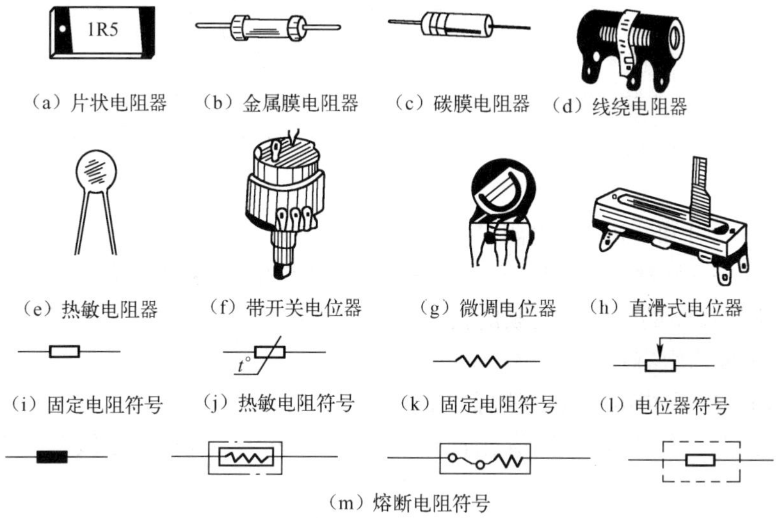

图 2-14 各种电阻器、电位器的外形

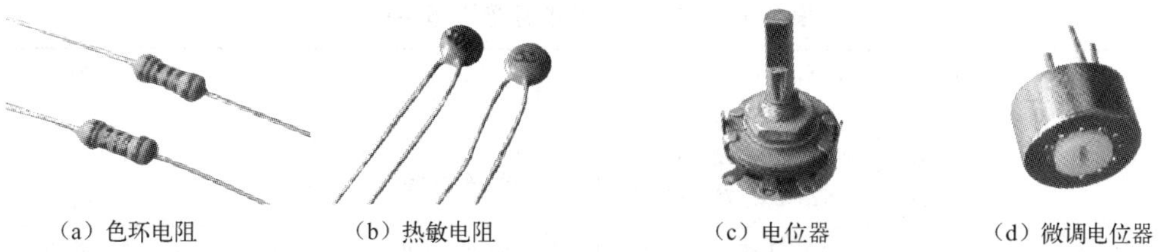

图 2-15 各种电阻器、电位器实物

电阻器和电位器的型号由四个部分组成，其型号的命名方法如表 2-5 所示。

表 2-5　电阻器的型号命名方法

第一部分：主称		第二部分：材料		第三部分：特征分类		第四部分：序号
符号	意义	符号	意义	符号	意义	
R	电阻器	T	碳膜	1	普通	对主称、材料特征相同，仅尺寸、性能指标略有差别，但基本上不影响互换的产品给同一序号。若尺寸、性能指标的差别已明显影响互换时，则在序号后面用大写字母作为区别代号予以区别
W	电位器	P	硼碳膜	2	普通	
		U	硅碳膜	3	超高频	
		H	合成膜	4	高阻	
		I	玻璃釉膜	5	高温	
		J	金属膜（箔）	7	精密	
		Y	氧化膜	8	电阻：高压；电位器：特殊	
		S	有机实心	9	特殊	
		N	无机实心	G	大功率	
		X	线绕	T	可调	
		C	沉积膜	X	小型	
		C	光敏	L	测量用	
				W	微调	
				D	多圈	

例 2-2　有一个电阻器的型号是 RJ71—0.125—5.1kI 型，问这是一个什么样的是电阻器？

解：查表 2-5 可知：R——电阻器；J——金属膜；7——精密；1——普通；0.125——额定功率；5.1k——标称阻值；I——误差 5%。因此该电阻器额定功率为 0.125W、标称阻值为 5.1kΩ、误差 5% 的普通金属膜的精密电阻器。

电阻器的主要参数有：

（1）标称阻值：是指电阻表面所标志的阻值。

（2）允许偏差：是指标称阻值允许的偏差。Ⅰ级为 ±5%，Ⅱ级为 ±10%，Ⅲ级为 ±20%。

（3）额定功率：是指电阻器允许长期工作时的功率。

电阻器的标称阻量系列如表 2-6 所示。

表 2-6　固定电阻器的标称阻值系列

项　目	E24 系列	E12 系列	E6 系列
对应数值	10 11 12 13 15 16 18 20 22 24 27 30 33 36 39 43 47 51 56 62 68 75 82 91	10 12 15 18 22 27 33 39 47 56 68 82	10 15 22 33 47 68
允许偏差	±5%（Ⅰ级）	±10%（Ⅱ级）	±20%（Ⅲ级）

电阻器的标称阻值的表示方法有直标法、文字符号法、数码表示法和色环法。

（1）直标法。用具体数字、单位及偏差符号直接把阻值和偏差标记在电阻体上，一般用于功率较大的电阻器。如图 2-14（b）中，1W 表示功率 1W，5.1kΩ ±5% 表示标称阻值为

5. 1kΩ、误差为 ±5%，RJ 表示该电阻器是金属膜电阻器。

（2）文字符号法。将标称阻值及允许偏差用文字和数字有规律地组合来表示。如图 2–14（a）中，1k2J 表示 1. 2kΩ、J 表示偏差为 ±5%，0. 5 表示功率为 0. 5W，RT 表示该电阻器是碳膜电阻器。允许偏差的文字符号表示如表 2–7 所示，不标记的表示偏差未定。

表 2–7　允许偏差的文字符号表示

	W	B	C	D	F	G	J	K	M	N	R	S	Z
偏差（%）	±0. 05	±0. 1	±0. 2	±0. 5	±1	±2	±5	±10	±20	±30	+100 –10	+50 –20	+80 –20

（3）数码表示法。用数码表示标称阻值及允许偏差。例如，103K，“10”表示 2 位有效数字，“3”表示倍乘 10^3，“K”表示偏差 ±10%，即阻值为 $10\times10^3=10\text{k}\Omega$。偏差的表示方法与文字符号法相同。

（4）色标法。用不同颜色的色环表示电阻数值和偏差或其他参数。色标符号规定如表 2–8所示。

表 2–8　色标符号规定

	银	金	黑	棕	红	橙	黄	绿	蓝	紫	灰	白	
有效数字	/	/	0	1	2	3	4	5	6	7	8	9	/
乘数	10^{-2}	10^{-1}	10^0	10^1	10^2	10^3	10^4	10^5	10^6	10^7	10^8	10^9	/
偏差（%）	±10	±5	/	±1	±2	/	/	±0. 5	±0. 25	±0. 1	/	+50 –20	±20
额定电压（V）	/	/	4	6. 3	10	16	25	32	40	50	63	/	/

用色标法表示电阻器的电阻数值和偏差如图 2–16 所示。普通电阻常用 2 位有效数字表示，精密电阻常用 3 位有效数字表示。

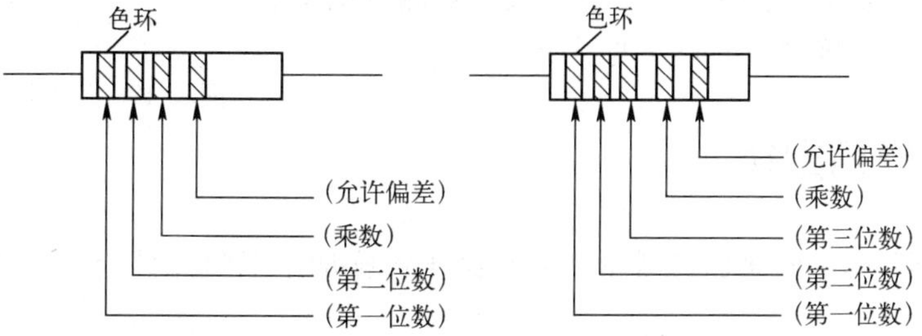

（a）二位有效数字色标法　　（b）三位有效数字色标法

图 2–16　用色标法表示电阻器的电阻数值和偏差

例 2–3　有一电阻器，其色环自左向右，如图 2–17 所示，问该电阻器的参数。

解： 该电阻器的阻值为 27 ×103Ω = 27kΩ，偏差为 ±5%。

技能训练　根据表 2–9 所示的电阻器的标记，将电阻器的名称、标称阻值、偏差和额定功率等参数填入表 2–9 中。（如不能确定某个参数，可以不填）

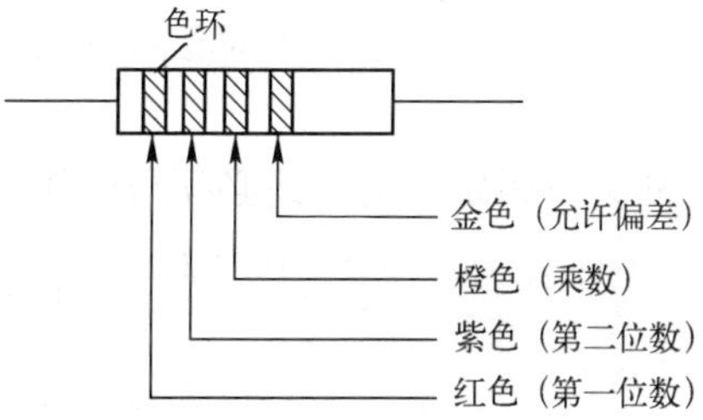

图 2–17　例 2–3 附图

表 2-9 技能训练中的电阻器的参数

电阻器的标记	名 称	标称阻值	偏 差	额定功率
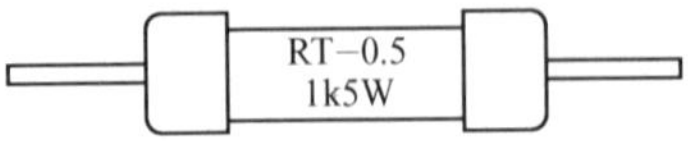				
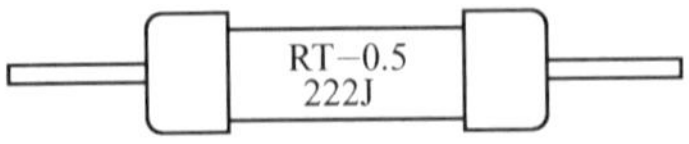				
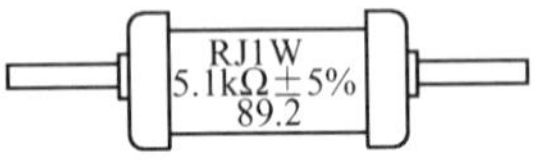				
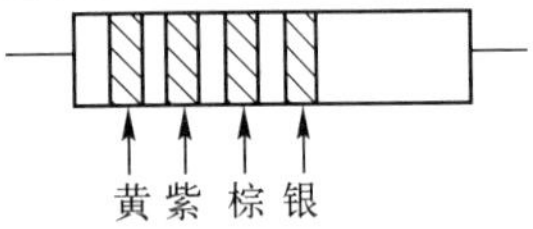				

2. 电阻器和电位器的检测

检测固定电阻器时，主要用万用表的欧姆挡检测电阻器的标称阻值。万用表的结构和使用方法参见本章 2.6 节。使用万用表的欧姆挡检测电阻器标称阻值的方法如图 2-18 所示。对指针式万用表注意事项如下：

（1）要合理选择量程：要尽量让指针指到零刻度到全量程的 2/3 这一段上，这时所测的值才准确。

（2）每次换挡时都要调零：将红、黑两表笔短接，使指针指到 0Ω 处，否则测量值不准确。

（3）检测方法要得当：检测时要避免人体对测量结果的影响，如不能用手接触到电阻器的引线。

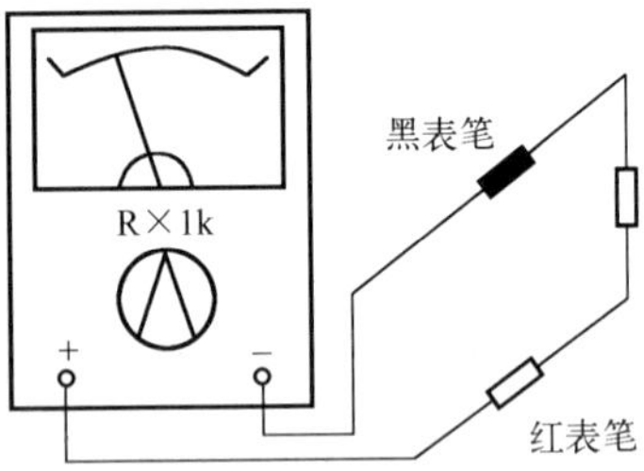

图 2-18 用万用表检测电阻器

2.3.3 欧姆定律

1827 年德国科学家欧姆通过科学实验总结出：施加于电阻元件上的电压与通过的电流成正比，即

$$U = RI \tag{2-6}$$

这一规律称为欧姆定律。遵循欧姆定律的电阻称为线性电阻。

如果电阻元件上电压的参考方向与电流的参考方向相反，则欧姆定律为

$$U = -RI \tag{2-7}$$

所以欧姆定律的公式必须与电压、电流的参考方向配合使用，如图 2-19 所示。

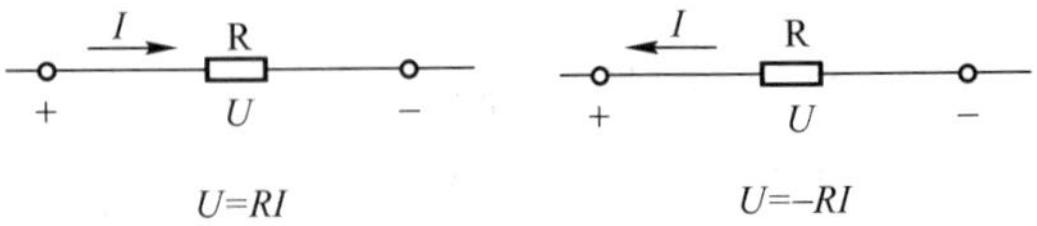

图 2-19 欧姆定律和电压电流的参考方向关系

课堂练习 2-6 图 2-20 中，处于通路状态的电阻负载 $R=5\Omega$，图中标出的方向都是参考正方向。试写出各未知量的值（注意正负号），并标出 A、B 两端的实际极性。

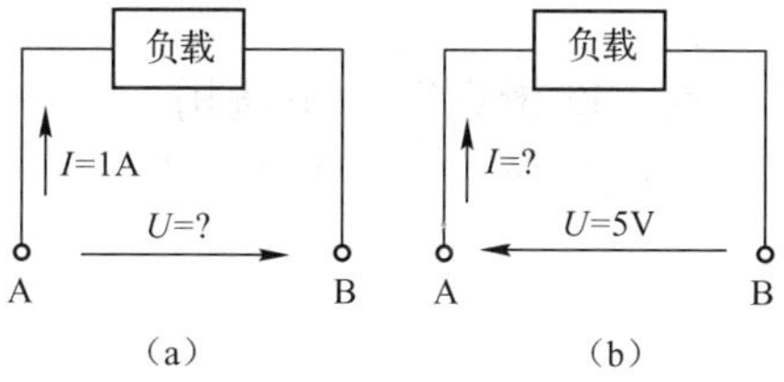

图 2-20 课堂练习 2-6 附图

2.3.4 线性电阻和非线性电阻

1. 电阻的伏安特性测试

在温度一定的条件下，在一个电阻元件上加不同的电压时，测得不同的电流，然后在 $U-I$ 坐标平面上画出一条反映电压与电流之间关系的曲线，称为电阻的伏安特性曲线。

下面用伏安法测定某元件的电阻值。电路原理图如图 2-21 所示，当外加电压 $U=5V$，时其电流 $I=1mA$；当外加电压 $U=10V$ 时，其电流 $I=2mA$；当外加电压 $U=15V$，时其电流 $I=3mA$。分别求出三种情况下的电阻值：

$$R=U/I=5/1=5(k\Omega);\ R=U/I=10/2=5(k\Omega);\ R=U/I=15/3=5(k\Omega)$$

画出电压和电流关系曲线（伏安特性曲线）如图 2-22 所示。可见这个电阻的伏安特性是一条通过原点的直线。

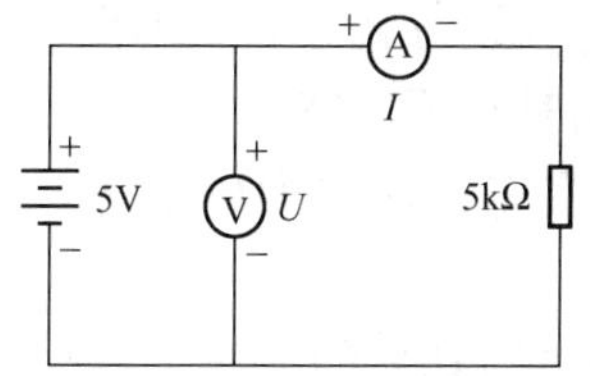

图 2-21 伏安法测电阻电路图

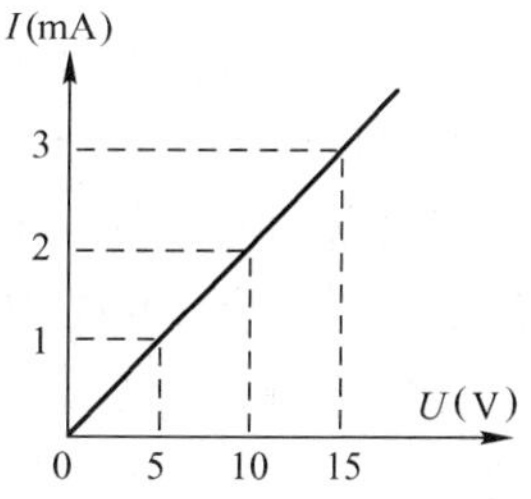

图 2-22 线性电阻伏安特性曲线

2. 线性电阻

一般金属电阻值不随所加电压和通过的电流而改变，即在一定温度下电阻是常数，这种电阻的伏安特性是一条通过原点的直线，如图 2-22 所示，这种电阻称为线性电阻。

导体的端电压 U 和流过该导体电流 I 的比值为该导体的电阻，$R=\frac{U}{I}$。如果电阻值 R 是常数，则该式所表明的规律就是欧姆定律，可见欧姆定律只适用于线性电阻。推广来说，凡遵守欧姆定律的电气元件，称为线性元件。由电源和线性元件组成的电路称为线性电路。

3. 非线性电阻

另一类电阻，其阻值随电压或电流的变化而变化，即其电压与相应电流的比值不是常数，称为非线性电阻。例如晶体二极管的正向伏安特性如图2-23所示，因此晶体二极管的正向电阻是非线性的。

对于具有非线性电阻的电路，欧姆定律已不适用，一般可根据电阻的伏安特性用图解法进行分析计算，或在一定的条件下将非线性电路近似地作为线性电路处理。

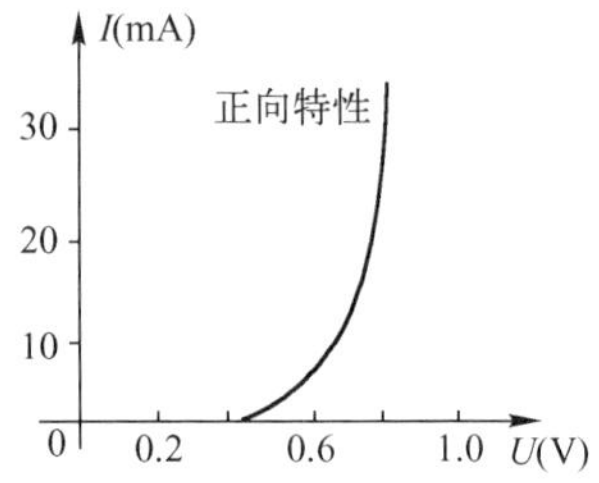

图2-23　二极管的正向伏安特性

4. 电阻元件的功率

对于线性电阻元件来说，无论电压与电流参考方向是否关联，都有如下关系：

$$P=UI=RI^2=U^2/R\geqslant 0 \tag{2-8}$$

式（2-8）表明：任何时刻电阻元件只能从电路中吸收电能，所以电阻元件是耗能元件。

例2-3　把一个100Ω/5W的碳膜电阻误接到220V电源上，会有什么后果？

解　这时碳膜电阻被迫吸收功率为

$$P=U^2/R=220^2/100=484\text{W}$$

但是这个碳膜电阻只能承受5W的功率，所以立即引起冒烟起火或碎裂。因此学生在实验时要特别注意，以免引起人身伤害事故。

由于电阻元件是耗能元件，其吸收功率常会引起温度的升高。为了保障安全，电气设备常给出额定值。电气设备的额定值是制造商向用户提供的，它是考虑设备安全运行的限额值，也是设备经济运行的实用值。电气设备只有在额定值情况下运行，才能保证它的使用寿命。如果外加电压大大高于额定电压，电气设备将被烧毁。如果通过电气设备的电流超过额定值，设备温度过高，不仅影响寿命，而且绝缘材料会很快变脆，甚至于炭化燃烧起来，造成设备和人身事故。如果外加电压或工作电流比额定值小得多，有些电气设备就会处于不良工作状态，甚至不能工作。电气设备的额定值一般都在铭牌上标出，使用时必须遵守。

课堂练习2-7　一个10kΩ/10W的电阻，使用时最多充许加多大的电压？一个100kΩ/1W的电阻，使用时允许通过多大的电流？

课堂练习2-8　一个220V/100W的灯泡，如果误接在110V的电源上，此时灯泡的功率为多少？若误接在380V的电源上，此时灯泡的功率为多少？是否安全？

2.3.5　简单电路的分析

1. 全电路欧姆定律

如图2-24所示，具有电动势E、内电阻R_0的电源与外电路接通后，全电路中就有电流I通过，设外电路的负载电阻为R_L，则有全电路欧姆定律

$$I=\frac{E}{R_L+R_0} \tag{2-9}$$

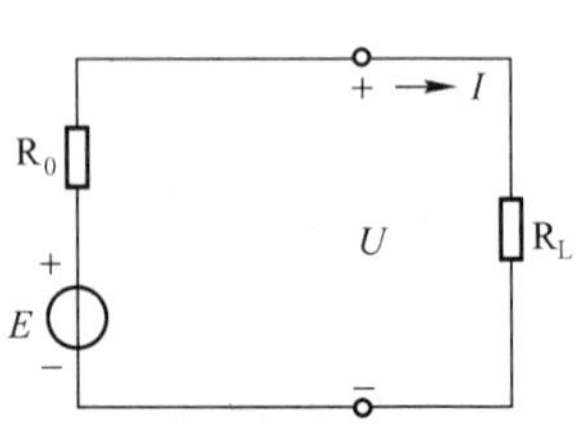

图2-24　全电路欧姆定律

式（2-9）也可写为

$$U = IR_L = E - R_0 I \tag{2-10}$$

式（2-10）中的 U，是外电路的端电压，简称路端电压。若忽略连接导线的电阻，R_L 只是负载电阻，则 U 就是负载的端电压。

例 2-4 在图 2-24 所示的电路中，已知电动势 $E = 10V$、内电阻 $R_0 = 1\Omega$，在下面两种情况下求电流 I 和路端电压 U：（1）负载电阻 $R_L = 100\Omega$；（2）负载电阻 $R_L = 1k\Omega$。

解 （1）当 $R_L = 100\Omega$ 时，$I = \dfrac{E}{R_L + R_0} = \dfrac{10V}{(100+1)\Omega} \approx 0.1A$

$$U = IR_L = 0.1A \times 100\Omega = 10V;$$

（2）当 $R_L = 1000\Omega$ 时，$I = \dfrac{E}{R_L + R_0} = \dfrac{10V}{(1000+1)\Omega} \approx 0.01A$

$$U = IR_L = 0.01A \times 1000\Omega = 10V。$$

从本例可见，当 $R_0 \ll R_L$ 时，负载电阻 R_L 变化时，路端电压基本不变，并且 $U = E$。

2. 电源的外特性

反映路端电压 U 与电路中电流 I 之间关系的曲线称为电源的外特性曲线，简称电源外特性。一般 E 和 R_0 都是常量，按式(2-10)的函数关系式可以绘出电源的外特性曲线，它是一条直线，如图 2-25 所示。由图可见，内电阻越大的电源，其外特性愈陡，即负载能力愈差；反之，内电阻愈小的电源，其外特性愈接近于水平直线，即负载能力愈强。

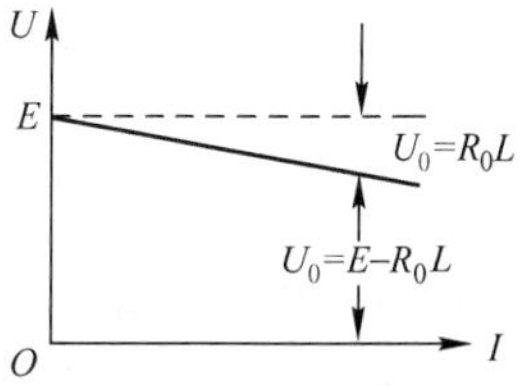

图 2-25 电源的外特性

生活实例

生活中经常要用到电池，如图 2-26 所示。手机的电池用的时间久了，性能会变差。常常会遇到手机显示屏显示电量已充满，但一接电话，就显示没有电了。这是由于手机电池的内电阻变大、外特性变陡，即负载能力变差了。

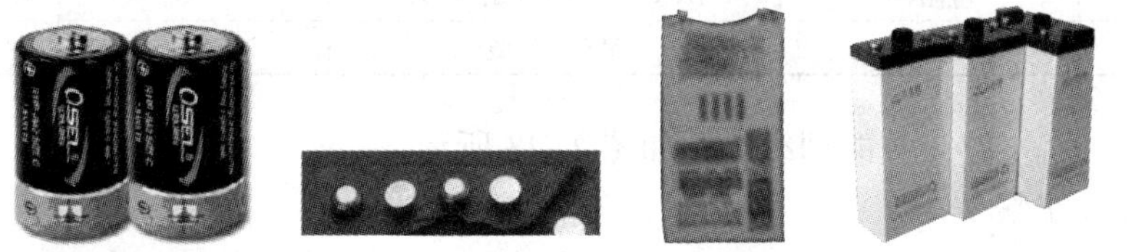

（a）干电池 （b）钮扣电池 （c）电池板 （d）蓄电池

图 2-26 电池的实例

2.4 电阻电路

2.4.1 电阻的串联、并联及混联

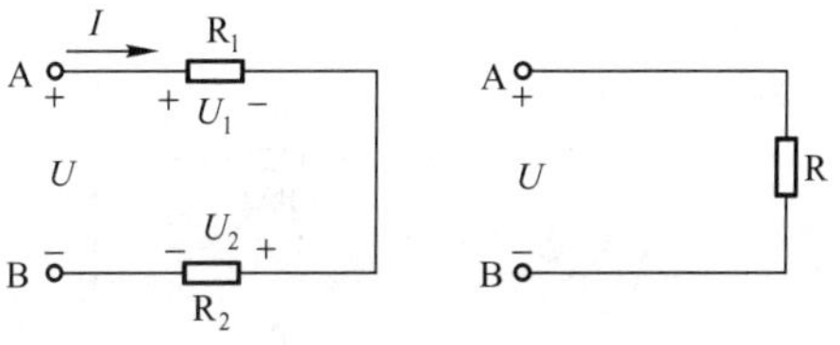

（a） （b）

图 2-27 串联电阻分压电路

1. 电阻的串联及其分压电路测量

将若干个电阻元件顺序地连接成一条无分支的电路，称为串联电阻电路。测量图 2-27（a）

中各电阻上的电压 U_1、U_2 和总电流 I。

电路中 $R_1=6\text{k}\Omega$、$R_2=3\text{k}\Omega$，外加电压 $U=9\text{V}$。测量得到 $U_1=6\text{V}$，$U_2=3\text{V}$，总电压 U 是 U_1 和 U_2 之和。流过各电阻的电流都是 $I=1\text{mA}$。

通过上述演示实验得出串联电路的基本特点是：

（1）流过串联各元件的是同一电流 I；

（2）串联各元件的电压降之和，等于串联电路总的电压降 U，即

$$U=U_1+U_2 \tag{2-11}$$

式（2-11）两边都除以 I，可求得串联电路的等效电阻：

$$R=R_1+R_2 \tag{2-12}$$

即串联电路的等效电阻等于各串联电阻之和。

式（2-11）两边都乘以电流 I，得：

$$P=UI=U_1I+U_2I=P_1+P_2 \tag{2-13}$$

可见串联电路的总功率等于各段电功率之和。

又

$$U_1=IR_1=\frac{R_1}{R}U=U\frac{R_1}{R_1+R_2} \qquad U_2=IR_2=\frac{R_2}{R}U=U\frac{R_2}{R_1+R_2} \tag{2-14}$$

这就是串联电路的分压公式。

上述结论可推广到两个以上电阻的串联电路。

2. 电阻串联电路的等效电阻的测量

（1）仪器和器材。本实训所需仪器及材料有电工实训台（箱）、元件见表2-10。

表2-10　电阻串联电路的等效电阻的测量元器件明细表

代　号	名　称	型号及规格	单　位	数　量
R_1	电阻器	RTX－0.25－3kΩ±5%	只	1
R_2	电阻器	RTX－0.25－6kΩ±5%	只	1
	万用表	MF－30型	只	1

（2）技能训练电路。技能训练电路如图2-28所示。

（3）内容和步骤

在电工电子实训平台上，按图2-28所示的电路图搭接电阻串联电路。

用万用表的欧姆档测量图2-28所示的电路中AB两端电阻，测量方法如图2-29所示。

记录测量结果 $R_{AB}=$ ________，并和理论计算进行比较。

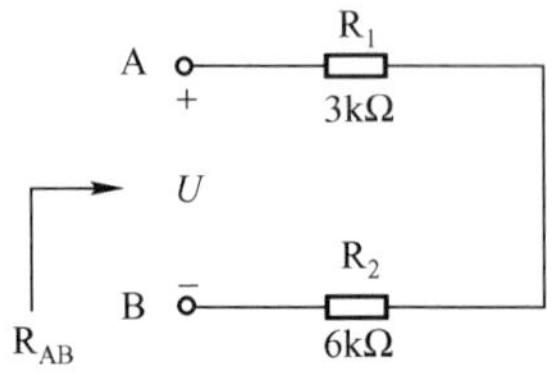

图2-28　串联电路的等效电阻

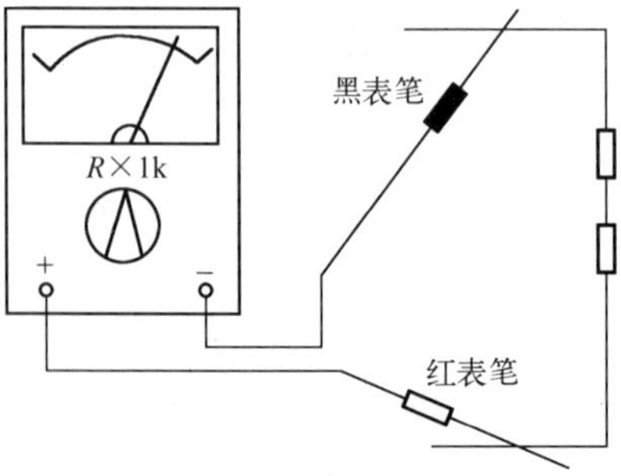

图2-29　串联电路的等效电阻的测量

3. 电阻的并联及分流电路测量

若将若干个电阻元件都接在两个共同端点之间，这种连接方式称为并联，这种电路称为并联电阻电路。

测量如图2-30（a）所示并联电路的电压和电流。其中 $R_1=6k\Omega$、$R_2=3k\Omega$，外加电压 $U=9V$。

通过实验获得 $I_1=1mA$，$I_2=2mA$，$I=3mA$，I 是 I_1 和 I_2 两电流之和；电阻两端电压都是 $U=9V$。

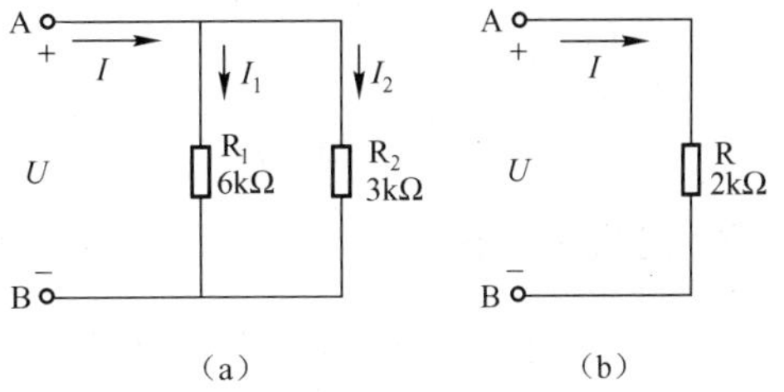

图2-30　演示实验2-4附图

通过上述演示实验获得并联电路的基本特点如下：

（1）并联的各个元件承受同一电压 U。

（2）流过并联各支路的电流之和等于并联电路总电流 I

$$I=I_1+I_2=U/R_1+U/R_2=U(1/R_1+1/R_2)=U/R \tag{2-15}$$

式中
$$R=R_1/\!/R_2=R_1R_2/(R_1+R_2) \tag{2-16}$$

图2-30(a)的等效电路,如图2-26(b)所示。

通过各电阻的电流分别为

$$I=\frac{IR}{R_1}=I\frac{R_2}{R_1+R_2}\qquad I_2=\frac{IR}{R_2}=I\frac{R_1}{R_1+R_2} \tag{2-17}$$

这就是并联电路的分流公式。

上述结论可以推广到两个以上电阻并联电路。

2. 电阻并联电路的等效电阻的测量

（1）仪器和器材。本实训所需仪器以及材料有电工实训台（箱），元件清单见表2-11。

表2-11　元器件明细表

代　号	名　称	型号及规格	单　位	数　量
R_1	电阻器	RTX－0.25－3kΩ±5%	只	1
R_2	电阻器	RTX－0.25－6kΩ±5%	只	1
	万用表	MF—30型	只	1

（2）技能训练电路。技能训练电路如图2-31所示。

（3）内容和步骤。

1）在电工电子实训平台上，按图2-31所示电路图搭接电阻并联电路。

2）用万用表的欧姆挡测量图2-31所示的电路中AB两端电阻，测量方法如图2-32所示。

3）记录测量结果 $R_{AB}=$ ________，并和理论计算进行比较。

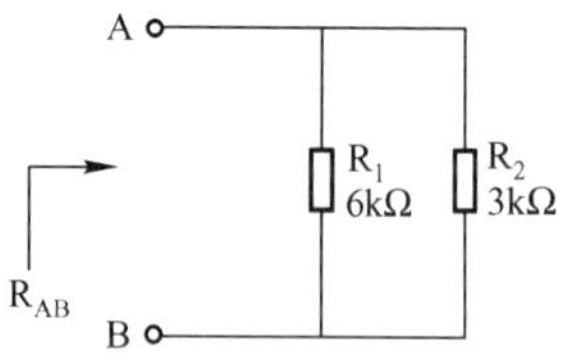

图 2-31　并联电路的等效电阻

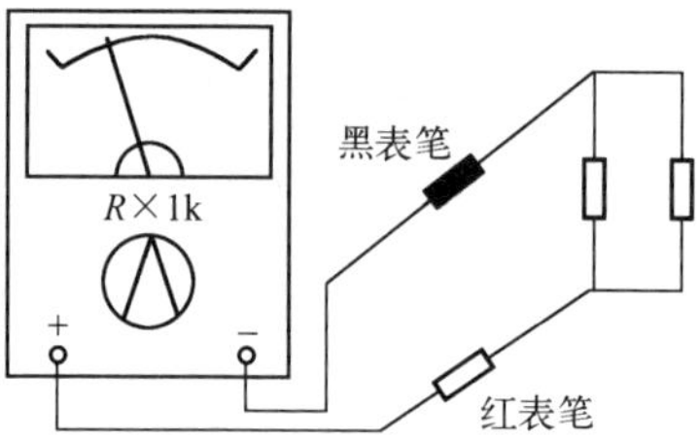

图 2-32　并联电路的等效电阻的测量

3. 电阻的混联

既有电阻串联又有电阻并联的电路叫做电阻混联电路。如图2-33电阻混联电路，其等效电阻 $R = R_3 + R_1 // R_2$

课堂练习 2-9　如图 2-33 所示电阻混联电路中，设 $R_1 = 1\Omega$，$R_2 = 6\Omega$，$R_3 = 3\Omega$，试求其等效电阻 R。

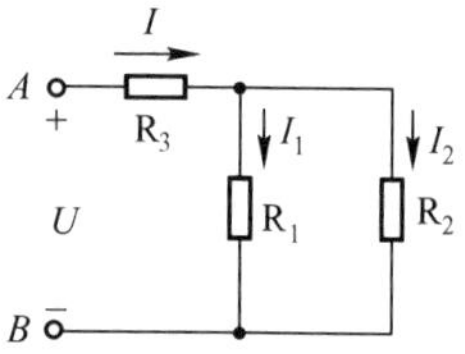

图 2-33　电阻的混联

2.4.2　电阻电路的分析及其应用

1. 电阻电路的入端电阻

电阻电路的入端电阻即从电阻电路的输入端看进去的等效电阻 R_i。

例 2-5　求如图 2-34 所示电路的入端电阻 R_i。

解　
$$\begin{aligned} R_i &= R + \{[(R+R)//2R] + R\}//2R \\ &= R + \{2R//2R + R\}//2R \\ &= R + \{R + R\}//2R \\ &= R + 2R//2R \\ &= R + R \\ &= 2R \end{aligned}$$

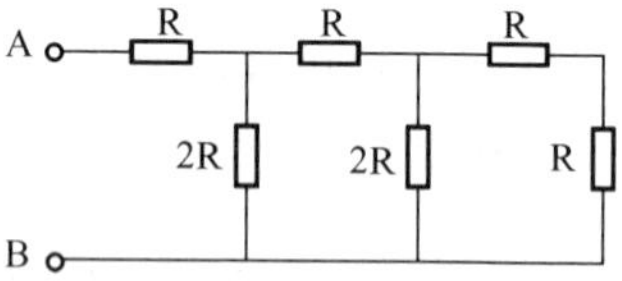

图 2-34　例 2-5 附图

2. 电阻分压及其应用

利用电阻串联分压的道理，可以制成电阻分压器。如图 2-35(a)所示是分压器的原理图，可得分压公式

$$U_o = \frac{R_X}{R}$$

滑动变阻器和电位器即是分压器的实例，如图 2-35（b）所示是它们的外形图。

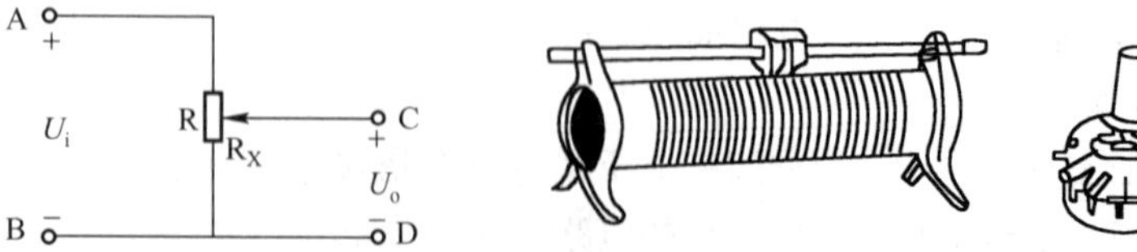

（a）原理图　（b）实物图

图 2-35　电阻分压原理及实物

利用电阻串联分压的道理，还可以扩大电压表的量程。如图 2-36（a）所示，若要将电压表的量程扩大，可把电阻 R 与电压表串联。图中 I_g 是表头满刻度电流，R_g 是表头的内阻。

3. 电阻分流及其应用

利用电阻并联分流的原理，可以扩大电流表的量程。如图 2-36（b）所示，若要将电流表的量程扩大，可把电阻 R 与电流表并联。图中 I_g 是表头满刻度电流，R_g 是表头的内阻。

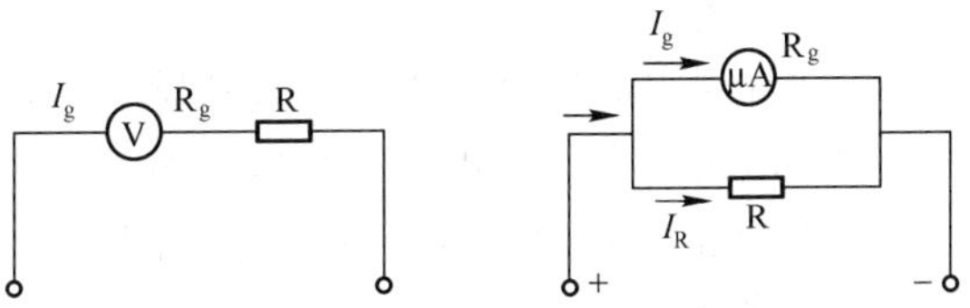

（a）扩大电压表的量程　　（b）扩大电流表的量程

图 2-36　计量表量程扩大电路

2.4.3　电路的工作状态

1. 通路（负载工作状态）

通路就是电源与负载接成闭合回路，如图 2-37 所示电路中开关 S 合上时的工作状态。若忽略导线电阻，负载的电压降 U_L 就等于路端电压 U：

$$U_L = U = U_S \times R_L / (R_S + R_L) \qquad (2-18)$$

由式（2-18）可知，R_S 越小，则 U_L 越大越接近于 U_S，即带负载能力越强。

2. 断路（开路）

断路就是电源与负载没有接通成闭合回路，如图 2-38 所示电路中的开关 S 断开时的工作状态。断路状态相当于负载 R_L 为无穷大，电路的电流 I 为零，即

$$R_L \to \infty\ ,\ I \to 0$$

此时电源不向负载供给电功率，即电源功率 $P_S = 0$，负载功率 $P_L = 0$。

这种情况称为电源空载。电源空载时的端电压称为断路电压或开路电压。电源的开路电压 U 就等于电源电压 U_S

$$U = U_S$$

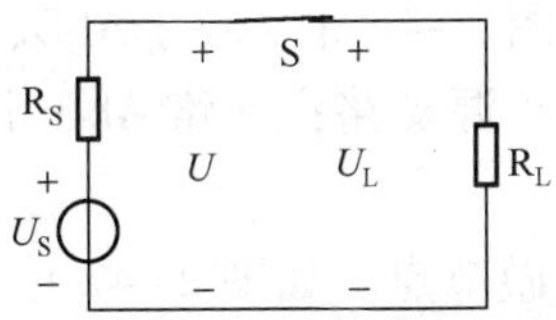

图2-37　通路（负载工作状态）

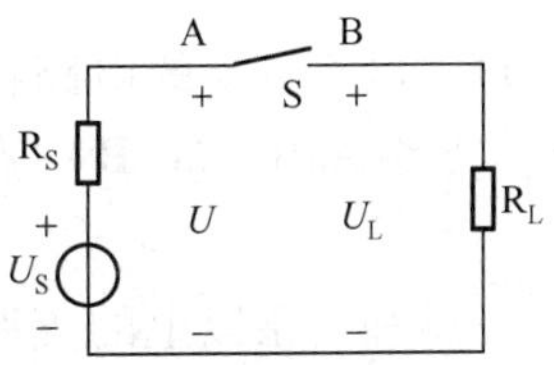

图 2-38　断路（开始）

3. 短路

短路是指电源未经负载而直接由导线接通形成闭合回路，如图 2-39 所示。图中折线是指明短路点的符号。电源输出的电流以短路点为回路而不流过负载。

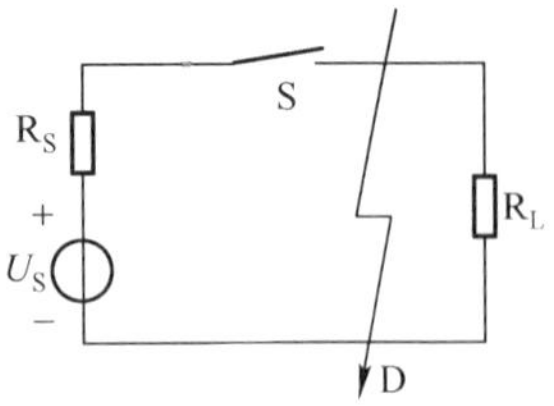

图 2-39　短路

若忽略导线电阻，短路时回路中只存在电源的内阻 R_S。这时的电流称为短路电流

$$I = U_S/R_S$$

因为电源内阻 R_S 一般比负载电阻小得多，所以短路电流总是很大的。

如果电源短路状态不迅速排除，则由于电流热效应，很大的短路电流将会烧毁电源、导线以及短路回路中接有的电流表、开关等，甚至引起火灾。所以电源短路是一种严重事故，应严加防范。为了避免短路事故引起严重后果，通常在电路中接入熔断器或自动断路器，以便在发生短路时能迅速将故障电源自动切断。

课堂练习 2-10　如图 2-40 所示，回答下列问题：

（1）电灯 L_1 和 L_2 是（　　）。

A. 串联　　B. 并联　　C. 混联　　D. 不能确定

（2）如果从每盏电灯通过的电流都是 0.3A，那么电流表 A 的读数应为（　　）。

A. 0.3A　　B. 0.6A　　C. 0A　　D. 不能确定

课堂练习 2-11　在如图 2-41 所示电路中，总电流 I 不变，$I = 300\text{mA}$，$R_2 = 100\Omega$；当 $R_1 = 0$ 时，$I_2 =$ ________mA；当 $R_1 = \infty$ 时，$I_2 =$ ________mA。

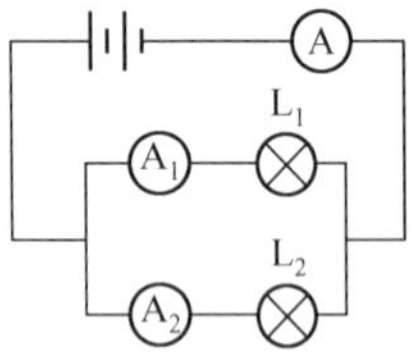

图 2-40　课堂练习 2-10 附图

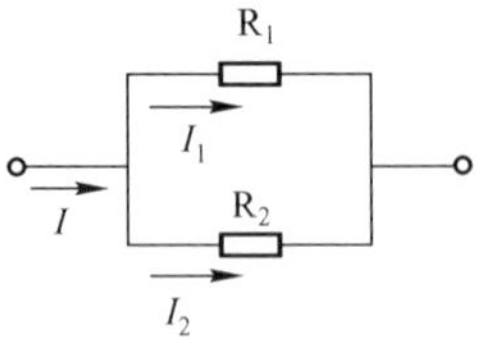

图 2-41　课堂练习 2-11 附图

2.5　基尔霍夫定律

2.5.1　相关的电路名词

（1）支路。每一段不分支的电路称为支路。如图 2-42 中 AaB、AbB、AdcB 都是支路，而 Ad 不是支路。支路 AaB、AdcB 中有电源，称为含源支路；支路 AbB 中没有电源，则称为无源支路。

（2）节点。三条和三条以上的支路的连接点叫做节点。如图 2-42 中 A 点和 B 点都是节点。

（3）回路。电路中任一闭合路径叫做回路。如图 2-42 中 AaBbA、AdcBaA、AdcBbA 都是回路。只有一个回路的电路叫做单回路电路。

（4）网孔。内部不含有支路的回路叫网孔。如图 2-42 中 AbBaA 和 AdcBbA 都是网孔，而 AdcBaA 则不是网孔。

（5）网络。一般把包含元件较多的电路称为网络。实际上电路和网络两个名词可以通用。

支路是构成节点、网孔、回路的基础，因而也是构成电路结构的基础。

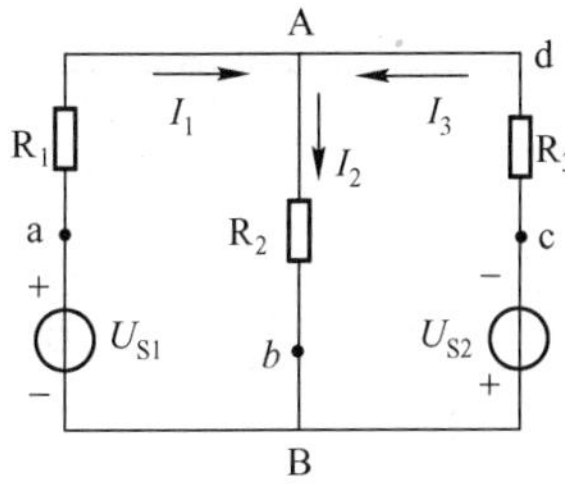

图 2-42 有关的电路名词附图

2.5.2 基尔霍夫电流定律的认识

1. 基尔霍夫电流定律

基尔霍夫电流定律简称 KCL：在任一时刻，流入一个节点的电流之和等于从该节点流出的电流之和，即

$$\sum I_i = \sum I_o \qquad (2-19)$$

例 2-4 对图 2-42 所示电路，列出节点的电流方程。

解 先选定各支路的参考方向，如图 2-42 所示。

根据 KCL 节点 A：$I_1 + I_3 = I_2$

节点 B：$I_2 = I_1 + I_3$

可以看出上面两个式子是相同的。所以对于具有两个节点的电路只能列出一个独立的节点电流方程。同理，对于具有 n 个节点的电路，只能列出 $n-1$ 个独立的节点电流方程。

上面节点 A 或节点 B 的电流方程也可改写为

$$I_1 + I_3 - I_2 = 0$$

因此式（2-19）又可写为

$$\sum I = 0 \qquad (2-20)$$

这就是说，任何时刻，流经电路的任一节点的所有电流的代数和恒等于零。此时，若设流入节点的电流前面取正号，则流出节点的电流前面取负号。

例 2-5 如图 2-43 所示，在给定的电流参考方向下，已知 $I_1 = 1\text{A}$，$I_2 = -3\text{A}$，$I_3 = 4\text{A}$，$I_4 = -5\text{A}$，试求出 I_5。

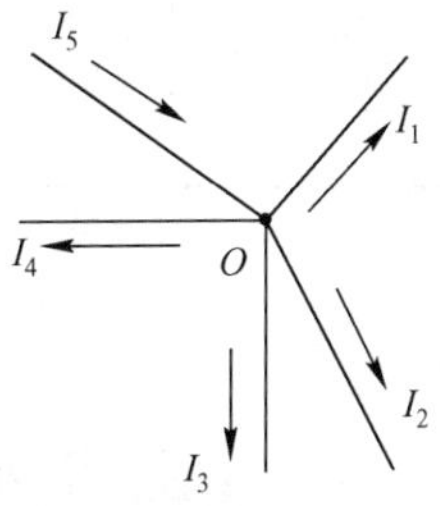

图 2-43 例 2-7 附图

解 利用 KCL 先写出 $-I_1 - I_2 - I_3 - I_4 + I_5 = 0$

将已知数据代入 $-1-(-3)-4-(-5)+I_5 = 0$

得 $I_5 = -3\text{A}$

I_5 为负值，说明 I_5 是流出节点的电流。

从本例中可以看出：凡应用 KCL 时，均应按电流的参考方向来列方程式。

2. 基尔霍夫电流定律验证实训

（1）仪器和器材。本实训需要电工实训台（箱），所需元件见表 2-12。

表 2-12 元器件明细表

代　号	名　称	型号及规格	单　位	数　量
S1	开关	双刀双掷开关	个	1
R_1	电阻器	RTX－5－150Ω±5%	只	1
R_2	电阻器	RTX－5－300Ω±5%	只	1
R_3	电阻器	RTX－5－50Ω±5%	只	1
U_{S1}、U_{S2}	电源	双路输出直流稳压电源	台	1
	直流电压表	0～15～30V	台	1
	直流电流表	0～50～100～200mA	台	1
	电流插座		只	3
	电流插头		只	3

（2）技能训练电路。电路如图 2-44 所示。

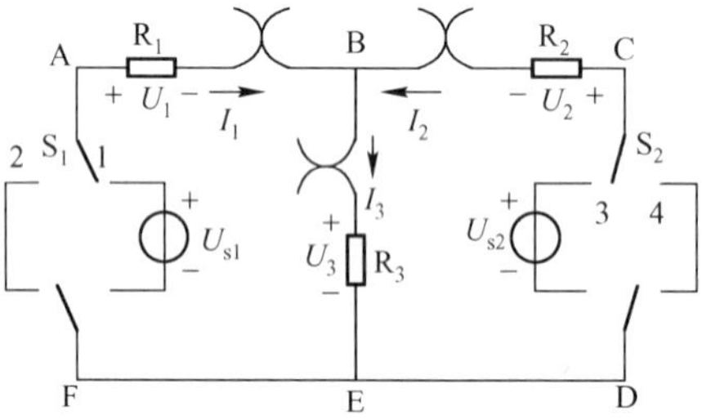

图 2-44　基尔霍夫电流定律验证

（3）注意事项。测量电流时，应将电流表与被测电路串联。测量电压时，应将电压表与被测电路并联。电路中的电流插座与插头就是为了将电流表很方便地与被测电路串联。

（4）内容和步骤。

1）在电工电子实训平台上，按图 2-44 所示电路接线。

2）调节直流稳压电源，使其输出直流电压 $U_{S1}=25V$，$U_{S2}=15V$。

3）检查电路，确保无误。

4）合上开关 S_1、S_2，分别测量 I_1、I_2、I_3。并将测量结果填入表 2-13 中。

表 2-13　基尔霍夫电流定律测量记录表

电　源	电流（mA）			验证 KCL
U_{s1} 和 U_{s2} 共同作用	I_1	I_2	I_3	节点 B　$\sum I=?$

2.5.3　基尔霍夫电压定律的认识

1. 基尔霍夫电压定律

基尔霍夫电压定律简称 KVL：任何时刻，在电路中任一闭合回路内，电压源电压（电位升）的代数和等于电压降（电位降）的代数和，即

$$\sum U_S = \sum U \tag{2-21}$$

如果电路中的电压降都是电阻电压降，则式（2-21）也可写成

$$\sum U_S = \sum IR \tag{2-22}$$

应用式（2-22）列方程时，式中各项符号的正负应按下列规则确定：

（1）先选定一个回路上绕行的方向；

（2）方程左边电压源的电压，若其参考方向与绕行方向一致，则取负号，反之则取正号。

（3）方程右边电阻的电压，若电流参考方向与绕行方向一致，则取正号，反之则取负号。

例 2-8　对图 2-45 所示电路，列出回路的电压方程。

解　先选定各支路电流的参考方向和回路的绕行方向，并标在图 2-45 中，根据 KVL 列出如下方程。

网孔 AdcBbA：　$-U_{S2} = -I_2R_2 - I_3R_3$

网孔 AbBaA：　$U_{S1} = I_1R_1 + I_2R_2$

回路 AdcBaA：　$U_{S1} - U_{S2} = I_1R_1 - I_3R_3$

上面三个方程中的任何一个都可以从其他两个中导出。因此，只有两个电压方程是独立的，通常选用网孔的电压方程。

若将式（2-21）中的 $\sum U_S$ 移到 $\sum U$ 的同一侧，这时式（2-21）也可表示为

$$\sum U = 0 \tag{2-23}$$

即基尔霍夫电压定律也可表述为：任何时刻，在电路中任一闭合回路内各段电压的代数和恒等于零。

在应用式（2-23）列回路电压方程时，前面的符号规则变得更为简洁，具体如下：首先选定一个回路的绕行方向；凡电压的参考方向与绕行方向相同就在该电压前面取“+”号，反之则取“-”号。

课堂练习 2-12　试列出图 2-43 所示部分电路中回路 ABCDA 的电压方程。

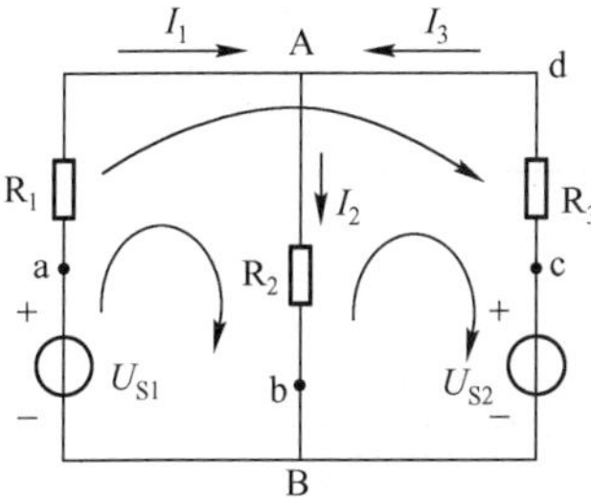

图 2-45　例 2-8 附图

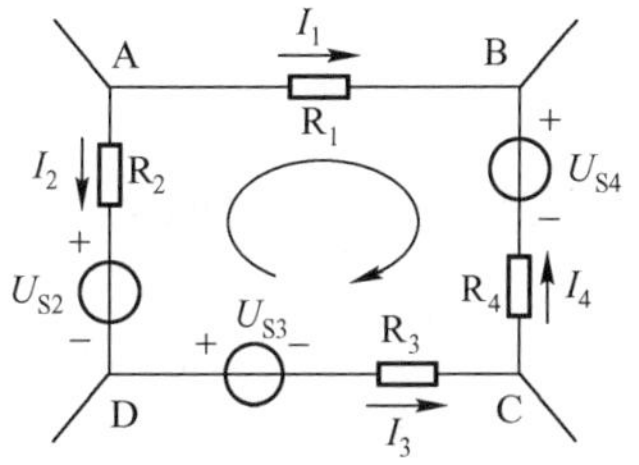

图 2-46　课堂练习 2-12 附图

2.6　电压、电流和电阻的测量实训

2.6.1　电流的测量

1. 电流表基本知识

电流分为直流电流和交流电流，二者的测试仪表是不同的，如图 2-47（a）为一种直流

电流表的实例。

测量电流时电流表必须和负载或被测电路串联，接线方法如图 2-47 所示。图 2-47（b）所示为直流电流的测量，图 2-47（c）所示为交流电流的测量。测量直流电流时，接线还应注意让电流从表的“+”极流入，“-”极流出，否则指针将反向偏转，使电流表受到损坏。

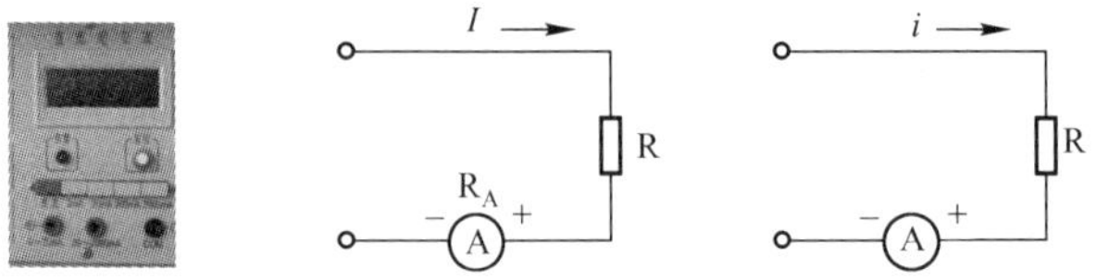

（a）电流表的实例　　（b）　　（c）

图 2-47　电流表的接法

对于指针式仪表，使用前应检查仪表的指针是否在零位上，如果不在零位上，可用螺丝刀调节表盖上的调零器，将指针调至零位，即机械调零。

为了减小电流表接入电路后对电路原始状态产生的影响，要求电流表的内阻尽可能小。电流表的内阻越小，测量结果就越接近于实际值。例如，在图 2-47（b）所示电路中，若电源电压为 U，负载电阻为 R，则被测电流 $I=U/R$。当接入了内阻为 R_A 的电流表后，测量电流值变为 $I=U/(R+R_A)$。显然测量电流值小于被测电流的实际值。如果电流表的内阻 R_A 小一些，则测量结果就相应地准确一些。

2. 电流测量技能训练

（1）仪器和器材。所需仪器有电工实训台（箱），所需元件见表 2-14。

表 2-14　电流的测量元器件明细表

代　　号	名　　称	型号及规格	单　　位	数　　量
R	电阻器	RTX - 0.25 - 3kΩ ±5%	只	1
U_S	电源	直流稳压电源	台	1
A	电流表		只	1
S	开关	单刀单掷开关	只	1

（2）技能训练电路。电路如图 2-48 所示。

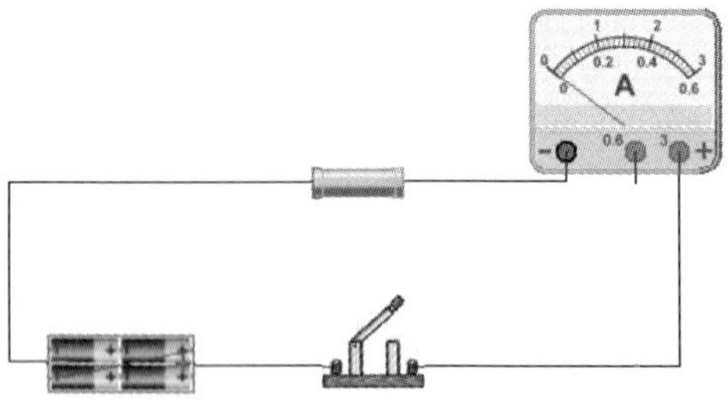

图 2-48　电流的测量

（3）内容和步骤

1）在电工电子实训平台上，按图 2-48 所示搭接电路。

2）检查无误后，合上开关 S。

3）用电流表测量图 2-48 所示电路中的电流。

4）记录测量结果 $I=$ ________，并和理论计算进行比较。

课堂练习 2-13　若误将电流表与负载并联，将会发生什么后果？

2.6.2　电压的测量

1. 电压表基本知识

电压有直流电压和交流电压，图 2-49（a）所示为一种电压表的实例。

测量电压时，电压表必须并联在负载或被测电路两端，接线方法如图 2-49 所示。图 2-49（b）所示为直流电压的测量，图 2-49（c）所示为交流电压的测量。使用磁电系电压表测量直流电压时，还应注意电压表接线端上的“+”、“-”极标志。“+”极接高电位端，“-”极接低电位端，否则指针将反向偏转，使电压表受到损坏。

对于指针式仪表，使用前检查仪表的指针是否在零位上，如不在零位上，可用螺丝刀调节表盖上的调零器，将指针调至零位，即机械调零。

2. 电压表内阻对测量值的影响

为了减小电压表接入电路后对电路原始状态产生的影响，要求电压表的内阻尽可能大。例如，在图 2-49（d）所示电路中，被测电压 $U=R_2U/(R_1+R_2)$，当接入了内阻为 R_V 的电压表后，测量电压值变为 $U=R_2'U/(R_1+R_2')$，其中 $R_2'=R_2R_V/(R_2+R_V)$。显然测量电压值和被测电压的实际值是有差异的。所以应选择内阻比被测电阻大得多的电压表进行测量，则测量结果就相应地准确一些。

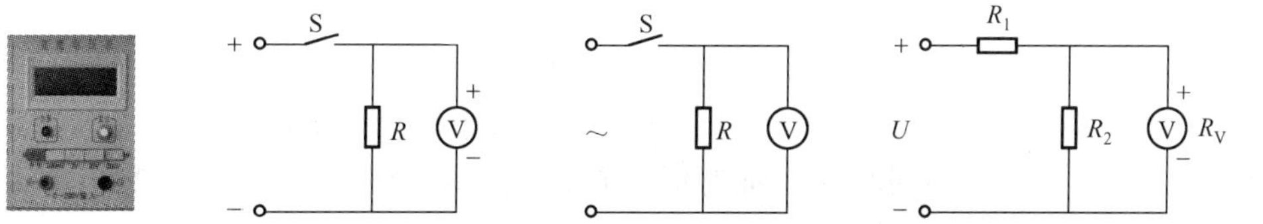

（a）电压表实物　（b）电压表的接法1　（c）电压表的接法2　（d）电压表内阻对测量结果的影响

图 2-49　电压表实物、接法及其内阻对测量值的影响

为了表明电压表的内阻，在电压表的刻度盘上都标注有“电压表灵敏度”这一参数。电压表灵敏度以电压表每伏的内阻值来表示。例如，刻度盘上标明电压表的灵敏度为“2000Ω/V”，假设使用 10V 挡量程，则电压表的内阻为(2000Ω/V)×10V=20kΩ。显然电压表灵敏度高，相应的内阻就大，测量值也就准确。

2. 电压测量技能训练

（1）仪器和器材。本实训需要电工实训台（箱）1 台，所需元件见表 2-15。

表 2-15　电压的测量元器件明细表

代　号	名　称	型号及规格	单　位	数　量
R	电阻器	RTX-0. 25-3kΩ ±5%	只	1
U_S	电源	直流稳压电源	台	1
	电流表		只	1
S	开关	单刀单掷开关	只	1

（2）技能训练电路。电路如图 2-50 所示。

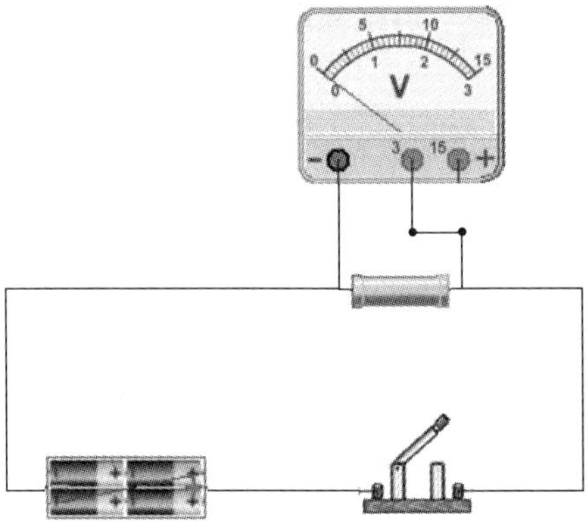

图 2-50 电压的测量

（3）内容和步骤

1）在电工电子实训平台上，按图 2-50 所示的电路图搭接电路。

2）电路检查无误后，合上开关 S。

3）用电压表测量图 2-50 所示电路中的电流。

4）记录测量结果 $U=$ ________，并和理论计算进行比较。

课堂练习 2-14 若误将电压表与负载串联，将会发生什么后果？

2.6.3 电阻的测量

在电工测量中，通常把电阻分为低阻值（1Ω 以下）、中等阻值（1Ω ~ 0.1MΩ）和高阻值（0.1MΩ 以上）3 挡，其测量方法也有所不同。对中等阻值电阻的测量一般用欧姆表，对高阻值电阻的测量可以用兆欧表，而对低阻值电阻的测量则可以用电桥或数字式欧姆表。

1. 欧姆表法

欧姆表测电阻的原理电路如图 2-51 所示。当被测电阻 R_X 接入后，流过测量机构的电流为 $I=E/(R_g+R+R_X)$。

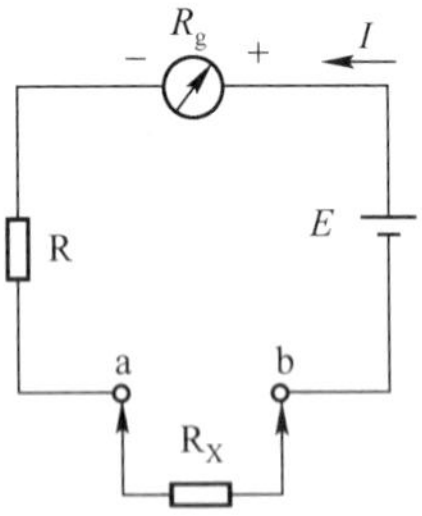

图 2-51 欧姆表测电阻的原理电路

若 E、R、R_g 一定，则 I 与 R_X 一一对应，即指针转角与被测电阻 R_X 一一对应。这样只要刻度按电阻值标示，就可以进行电阻的测量。当 $R_X=0$ 时，选择合适的电阻 R 可使 $I=I_X$，指针满偏，对应的电阻刻度为“0”；当 $R_X=+\infty$ 时，显然 $I=0$，指针不偏转，对应的电阻刻度为“$+\infty$”。可见，欧姆表的刻度尺为反向刻度，并且为非均匀刻度。欧姆表内阻 $R_0=R+R_g$，如果被测电阻 $R_X=R_0$，则 $I=I_g/2$，指针将偏转到刻度尺的中心刻度处。因此该处阻值就表示了欧姆表内阻的大小，称为欧姆表的欧姆中心值。由于刻度的非均匀，测量时应尽可能使指针在中心值附近，以提高测量准确度。

2. 兆欧表法

（1）兆欧表。兆欧表也称为绝缘电阻表（工程中又称为摇表或高阻表），是一种专门测量高阻值电阻（主要是绝缘电阻）的仪表。兆欧表的读数以兆欧（MΩ）为单位。兆欧表实物如图 2-52（a）所示。

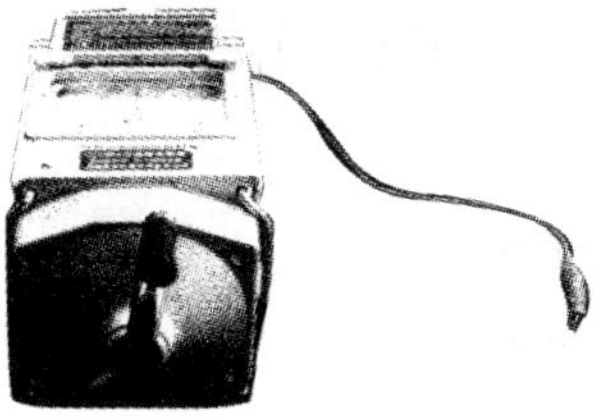

（a）兆欧表实物

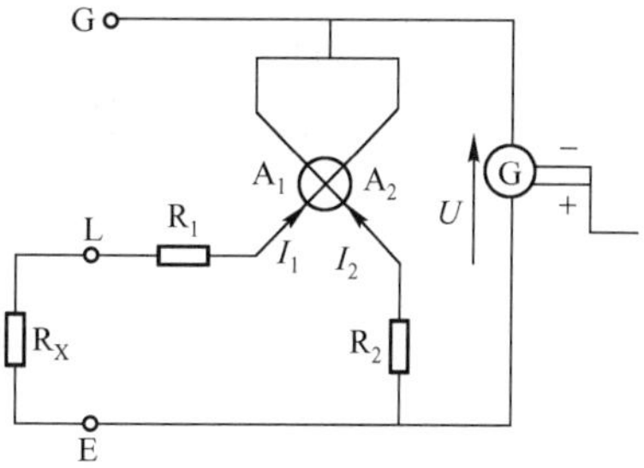

（b）原理电路

图 2-52　兆欧表

兆欧表的原理电路如图 2-52（b）所示。图中 G 表示手摇发电机，A_1 和 A_2 表示两组互相交叉的线圈，R_1 和 R_2 是串接在两组线圈中的限流电阻。兆欧表有三个接线端："线"端（L）、"地"端（E）和"屏"端（G）。被测电阻 R_X 接在"L"和"E"两端。

兆欧表的刻度是不均匀的，为反向刻度尺。由于兆欧表中没有游丝，当线圈中没有电流时，指针可停留在刻度尺的任意位置。

（2）兆欧表的使用注意事项。

1）正确选择兆欧表的额定电压和测量范围。额定电压的选择主要取决于被测电气设备的额定电压。兆欧表的额定电压太高，有击穿被测设备的危险，太低又不能正确反映被测对象在额定电压下的绝缘电阻。测量范围的选择主要取决于是否便于读数，读数误差小。

2）测量前要做好兆欧表的检查工作。检查方法：将兆欧表的"L"端和"E"端开路，摇动手摇发电机至额定转速，指针应指在"∞"位置；将"L"端和"E"端短路，缓慢摇动手摇发电机手柄，指针应指在"0"位置。

测量前还应切断被测设备的电源，并接地短路放电。绝不允许测量带电设备的绝缘电阻，否则易造成人身和设备事故。此外还应注意兆欧表的工作位置，测量时应将兆欧表放在平稳的位置。

3）正确接线。接线时被测绝缘电阻接在"L"端和"E"端之间。其中"L"端接被测对象，"E"端接被测对象的外壳或其他导体部分。"G"端在仪表内部直接与电源负极相连，一般在被测设备或电缆的绝缘物上，以减小由被测设备表面泄漏电流引起的误差。

4）准确读数。应在手摇发电机达到额定转速约 120rpm，指针稳定时再读数。

3. 伏安表法

根据欧姆定律，电阻 R 等于其两端的电压 U 除以电阻中流过的电流 I，即 $R=U/I$。如果用电压表和电流表测出电阻 R 上的 U 和 I，即可算出 R 的大小。由于这种方法仅用到电压表和电流表，所以称为伏安表法，这是一种间接测量方法。接线方法有两种，图 2-53（a）所示为电压表前接法，适用于测量阻值较大的电阻；图 2-53（b）所示为电压表后接法，适用于测量阻值较小的电阻。为了减小测量误差，应正确选择适当的接线方法。

课堂练习 2-15　欧姆表的欧姆调零电阻起什么作用？

课堂练习 2-16 伏安表法测量，适用于什么场合？缺点是什么？

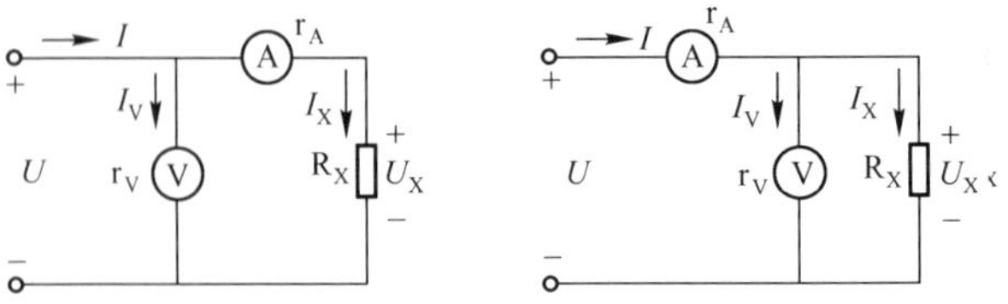

（a）电压表前接法　　（b）电压表后接法

图 2-53　伏安表法测量电阻

2.6.4　万用表

万用表是一种多用途、多量程的便携式仪表，可以进行交直流电压、电流及电阻等多种电量的测量，在电气、电子设备的安装、检查、维修等工作中应用极为广泛。万用表有普通指针式和数字式两种类型。

1. 指针式万用表

（1）结构。指针式万用表由表头、测量线路和转换开关三大部分组成。

1）表头。指针式万用表的表头一般都采用磁电系测量机构，并以该测量机构的满量程偏转电流表示万用表的灵敏度。满量程偏转电流越小，表头的灵敏度越高，测量电压时表的内阻也越大。万用表是多用途仪表，测量各种不同电量时都合用一个表头，所以在刻度盘上有几条刻度尺，使用时可根据不同的测量对象在对应的刻度尺上读数，如图 2-54 所示。

（a）实物

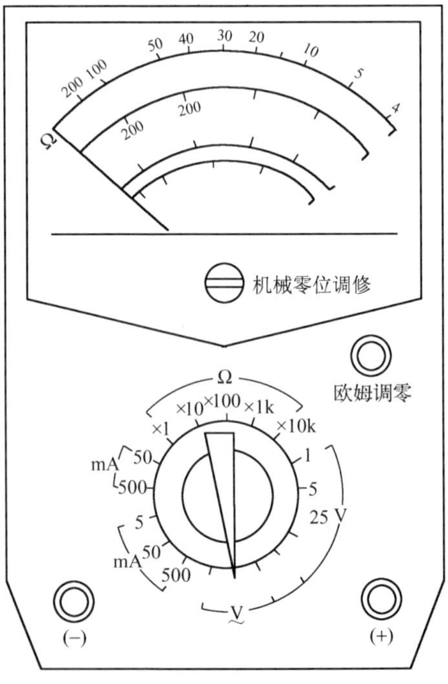

（b）MF—30型万用表面板图

图 2-54　万用表

2）测量线路。测量线路是万用表的关键部分，其作用是将各种不同的被测电量，转换成磁电系表头能接受的直流电流。

3）转换开关。转换开关用于选择万用表的测量种类和量程。转换开关中有固定触头和活动触头。当转换开关转到某一位置时，活动触头就和某个固定触头闭合，从而接通相应的测量线路。

（2）万用表的原理和使用方法

1）直流电流、电压的测量。

测量时先将转换开关旋到相应被测量（μA、mA 或 V）的区域内，选好量程，再将测试表笔接入被测电路中。测量电流时，万用表应和被测电路串联；测量电压时，万用表应和被测电路并联。注意：和“+”插座相连的红表笔应接在被测电路的高电位端（即电流流入红表笔），和“-”插座相连的黑表笔应接在被测电路的低电位端（即电流流出黑表笔）。

2）交流电压的测量。万用表测量交流电压时，通常采用二极管整流电路，先将交流电压整流成直流电压，再推动磁电系表头指针偏转进行测量。所以万用表的交流电压挡实际上是一个整流测量仪表，读数为被测交流电压的有效值。

测量时先将转换开关旋到交流电压的区域内，选好量程，再将测试表笔并入被测电路中。

3）电阻的测量。万用表电阻挡实际上是一个多量程的欧姆表，其工作原理和欧姆表相似。MF—30 型万用表电阻挡有 $R\times1$、$R\times10$、$R\times100$、$R\times1\text{k}$、$R\times10\text{k}$ 五个量程，共用一条刻度尺。$R\times1$、$R\times10$、$R\times100$、$R\times1\text{k}$ 挡均以 1.5V 干电池作为电源，而 $R\times10\text{k}$ 挡的工作电源为 9V 叠层电池。

由于万用表电阻挡采用干电池作为工作电源，干电池的端电压会随着时间的增长而下降，导致工作电流变小，使测量结果偏大，所以在测量线路中设置了调零电路。为了保证测量准确，每次测量前（每次改换量程）都必须调零。调零方法为：将红表笔和黑表笔短接，旋动调零旋钮，直至指针指示“0”为止，方可进行测量。

4）其他测量。除了测量上述电量外，有的万用表还能测量电平、电容、电感和晶体管的直流放大倍数等。

2. 数字式万用表

数字式万用表的外形如图 2-55 所示，它具有测量准确度高、分辨率高、抗干扰能力强，功能齐全、操作方便、读数迅速准确等优点，因而得到了广泛的应用。数字式万用表主要由液晶显示器、模拟/数字转换器、转换开关等组成，其核心是单片大规模集成电路双积分 A/D 转换器。为实现多种测量功能，其内部还包括电流－电压变换器、交流电压－直流电压变换器和电阻－电压变换器等。

数字式万用表的使用很方便，现以 DT930 型数字式万用表为例说明其使用方法。

（1）直流电压的测量。将功能量程选择开关旋到“DCV”区域适当的量程挡，红表笔插入“F/V/Ω”插座，黑表笔插入“COM”插座，万用表和被测电路并联，将电源开关按下，即可测量直流电压。

（2）直流电流的测量。将功能量程选择开关旋到“DCA”区域适当的量程挡，黑表笔插入“COM”插座。如果被测电流不大于 200mA，则红表笔应插入“A”插座内；如果被测电流大于200mA，则红表笔应插入“20A”插座内。万用表和被测电路串联，将电源开关按下，即可测量直流电流。

（a）实物

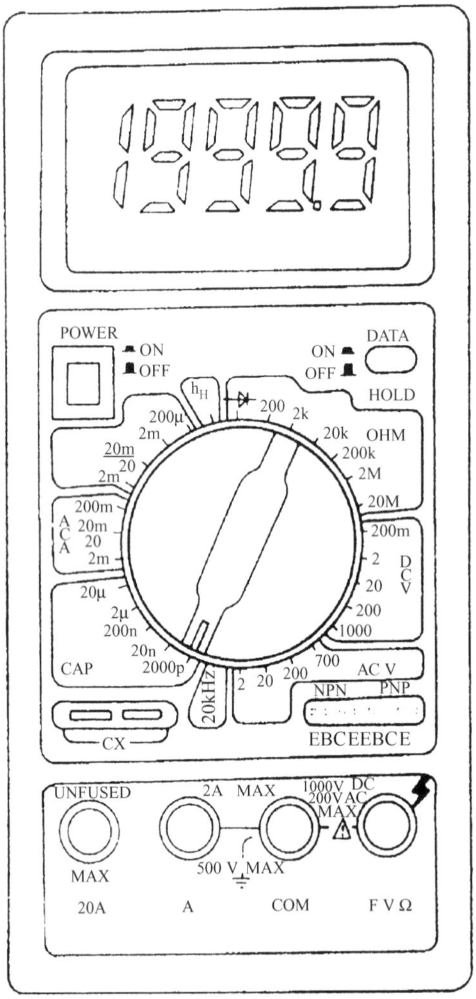

（b）DT930型数字万用表面板图

图2-55　数字万用表

（3）交流电压的测量。将功能量程选择开关旋到“ACV”区域适当的量程挡，红表笔插入“F/V/Ω”插座，黑表笔插入“COM”插座，万用表和被测电路并联，将电源开关按下，即可测量交流电压。

（4）交流电流的测量。将功能量程选择开关旋到“ACA”区域适当的量程挡，黑表笔插入“COM”插座。如果被测电流不大于200mA，则红表笔应插入“A”插座内；如果被测电流大于200mA，则红表笔应插入“20A”插座内。万用表和被测电路串联，将电源开关按下，即可测量交流电流。

（5）电阻的测量。将功能量程选择开关旋到“OHM”区域适当的量程挡，黑表笔插入“COM”插座，红表笔插入“F/V/Ω”插座，两表笔并接在被测电阻两端，将电源开关按下，即可测量电阻的阻值。注意：测量在线电阻时，应切断被测线路的电源，避免损坏仪表，同时被测电阻不能和其他器件并联，避免测量阻值的误差。

（6）电容的测量。将功能量程选择开关旋到“CAP”区域适当的量程挡，将电源开关按下，并将被测电容的两引脚插入面板左侧的“CX”插座，即可测量电容值。注意：在测量前应先将电容放电；测量大电容时，需要一定时间以稳定读数。

（7）其他测量。除了测量上述电量外，有的万用表还能测量频率和晶体管的直流放大倍数等。

课堂练习 2-17　为什么数字式仪表的准确度和灵敏度比一般指示仪表高？

课堂练习 2-18　用万用表的 ×1k 挡测量电阻时，如果指针指在欧姆刻度尺的 30Ω 处时，问被测电阻的阻值是多少？

2.6.5　直流电阻电路故障的检查技能训练

1. 实训目的

（1）分析电阻电路出现故障的原因。

（2）用测电位、测电压降和测电阻等方法检查电路的故障。

2. 实训仪器和器材

（1）直流稳压电源，1 台；

（2）直流电压表（0 ~ 15 ~ 30V），3 只；

（3）万用表，1 只；

（4）电阻（100Ω、1W），3 只；

（5）电阻（200Ω、1W），1 只；

（6）电阻（50Ω、1W），1 只。

3. 电路原理图

电路原理图如图 2-56 所示。

4. 实训方法

在电路的应用和实验中，会出现各种各样的故障，如断线、短路、接线错误、元件变质损坏或接触不良等现象，使电路不能正常工作，甚至造成设备损坏或人身事故。电路出现故障时，应立即切断电源后进行检查，检查故障的一般方法如下。

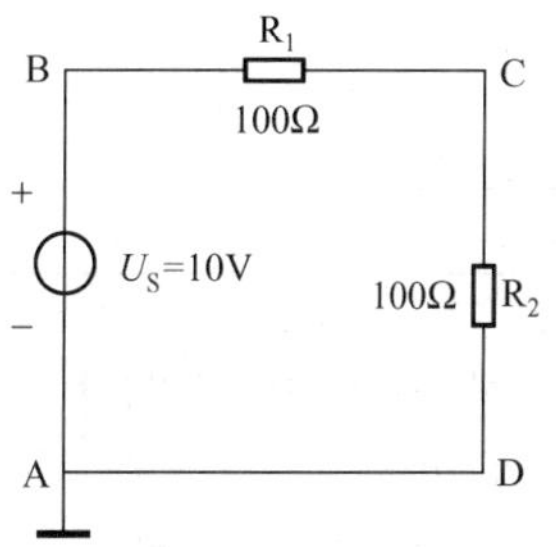

图 2-56　实训原理图

（1）线路的检查。检查线路是否正确，仪表规格、量程及元器件的额定值是否合适。

（2）用电压表（或万用表电压挡）检查故障。首先检查电源电压是否正常，如果电源电压是正常的，再逐点测量电位或逐段测量电压降，查出故障的位置和原因。在图2-56的串联电阻电路中，电路正常时，电位 $U_A=0V$，$U_B=10V$，$U_C=5V$，$U_D=0V$；电压 $U_{AB}=-10V$，$U_{BC}=5V$，$U_{CD}=5V$，$U_{DA}=0V$；当电阻 R_2 断开时，可测得电位 $U_A=0V$，$U_B=10V$，$U_C=10V$，$U_D=0V$；电压 $U_{AB}=-10V$，$U_{BC}=0V$，$U_{CD}=10V$，$U_{DA}=0V$。当电阻 R_2 短路时，则可测得电位 $U_A=0V$，$U_B=10V$，$U_C=0V$，$U_D=0V$；电压 $U_{AB}=-10V$，$U_{BC}=10V$，$U_{CD}=0V$，$U_{DA}=0V$。显然，根据测定的电位或电压值，就可以判断电路哪一段有故障，是什么性质的故障。此法较为简便，但通常在电路允许通电的情况下，才可采用此法。

（3）用欧姆表（万用表电阻挡）检查故障。首先切断线路的电源，用万用表电阻挡测量电阻的方法检查各元器件引线及导线连接点是否断开、电路有无短路、如遇复杂电路，可以断开一部分电路后再分别进行检查。

5. 内容和步骤

（1）用直流电压表（或万用表直流电压挡）检查电路故障。

1）检查串联电路的故障。按图 2-57 所示接线，直流稳压电源输出电压 U_S 调至 9V，R_1 取 200Ω，R_2 取 100Ω，以电路中的 a 点为参考点，用电压表（或万用表电压挡）测量表 2-16中所列各点的电位和各段的电压，数据记入该表中。在图 2-56 线路中任意换上一根断线，重复上述测量，数据记入表 2-16 中。在图 2-56 线路中，用一根导线任意短接一个电阻，重复上述测量，数据记入表2-16 中。

2）检查混联电路的故障。按图 2-58 所示接线，直流稳压电源电压 $U_S=12V$，电阻 R_1、R_2、R_4 均取 100Ω，R_3 取 50Ω，以电路中 a 点为参考点，用电压表测量表 2-16 中所列各点的电位和各段电压，数据记入该表。

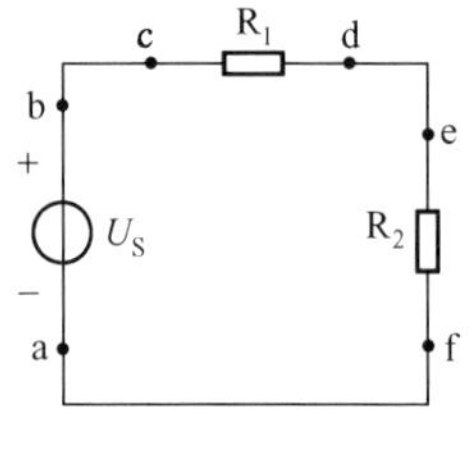

图 2-57　检查串联电路故障的线路

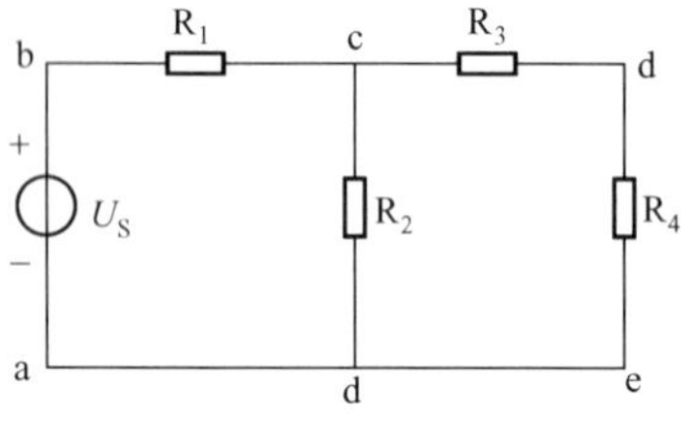

图 2-58　检查混联电路故障的线路

表 2-16　串联电路测量记录表

电路状态	以 a 点为参考点测电位值(V)						分段电压(V)						
	U_a	U_b	U_c	U_d	U_e	U_f	U_{ab}	U_{bc}	U_{cd}	U_{de}	U_{ef}	U_{ce}	U_{cf}
正常													
断开故障													
短路故障													

在图 2-58 线路中，断开并联支路中的任意一条支路，重复上述测量，数据记入表 2-17中。

在图 2-58 线路中，短接并联支路中的任意一条支路，重复上述测量，数据记入表 2-17中。

表 2-17 混联电路测量记录表

电路状态	以 a 点为参考点测电位值(V)						分段电压(V)						
	U_a	U_b	U_c	U_d	U_e	U_f	U_{ab}	U_{bc}	U_{cf}	U_{bf}	U_{cd}	U_{de}	U_{ce}
正常													
断开故障													
短路故障													

(2) 用万用表电阻挡检查电路故障。

用万用表电阻挡检查图 2-57 线路,按表 2-18 中设定的故障情况(注意:检查时必须先断开线路的电源),测量总电阻和各段电阻值,确定故障点的位置,将检查过程记录在表2-18 中。

表 2-18 测量记录表(断开电源 U_S 的两端)

电路状态	R_{ab}	R_{cd}	R_{ef}
正常			
断开故障(de 处用断线)			
短路故障(cd 处短路 R_1)			

注:使用指针式仪表测电阻时,每次测量电阻前,必须将欧姆表表笔短接进行零欧姆调整。

6. 实训报告

(1) 熟悉用测电位、测电压降和测电阻的方法检查直流电阻电路的故障。

(2) 整理实训数据,小结电流、电压和电阻的测量方法。

本章小结

1. 电路常用的物理量(表 2-19)

表 2-19 电路常用物理量

物理量	定　义	有关公式	单　位	相互关系
电流 I	电荷的定向移动形成电流。电流的正方向规定为正电荷的移动方向	$I=\frac{Q}{t}$	安(A)	欧姆定律:$U=RI$ 注:(1) 如果选定电流的参考方向为从标有电压"+"端指向"-"端,则称电流与电压的参考方向为关联参考方向 (2) 上式中的电流和电压的方向必须符合关联参考方向;若不符合关联参考方向,则 $U=-RI$
电压 U	电场力把单位正电荷由 A 点移到 B 点所做的功,称为 A、B 两点间的电压 U_{AB}。其方向是由高电位指向低电位	$U_{AB}=\frac{W_{AB}}{Q}$	伏(V)	
电阻 R	物体对电流的阻碍作用	均匀截面的线状导体的电阻 $R=\rho\frac{1}{S}$	欧(Ω)	

续表

物理量	定　义	有关公式	单　位	相互关系
电位 U	电路中某点（如 A 点）到参考点（如 O 点）的电位，即为该点（A 点）的电位 U_A	$U_A = U_{AO}$	伏（V）	如 A、B 两点的电位分别为 U_A、U_B，则 $U_{AB} = U_A - U_B$
电功率 P	电流在单位时间内做的标称电功率	$P = W/t = UI$	瓦（W）	$P = \frac{W}{t}$在关联方向下，$P>0$ 表示元件消耗（或吸收）功率；$P<0$ 表示元件发出（或提供）功率
电能 W	电功表示电流所做的功，或者称之为电能	$W = Pt$	焦耳（J）	

2. 电路的基本定律

（1）欧姆定律。对于线性电阻来说，在电流与电压的关联方向下，有 $U = RI$。

（2）基尔霍夫定律。基尔霍夫定律见表 2-20。

表 2-20　基尔霍夫定律

名　称	基尔霍夫电流定律（KCL）	基尔霍夫电流定律（KVL）
内　容	在任一时刻，流入一个节点的电流之和等于从该节点流出的电流之和	任何时刻，在电路中任一闭合回路内电压源的电压（电位升）的代数和等于电压降（电位降）的代数和
表达式	$\sum I_i = \sum I_o$（或 $\sum I = 0$）	$\sum U_S = \sum IR$（或 $\sum U = 0$）
列方程式步骤	（1）标定电流方向 （2）选定节点 （3）流入节点的电流取“+”值，流出节点的电流取“-”值	（1）选定回路上的绕行方向 （2）等号右边的 IR，若电流参考方向与绕行方向一致时取正，否则取负；等号左边的 U_S，若其参考方向与绕行方向一致时取负，否则取正

3. 电阻的串联和并联

串联和并联电阻电路相关结论见表 2-21。

表 2-21　串并联电阻电路结论

项　目		电阻串联电路	电阻并联电路
特点	电流	$I = I_1 = I_2 = \cdots = I_n$	$I = I_1 + I_2 + \cdots + I_n$
	电压	$U = U_1 + U_2 + \cdots + U_n$	$U = U_1 = U_2 = \cdots = U_n$
性质	等效电阻	$R = R_1 + R_2 + \cdots + R_n$	$\frac{1}{R} = \frac{1}{R_1} + \frac{1}{R_2} + \cdots + \frac{1}{R_n}$
	电压（或电流）的分配	分压公式（两电阻串联）$U_1 = \frac{R_1}{R_1+R_2}U$ $U_2 = \frac{R_2}{R_1+R_2}U$	分流公式（两电阻并联）$I_1 = \frac{R_2}{R_1+R_2}I$ $I_1 = \frac{R_1}{R_1+R_2}I$
	功率	$P = P_1 + P_2 + \cdots + P_n = I^2R_1 + I^2R_2 + \cdots + I^2R_n$	$P = P_1 + P_2 + \cdots + P_n = \frac{U^2}{R_1} + \frac{U^2}{R_2} + \cdots + \frac{U^2}{R_n}$

练习与思考

2.1　如图 2-59 所示，在已选定的电压参考方向下，$U_1=6V$，$U_2=3V$，分别求出图 2-56（a）和图 2-56（b）中 U_{AB} 和 U_{BA} 各为多少伏？

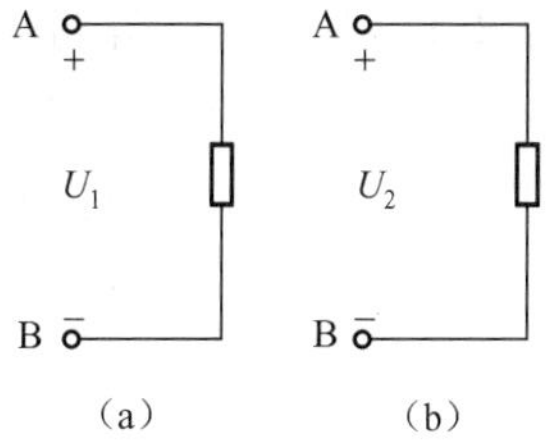

图 2-59　题 2.1 附图

2.2　按图 2-60 中给定的电压电流参考方向，求元件端电压 U 的值。

2.3　按图 2-61 中给定的电压电流参考方向，求电流 I 的值。

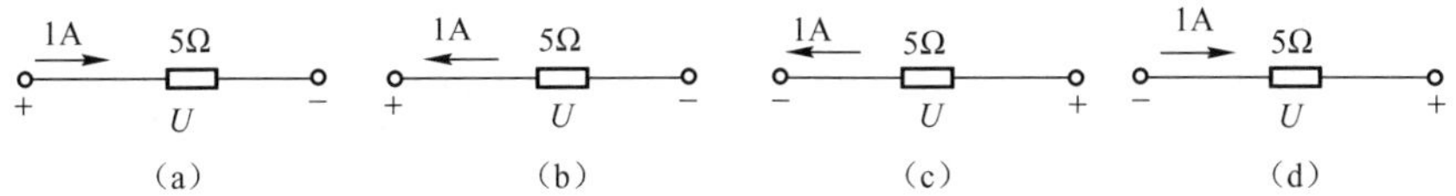

图 2-60　题 2.2 附图

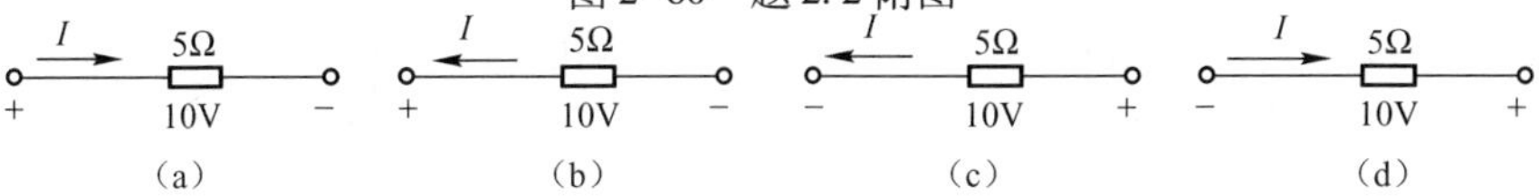

图 2-61　题 2.3 附图

2.4　一个 10kW/10W 的电阻，使用时容许加的最大电压是多少？一个 100kΩ/1W 的电阻，使用时容许通过的最大的电流是多少？

2.5　一个“220V/100W”的灯泡，其额定电流是多少？电阻 R 为多少？

2.6　图 2-62 所示电路中，节点 A 的 KCL 方程为________________。

2.7　图 2-63 所示电路中，回路的 KVL 方程为________________。

2.8　图 2-64 所示电路中，求电流 I。

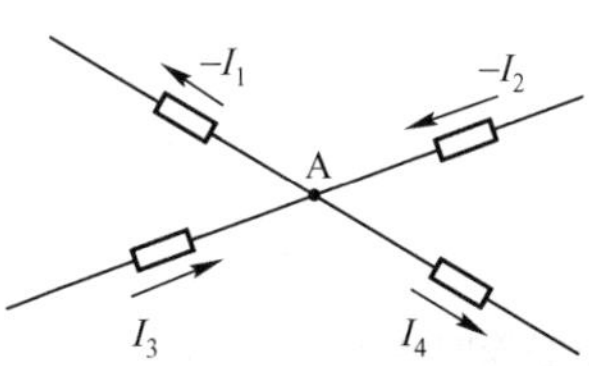

图 2-62　题 2.6 附图

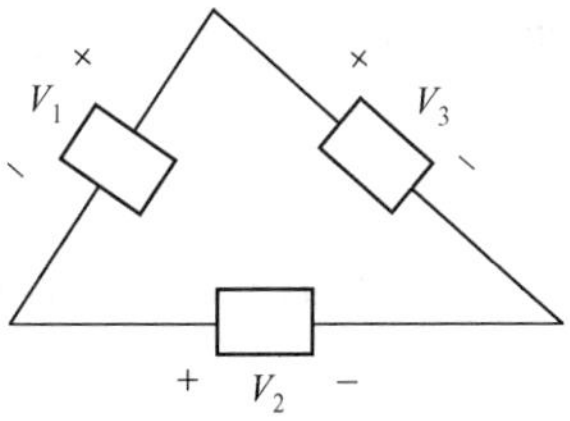

图 2-63　题 2.7 附图

2.9　图 2-65 所示电路中，求电压 U。

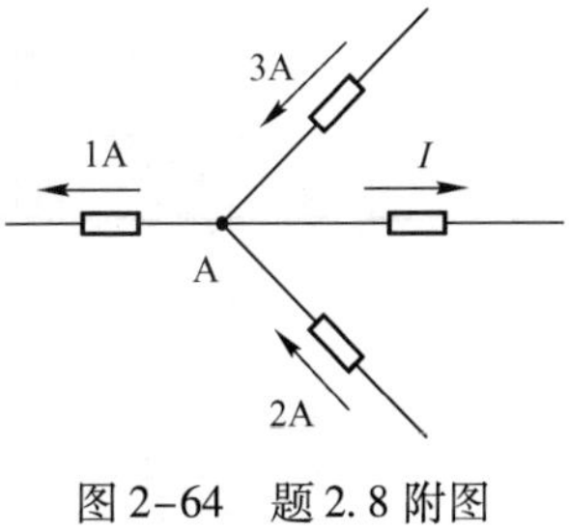

图 2-64　题 2.8 附图

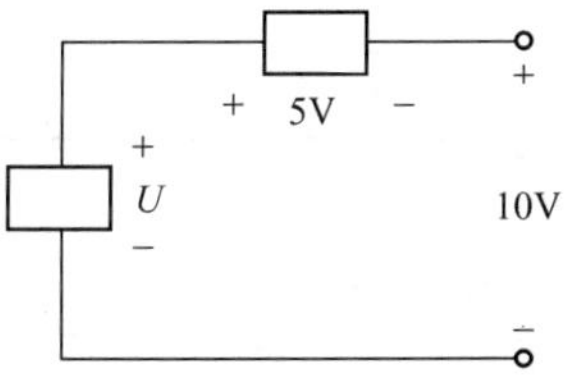

图 2-65　题 2.9 附图

技能与实践

2.1　判断题（正确的在括号中填上√，错误的在括号中填上×）

(　　) 1. 在电阻分压电路中，电阻值越大，其两端分得的电压就越大。

(　　) 2. 并联电阻的等效电阻小于其中任一个电阻的电阻值。

(　　) 3. “15W、220V”的灯泡 A 与“60W、220V”的灯泡 B 串联后接到 220V 电源上，A 灯比 B 灯亮。

2.2　某工场使用 40 只额定电压为 220V、额定功率为 100W 的白炽灯照明，若按每天照

明 8 小时，每月按 30 天计，问该工场每月用电多少度？现要节能减排，改为 60 只额定功率为 36W 的节能日光灯照明，问该工场每月能节电多少度？

2.3　图 2-70 所示电路为某工厂的自备应急电源系统，直流发电机的负载为一台电动机和一组电灯。由于负载离电源较远，因此要考虑输电线的电阻。如果已知发电机电源电压为 240V，内阻为 1Ω，输电线往返的等效电阻为 3Ω，电动机工作电流为 3A，电灯组需要电流 7A，试计算一下负载上的端电压是多少大？输电线上的电压损失是多少？

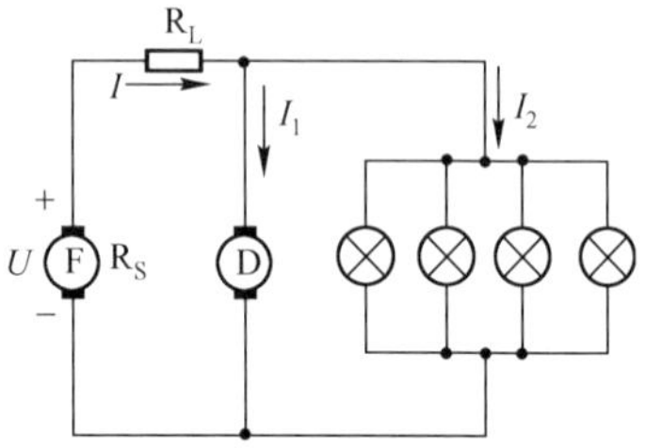

图 2-66　题 2.3 附图

实践应用

1. 实践目的

本实践项目采用伏安表法测量电阻元件的电阻值。

2. 仪器和器材

需要 1 台电工电子实训台，元件见表 2-22 所示。

表 2-22　电压的测量元器件明细表

代　号	名　称	型号及规格	单　位	数　量
R	电阻器		只	1
U_S	电源	直流稳压电源	台	1
	电流表		只	1
	电压表		只	1

3. 技能训练测试电路

测试电路图如图 2-67 所示。

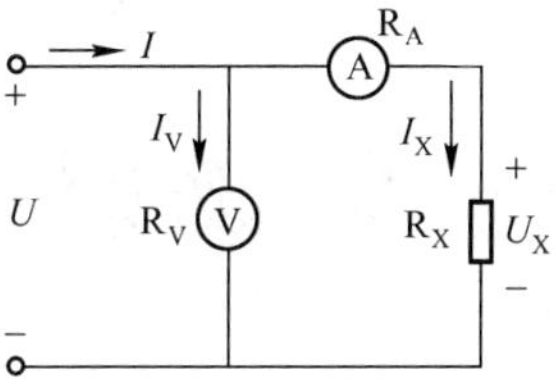

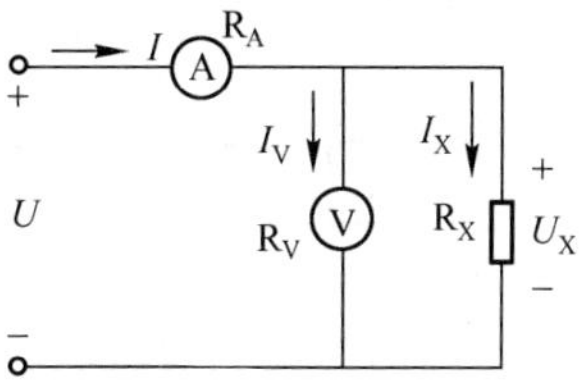

图 2-67 伏安表法测量电阻

4. 内容和步骤

（1）在电工电子实训平台上，按图 2-67（a）或（b）搭接电路。

（2）调节直流稳压电源，使其输出电压为 12V。分别用电压表和电流表测量。

（3）根据电压表和电流表的读数，计算该元件的电阻值。I = ________，U = ________，则 R = ________。

* 项目三　磁场及电磁感应

电铃通以交流电，就会发出“滴玲玲……”的清脆的铃声，这是利用了通电线圈产生磁场的原理。

收音机接收广播电台的广播，这是微弱的电磁波在收音机的磁棒天线中利用电磁感应原理转换成电信号。扬声器通以音频电流，就会发出悦耳动听的声音，这是利用了通电线圈在磁场中受到电磁力的缘故。如图 3-1（a）所示为收音机实物。

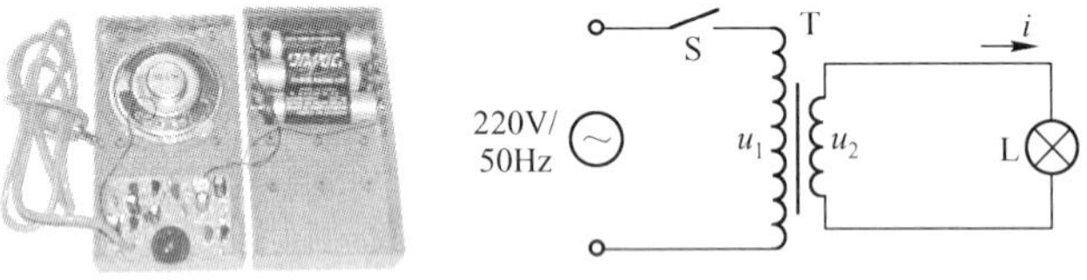

（a）收音机实物　　（b）经济安全灯电路

图 3-1　电磁感应的应用

经济安全灯电路如图 3-1（b）所示，它将 220V/50Hz 的交流市电，经变压器降压到安全电压，点亮灯泡。这里变压器利用了电磁感应原理。

3.1　磁场

3.1.1　磁场及电流的磁场

1. 磁场

（1）什么是磁。磁对人们来说并不陌生，人们通过指南针、扬声器和磁铁都能或多或少地认识它。人类生活的地球本身就是一个大磁体，它的南北两极呈现出了强烈的地磁场，人们每天都生活在这个磁场之中。

早在远古时期人类就发现了磁，公元 2 世纪，我们的祖先最早发现了矿石吸铁现象，并称这种矿石为“磁石”。我国古代劳动人民又利用磁铁与地磁场相互作用的原理首先发明了“罗盘针”（指南针）。

磁究竟是什么？这个问题随着科学技术的不断发展，特别在发现电之后，才获得科学的解释。1819 年丹麦学者奥斯特发现了电流对磁针会产生作用力的现象。1831 年英国科学家法拉第发现的电磁感应现象是电磁学理论的基础。

过去磁曾被认为是神秘莫测之物。后来人们经过实践，不但发现载流导体对磁针有作用力，而且载流导体之间也会产生相互作用力。于是有人据此提出在磁铁内部存在着分子电流（环电流）的著名假说，即认为磁场的唯一来源就是电流。这一假说一直沿用至今。磁场具有两种表现：一是磁场对处于场内的另一载流导体或铁磁物质有力的作用，并能在对磁场做相对运动的导体中产生感应电动势；二是磁场内具有能量。因此，磁场看似是看不见、摸不着的，但可以通过实验的方法，或使用仪器探测来测知它的存在。

（2）磁场的基本概念和有关的物理量

1）磁场、磁力线、磁通和磁感应强度

在条形磁铁的附近，小磁针会偏转，铁屑会按一定的方向排列，这些都是因为它们受到磁力作用的结果。

一般来说，磁力作用的空间称为磁场。若把小磁针放在磁场中的任一点，则小磁针 N 极的指向就规定为该点的磁场方向。为了形象地描述磁场的情况，可以用一种假想的磁力线来反映。磁力线都是些闭合的曲线，线上任意一点的切线方向，即该点的磁场方向。条形磁铁的磁力线如图 3-2 所示，磁力线的方向与小磁针 N 极所指的方向一致。通过磁场内某一截面积的磁力线总数称为磁通量，简称磁通，用 Φ 表示。磁通的单位为韦伯（Wb）。

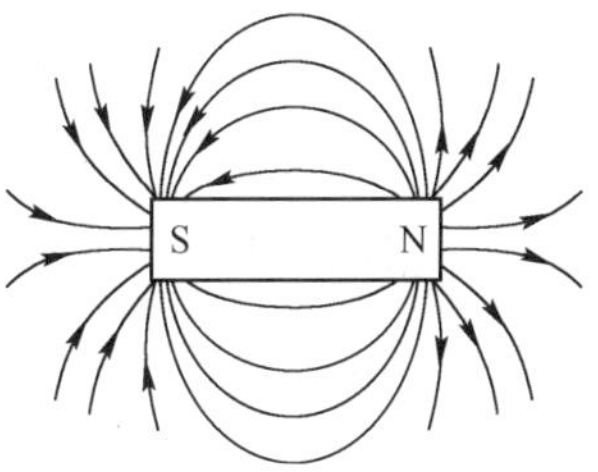

图 3-2　条形磁铁的磁力线

通过与磁力线垂直方向的单位面积的磁力线数目称为磁力线的密度，也称为磁通密度或磁感应强度，用 B 表示。它也是一个矢量，单位是特斯拉（T）。

根据上述磁通 Φ 和磁感应强度 B 的定义，可知两者之间的关系为

$$\Phi = BS \tag{3-1}$$

2）磁场强度（磁化力）和磁导率

在具有一定安匝数的通电线圈中，放入铁、钴、镍等铁磁性物质，磁感应强度 B 将大大增强；若放入铝、木材等非铁磁性物质，磁感应强度 B 几乎不变。

可见，磁通 Φ 和磁感应强度 B 皆因介质而异。为了定义一个与介质无关的量，把真空中的磁感应称为磁场强度，或称为磁化力，用 H 表示。磁场强度是一个矢量，单位是安/米（A/m）。磁场强度越强，磁化能力、磁作用能力就越强。

磁感应强度 B 和磁场强度 H 的比值称为磁导率，用 μ 表示。可见在不同的磁介质中，同一点上 B 和 H 的关系是

$$B = \mu H \tag{3-2}$$

磁导率的国际单位制单位是亨/米（H/m）。经测定，真空磁导率 $\mu_0 = 4\pi \times 10^{-7}$ H/m，为一常量，又称为磁常数。

某介质的磁导率 μ 与真空磁导率 μ_0 的比值 μ_r 称为该介质的相对磁导率，即

$$\mu_r = \frac{\mu}{\mu_0} \quad 或 \quad \mu = \mu_r \mu_0 \tag{3-3}$$

μ_r 是没有量纲的纯数值，从它的大小可以直接看出介质导磁能力的高低。$\mu_r > 1$ 的物质称为顺磁性物质，如铝、铂、空气等；$\mu_r < 1$ 的物质称为反磁性物质，如铜、银、塑料、橡胶等。这两种物质的 μ_r 都接近于 1，它们的磁导率都很接近 μ_0，统称为非铁磁物质。

铁磁物质是指铁、钴、镍以及它们的合金，导磁能力很强，它们的 μ_r 都比 μ_0 值大得多，即 $\mu_r \gg 1$。例如，铸铁的 μ_r 大于 200；坡莫合金（一种铁镍合金）的 μ_r 可达十万以上。这就是说，在相同的条件下，铁心线圈比空心线圈的磁场要强几百至几万倍。所以铁磁物质在电动机、电器、仪表、电信和广播等设备中得到广泛应用。表 3-1 列出了几种铁磁物质

的相对磁导率。铁磁物质密度都较大，最近新发现某些密度小的有机材料具有较大的磁导率，若能付诸实用，将会大大减轻电动机、电器的重量。

表 3-1　几种铁磁物质的相对磁导率

铁磁物质	相对磁导率 μ_r	铁磁物质	相对磁导率 μ_r
钴	174	已经退火的铁	7000
未经退火的铸铁	240	变压器硅钢片	7500
已经退火的铸铁	620	镍铁合金	12950
镍	1120	C 型坡莫合金	115000
软钢	2180	锰锌铁氧体	300～5000

2. 电流的磁场

将指南针放在通电长直导体的附近，发现指南针发生了偏转，说明在载流长直导体的附近存在着磁场，如图 3-3 所示。

电流和磁场有着不可分割的联系，即磁场总是伴随着电流而存在，而电流则永远被磁场包围着。如图 3-4 所示为通电螺管线圈的磁场。

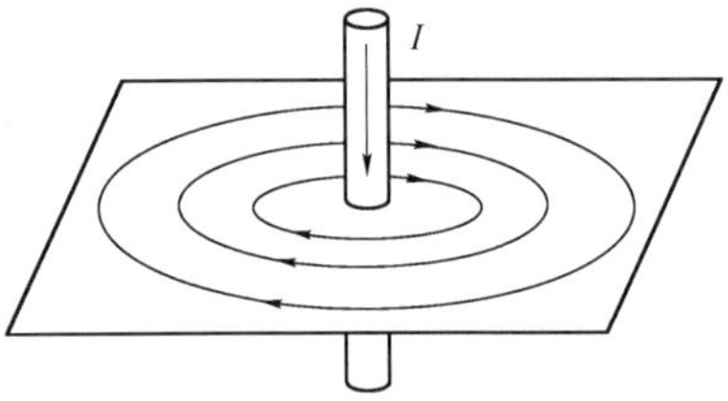

图 3-3　载流长直导体的磁场

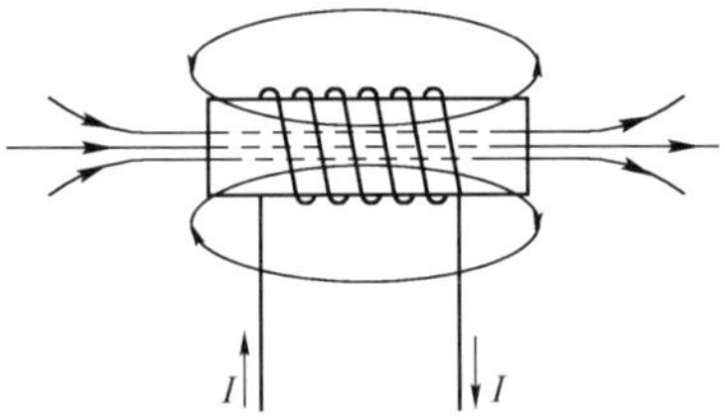

图 3-4　通电螺管线圈的磁场

载流导体周围的磁场方向与产生该磁场的电流方向有关。磁场方向与电流方向之间的关系，可用右手螺旋定则来确定。对于载流直导体，在运用这个定则时，应把右手的大姆指指向电流方向，而弯曲的四指的指向则表示磁场方向，如图 3-3 所示。如果是载流导体绕成螺管的通电螺管线圈，弯曲四指的指向应表示电流方向，而大姆指的指向表示磁场方向，如图 3-4 所示。

3. 电磁铁及其应用

将一根条形铁心插入螺管线圈，当电流通过线圈时，除了空心线圈产生的磁场外，铁心也被这磁场磁化，变成一根条形磁体。它的极性与空心线圈磁场的极性一致，因此磁通大大增加，磁场得到很大加强，这种装有铁心的线圈叫做电磁铁。

铁心线圈通以电流后，就变成一块电磁铁，它能吸引磁性材料。电磁铁的应用十分广泛，如电铃、电磁开关和电磁起重机等，都利用了电磁铁。

用通以直流电的铁心线圈吸取铁磁性物质。

注意观测铁心线圈在通直流电和没有通直流电两种情况下，铁心线圈吸取小铁块的能力。所需器件清单见表 3-2。

表 3-2　器件清单

代　　号	名　　称	型号及规格	单　　位	数　　量
T	铁心线圈	具有接线柱的铁心线圈	个	1
E	干电池	5 号电池	节	2
	电池夹		个	1
	小铁块		块	1

课堂练习 3-1　为什么说“用磁力线可以形象地表示磁场”？

课堂练习 3-2　试用右手螺旋定则来判定直线电流、环形电流和通电螺线管的磁场方向。

3.1.2　安培力的大小及方向

1. 磁场对载流导体的作用

将长度为 l、通过电流 I 的直导体，放在马蹄形磁铁中，可以发现直导体受到了力的作用，如图 3-5 所示。

两个永久磁体相互靠近，由于磁场彼此作用，它们相互间具有作用力。电流通过导体，在导体周围会产生磁场，若将它放进另一个永久磁体的磁场中，显然也会受到作用力，这个力称为电磁力，也称为安培力。

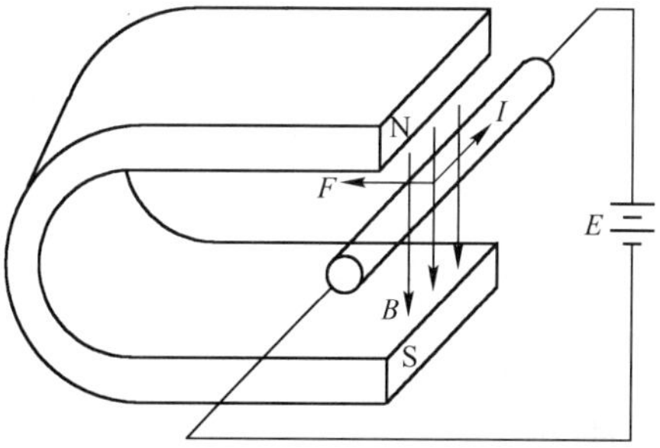

图 3-5　载流直导体在磁场中受到的电磁力

实验证明：当磁场方向和电流方向垂直时，作用在导线上的电磁力 F 的大小与通过导线的电流 I、磁场的磁感应强度 B 以及在磁场中那部分导线的长度 l 的关系为

$$F = BIl \tag{3-4}$$

若电流方向与磁场方向不垂直，而是成 α 角，则

$$F = BIl\sin\alpha \tag{3-5}$$

应用上述公式进行计算时，各量的单位应采用国际单位制，即 F 用 N(牛)、I 用 A(安)、l 用 m(米)、B 用 T(特)。

电磁力的方向可以用左手定则来确定，即伸出左手，把手掌摊平，让大拇指和其余四指垂直，使磁力线垂直穿过掌心，则伸直的四指指着电流方向，这时大拇指所指的方向就是电磁力的方向。

2. 安培力的应用

利用通电导体在磁场中会受到电磁力的作用的原理，可制成磁电式仪表、兆欧表（摇表）、直流电动机、交流电动机、扬声器（喇叭）等电工电子仪表和设备。

例 3-1　设有一直导体，其有效长度 $l = 30\text{cm}$，并载有 60A 的电流，现把它按垂直于磁场方向放入 $B = 0.8\text{T}$ 的均匀磁场中，求导体受到的电磁力的大小。

解 导体受到的电磁力的大小为

$$F = BIl = 0.8\text{T} \times 60\text{A} \times 0.3\text{m} = 14.4\text{N}$$

观察通电导体在磁场中所受到的电磁力，实训装置如图 3-5 所示，实训材料清单如表 3-3 所示。注意观察通电导体在磁场中受到电磁力作用的情况，当电源的极性发生改变，电磁力作用的方向将如何变化。

表 3-3 实训材料明细表

代　　号	名　　称	型号及规格	单　　位	数　　量
	马蹄形磁铁		个	1
E	干电池	5 号电池	节	2
	电池夹		个	1
	直导线	具有引线	块	1

课堂练习 3-3 写出安培力大小的计算公式。

课堂练习 3-4 安培力的方向是怎样确定的？

3.2 电磁感应

3.2.1 电磁感应现象及定律

1. 电磁感应现象

在发现电流的磁效应后，人们自然想到：既然电流能够产生磁场，反过来磁场是不是也能产生电流呢？

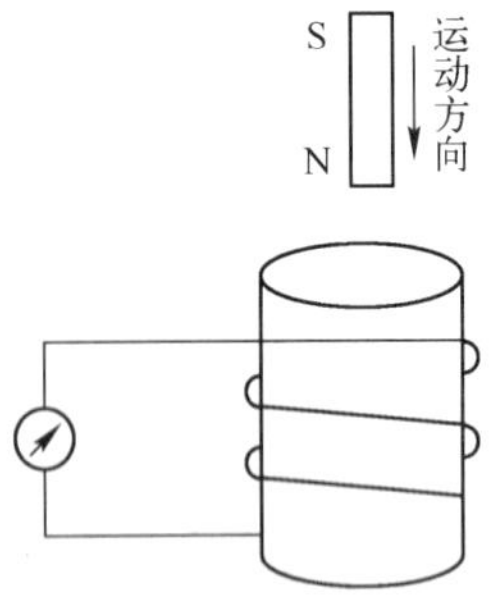

图 3-6 电磁感应现象

下面观察电磁感应现象的演示实验。如图 3-6 所示，螺线管线圈串接电流表，若磁铁在螺线管线圈中往上移，电流表指针向右摆；若磁铁在螺线管线圈中往下移，电流表指针向左摆；若磁铁在螺线管线圈中不运动，或磁铁和线圈以同一速度运动，即保持相对静止，则电流表指针指在中间位置不动。可见，闭合回路与棒形磁铁相对运动时，回路中出现感应电动势，因而产生感应电流。

由此可知，不论是导体运动，还是磁场运动，只要闭合电路的一部分导体切割磁力线，电路中就有电流产生。实际上，不论用什么方法，只要穿过闭合电路的磁通发生变化，闭合电路中就有电流产生。这种利用磁场产生电流的现象叫做电磁感应现象，产生的电流叫做感应电流。

2. 感应电动势

要使闭合电路中有电流通过，这个电路中必须有电动势。既然电磁感应现象中闭合电路里有电流产生，那么这个电路中也必定有电动势存在。在电磁感应现象中产生的电动势叫做感应电动势。

课堂练习 3-5　什么是电磁感应现象？试举一个日常生活中遇到的电磁感应现象的实例。

课堂练习 3-6　什么是感应电流？产生感应电流的条件是什么？

3.2.2　楞次定律及右手定则

感应电动势的方向和感应电流的方向相同，用右手定则或楞次定律来判断。

1. 右手定则

当闭合电路中的一部分导线做切割磁力线运动时，感应电流的方向可用右手定则来判定。伸出右手，使大拇指与其余四指垂直，并且都跟手掌在一个平面内，让磁力线垂直进入手心，大拇指指向导体运动方向，这时四指所指的方向就是感应电流的方向。

2. 楞次定律的实验验证

如图 3-7（a）所示，当条形磁铁 N 极插入线圈时，电流表指针向左偏，并且受到推斥，这时在线圈靠近磁铁的一端出现同性磁极 N 极。即条形磁铁插入线圈时，穿过线圈的磁通增加，则线圈中的感应电流的磁场将阻止磁通的增加。如图 3-7（b）、（c）、（d）所示的实验，都证实了上述结果。

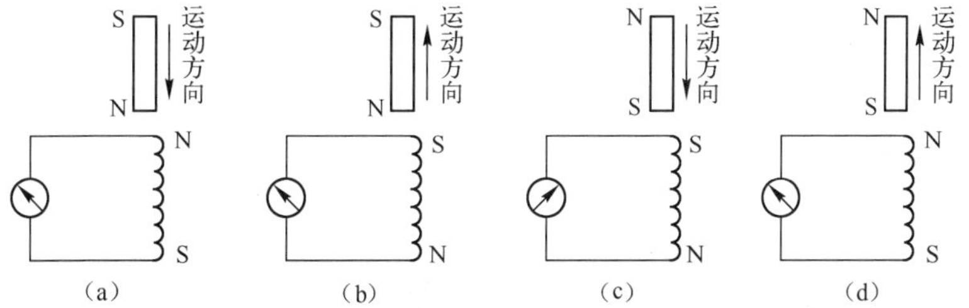

图 3-7　楞次定律演示实验

可见，电磁感应过程中，感应电流所产生的磁通总是要反抗原有磁通的变化。这就是楞次定律，它是判断感应电流的方向的普遍规律。

应用楞次定律判定感应电流方向的具体步骤：① 明确原来磁场的方向以及穿过闭合电路的磁通是增加还是减少；② 根据楞次定律确定感应电流的磁场方向；③ 利用安培定则来确定感应电流的方向。

例 3-2　如图 3-8 所示，有一个矩形线框 ABCD，线框平面和磁力线垂直，线框上 AB 边可在 DA、CB 边上滑动。当 AB 向右运动时，试分别用右手定则和楞次定律判断感应电流的方向。

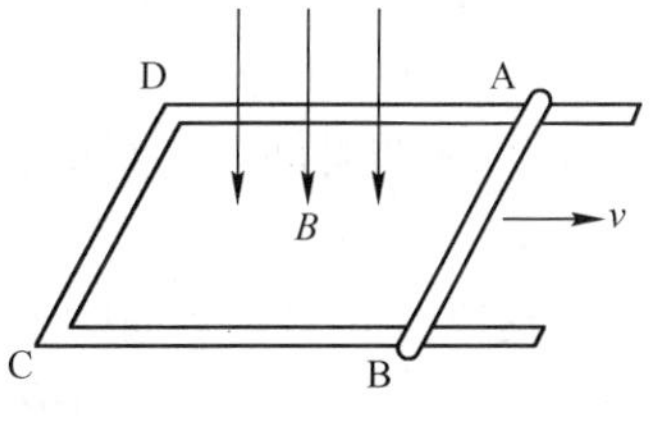

图 3-8　例 3-2 附图

答（1）用楞次定律判断感应电流的方向。当 AB 向右运动时，由图 3-8 可知，闭合电路 ABCD 中的磁通增加了。根据楞次定律，ABCD 中所产生的感应电流的磁场要阻碍磁通的增加，所以感应电流必沿 DCBA 方向。

（2）用右手定则判断感应电流的方向。伸出右手，使大拇指与其余四指垂直，并且都跟手掌在一个平面内，让磁力线垂直进入手心，大拇指指向导体运动方向，这时四指所指的方向即 DCBA 方向就是感应电流的方向。

可见，用右手定则和楞次定律判断感应电流的方向，其结果是相同的。一般来说，如果导线和磁场之间有相对运动时，用右手定则判定感应电流的方向比较方便；如果导线和磁场之间无相对运动，而感应电流的的产生仅是由于“穿过闭合电路的磁通发生了变化”，则用楞次定律判定感应电流的方向比较方便。

课堂练习 3-7　简述楞次定律的内容。

课堂练习 3-8　如何用楞次定律和右手定则来判断感应电流的方向？

3.2.3　电磁感应定律

1. 电磁感应定律

1831 年，法拉第首先总结出电磁感应规律：当通过导电回路所包围的面积中的磁通发生变化时，就会在该导电回路中产生感应电动势及感应电流，感应电动势的大小正比于回路内磁通对时间的变化率，即

$$E=\frac{\Delta \Phi}{\Delta t} \qquad (3-6)$$

上述这个规律叫做法拉第定律，它适用于所有电磁感应现象，是确定感应电动势大小的最普遍的规律。当 $\Delta\Phi$ 的单位为 Wb，Δt 的单位为 s 时，E 的单位为 V。

如果线圈有 N 匝，由于每匝线圈内的磁通变化都相同，而整个线圈又是由 N 匝线圈串联组成的，那么线圈中的感应电动势就是单匝时的 N 倍，即

$$E=\frac{\Delta \Phi}{\Delta t} \qquad (3-7)$$

式（3-7）又可写成

$$E=\frac{N\Phi_2-N\Phi_1}{\Delta t}$$

式中，$N\Phi$ 表示磁通与线圈匝数的乘积，通常称为磁链，用 Ψ 表示，即 $\Psi=N\Phi$。

于是

$$E=\frac{\Delta \Psi}{\Delta t} \qquad (3-8)$$

1833 年楞次总结出变化的磁通与感应电动势（或感应电流）在方向上的关系，即楞次定律。法拉第定律经楞次补充后，完整地反映了电磁感应的规律，称为电磁感应定律。

例 3-3　在一个 $B=0.01$T 的匀强磁场里，放一个面积为 0.001m^2 的线圈，其匝数为 500 匝。在 0.1s 内，把线圈平面从平行于磁力线的方向转过 90°，变成与磁力线的方向垂直。求感应电动势的平均值。

解　在线圈转动的过程中，穿过线圈的磁通变化率是不均匀的。所以在不同时刻，感应电动势的大小也不相等，但可以根据穿过线圈的磁通的平均变化率来求得感应电动势的平均值。

在 0.1s 的时间内，线圈转过 90°，穿过线圈的磁通从 0 变成

$$\Phi=Bs=0.01\times0.001=1\times10^{-5}\text{Wb}$$

在这段时间里，磁通的平均变化率为

$$\frac{\Delta\Phi}{\Delta t}=\frac{\Phi-0}{\Delta t}=\frac{1\times10^{-5}-0}{0.1}=1\times10^{-4}\text{Wb/s}$$

根据法拉第电磁感应定律，线圈的感应电动势的平均值为

$$E = N\frac{\Delta\Phi}{\Delta t} = 500 \times 1 \times 10^{-4} = 0.05\text{V}$$

2. 生活中电磁感应的应用

电磁感应原理的应用是非常广泛的。电流产生磁场，磁场变化又产生感应电动势，这就是所谓的“动电生磁”和“磁动生电”。许多电气设备都是根据电和磁之间的作用原理而工作的。例如，动圈式话筒能将声音转换成感应电动势，发电机将水位能、机械能转换成电能，变压器传输电能等都是利用电磁感应原理。

3.3 铁磁性物质

3.3.1 铁磁性物质的磁化现象

1. 铁磁性物质

具有铁心的线圈，其磁场远比非铁心线圈的磁场强，所以电机、电器等设备都要采用铁磁性材料，这样可以用较小的电流来产生较强的磁场，使线圈的体积、重量都大为减小。利用铁磁性材料增强磁场的原理在于铁磁性物质具有很强的被磁化的特性。

2. 铁磁性物质的磁化

按照磁学的理论，凡是铁磁体都可以假定是由许多非常细小的磁畴构成的。磁畴的体积很小，较大的磁畴只有 $10^{-9} \sim 10^{-11}$m，每一个磁畴包含有 $10^{12} \sim 10^{15}$ 个分子，本身有南极和北极，相当于一块小小的永久磁铁。铁磁体在没有外磁场的作用时，这些磁畴的排列是杂乱无章的，这时，彼此的磁性互相抵消，就整体来说，对外并不显示磁性，如图 3-9（a）所示。在外磁场的作用下，铁磁体中的磁畴受磁化力的影响，就会产生一种趋向于统一排列的趋势。如果外磁场不强，磁畴排列的方向还未能完全一致，彼此互相抵消磁力的现象未能完全消除，铁磁体对外所显示的磁性还不能达到最大值，如图 3-9（b）所示。如果使外磁场强度进一步增加，磁畴的排列就会更加整齐，以至于最后达到完全整齐排列的程度，这时铁磁体的磁性达到最大值，如图 3-9（c）所示。此后，尽管再增大外磁场，铁磁体也不会有更大的磁性，即铁磁体在此时的磁性已经达到饱和。铁磁性物质在外磁场作用下，磁场增强的现象称为磁化。可见，磁畴是铁磁性物质磁化的内在根据，而外磁场则是磁化的外部条件。一般的铁磁体在外磁场消失后，磁性也就消退。有些铁磁体在外磁场消失后，磁畴的排列若仍保持整齐状态，仍具有较强的磁性，这就是永久磁体。

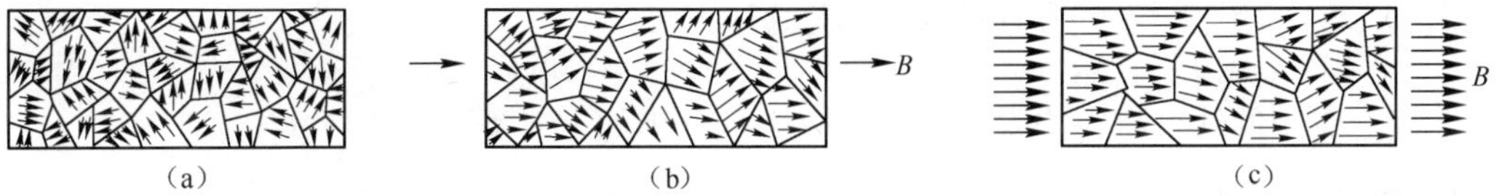

图 3-9　磁性体的磁化

铁磁性物质的磁感应强度 B 随磁场强度 H 变化的曲线称为磁化曲线，又称为 B-H 曲线，如图 3-10 所示。磁化曲线大致分为四段：在 Oa 段上，当 H 从零开始增加时，磁感应强度 B 随之增大；H 继续增大时（在 ab 段上），磁感应强度 B 几乎是直线上升。这是磁畴在外磁场的作用下，迅速依外磁场的方向排列，因而 B 值增加很快，这一段的磁导率最高，且近似为常数；在 bc 段上，因为大部分磁畴已转到外磁场方向，所以随着 H 的增大，B 值的增强已渐缓慢，磁导率 μ 逐渐减小，这一段通常称为磁化曲线的膝部；在 cd 段上，因磁畴已几乎全部转到外磁场方向，故 H 值增加，B 值基本上不再增加，这时 B 值已达到饱和值 B_m。通常 B_m 约为 0.8～1.8T，随材料的不同而异。电动机和变压器的铁心通常都工作在曲线的膝部，即接近于饱和状态。各种铁磁材料的磁化曲线可从电工手册中查得。

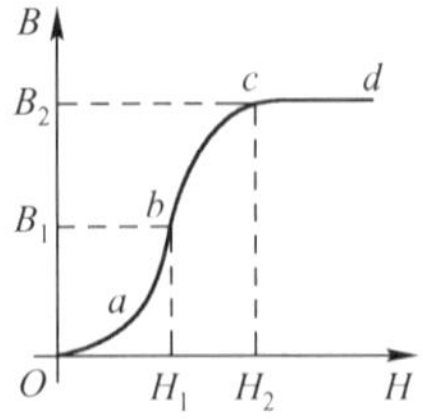

图 3-10　磁化曲线

3. 磁滞回线

铁磁物质还有一些磁的性能须在反复磁化的过程中才显示出来。所谓反复磁化，就是指铁磁物质在大小和方向作周期性变化的外磁场作用下进行磁化。在反复磁化的过程中，先是 H 从 0 开始增大，B 随之增大，直到 B 达到饱和值，即绘制出如图 3-10 所示的磁化曲线，称为起始磁化曲线。当 B 已达到饱和值 B_m 后，将 H 从最大值 H_m 逐渐减小，B 也随之减小，但在这个去磁过程中，B 值并非循着原来的曲线（Oa 段）衰减，而是沿着另一条位置较高的曲线 ab 下降，如图 3-11 所示。这说明，去磁过程中的 B 值，比磁化过程中同一 H 值所对应的 B 值要大一些。这种 B 值变化落后于 H 值变化的现象称为**磁滞**。磁滞现象表明铁磁物质具有保持既有磁性的倾向。当 H 值回到 0 时，B 仍然保留某一量值，记做 B_r，称为该铁磁物质的剩磁感应，简称**剩磁**，它相当于图 3-11 中的 b 点。当 H 值反向由 0 增大到适当的数值（相当于图 3-11 中的 c 点），B 值下降为 0，这时的磁场强度（H_c）称为矫顽磁力。随着反向 H 值的继续增大，就会使 B 值反向并由 0 增大至反向的饱和值 $-B_m$。然后再将反向的 H 值减小，即反向去磁，B 值将出现反向剩磁。铁磁物质经过多次这样磁化、去磁、反向磁化、反向去磁的过程，B-H 的关系将沿着一条闭合曲线 $abcdefa$ 周而复始地变化。这条闭合曲线称为**磁滞回线**。

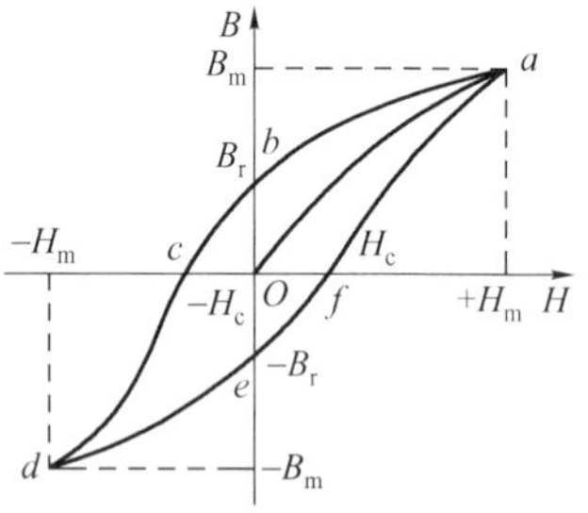

图 3-11　磁滞回线

在上述反复磁化的过程中，铁磁物质内部的磁畴来回翻转，要消耗一些能量，这些能量转化为热能，称为**磁滞损耗**。理论和实践证明，磁滞回线包围的面积越大，磁滞损耗也越大。磁滞损耗是引起铁心发热的原因之一，所以电动机、变压器等电气设备的铁心应采用磁滞损耗较小的铁磁物质。

3.3.2　磁性材料的种类及用途

工程上应用的铁磁材料按磁性和用途分，可分为如下三类。

1. 软磁性材料

软磁性材料的特点是剩磁和矫顽磁力都很小，其磁滞回线呈狭长形，磁滞特性不显著。

如图3-12 所示是软磁性材料的磁滞曲线，它包围的面积狭小，磁滞损耗小，常用于电动机、变压器、电磁铁中。例如，纯铁、硅钢、坡莫合金、软磁铁氧体等都是软磁性材料。

2. 硬磁性材料

硬磁性材料的特点是剩磁和矫顽磁力都大，其磁滞回线较宽，磁滞特性显著。如图 3-13 所示是硬磁性材料的磁滞回线。硬磁性材料适宜于制造永久磁铁，广泛用于各种磁电式测量仪表、扬声器、永磁发电机以及通信装置中。例如，碳钢、钨钢、铝镍合金、铝镍钴合金、硬磁铁氧体等都是硬磁性材料。

3. 矩磁性材料

矩磁性材料的特点是受较小的外磁场作用就能达到磁饱和，去掉外磁场后，仍保持磁饱和状态。其磁滞回线几乎呈矩形，如图 3-14 所示。现广泛采用锰 - 镁或锂 - 镁矩磁铁氧体制成记忆磁芯，它是电子计算机和远程控制设备中存储器的重要元件。计算机技术中通常采用二进制计数，只有 0、1 两个数码，故可利用矩磁性材料的两种磁状态（ $+B_r$ 和 $-B_r$），分别代表这两个数码起到“记忆”作用。

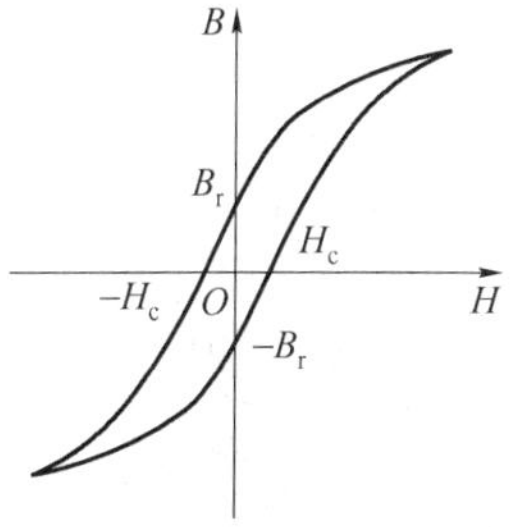

图 3-12　软磁性材料的磁滞曲线

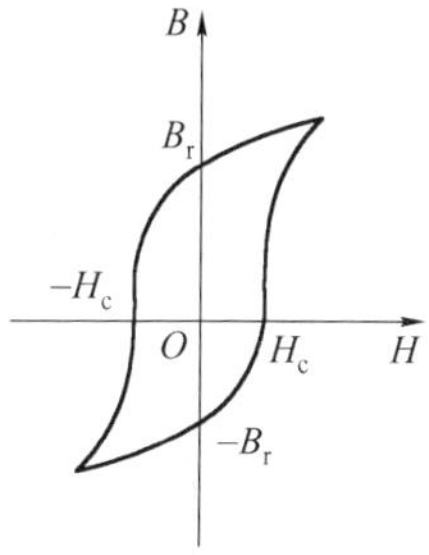

图 3-13　硬磁性材料的磁滞曲线

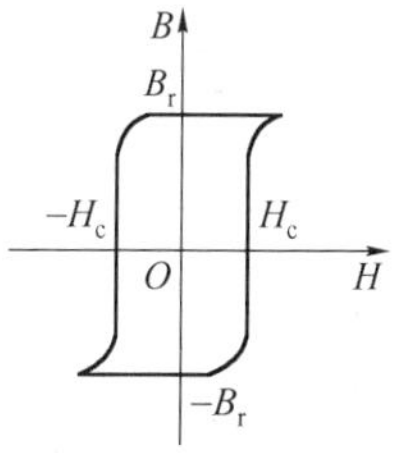

图 3-14　矩磁性材的磁滞曲线

3.3.3　涡流

涡流也是一种电磁感应现象。当变化的磁通穿过整块导体时，会在其中产生感应电动势，从而引起自成回路的旋涡形电流，称为涡流，如图 3-15 所示。

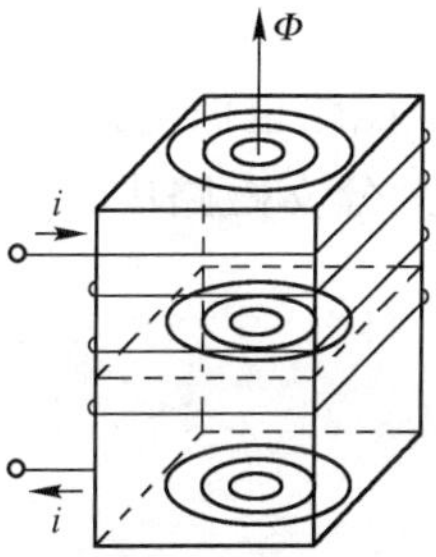

图 3-15　涡流

在交流电气设备中，交变电流的交变磁通在铁心中产生涡流，会使铁心发热而消耗电功率，称为涡流损耗。它与磁滞损耗合称为铁损。在磁饱和状态下，铁损的大小与铁心中磁感应强度的平方（B_m^2）成正比。

为了减小铁心中的涡流，铁心通常采用 0.35 ~ 0.5mm 的硅钢片叠成。硅钢片间有绝缘层（涂绝缘材料漆或表面存在氧化层）。由于硅钢片具有较大的电阻率和较小的剩磁，所以它的涡流损耗与磁滞损耗都比较小。

涡流会在电动机和变压器等电气设备中造成能量损耗，并使设备发热，是不利的，应尽量减弱它。因此交流电动机、变压器的铁心一般都用硅钢片叠成。但在另外一些场合，却利用了涡流。例如，高频感应电炉就是利用在金属中激起的涡流来加热或冶炼金属。如果涡流是由整块导体在磁场中运动引起的，它将受电磁力作用而阻碍导体的运动，这种电磁力的制动作用称为电磁阻尼作用。一些仪表中常利用涡流的电磁阻尼作用使指针减小摆动。电度表中的转动铝盘也是利用涡流的电磁阻尼作用来工作的。

3.4 磁路的基本概念

3.4.1 磁路

1. 磁路

导磁性很强的材料能将永久磁铁或通电线圈产生的主要磁通集中在特定的路径中，形成磁路。常见的磁路如图 3-16 所示。由图可见，磁路中除了铁磁性物质等高磁导率的材料外，也可能有空气隙。

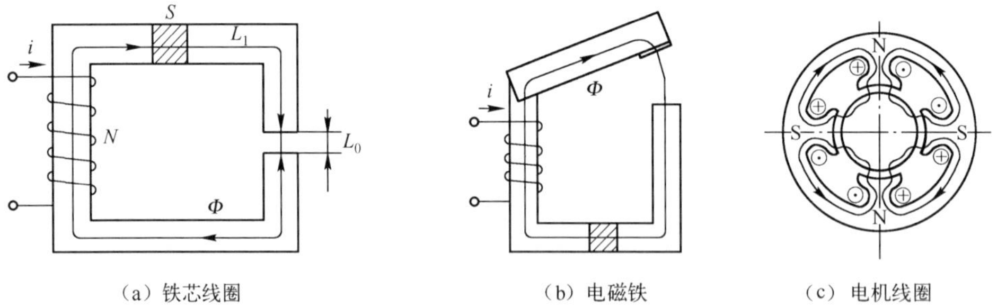

图 3-16　几种常见的磁路

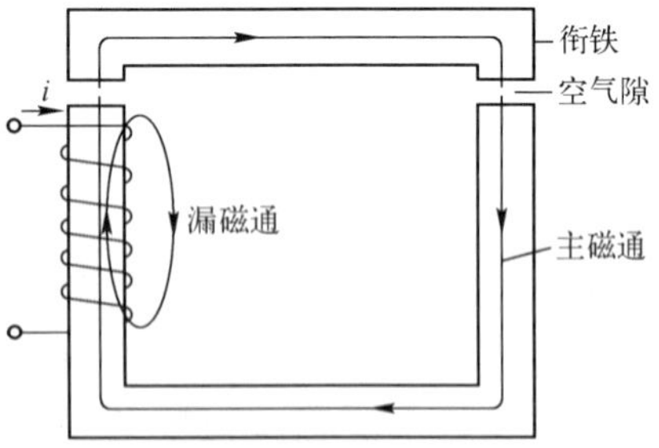

图 3-17　主磁通和漏磁通

当线圈中通以电流后，大部分磁力线（磁通）沿铁心、衔铁和空气隙构成回路，这部分磁通称为主磁通；还有一小部分磁通，它们没有经过空气隙和衔铁，而是经空气自成回路，这部分磁通称为漏磁通，如图 3-17 所示。

磁通经过的闭合路径叫做磁路。磁路也像电路一样，分为有分支磁路和无分支磁路。在无分支磁路中，通过每一个横截面的磁通都相等。

2. 磁路中的物理量

和电路相似，磁路中涉及如下一些常用的物理量。

(1) 磁通势 F_m。磁路中的磁通由通电线圈激励产生，线圈电流 i 与其匝数 N 之积 Ni 称为磁通势，又称为磁动势，即

$$F_m = Ni \tag{3-9}$$

磁通势的单位是安（A），或安匝。其方向由线圈电流按右手定则确定。

（2）磁位差 U_m。一段磁路中磁场强度 H 与磁路长度 l 的乘积 Hl 称为该磁路段的磁位差，即

$$U_m = Hl \tag{3-10}$$

磁位差的单位也是安（A）。式中 U_m 的方向与磁场强度 H 一致。

（3）磁阻 R_m。磁阻表示介质对磁通的阻碍程度，磁阻越大，导磁能力越差。某磁路段的磁阻 R_m 与该路段长度成正比，与磁路截面 A 成反比，且磁导率 μ 越大，磁阻越小，即

$$R_m = \frac{l}{\mu A} \tag{3-11}$$

磁阻的单位是每亨利（1/H）。

值得注意的是，铁磁材料的磁阻比空气隙小得多。虽然空气隙长度只占磁路的几十分之一，但空气隙的磁阻却比铁磁材料段的磁阻大出几十倍。因此，在通过同样的磁通时，磁位差主要降落在空气隙上。

3.4.2　磁路欧姆定律

通过磁路的磁通与磁通势成正比，与磁阻成反比，即

$$\Phi = \frac{F_m}{R_m} \tag{3-12}$$

式（3-12）表明：在同样的磁通势作用下，磁路的磁阻越小，则磁通量越大。式(3-12)与电路的欧姆定律相似，故称为磁路的欧姆定律。磁路中的某些物理量与电路中的某些物理量有相似性，见表3-4。

表3-4　磁路和电路的物理量及其关系式

磁　路	电　路	磁　路	电　路
磁通 Φ	电流 I	磁位差 U_m	电位差 U_S
磁通势 F_m	电动势 E	磁导率 μ	电阻率 ρ
磁阻 $R_m = \frac{l}{\mu A}$	电阻 $R = \rho \frac{l}{A}$	磁路欧姆定律 $F_m = R_m \Phi$	电路欧姆定律 $U = RI$

3.5　感应电动势的测定实训

1. 实训目的

（1）掌握电磁感应定律及应用。

（2）掌握楞次定律及应用。

（3）学会用电压表判断变压器的同名端的方法。

2. 实训仪器和器材

（1）条形磁铁，1 块
（2）单绕组线圈，1 只
（3）双绕组线圈，1 只
（4）直流电压表（0 ~ 15V）或万用表，1 只
（5）开关，1 只
（6）线框，1 只

3. 内容和步骤

（1）观察磁铁在线圈中运动产生的感应电动势。电压表和线圈按图 3–18 所示接线后，将磁铁按表 3–5 所示的要求插入或抽出，观察电压表指示的感应电动势的极性和大小，并把观察结果填入表 3–5 中。

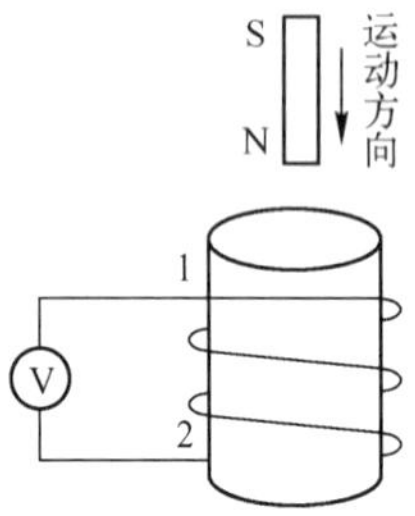

图 3–18　磁铁在线圈中运动产生的感应电动势

表 3–5　磁铁在线圈中运动产生的感应电动势

磁铁运动方式	感应电动势		
	正极端子号	负极端子号	大小
磁铁 N 极向下插入线圈			
磁铁 N 极向上抽出线圈			
磁铁 S 极向下插入线圈			
磁铁 S 极向上抽出线圈			

注意观测磁铁插入和抽出线圈对感应电动势的影响。

（2）观察导线切割磁力线产生的感应电动势。电压表和线框按图 3–19 所示接线后，将导线 AB 按表 3–6 所示的要求向左或向右移动，观察电压表指示的感应电动势的极性和大小，并把观察结果填入表 3–6 中。

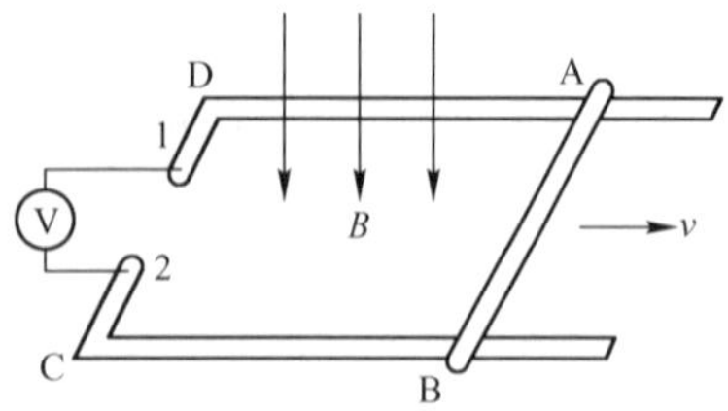

图 3–19　导线切割磁力线产生的感应电动势

表 3–6　导线切割磁力线产生的感应电动势

导线 AB 运动方式	感应电动势		
	正极端子号	负极端子号	大小
向左运动			
向右运动			

注意观测磁铁插入和抽出线圈对感应电动势的影响。

（3）观察电源接通或断开产生的感应电动势。电压表和线圈按图 3–20 所示接线后，将开关 S 按表 3–7 要求接通或断开，观察电压表指示的感应电动势的极性和大小，并把观察结果填入表 3–7 中。

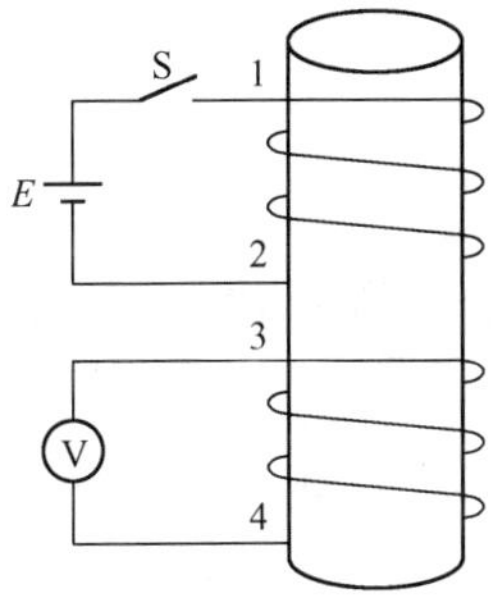

图 3-20　电源接通或断开产生的感应电动势

表 3-7　电源接通或断开产生的感应电动势

开关 S 动作方式	感应电动势		
	正极端子号	负极端子号	大小
接通			
断开			

4. 实训报告要求

（1）整理有关实训数据。

（2）小结感应电动势的极性和大小与哪些因素有关。

本章小结

1. 磁体的周围存在磁场，因此能吸引附近的铁磁物质。电流通过线圈会产生磁场，其方向可以用右手螺旋定则来判定，电磁铁就是利用这一特性制成的。

2. 电流在磁场中会受到作用力即安培力，其方向可用左手定则来判断。

3. 电磁感应的必要条件是磁通的变化。感应电动势的大小和产生该感应电动势的磁通的变化率成正比，即法拉第电磁感应定律。感应电动势总是要阻止感生它的磁通的变化，即感应电动势总是要保持磁场的现状，即楞次定律。

4. 磁性材料可分为硬磁材料、软磁材料和矩磁材料。

5. 主磁通集中在特定的路径形成磁路。磁路中的某些物理量与电路中的某些物理量有相似性。

练习与思考

3.1　什么叫磁场？它具有什么特性？

3.2　磁场有哪些基本物理量，其含义如何？

3.3　试判断图 3-21 中所示电流的作用下各导体和线圈的磁场方向。

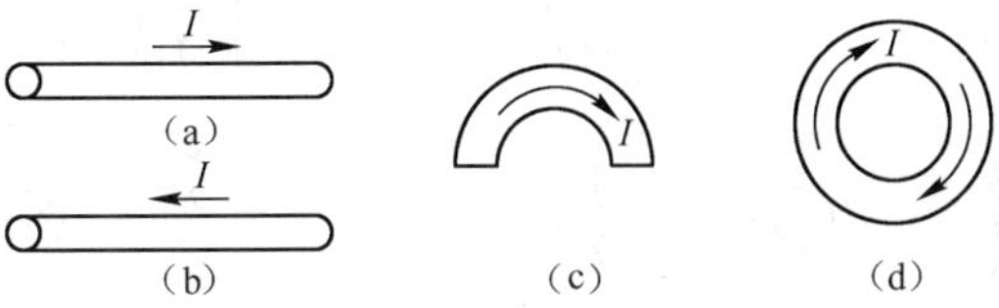

图 3-21　习题 3.3 附图

实践应用

3.1　在图 3-22 中，若使两个磁极产生图中所示的极性，在使用一个电源的情况下，线圈 1、2 和 3、4 应怎样连接起来，有几种连接方案？

3.2　在图 3-23 中，若线圈 1、2 和 3、4 以及它们与电源之间采用图示的连接方案，试标出磁极的极性和磁力线的路径和方向。

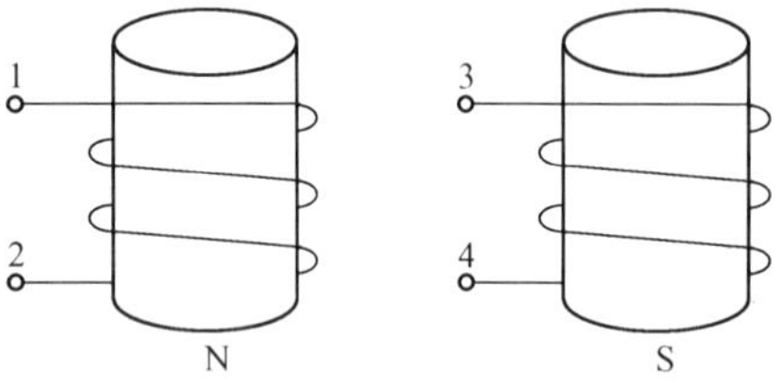

图 3-22　题 3.1 附图

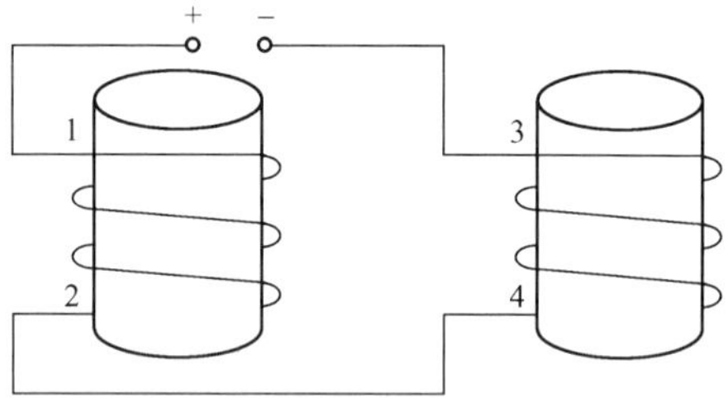

图 3-23　题 3.2 附图

3.3　试判断图 3-24 所示各回路感应电流的方向。

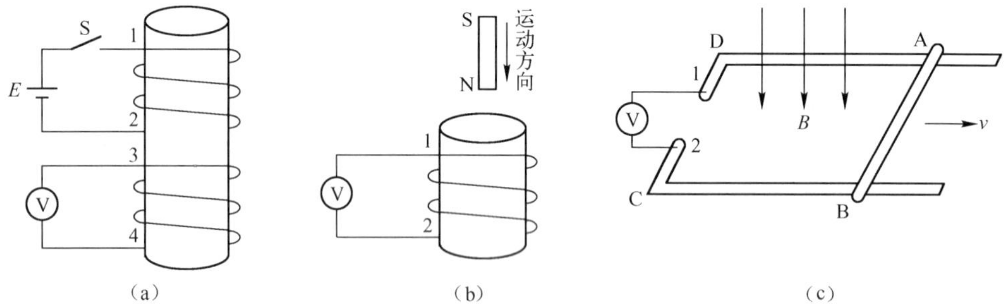

图 3-24　题 3.3 附图

技能训练测试

在图 3-25 所示 4 种情况下，试判断线圈中电流的方向及线圈所产生的磁场的方向，并在图上标注出线圈中电流的方向及线圈所产生的磁场的方向。

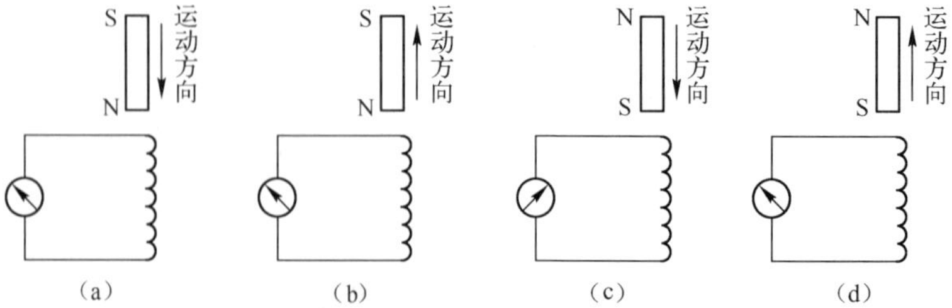

图 3-25　技能训练测试题附图

项目四　电容和电感

电容器是储存电荷的容器，是储存电场能量的理想元件。电感元件是储存磁场能量的理想元件。常见电容及电感如图 4-1 所示。

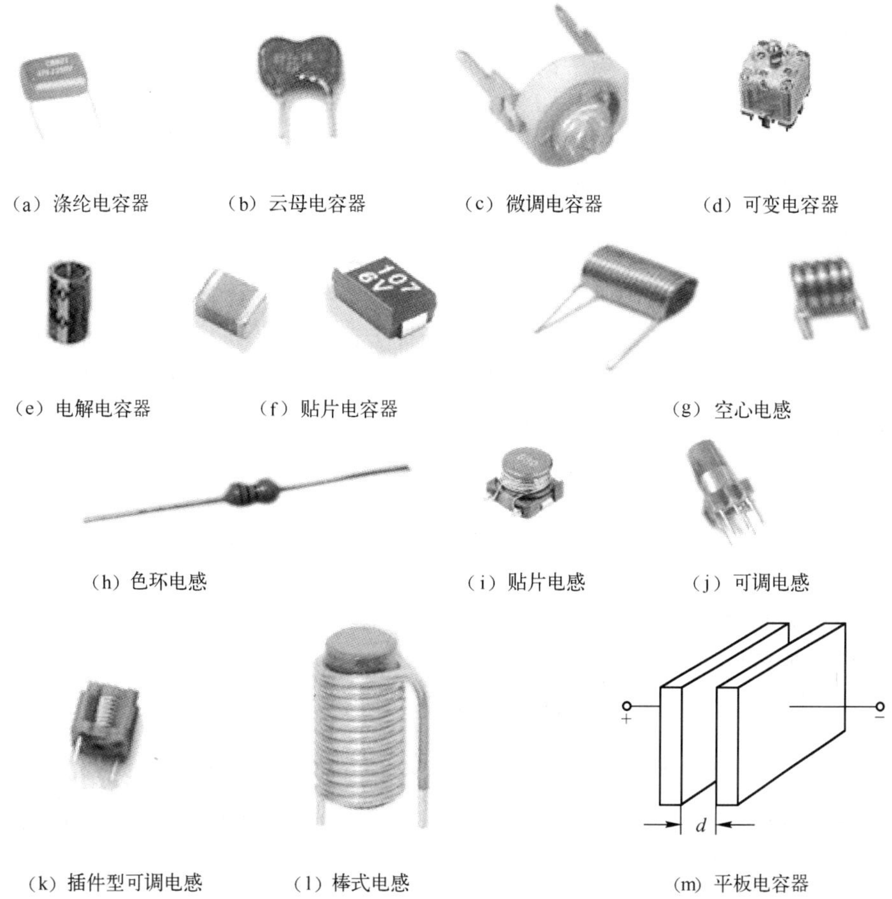

（a）涤纶电容器　（b）云母电容器　（c）微调电容器　（d）可变电容器

（e）电解电容器　（f）贴片电容器　（g）空心电感

（h）色环电感　（i）贴片电感　（j）可调电感

（k）插件型可调电感　（l）棒式电感　（m）平板电容器

图 4-1　常见电容器、电感实物及平板电容器结构

4.1　电容

*4.1.1　电容元件的性质

1. 电容元件

电容元件是储存电荷的容器，是储存电场能量的理想元件。由于被绝缘物质隔开的两个

导体都具有储存电荷的性能，所以凡是用绝缘物质隔开的两个导体的组合就构成了一个电容元件。实际的电容元件大都由两条金属箔（或金属膜）中间隔以空气、纸、云母、塑料薄膜和陶瓷等绝缘物质构成。这些绝缘物质称为电容元件的介质。

最简单的平板电容器如图4-1（m）所示，它由两块同样大的平行金属板组成，两板之间充满了介质。两块金属板称为电容器的极板，两极板之间的距离为 d，极板的长度和宽度比两极板间的距离大很多倍。

如果把图4-1（m）所示的电容元件接到直流电源上，它的两个极板上就分别带有数量相等、符号相反的电荷，即与电源正极相连的极板带上正电荷，与电源负极相连的极板带上负电荷。这时电容器两极间就建立起了一个电场。将平板电容器两极板间的电压 U 与两极板间距离 d 的比值称为平板电容器中的电场强度，用字母 E 表示，即

$$E=\frac{U}{d} \tag{4-1}$$

电场强度的单位是伏/米（V/m）。

*2. 电容元件的特性

电容元件储存电荷的能力用其容量即电容来表示。当电容元件两端施加电压时，它的极板上就会储存电荷。实验证明，电容元件每一极板上的电荷量 q 与两极板间的电压 U 成正比。这种 q 与 U 成正比的电容元件称为线性电容。把两极板在单位电压作用下，每一极板上所储存的电荷量叫做电容器的电容（C），即

$$C=\frac{q}{U} \quad 或 \quad C=\frac{\Delta q}{\Delta u} \tag{4-2}$$

在国际单位制中，电容的单位是F(法)。一个电容器，如果在带1C(库)的电荷量时，两极板间的电压是1V(伏)，这个电容器的电容就是1F(法)，即1F = 1C/V。F(法)是很大的电容单位，在生产实践中常用μF(微法)或pF(皮法)等较小的单位来表示电容器的电容。它们之间的换算关系是

$$1\text{F}=10^{6}\,\mu\text{F}=10^{12}\,\text{pF}$$

电流的定义为 $i=\frac{\Delta q}{\Delta t}$，电荷 q 是指流过导体截面的电荷，电流 i 为极板上电荷的增加率，代入电容的特性方程式（4-2），在如图4-2所示的电压和电流参考方向下，可得电容元件的伏安特性：

$$i=C\frac{\Delta u}{\Delta t} \tag{4-3}$$

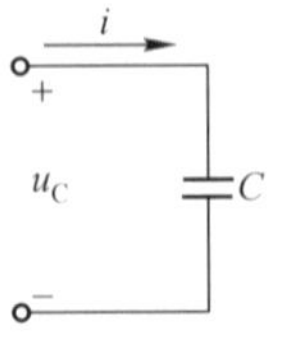

图4-2　电容元件

式（4-3）表明，线性电容元件的电流 i 与电压 u 的变化率成正比，与电压的大小无关。

在直流电路中，电容的端电压为一常数。因此流经电容的电流 $i=C\frac{\Delta u}{\Delta t}=0$，电压不为零而电流为零，电容元件相当于开路。

对电容元件而言，只要其端电压不为零，它的两个极板之间就必然存在电场，电压越高，电场就越强。可以证明，电容元件储存的电场能量与电容两端电压的瞬时值的平方成正比。

当电容元件两端电压与电流的方向为关联方向时，电容元件在电路中吸收的功率为

$$p=ui=Cu\frac{\Delta u}{\Delta t} \tag{4-4}$$

式（4-4）表明，当电压的绝对值增加，就有 $p>0$，即电容吸收能量；而当电压的绝对值减小，就有 $p<0$，即电容放出能量。可见，电容元件本身并不消耗能量，只存储能量，因而它是一种储能元件。

3. 电容器的充电和放电演示实验

（1）实验仪器和器材。所需实验仪器和器材有电压表 V、电流表 A、蓄电瓶（12V）、灯泡 L（12V/1A）、电容器 C（2200μF/16V）、电阻器（1kΩ/1W）。

（2）实验电路。实验电路如图 4-3（a）所示。

（3）实验方法。按图 4-3（a）所示接线，接线图如图 4-3（b）所示。先将开关置于"1"位置，观察电压表 V、电流表 A 及灯泡 L 的情况。再将开关置于"2"位置，观察电压表 V、电流表 A 及灯泡 L 的情况。

使电容器带电的过程叫做充电，充电后的电容器失去电荷的过程叫做放电。

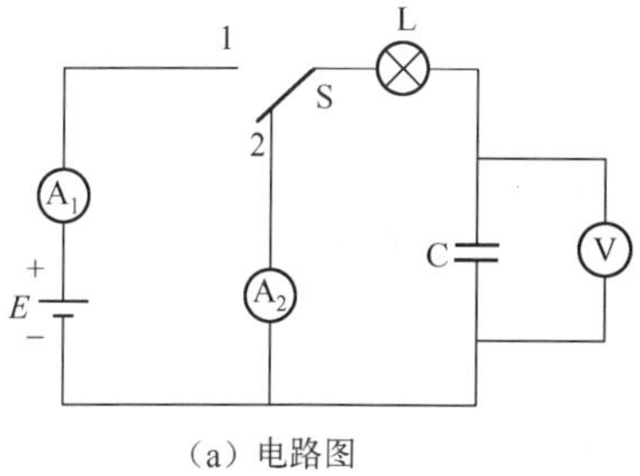

（a）电路图

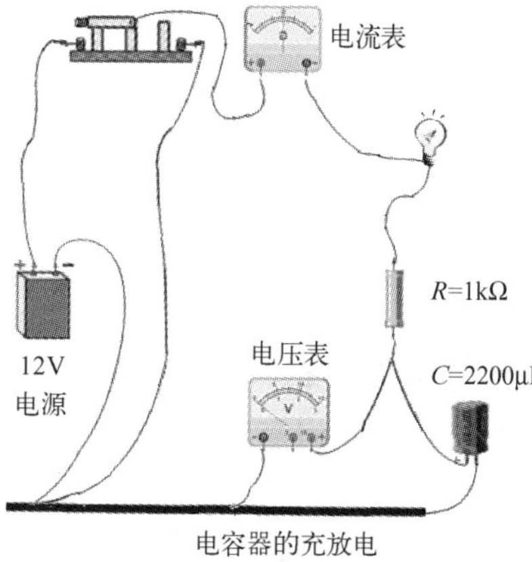

（b）接线实物图

图 4-3　电容器的充电和放电

（4）实验结果分析

1）电容器的充电。在图 4-3 所示的电路中，C 是一个未充电的电容器（此时开关 S 与接点 2 接触），E 为直流电源，L 为小灯泡，A_1 和 A_2 是直流电流表，V 是直流电压表。当开关 S 合向接点 1 时，电源向电容器充电，起初灯泡 L 较亮，然后变暗，从电流表 A_1 上可观察到充电电流在减小，而从电压表 V 上可以看出电容器两端电压 u_C 在上升。经过一定时间之后，灯泡 L 不亮，电流表 A_1 上可观察到充电电流为零，而从电压表 V 上可以看出电容器两端电压 u_C 等于电源的电压 E。

上述实验现象的产生原因为：电容器在直流电压的作用下，负电荷（电子）从电容器的正极板经过导线和电源移到负极板上，这些电荷的移动是在电路中进行的，而电荷的定向移动就形成了电流，这就是电容器充电时电流的由来。由于 S 刚闭合的一瞬间，电容器的正

极板端与电源正极端之间存在着较大的电位差，所以开始充电时电流较大。随着电容器极板上电荷的累积，两者之间的电位差逐渐减小，电流也就越来越小。当两者之间不再存在电位差时（即充电完毕），电容器中所存的电荷不再变化，因此就没有电流了。此时电容器两端的电压 $u_C = E$，电容中储存的电荷 $q = CE$。

2）电容器的放电。在图 4-3 所示的电路中，电容器充电结束后（$u_C = E$），如果把开关 S 从接点 1 合向接点 2，电容器便开始放电，即负电荷从它所在的负极板上移出，向带正电荷的正极板移动，与正电荷不断中和。这时从电流表 A_2 上可以看出电路中有电流流过，但电流在逐渐减小（灯泡 L 由亮变暗，最后不亮），而从电压表 V 上可以看到电容器两端电压 u_C 在陆续下降。经过一段时间之后，电流表及电压表的指针都回到零位，电容器的放电过程即告结束。

上述实验现象的产生原因为：在电容器放电过程中，由于电容器两极板的电位差（即小灯泡 L 两端的电位差）使回路中有电流产生。开始时小灯泡 L 两端的电位差较大（等于 E），因此电流较大；随着电容器两极板上正、负电荷的不断中和，小灯泡 L 两端的电位差就越来越小，电流也就越来越小。放电结束，电容器两极板上正、负电荷全部中和，小灯泡 L 两端便不存在电位差，因此电路中就没有电流了。

通过上述对电容器充放电过程的分析，可以得到这样一个结论：即当电容器极板上所储存的电荷量发生变化（增加或减少）时，电容器中就有电流流过；若电容器板上储存的电荷量恒定不变时，电容器中就没有电流流过。

课堂练习 4-1 什么叫电容器？什么是电容器的电容？

课堂练习 4-2 有两个电容器，一个电容较大，另一个电容较小。如果它们所带的电荷量一样，哪一个电容器上的电压高？如果它们充得的电压相等，哪一个电容器所带的电荷量大？

课堂练习 4-3 电容器在充电时，电路中的电流和电容器两极板间的电压是如何变化的？放电时，又是如何变化的？请画出 u_C 和 i 随时间变化的函数曲线。

4.1.2 电容器及其判别

1. 常用电容器的种类及其电路符号

常见电容器的外形和电路符号如图 4-4 所示。

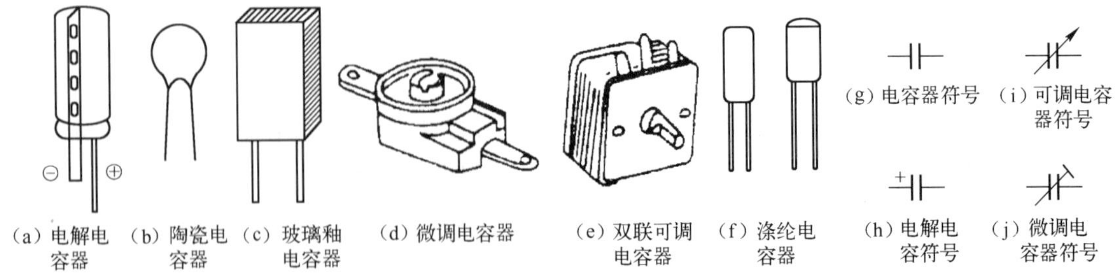

图 4-4 常见电容器的外形和电路符号

（1）固定电容器。它的电容量是固定不可调的。按所用的介质不同，又可分为纸介质电容器、云母电容器、油质电容器、陶瓷电容器、有机薄膜电容器（以聚苯乙烯薄膜或涤纶作介质）、金属化纸介电容器（也称金属膜电容器）和电解电容器等。固定电容器在电路中的符号如图 4-4（g）所示。

（2）可变电容器。它的电容量可在一定范围内随意变动。它是由两组相对的金属片组成的，一组金属片是固定不动的，叫做定片；另一组金属片和转轴相连接，能随意转动，叫做动片。转动动片改变两组金属片正对面积的大小，就可以改变它的电容量。根据定片和动片之间所用介质的不同，又可分为空气可变电容器和聚苯乙烯薄膜可变电容器。可变电容器在电路中的符号如图 4-4（i）所示。

（3）半可变电容器。半可变电容器也叫微调电容器，它是由两片或两组小型金属弹簧片中间夹有介质组成。用螺钉调节金属片之间的距离，可在很小的范围内改变它的电容量。半可变电容器在电路中的符号如图 4-4（j）所示。

电路中经常用到电容量很大的电解电容器，其引脚有正、负极之分，极性是固定的，称为有极性电解电容器。使用时不能把极性接错，否则会使它损坏。因此，有极性电解电容器只能用在直流或脉动电路中。还有一种电解电容器无正、负极之分，称为无极性电解电容器，主要在交流电路中使用。

2. 电容器的额定值

电容器产品上都标明有电容、允许误差（也称允许偏差）和工作电压值等，这些数值统称为电容器的额定值。

（1）标称容量和允许误差。电容器产品上所标明的电容值称为标称容量。电容器的标称容量和实际容量之间是有差额的，这一差额限定在它所允许的误差范围之内。

电容器电容的允许误差，按其精度分可分为 ±1%（00 级）、±2%（0 级）、±5%（Ⅰ级）、±10%（Ⅱ级）、±20%（Ⅲ级）5 级（不包括电解电容器）。电容器的误差有的用百分数表示，有的用误差等级表示。电解电容器的允许误差范围比较大，如铝电解电容器的允许误差范围是 -20% ~ +100%。

（2）额定工作电压。如果一只电容器两极板间所加的电压高到某一数值时，电容器介质中的实际电场强度大于它所允许的电场强度，介质就会被击穿，该电场强度就叫做介质的击穿电场强度。这时电容器两极板间的电压就叫做电容器的击穿电压。一般电容器被击穿后，其介质就从原来不导电变成导电，也就是说介质不再绝缘，该电容器也就不能再使用了（金属膜电容器和空气介质电容器除外）。因此电容器的外壳上一般都标有它的额定工作电压值，使用时加在电容器上的电压不应超过它的额定工作电压值。

电容器上所标明的额定工作电压，通常指的是直流工作电压值（用字母 DC 或符号“—”表示。如果该电容器用在交流电路中，应使交流电压的最大值不超过它的额定工作电压值，否则，电容器会被击穿。

3. 电容器型号命名方法（GB2470—81）

（1）型号组成部分的代号。电容器的型号由 4 个部分组成，见表 4-1。

表 4-1　电容器的型号命名方法

第一部分：主称		第二部分：材料		第三部分：特征分类						第四部分：序号
符号	意义	符号	意义	符号	意义					
					瓷介质	云母	玻璃	电解	其他	
C	电容器	C	瓷介质	1	圆片	非密封	——	箔式	非密封	对主称、材料特征相同，仅尺寸、性能指标略有差别，但基本上不影响互换的产品给同一序号。若尺寸、性能指标的差别已明显影响互换时，则在序号后面用大写字母作为区别代号予以区别
		Y	云母	2	管形	非密封	——	箔式	非密封	
		I	玻璃釉	3	叠片	密封	——	烧结粉固体	密封	
		O	玻璃膜	4	独石	密封	——	烧结粉固体	密封	
		Z	纸介质	5	穿心	——	——	——	穿心	
		J	金属化纸介质	7	支柱	——	——	——	——	
		B	聚苯乙烯	8	——	——	——	无极性	——	
		L	涤纶	9	高压	高压	——	——	高压	
		Q	漆膜		——	——	——	特殊	特殊	
		S	聚碳酸酯							
		H	复合介质							
		D	铝							
		A	钽							
		N	铌							
		G	合金							
		T	钛							
		E	其他材料							

例 4-1　CD 11　铝电解电容器

序号
特性分类（1 表示箔式）
材料（D表示铝）
主称（C表示电容器）

例 4-2　CC1—1　圆片形瓷介质电容器

序号
特性分类（1 表示圆片）
材料（C表示瓷介质）
主称（C表示电容器）

4. 电容器的标称容量

(1) 固定电容器的标称容量系列。固定电容器的标称容量系列（GB2471—81）见表 4-2。

表 4-2　固定电容器的标称容量系列

项　目	E24 系列	E12 系列	E6 系列
对应数值	10 11 12 13 15 16 18 20 22 24 27 30 33 36 39 43 47 51 56 62 68 75 82 91	10 12 15 18 22 27 33 39 47 56 68 82	10 15 22 33 47 68
允许偏差	±5%（Ⅰ级）	±10%（Ⅱ级）	±20%（Ⅲ级）

(2) 固定电容器标称容量的标示法

1) 直标法。电容器的标称容量、允许偏差、额定电压等参数直接用数字和字母标记在电容器体上，其标称容量主要采用 E 数系，见表 4-2 所示。有时因面积小而省略单位，但存在这样的规律，即小数点前面为“0”时，则单位为 μF，小数点前不为“0”时，则单位为 pF。

2) 文字符号法。将电容器标称容量及允许偏差用文字和数字有规律的组合来表示，末尾字母表示为偏差。允许偏差的文字符号表示见表 4-3，不标记的表示偏差未定。

表 4-3 允许偏差的文字符号表示

	W	B	C	D	F	G	J	K	M	N	R	S	Z
偏差 (%)	±0.05	±0.1	±0.2	±0.5	±1	±2	±5	±10	±20	±30	+100 -10	+50 -20	+80 -20

例 4-3 说明下列各文字符号的组合表示的电容器的规格：P82、6n8、2μ2。

解 P82 = 0.82pF；6n8 = 6800pF：2μ2 = 2.2μF。

3) 数码表示法。用数码表示电容器电容值。

例 4-4 说明下列各数码表示的电容器的规格：339K、102J、103J、204K。

解 $339K = 33 \times 10^{-1}pF = 3.3\ pF$，允许偏差 K 为 10%；

$102J = 10 \times 10^{2}pF = 1000pF$，允许偏差 J 为 5%；

$103J = 10 \times 10^{3}pF = 0.01\mu F$，允许偏差 J 为 5%；

$204K = 20 \times 10^{4}pF = 0.2\mu F$，允许偏差 J 为 10%。

4) 色标法。用不同颜色的带或点表示。色标法表示的电容单位为皮法 (pF)。电容器标称值、允许偏差和工作电压的色标方法见表 4-4 所示（其中工作电压色标只适于小型电解电容，而且应标志在正极性引脚根部）。

表 4-4 电容器色标规定

有效数字	银色	金色	黑色	棕色	红色	橙色	黄色	绿色	蓝色	紫色	灰色	白色	本色
乘数	/	/	0	1	2	3	4	5	6	7	8	9	/
偏差 (%)	10^{2}	10^{-1}	10^{0}	10^{1}	10^{2}	10^{3}	10^{4}	10^{5}	10^{6}	10^{7}	10^{8}	10^{9}	/
额定电压 (V)	/	/	4	6.3	10	16	25	32	40	50	63	/	/

5) 新型贴片元件标称容量的标示法。除了使用数码法、文字符号法之外，还使用“1 种颜色 +1 个字母”或“1 个字母 +1 个数字”来表示其容量。

例 4-5 说明下列各符号表示的电容器的规格：黑色 + A、AO。

解 “黑色 + A”表示 10pF；AO 表示 1pF。

(3) 电容器的识别技能训练。根据表 4-5 所示的电容器的标志，将电容器的名称、标称容量、偏差和额定功率等参数填入表 4-5 中（如不能确定某个参数，可以空格不填）。

表 4–5　电容器的参数识读

电阻器的标记	名称	标称阻值	允许偏差	额定电压

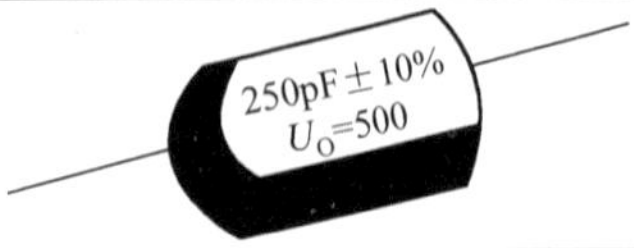				
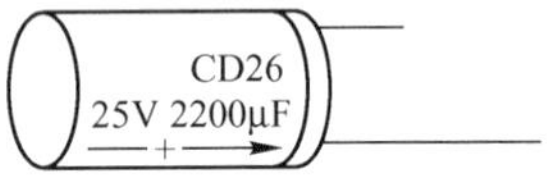				
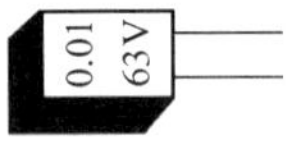				
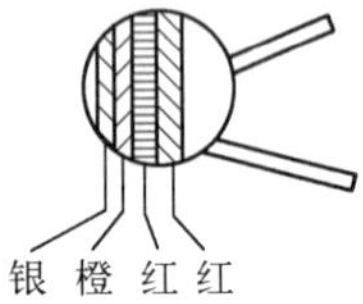				

5. 电容器的选用

电容器的用途极其广泛，由于应用不同，对其要求也不同。尽管如此，选择电容器的总的原则是一样的，即电容量的耐压要满足要求，性能要稳定，并根据需要和可能，尽量采用漏电小（即介质良好）、损耗小、价格低和体积小的电容器。

6. 电容器的质量判别

（1）一般判别方法。通常用指针式万用表的电阻挡来判别较大容量的电容器的质量，其原理是利用电容器的充放电作用。如果电容器的质量很好，漏电很小，将欧姆表的表笔分别与电容器两端接触，则指针会有一定的偏转，并很快回到接近于起始位置，如图 4–5（a）所示。这时将两个表笔互相调换再与电容器两端接触，则可观察到指针的偏转较之前约大一倍，然后又回到接近于起始位置，如图 4–5（b）所示，这显示了电容器正常的充放电过程。如果电容器的漏电很大，则指针所指出的电阻数值即表示该电容器的漏电阻值。如果指针偏转到 0 Ω 位置之后不再回去，则说明电容器内部可能已经短路。如果指针根本无偏转，则说明电容器内部可能断线（已经损坏），或者电容量很小（充放电的电流很小，不足以使指针偏转）。

利用数字式万用表可以很方便地测量电容器的电容量。一般方法是将功能量程选择开关旋到“CAP”区域适当的量程挡，将电源开关按下，并将被测电容的两引脚插入面板左侧的“CX”插座，即可测量电容值。注意：在测量前应先将电容放电；测量大电容时，需要一定时间以稳定读数。

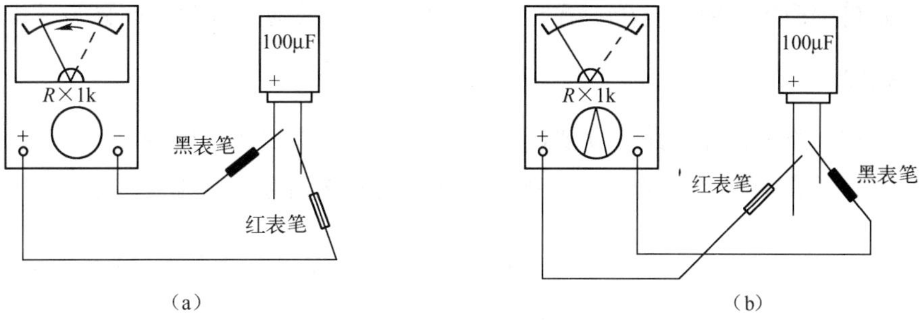

图 4-5　电容器质量判别

(2) 常用电容器的识别技能训练。

试用指针式万用表判别 3 个不同规格的电容器的质量，并将结果填入表 4-6 中。

表 4-6　固定电容器的质量判别

项目	电容器 1	电容器 2	电容器 3
指针偏转的最大值			
指针复位的位置			
质量分析			

课堂练习 4-4　有人说“电容器带电多电容就大，带电少电容就小，不带电则没有电容。”这种说法对吗？为什么？

课堂练习 4-5　什么叫电容器的额定值？

课堂练习 4-6　如何用万用表的电阻挡来判别较大容量的电容器的质量的？

4.2　电感

*4.2.1　电感元件的性质

1. 自感现象演示实验

在图 4-6 (a) 所示的演示实验中，先合上开关 S，调节可变电阻器 RP_1 的电阻，使同样规格的两个灯泡 L_1 和 L_2 的明亮程度相同。再调节可变电阻器 RP_2 的电阻，使两个灯泡 L_1 和 L_2 都正常发光，然后断开开关 S。

接通电路时，可以看到，与可变电阻器 RP_1 串联的灯泡 L_2 立刻正常发光，而与有铁心的线圈 L 串联的灯泡 L_1 却是逐渐亮起来的。这是因为，在接通电路的瞬间，电路中的电流增大，穿过线圈 L 的磁通也随着增加。根据电磁感应定律，线圈中必然会产生感应电动势，这个感应电动势阻碍线圈中电流的增大，所以通过灯 L_1 的电流只能逐渐增大，亮度逐渐提高。

从上述实验可以看出，当导体中的电流发生变化时，导体本身就产生感应电动势，这个电动势总是阻碍导体中原来电流的变化，这种由于导体本身的电流发生变化而产生的电磁感应现象，叫做自感现象，简称自感。在自感现象中产生的感应电动势，叫做自感电动势。

2. 自感系数

当电流通过回路时，在回路中就要产生磁通，叫做自感磁通，用符号 Φ_L 表示。当电流通过匝数为 N 的线圈时，线圈的每一匝都有相同的自感磁通穿过，则线圈的自感磁链为

$$\Psi_L = N\Phi_L$$

磁链的单位和磁通的单位一样，为韦伯（Wb）。根据法拉第电磁感应定律，线圈中感应电动势的大小与穿过线圈的磁链的变化率成正比，即

$$e_L = \frac{\Delta\Psi}{\Delta t} \tag{4-5}$$

为了把磁链的变化率换算成为电流的变化率，必须找出一个能反映线圈产生磁链本领的参数。因此把一个线圈中通过每单位电流所能产生的磁链叫做该线圈的电感（也叫做自感系数），用字母 L 表示，即

$$L = \frac{\Psi}{i} \tag{4-6}$$

式中，i 为通过线圈的电流。电感的单位为亨利（简称亨），用字母 H 表示。一个线圈通以 1A 电流，磁链是 1Wb 时，电感就是 1H。此外，还可以取毫亨（mH）、微亨（μH）作为电感的单位，它们之间的关系是 $1\mu H = 10^{-3} mH = 10^{-6} H$

3. 电感元件及其特性

电感元件是储存磁场能量的理想元件，一般电感元件即电感线圈。当有电流 i 通过电感元件时，其周围将产生磁场。如果电感元件中的磁通 Φ_L 和电流 i 之间是线性函数关系，则称为线性电感，其特性方程为

$$N\Phi_L = Li \tag{4-7}$$

式中，自感系数 L 为常量，单位为亨利（H）；磁通 Φ 的单位为韦伯（Wb）。

当通过电感元件的电流变化时，将会产生感应电动势 e_L，电感元件两端就有电压 u。在如图 4-6（b）所示电路标定的参考方向下，有

$$e_L = \frac{N\Delta\Phi}{\Delta t} = -L\frac{\Delta i}{\Delta t} \tag{4-8}$$

$$u = -e_L = L\frac{\Delta i}{\Delta t} \tag{4-9}$$

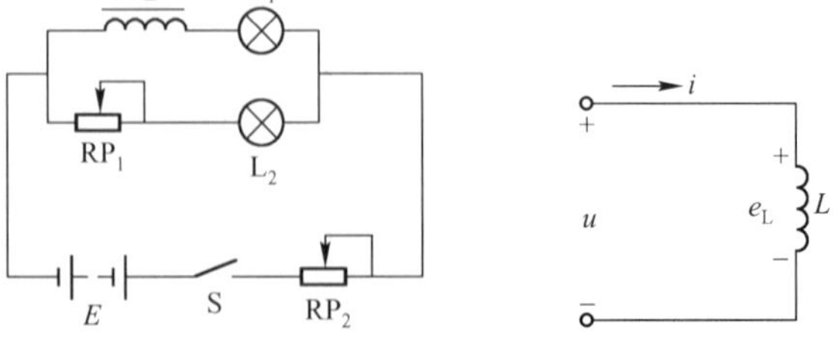

（a）自感现象　　（b）电感电路

图 4-6　自感现象及电感电路

式（4-8）为电感元件的伏安特性表达式。它表明，线性电感元件的端电压 u 与电流 i 的变化率成正比，而与电流的大小无关。如果通过电感元件的电流是直流，则 $u = L\dfrac{\Delta i}{\Delta t} = 0$。因此在直流电路中，电感元件相当于短路。

根据电感元件的定义，当电感元件中的电流不为零时，就有磁场存在。电流越大，磁场也就越强。可以证明，电感元件储存的磁场能量与流经它的电流的瞬时值的平方成正比，即 $W_L = 1/2Li^2$。

当电感电压与电流的方向为关联方向时，电感吸收的功率为

$$P = ui = L\frac{\Delta i}{\Delta t} \tag{4-10}$$

式（4-10）表明，当电流的绝对值增加，就有 $P>0$，即电感吸收能量；而当电流的绝对值减小，就有 $P<0$，即电感放出能量。可见电感元件本身并不消耗能量，只存储能量，因而它是一种储能元件。

课堂练习 4-7　什么是自感现象？什么是自感系数？

课堂练习 4-8　为什么说电感线圈是储能元件？线圈中磁场能量与哪些因素有关？

课堂练习 4-9　电感线圈接通电源瞬间，电路中的电流和电感两端的电压是如何变化的？在切断电源瞬间，又是如何变化的？

4.2.2　电感器及其质量判别方法

1. 常用电感器的种类及电路符号

各类电感器实物及其符号如图 4-7 所示。

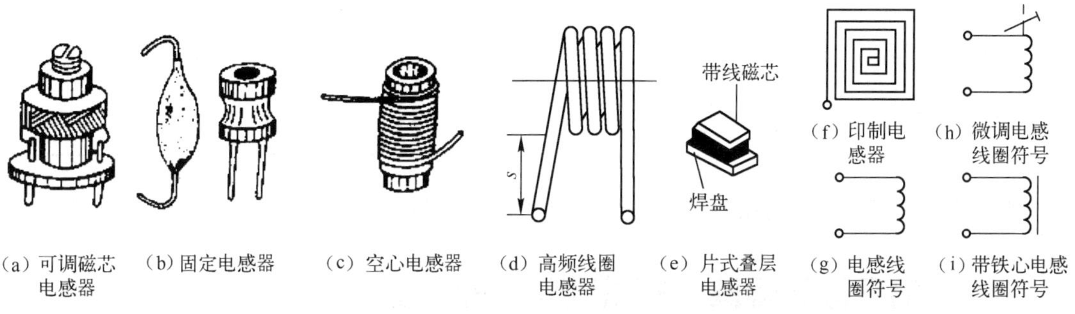

图 4-7　常见的电感器及电路符号

（1）固定电感器。一般在铁氧体上绕线圈就构成固定电感器，其特点是体积小、电感量范围大、Q 值高，常用直标法或色环标示法将电感量标在电感器上，这种电感器在滤波、陷波、扼流、延迟等电路中使用较多。

（2）片式叠层电感器。片式叠层电感器是由组成磁芯的铁氧体浆料和作为平面螺旋形线圈的导电浆料相间叠加后，烧结而成的。其特点是可靠性高、体积小，是理想的表面贴片元件。

（3）平面电感器。用真空蒸发、光刻等集成电路制造工艺，在陶瓷基片上淀积金属导线

层，并进行塑料封装，就形成了平面电感器。其特点是性能稳定可靠，精度高。平面电感器也可以在印制电路板上直接印制，目前可以在 $1cm^2$ 的平面上制作 $2\mu H$ 的平面电感器。这种平面电感器常用于高频电路中。

（4）高频空心小电感线圈。这种电感器是在不同直径的圆柱上单层密绕脱胎而成的，其结构简单易制，常用于收音机、电视机、高频放大器等高频谐振电路中，并可通过调节其匝间距离（即改变其电感量）实现电路各项频率指标的调整，如 FM 收音机低端统调就是通过调整这类电感匝间距离实现的。

（5）各种专用电感器。根据各种电路特点要求，绕制出各种专用电感器，种类很多。常见的如蜂房式绕制中波高频阻流线圈、行振荡线圈、行场偏转线圈、亮度延迟线圈及各种磁头。

2. 电感器质量的判别

（1）一般判别方法。在电感器常见故障中，如线圈和铁心松脱或铁心断裂，一般细心观察就能判断出来。若电感器开路，即两端电阻为无穷大，则用万用表就可测量出来，因为所有电感器都有一定阻值，常见的都在几百欧以下，特殊的也不超过 10kΩ。若电感器出现匝间短路，则只能使用数字表准确测量其阻值，并与相同型号的电感器进行比较，才能作出准确判断。若出现严重短路，阻值变化较大，凭经验也能判断其好坏。也可以用 Q 表测量其 Q 值，若出现匝间短路，Q 值会变得很小。

（2）常用电感器的识别技能训练。

试用指针式万用表判别三个不同规格的电感器的质量，并将结果填入表 4-7 中。

表 4-7　固定电感器的质量判别

项目	电感器 1	电感器 2	电感器 3
电感器的外观			
电感器的阻值			
质量分析			

课堂练习 4-10　如何用万用表来判别电感器的质量？

4.3　电容器和电感器的识别与判断实训

1. 实训目的

掌握电容器和电感器的识别和检测。

2. 实训器材及元器件

（1）各类电容器，10 只；
（2）各类电感器，10 只；
（3）万用表，1 只。

3. 实训内容

（1）识别和检测电容器，将结果记入表4-8中。

表4-8　电容器的识别和检测

序号	标　志	识　别			测量漏电电阻		是否合格
		标称容量	允许偏差	额定电压	量程	阻值	
1							
2							
3							
4							
5							
6							
7							
8							
9							
10							

（2）识别和检测电感器，将结果记入表4-9中。

表4-9　电感器的识别和检测

序号	标　志	识　别			测量电感器电阻		是否合格
		标称电感量	允许偏差	额定电压			
1							
2							
3							
4							
5							
6							
7							
8							
9							
10							

4. 实训报告要求

（1）整理有关实训数据。
（2）总结电容器和电感器判别方法。

本章小结

1. 电容器是存储电荷的容器，是储存电场能量的理想元件。用介质隔开的两个导体的组合就构成一只电容器。电容器的两极板在单位电压作用下，每一极板上所储存的电荷量等于电容器的电容，即 $C=\frac{q}{U}$。

2. 使电容器带电的过程叫做充电，充电后的电容器失去电荷的过程叫做放电。

3. 电容器的额定值有标称容量、允许误差和额度电压等，这些数值统称为电容器的性能参数。选择电容器时，电容量的耐压值要满足要求，性能要稳定，并根据需要和可能，尽量采用漏电小（即介质良好）、损耗小、价格低和体积小的电容器。

4. 一个线圈中通过每单位电流所能产生的磁链叫做该线圈的电感（也叫做自感系数），用字母 L 表示，即 $L=\frac{\Psi}{i}$。

5. 电感器是储存磁场能量的理想元件，一般电感器即是电感线圈，可用万用表来判别电感器的质量。

练习与思考

4.1 什么是电容器？它的基本构造是怎样的？具有什么特性？

4.2 什么叫电容？它是怎样定义的？

4.3 填写下列单位换算关系：1F = ________pF，200pF = ________μF，1F = ______nF。

4.4 说明下列各电容器型号的含义：CT12、CD11、CC1—1。

4.5 说明下列各文字符号的组合表示的电容器的规格：P82、6n8、2μ2。

4.6 说明下列各数码表示的电容器的规格：339K、102J、103J、204K。

4.7 用万用表检测大容量的电容器时，要注意些什么？

4.8 电感器的基本构造是怎样的？它具有什么特性？

4.9 填写下列单位换算关系：1H = ________mH，400μH = ________H。

技能与实践

4.1 有两个电容器，一个电容较大，另一个电容较小，如果它们所带的电荷量一样，那么哪一个电容器上的电压高？如果它们充得的电压相等，那么哪一个电如器的电荷量大？

4.2 有人说“电容器带电多电容就大，带电少电容就小，不带电则没有电容。”这种说法对吗？为什么？

4.3 电感线圈接通电源瞬间，电路中的电流和电感两端的电压是如何变化的？在切断电源瞬间，又是如何变化的？

技能训练测试

以下进行电容器的判别技能训练。

（1）仪器和器材。各种电容器 3 个、指针式万用表 1 只。

（2）技能训练方法。5000pF 以上的电容器可用万用表最高电阻挡判别有无容量。用表笔接触电容器两端时，表头指针应先是一跳，然后逐渐复原。将红、黑表笔对调之后再接触电容器两端，表头指针应是又一跳，并跳得更高，然后又逐渐复原。电容器的容量越大，表头指针跳动越大，指针复原的速度也越慢。根据指针跳动的角度可以估计电容器的容量大小。若用万用表 $R\times10\text{k}$ 量程挡判别时表针不跳动，则说明电容器内部断路了。测试 3 个不同的电容器，将测试结果填入表 4–10 中。

表 4–10　电容器的识别和检测

项目		电容器 1	电容器 2	电容器 3
表头指针有偏转	大			
	小			
表头指针有偏转				
电容器的名称				
标称容量				
允许偏差				
额定电压				
质量分析				

项目五　单相正弦交流电路

参观电工实训室的电源配电箱，观察电源配电箱内有哪些仪表或部件，了解实训室的电源的类型。电源配电箱如图5-1所示。

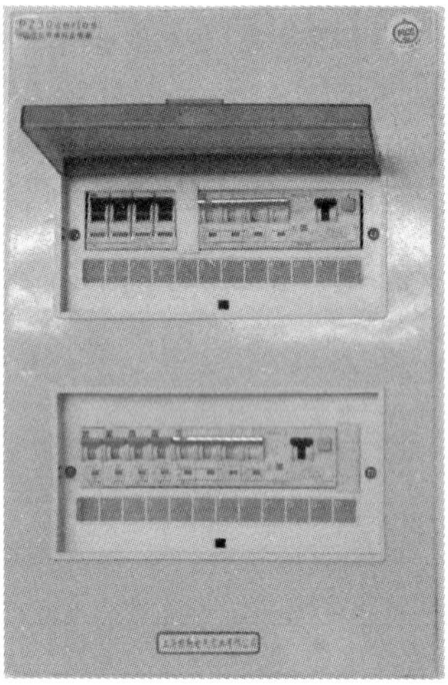

图5-1　电源配电箱

5.1 熟悉实训室

5.1.1 实训室的工频电源

实训室使用的电源是工频电源，即频率是50Hz的交流电源。工频电源是由发电厂及供电部门提供的，我国发电厂发出的交流电的频率是50Hz，称为工业标准频率，简称工频。工频交流电的周期为 $T=\frac{1}{f}=\frac{1}{50\text{Hz}}=0.02\text{s}=20\text{ms}$。

5.1.2 交流仪表和单相调压器

实训室中使用交流电压表、交流电流表和钳形电流表来测量交流电压值和交流电流值。可使用调压器提供不同的交流电压。

1. 交流电压表

交流电压表用于测量交流电压。测量交流电压时必须将电压表与被测电路并联，电压表不分极性，但须注意量程的选择。如需扩大量程可加接电压互感器。另外，还要注意的是，使用前应检查仪表的指针是否在零位上，如不在零位，必须进行机械调零。

2. 交流电流表

交流电流表用于测量交流电流。测量交流电流时必须将电流表与被测电路串联，无须注意电流表的极性，但要注意量程的选择。如需扩大量程，可加接电流互感器。另外，还要注意的是，使用前应检查仪表的指针是否在零位上，如不在零位上，必须进行机械调零。

3. 钳形电流表

钳形电流表又称为钳形表，用于在不断开电路的情况下直接测量交流电流，在电气检修中使用相当广泛、方便，一般用于测量电压不超过500V 的负荷电流。

4. 调压变压器

调压变压器（简称调压器）实质上就是自耦变压器，主要用于实验室和交流异步电动机的降压起动设备中。它的优点是在次级绕组上可得到一个连续变化的电压，可大可小；其缺点是原、副绕组有公用的电路部分，不宜作为安全电源（如小于36V 的安全电压）来使用。

5.2　正弦交流电路的基本物理量

5.2.1　正弦交流电的基本概念

交流电在其电能的产生、输送和使用方面都有很大的优越性。例如，交流供电部门利用变压器可以很方便地将交流电压升高或降低，以减少远距离输电时线路上电能的损耗；而用户采用较低的电压，既安全又可降低对电气设备的绝缘要求。又如，与直流电动机相比，交流电动机具有结构简单、价格低廉、运行可靠和维修简便等优点。

在交流电路中，电流是时刻变化的。这时通过电路横截面的电量 q 与相应时间 t 的比值不是电流的瞬时值，规定用小写字母表示交流电的瞬时值，交变电动势、交变电压分别用 e、u 来表示。在一个周期内，交流电瞬时值出现的最大绝对值称为最大值或振幅（有时也称为幅值或峰值）。最大值用大写字母加下标 m（maximum，最大值）来表示，如 E_m、U_m、I_m。

大小和方向都随时间作周期性变化的电压和电流称为交变电压和交变电流，统称为交流电。若交流电随时间按正弦规律变化，则称为正弦交流电。在交流电作用下的电路称为交流电路。在正弦交流电路中，电动势、电压、电流的大小均随时间作正弦规律变化。正弦交流电随时间变化的曲线称为波形图，如图 5-2（b）所示。由于交流电的方向是周期性变化的，所以必须在电路中事先选定交流电的参考方向，如图 5-2（a）所示。当电流瞬时值为正值，即电流实际方向与其参考方向一致，曲线就处于横坐标轴的上方；当电流瞬时值为负值，即电流实际方向与其参考方向相反，曲线就处于横坐标轴的下方。

5.2.2 正弦交流电的三要素

正弦电动势、正弦电压、正弦电流等统称为正弦量。如图 5-2（c）所示为正弦量（以电流 i 为例）的一般变化曲线。它与图 5-2（b）的不同之处在于计时起点（$t=0$）的选定具有一般性。图中横坐标为电角度 ωt，单位为弧度。

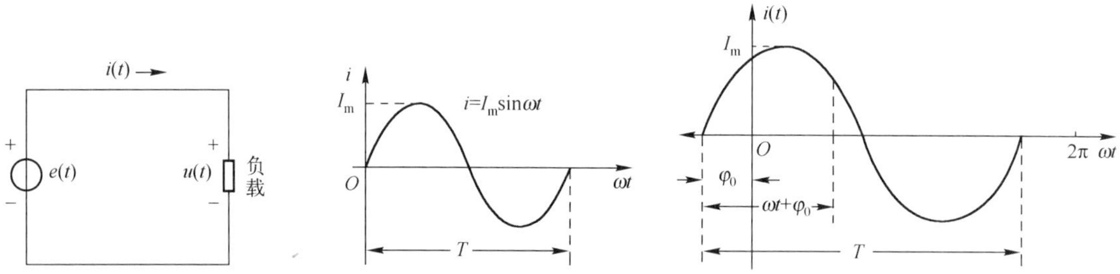

（a）正弦交流电路　（b）波形图　（c）正弦电流 i 的一般变化曲线

图 5-2　正弦交流电路及其波形

对应于图 5-2（c）所示正弦函数的瞬时值 i 的解析式，即正弦函数表达式为

$$i=I_m\sin(\omega t+\varphi_0) \tag{5-2}$$

从式（5-2）中可以看出，每个正弦量都包含三个基本的要素：角频率（ω）、振幅值或最大值（I_m）以及初相位（φ_0）。它们是表示正弦交流电的三个要素或三个特征量，现分述如下。

1. 角频率

角频率 ω 表示在单位时间内正弦量所经历的电角度，即

$$\omega=\alpha/t \tag{5-3}$$

ω 的单位为弧度/秒（rad/s）。

正弦交流电循环变化一周的时间称为周期，用 T 表示，单位为秒（s）。单位时间（即 1s）内包含的周期数称为频率，用 f 表示，单位为赫兹（Hz），简称赫。由定义可知，频率和周期互为倒数，即

$$f=1/T \quad 或 \quad T=1/f \tag{5-4}$$

我国电网的交流电频率是 50Hz，其周期为 0.02s。

在一个周期 T 内正弦量经历的电角度为 2π 弧度，所以角频率 ω 和周期 T（或频率 f）的关系为

$$\omega=2\pi/T=2\pi f \tag{5-5}$$

2. 振幅值

正弦量瞬时值中的最大值叫振幅值或最大值，也叫峰值。

3. 初相位

在式（5-2）中，$(\omega t+\varphi_0)$ 是正弦函数随时间变化的角度，称为相位，亦称为相位角。相位是表示正弦量在某一时刻所处状态的物理量，它不仅确定瞬时值的大小和方向，还能表示出正弦量变化的趋势。对于某一给定的时间 t，就有一对应的相位。开始计时（$t=0$）的相位角（φ_0）称为初相角，它反映了正弦量在计时起点的状态。通常规定 $|\varphi_0|\leqslant\pi$，相位与初相位通常需用“弧度”表示，但工程上也允许用“度”来表示。

下面用函数信号发生器产生不同频率、不同幅值的正弦波，并用示波器观察，接线方法如图 5-3（a）所示。用示波器观察到的波形如图 5-3（b）～（e）所示。

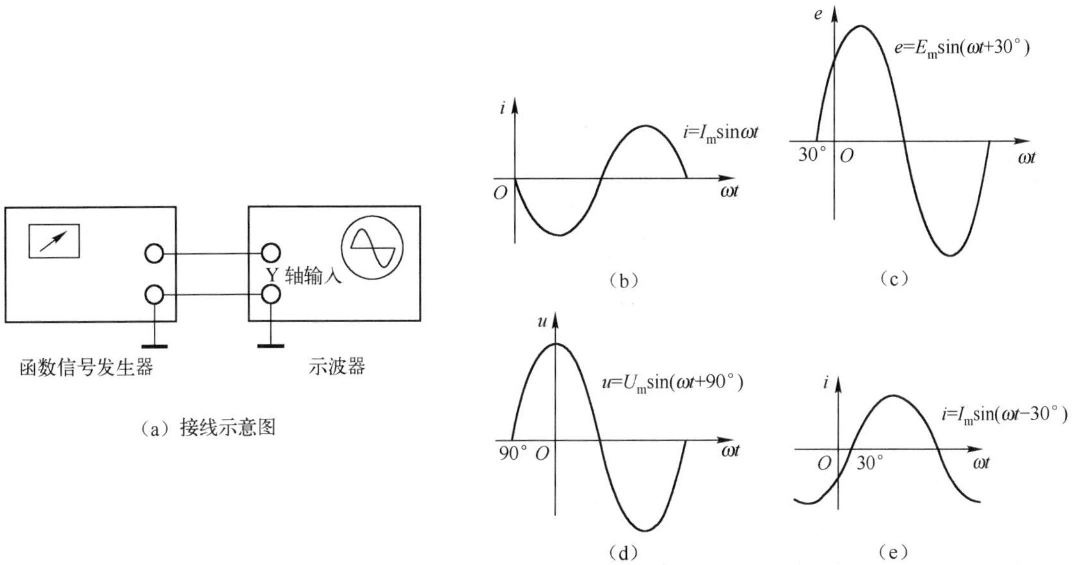

图 5-3　初相位观察接线方法不同频率、不同幅值的正弦波波形

对于某一正弦交流电量，只要它的角频率、初相位和最大值这三个要素被确定下来，它在任一时刻的状态也就被确定了。所以计算正弦交流电量的问题就是求它的三个要素。实际上，在常见的交流电问题中，角频率是已知的常数，因此只要计算出最大值和初相位就可以了。图 5-3 给出了一些不同最大值和初相位的正弦交流电量的波形图及解析式。

例 5-1　正弦交流电流的振幅值 $I_m=20\text{A}$，频率 $f=50\text{Hz}$，初相位 $\varphi_0=\pi/4$，求：

（1）$t=0$ 时，电流 i 的瞬时值；

（2）$t=2\text{ms}$ 时，电流 i 的瞬时值。

解　（1）$t=0$ 时，$i=I_m\sin(\omega t+\varphi_0)=I_m\sin\psi=20\sin45°=14.1$（A）

（2）$t=2\times10^{-3}\text{s}$ 时，$\omega t=2\pi ft=2\pi\times50\times2\times10^{-3}=0.2\pi$

则 $\omega t+\psi=0.2\pi+\pi/4=0.45\pi=81°$

$\therefore\ i=I_m\sin(\omega t+\varphi_0)=20\sin81°=19.8$（A）

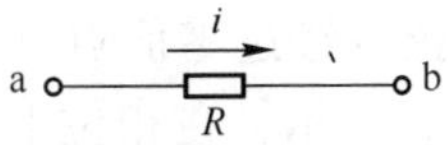

图 5-4　课堂练习 5-1 附图

课堂练习 5-1　已知某一支路电路中电流 $i=3.5\sin(314t-30°)$ A，参考方向从 a 指向 b，则 $I_m=$________，$\omega=$________，$f=$________，$T=$________，$\psi=$________。若参考

方向从 b 指向 a，则 I_m = ________，ω = ________，f = ________，T = ________，ψ = ________。

5.2.3 相位差观察演示实验

用双踪示波器观察 RC 串联电路的波形。

（1）实验仪器和器材。 所需仪器和器材有函数信号发生器、双踪示波器、电容器 0.01μF/16V、电阻 10kΩ/0.5W。

（2）实验方法。实验方法按图 5-4（a）所示接线，实物连接如图 5-4（b）所示，用双踪示波器观察 RC 串联电路的波形。

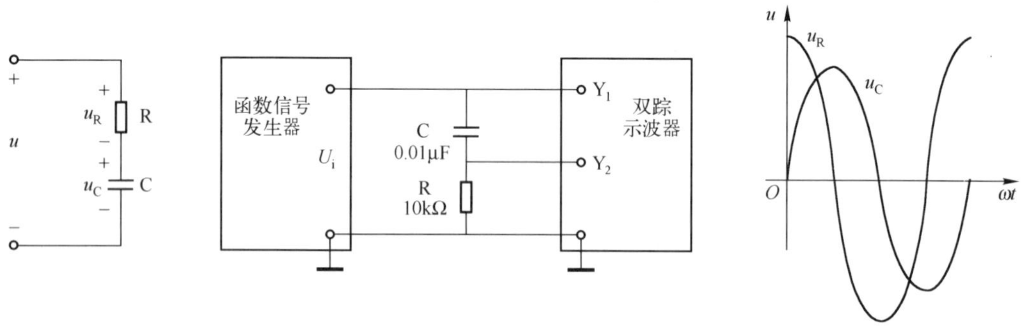

（a）原理图　（b）实物连接示意图　（c）波形

图 5-4　相位差观察演示实验

（3）实验结果。双踪示波器其中一路观察电阻电压波形，另一路观察电容电压波形，可以发现两路电压波形有一定的相位差，如图 5-4（c）所示。

在交流电路里经常要处理两个同频率正弦量之间的计算问题，它们之间的相位差是一个关键数值。如图 5-4（a）所示负载中电阻两端电压 u_R 和电容两端电压 u_C 频率相同但相位不同（亦即初相位不同），它们的表达式可以写成：$u_R = U_m\sin(\omega t + \varphi_R)$ 和 $u_C = U_m\sin(\omega t + \varphi_C)$。

它们的变化曲线如图 5-4（c）中双踪示波器所示，由于相位不同，它们将在不同的时刻经过各自的零值和最大值。此时它们的相位之差定义为相位差，记做 φ。则 φ 等于：

$$\varphi = (\omega t + \varphi_R) - (\omega t + \varphi_C) = \varphi_R - \varphi_C \quad (5\text{-}6)$$

由式（5-6）可以看出，虽然每个正弦量的相位是随时间变化的，但它们在任意时间的相位差是不变的，其值等于两个正弦量的初相位之差。因此，从图 5-4（c）的变化曲线上看，两个同频率的正弦量的相位差就是它们经过零值（或最大值）所间隔的角度，是一个定值。

分析交流电路时，常用超前和滞后两个术语来说明两个同频率正弦量经过零值点（或最大值点）的先后，即称先经过的为超前，后经过的为滞后。如图 5-5 所示，在相位上电阻两端电压 u_R 超前于电容两端电压 u_C 一个角度，或者说电压 u_C 滞后电压 u_R 一个角度。若相位差 $\varphi = 0$，称为同相；$\varphi = 180°$（或 π），称为反相。

例 5-2　现在有两个同频率的正弦电压和正弦电流

$$u = 311\sin(100\pi t + 60°)\text{V}$$
$$i = 2.7\sin(100\pi t - 30°)\text{A}$$

求两个正弦量之间的相位差 φ，并画出它们的时间变化曲线（波形图）。

解　已知 $\varphi_u = 60°$，$\varphi_i = -30°$

$\therefore\quad \varphi = \varphi_u - \varphi_i = 60° - (-30°) = 90°$

所以电压超前电流 90°，或电流滞后于电压 90°，它们的波形图如图 5-5 所示。

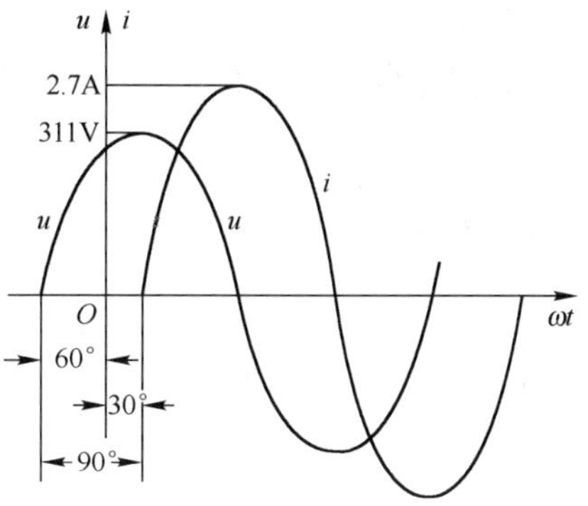

图 5-5　例 5-2 附图

课堂练习 5-2　已知两正弦电压 $u_1 = 141\sin(\omega t + 60°)$ 和 $u_2 = 70.7\sin(\omega t - 60°)$，求这两正弦电压的相位差。

5.2.4　交流电的有效值

交流电的有效值（包括正弦和非正弦交流电）是根据它的热效应确定的，用大写字母表示，如 I、U、E。如果交流电流 i 通过电阻 R 在一个周期内所产生的热量和直流电流 I 通过同一电阻 R 在相同时间内所产生的热量相等，则这个直流电流 I 的数值叫做交流电流 i 的有效值。根据计算，正弦交流电的有效值为

$$I = (\sqrt{2}/2)I_m = I_m/\sqrt{2} = 0.707I_m \tag{5-7}$$

同样

$$U = (\sqrt{2}/2)U_m = U_m/\sqrt{2} = 0.707U_m \tag{5-8}$$

$$E = (\sqrt{2}/2)E_m = E_m/\sqrt{2} = 0.707E_m \tag{5-9}$$

有效值是正弦交流电路中的一个重要参数。常用的测量交流电压和交流电流的各种仪表，所指示的读数均为正弦电压、电流的有效值。电机和各种电器铭牌上标的也都是有效值。我们平常所说的电灯的电压为 220V 就是指照明用电电压的有效值为 220V。在表达正弦交流电时，常用有效值 U 的 $\sqrt{2}$ 倍来代替最大值 U_m。例如 $u = 220\sqrt{2}\sin(314t + 30°)$ V 中，220V 是电压有效值，$220\sqrt{2}$V 是电压最大值。

例 5-3　设正弦交流电压的表达式 $u = 141.4\sin(314t + 30°)$ V，求此电压的有效值。

解　电压的最大值为 141.4V，代入式（5-8），即得：

$$U = U_m/\sqrt{2} = 141.4/\sqrt{2} = 100\text{V}$$

例 5-4　已知一正弦交流电流的有效值为 5A，$f = 50$Hz，初相位为零。求此电流的最大值及数学表达式。

解　电流有效值为 5A，则 $I_m = 5 \times \sqrt{2} = 7.07(\text{A})$

$$\omega = 2\pi f = 2\pi \times 50 = 100\pi = 314(\text{rad/s})$$

∴ 该电流的数学表达式可写为：$i = 7.07\sin314t$ （A），亦可写成 $i = 5\sqrt{2}\sin314t$ （A）

课堂练习 5-3　有一电容器耐压为 220V，问能否接到民用电电压为 220V 的电路中？

课堂练习 5-4　照明用电的电压通常为 220V，动力用电的电压通常为 380V，求它们的最大值。

*5.2.5 正弦交流电路的表示方法及其测量实训

1. 表示方法

正弦交流电可以用解析式表示，如 $u=U_m\sin(\omega t+\varphi_u)$；也可以用波形图描绘，如图5-6所示。它们都能表达正弦量的三要素，但这两种方法都不便于计算。正弦量用相量表示不仅简化了正弦量的运算，而且简化了正弦交流电路的分析运算。

正弦量 $i=I_m\sin(\omega t+\varphi_i)$ 的相量可以写成：$\dot{I}_m=I_m e^{j\varphi_i}=I_m\angle\varphi_i$。

相量 $\dot{I}_m$ 的模为正弦量的振幅值，故称为振幅值相量。工程上更多的是使用有效值相量，写为：$\dot{I}=Ie^{j\varphi_i}=\angle\varphi_i$。本书如果不加特殊说明，“用相量表示正弦量”就是指有效值相量。

正弦量的相量图可用一条带箭头的直线表示，这里相量的长度表示正弦量的振幅值（或有效值），该相量和某一参考相量的夹角表示该正弦量的初相角，考虑到同频率的电流、电压相加减，则角频率可隐含而不表示。正弦量 $i=I_m\sin(\omega t+\varphi_i)$ 的相量图如图5-6所示。图中“+1”为参考相量，相量 $\dot{I}_m$ 与参考相量间的夹角 φ_i 为初相角。当初相角 $\varphi_i>0$ 时，相量 $\dot{I}_m$ 应从参考相量开始逆时针旋转 φ_i 角；当初相角 $\varphi_i<0$ 时，相量 $\dot{I}_m$ 应从参考相量开始顺时针旋转 φ_i 角。

注意：只有同频率的正弦量的相量才能画在同一相量图上。

用相量表示正弦量进行正弦交流电路运算的方法称为相量法。

例5-5 设已知正弦电压 $u_1=141\sin(\omega t+60°)$ V和 $u_2=70.7\sin(\omega t-60°)$ V。试写出 u_1 和 u_2 的相量，并画出相量图。

解 u_1 的相量为 $\dot{U}_1=141/1.41\angle60°=100\angle60°\text{V}$，

u_2 的相量为 $\dot{U}_2=70.7/1.41\angle-60°=50\angle-60°\text{V}$，相量图如图5-7所示。

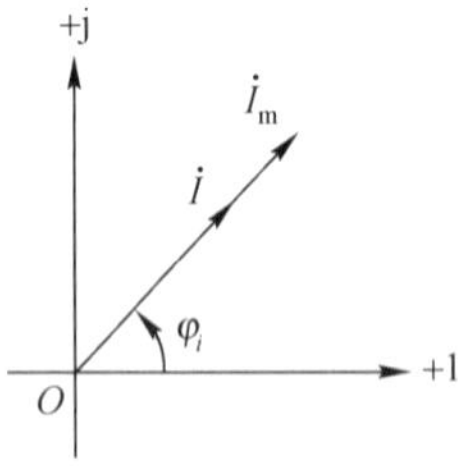

图5-6 相量图

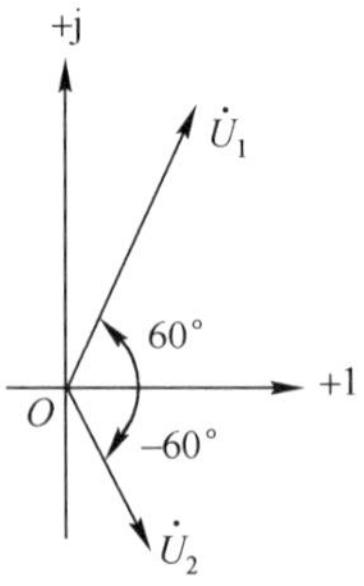

图5-7 u_1 和 u_2 的相量图

例5-6 已知电压、电流的频率均为50Hz，表示它们的相量分别为：$\dot{U}=380\angle30°\text{V}$，$\dot{I}=2\angle-150°\text{A}$。试写出这两个正弦量的解析式。

解 $\omega=2\pi f=2\times\pi\times50=314$ (rad/s)

$U_m = 380\sqrt{2}\text{V} \quad I_m = 2\sqrt{2}\text{A}$

$u = 380\sqrt{2}\sin\ (314t + 30°)\ \text{V}$

$i = 2\sqrt{2}\sin\ (314t - 150°)\ \text{A}$

交流电有多种表示方法，初学时一定要注意：文字符号的大、小写要分清，瞬时值（时间函数）和相量不要混淆，虽然它们都代表同一个物理量，有着“对应”关系，但“对应”并不是直接“相等”。以电压为例，绝不可写成“$u(t) = U_m\sin(\omega t + \varphi_u) = \dot{U}_m = \dot{U}_m\angle\varphi_u$”，式中第二个“等号”是错误的，一定要分两步写：“$u(t) = U_m\sin(\omega t + \varphi_u)$，$\dot{U}_m = U_m\angle\varphi_u$”。

基尔霍夫定律对交流电同样适用，用瞬时值表示为：$\sum i = 0$，$\sum u = 0$。但用相量表示时，就要考虑到大小和相位两方面的关系，$\sum \dot{I} = 0$，$\sum \dot{U} = 0$。

必须注意：它们的有效值（或振幅值）则不能写成类似的形式，$\sum I \neq 0$，$\sum U \neq 0$。

2. 正弦交流电压、电流的测量

（1）仪器和器材：电工实训台（箱）、万用表、灯泡。

（2）技能训练电路：如图 5-8 所示。

（3）内容和步骤

1）在电工电子实训平台上，按图 5-8（a）所示电路图搭接电路。

2）将万用表的转换开关置于交流电压挡“ACV”（或标有“$\underset{\sim}{\text{V}}$”标志处），选择适当的量程，将两根表笔（不分正、负）分别并联在灯泡两端后读出测量值。

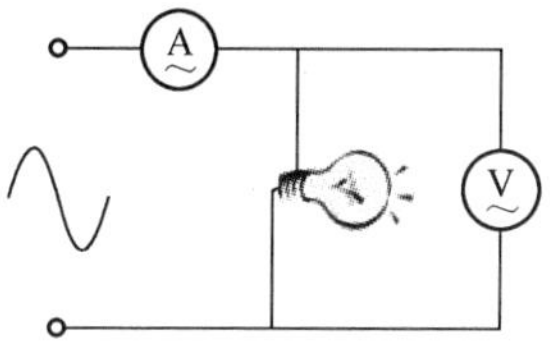

图 5-8　交流电压、电流的测量

3）将万用表的转换开关置于交流电流挡“$\underset{\sim}{\text{A}}$”，选择适当的量程，将两根表笔（不分正、负）串联在灯泡电路中读出测量值。

课堂练习 5-5　写出下列各正弦量对应的相量。

$$i_1 = 100\sqrt{2}\sin(314t + 30°)\text{A}, i_2 = 60\sqrt{2}\sin(314t + 120°)\text{A}$$

课堂练习 5-6　写出下列各相量对应的正弦量，并画出相量图。

$$\dot{I} = 2\angle 30°\text{A}, \dot{U}_m = 157\angle -120°\text{V}, \dot{E} = 220\angle 60°\text{V}$$

5.3　正弦交流电路中的三种基本元件

正弦交流电路中除了电源外，还有三种具有不同电路参数的无源元件，即电阻、电感和电容。它们在能量转换上具有不同的物理性质。电流通过电阻 R 时，要消耗电能并变换成热量；电流通过电感 L 时，要产生磁场并存储磁场能量；电压加在电容 C 两端时，要产生电场并存储电场能量。

严格说来，只包含单一参数的理想电路元件是不存在的。但当某一部分电路只有一种参数起主要作用，而其余参数可以忽略不计时，就可以近似地把它视为理想元件。例如，白炽灯可视为纯电阻元件。大多数电容器的介质损耗很小，可视为纯电容元件。电感线圈若有很集中的磁场而它的电阻又很小时，也可近似地视为纯电感元件。电阻、电感和电容各具有不同的物理性质，这决定了它们在交流电路中所起的作用不同。下面分别加以讨论。

5.3.1 纯电阻正弦交流电路

1. 电阻元件的性质探索演示实验

在图 5-9 所示电路中，用双踪示波器分别观察电阻 R_1 和 R_2 两端的电压波形，再用交流电压表分别测量电阻 R_1 和 R_2 两端的电压。

用双踪示波器观察发现，电阻 R_1 和 R_2 两端的电压波形同相位；用交流电压表测量 R_1 和 R_2 上电压，可发现电压表读数（有效值）和电阻值成正比。

如果在某一部分电路内，只考虑电阻的作用，则可用欧姆定律描述电路中电压和电流的关系。当电阻 R 的电压和电流参考方向一致时，如图 5-10 所示，u_R 和 i 的关系写作：

$$u_R = Ri \quad 或 \quad i = U_R/R \tag{5-10}$$

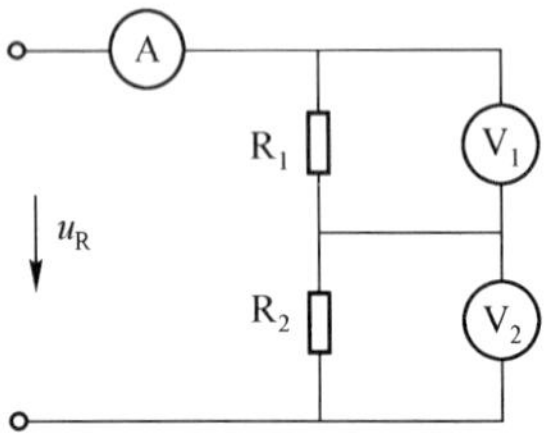

图 5-9　演示实验 5-3 的附图

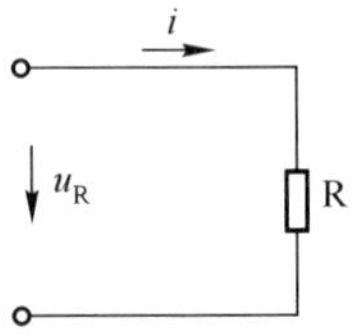

图 5-10　纯电阻电路

当 R 为常数时，电流 $I(t)$ 和电压 $u_R(t)$ 总是成正比的。因为交流电路中电压和电流都是随时间变化的，所以它们的乘积即电阻所消耗的电功率也随时间变化，称为瞬时功率，用小写字母 p 表示，即：

$$p = u_R i = Ri^2 = u_R^2/R \tag{5-11}$$

由于 i^2 和 u_R^2 总大于零，所以 p 总是正的。这说明不论电流的方向如何改变，电阻总要消耗电能。这些电能转变为热量散去，所以电阻消耗电能的过程是不可逆的。

2. 纯电阻正弦交流电路中的相量关系

在正弦交流电路中，设电阻中的电流为　　$i = I_m \sin\omega t$

根据式（5-10），得出电阻上电压为

$$u_R = Ri = RI_m \sin\omega t = U_{Rm} \sin\omega t \tag{5-12}$$

由以上两式可看出，电阻上的电压和电流是同频率的正弦量且相位相同（同相）。

它们的数量大小关系为

$$U_{Rm} = RI_m$$
$$U_R = RI \tag{5-13}$$

如用相量表示，则为

$$\dot{U}_{Rm} = R\dot{I}_m \text{ 或 } \dot{U} = R\dot{I} \tag{5-14}$$

它们的波形图和相量图如图 5-11 和图 5-12 所示。

把电压和电流的瞬时关系式代入式（5-12），可得电阻消耗的瞬时功率表达式为

$$p_R = u_R i = U_{Rm} I_m \sin^2 \omega t = U_R I \sin^2 \omega t = U_R I(1 - \cos 2\omega t) \qquad (5-15)$$

其变化曲线如图5-13所示。由于$p \geqslant 0$，如前所述，电阻总是在吸收功率，并不断地把电能转换为热量。由于瞬时功率是随时间作周期变化的，所以电工技术上取它在一个周期内的平均值来表示交流电功率的大小，称为平均功率，用大写字母P表示：

$$P_R = U_R I = I^2 R = U_R^2 / R \qquad (5-16)$$

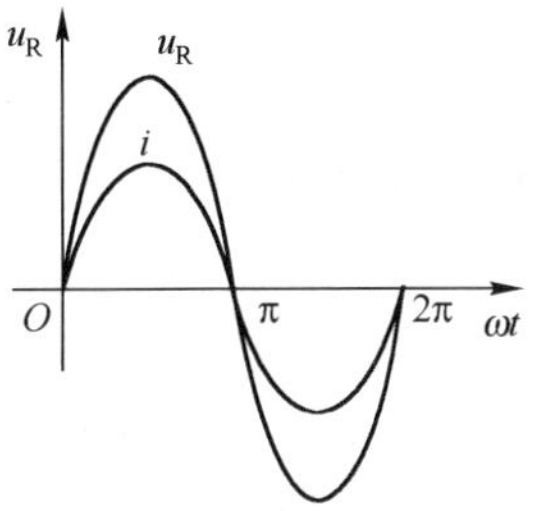

图5-11 电阻的电压和电流波形图

图5-12 电阻的电压和电流相量图

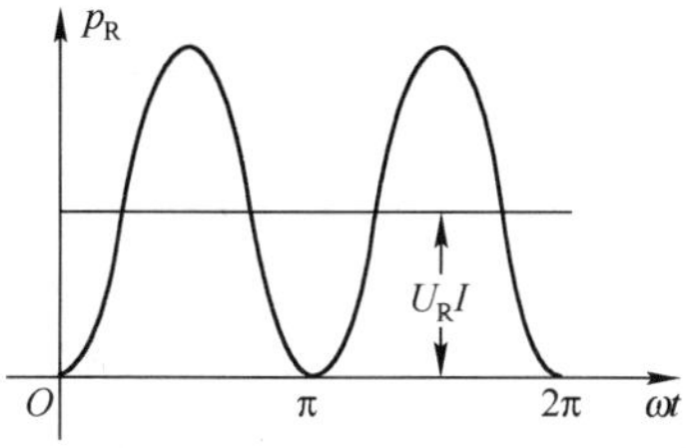

图5-13 电阻电路功率曲线

由于平均功率是实际消耗的功率，故又称为有功功率。习惯上常把“平均”或“有功”二字省略，简称功率。例如，灯泡的功率为40W、电炉的功率为1000W、电阻的功率为5W等，都是指平均功率。

例5-7 一个额定值为220V/1000W的电炉，接在220V的交流电源上。求通过电炉的电流和它的电阻。如果电炉使用2h，则所消耗的电能为多少？

解 电炉的电流为 $I = P/U = 1000/220 = 4.55$（A）

电炉的电阻为 $R = U_R/I = 220/4.55 = 48.4$（Ω）

两小时消耗的电能为 $W = Pt = 1000 \times 2 \times 60 \times 60 = 7.2 \times 10^6$（J）

或 $W = Pt = 1\text{kW} \times 2\text{h} = 2\text{kW} \cdot \text{h} = 2$ 度

课堂练习5-7 已知$R = 6\Omega$，在关联参考方向下，流过电阻的电流$i = 1.41\sin(\omega t + 30°)$A。求$\dot{U}_R$、$u_R$、$P$。

5.3.2 纯电感正弦交流电路

1. 电感元件电压波形观察

在图5-14所示电路中，用双踪示波器分别观察电阻R和电感L的电压波形，再用交流电压表分别测量电阻和电感两端的电压。

通过双踪示波器的一路观察电阻电压波形，另一路观察电感电压波形，可以发现两路电压波形有90°的相位差；当改变电压的数值时，电感上的有效值和电流有效值成正比。

在纯电感正弦交流电路中，设电感中电流$i = I_m \sin \omega t$，则根据前述内容，可得：

$$u_L = L\Delta i/\Delta t = \omega L I_m \cos \omega t = X_L I_m \sin(\omega t + 90°) = U_{Lm} \sin(\omega t + 90°) \qquad (5-17)$$

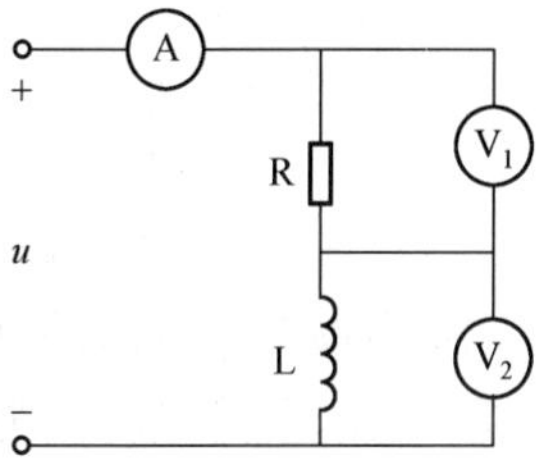

图5-14 电感元件电压波形观察电路图

由此可知，正弦电流在线性电感中产生同频率的正弦电压。正弦电压在相位上超前电流90°，在数量上

$$U_{Lm}=\omega LI_m=X_LI_m \quad 或 \quad U_L=\omega LI=X_LI \tag{5-18}$$

式中

$$X_L=\omega L=2\pi fL \tag{5-19}$$

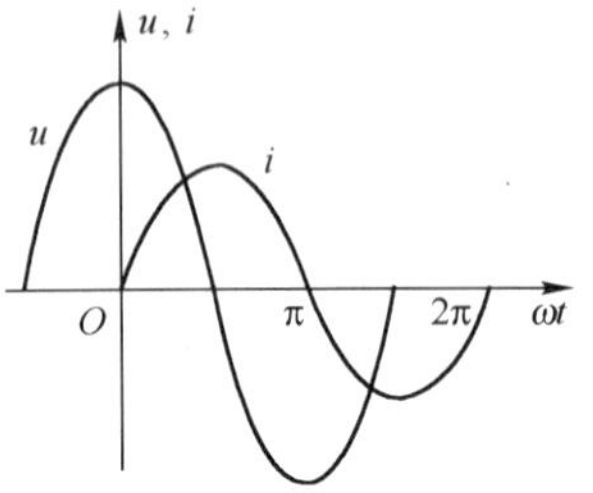

图 5-15　电感的电压和电流波形图

X_L 称为电感电抗，简称感抗，具有和电阻相同的量纲，单位为欧姆（Ω）。

另外，$X_L=U_L/I$ 或 $I=U_L/X_L$。该式表明，电感电路中电流有效值和电压有效值成正比，而与电路的感抗成反比，即符合欧姆定律。电感中电流和电压的波形图如图 5-15 所示。

感抗是用来表示电感元件对正弦电流阻碍作用的一个物理量，在电压一定的条件下，X_L 越大，则电流越小。感抗 X_L 的大小与电感 L 和频率 f 成正比，因为电源频率越高，电流变化越快，产生的自感电动势也越大。通过同样的电流需要外加的电压就越大，也就是它对电流的阻碍作用大了，所以感抗越大，反之亦然。因此，电感线圈在电子线路中常用做高频扼流圈，用于限制高频电流。而在直流电路中，因为电流不变，相当于频率为零，所以感抗等于零。

如果同时把电压和电流的数量关系和相位关系都考虑进来，并以电流为参考相量，则可得相量关系式为

$$\dot{I}=I\angle 0°$$

$$\dot{U}=\omega LI\angle 90°=\mathrm{j}X_L\dot{I} \tag{5-20}$$

式中，$\mathrm{j}X_L$ 是纯电感交流电路的复电抗，其电压和电流相量如图 5-16 所示。

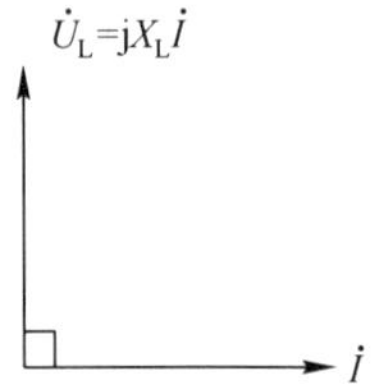

图 5-16　电感的电压和电流相量图

2. **纯电感电路中能量转换和功率**

知道了电压和电流的变化规律后，便可求得电感吸取的瞬时功率：

$$p_L=u_Li=U_{Lm}\sin(\omega t+90°)I_m\sin\omega t=U_{Lm}I_m\sin\omega t\cdot\cos\omega t=U_LI\sin 2\omega t \tag{5-21}$$

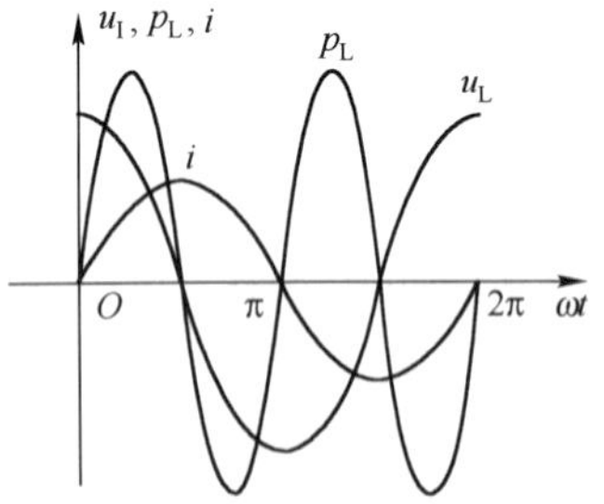

图 5-17　纯电感电路的瞬时功率曲线与电压、电流曲线

如图 5-17 所示为瞬时功率曲线与电压、电流曲线。由图 5-17 可见瞬时功率的最大值 U_LI 是以二倍于电流的频率按正弦规律变化。在第一个与第三个 1/4 周期内，由于 U_L 和 i 的方向相同，所以乘积为正值，即 $p_L>0$。在此期间 i 的绝对值增大，电感中存储的磁场能量增加。因此，要从电源吸取功率，以便把电能转换为磁场能量，此时电感相当于一个负载。在第二个与第四个 1/4 周期内，U_L 和 i 的方向相反，所以乘积为负值，即 $p_L<0$。在此期间，i 的绝对值减小，电感中存储的磁场能量减少。因此，要向电源发出功率，以便把磁场能量转换为电能。此时，电感元件相当于一个电源。综上所述，纯电感线圈时而吸收功率，时而发出功率，因此它是一个储能元件，一个周期的平均功率为零，即纯电感线圈在正弦交流电路不消耗有功功率。

通常把储能元件中瞬时功率的最大值称为无功功率，用字母 Q 来表示。它只反映储能元件和电源之间能量交换的规模。电感元件的无功功率为

$$Q_L = U_L I = X_L I^2 = U_L^2 / X_L \tag{5-22}$$

为了与有功功率相区别，规定无功功率的单位是乏尔（Var），简称乏。

例 5-8　在电压为 220V、频率为 50Hz 的电源上接 $L = 0.127\text{H}$ 的纯电感。求线圈的感抗 X_L、线圈中电流的有效值 I 及无功功率 Q。

解　感抗：$X_L = 2\pi fL = 2 \times 3.14 \times 50 \times 0.127 = 40$（Ω）

电流有效值：$I = U/X_L = 5.5\text{A}$

无功功率：$Q_L = UI = 220 \times 5.5 = 1210$（Var）

课堂练习 5-8　电感为 0.1H 的线圈，接到频率为 50Hz、电压为 100V 的正弦交流电源上，求感抗 X_L、电流 I 和无功功率 Q_L。

5.3.3　纯电容正弦交流电路

1. 电容元件电压波形观察

在图 5-18 所示电路中，用双踪示波器分别观察电阻 R 和电容 C 上的电压波形，再用交流电压表分别测量电阻和电容两端的电压。

通过双踪示波器的一路观察电阻上电压波形，另一路观察电容上电压波形，可以看到电阻和电容上的波形有 90°的相位差；当改变电压的数值时，电容上电压的有效值和电流有效值成正比。

如图 5-19 所示是纯电容电路，设电容两端的电压　$u = U_m \sin\omega t$

则根据前述内容可得电流：

$$i = C\Delta u_C / \Delta t = \omega C U_m \cos\omega t = I_m \sin(\omega t + 90°)$$

电路中电流和电压的波形图如图 5-20 所示。

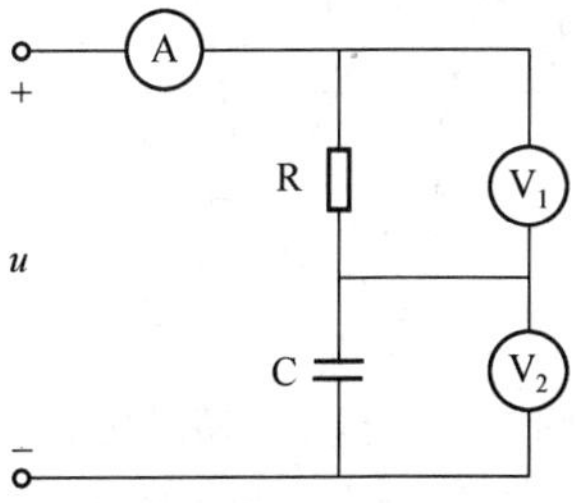

图 5-18　电容元件电压波形观察电路图

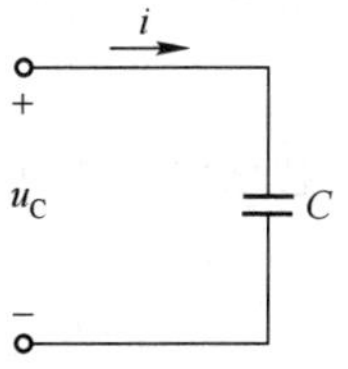

图 5-19　纯电容电路

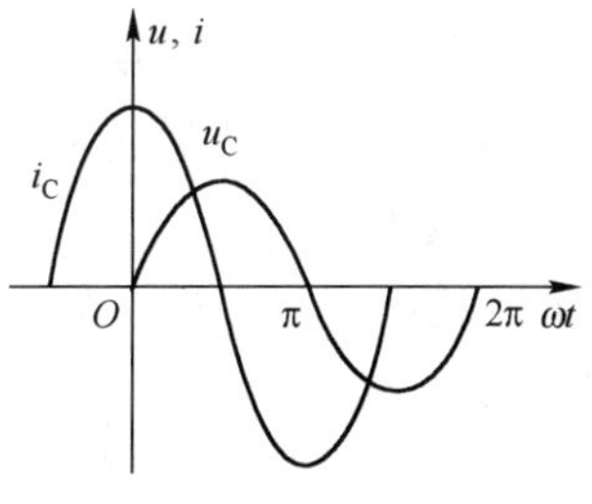

图 5-20　电容的电流和电压波形图

由此可知，正弦电压在电容中产生同频率的正弦电流。电流在相位上超前电压 90°（或者电容中电压滞后电流 90°），在数量上

$$I_{Cm} = \omega C U_m$$

设

$$X_C = 1/\omega C \tag{5-23}$$

则

$$U_{Cm} = X_C I_{Cm} \quad 或 \quad U_C = I X_C \tag{5-24}$$

而 $X_C = 1/(\omega C) = 1/(2\pi fC)$ 称为电容电抗，简称容抗。它具有和电阻相同的量纲，单位为欧姆（Ω）。式（5-24）还表明，在电容电路中，电流有效值 I 和电压有效值 U 成正比，和容抗 X_C 成反比，亦符合欧姆定律。由式（5-23）可知，容抗 X_C 与电容 C 及角频率 ω（频率 f）都成反比。因为 C 越大，在相同电压下能容纳的电量越多，电流也就越大，即容抗越小。而频率越高，电容器充放电的速度越快，在相同电压作用下，单位时间内移动的电量越多，即电流越大，容抗越小。因此，电容器对高频电流的阻碍作用小，这恰好与电感线圈相反。在电子线路中常用电容器作为高频电流的通路，对直流来说，因 $\omega = 0$，故 $X_C \to \infty$，可看做断路，所以电容器有“隔直”作用。

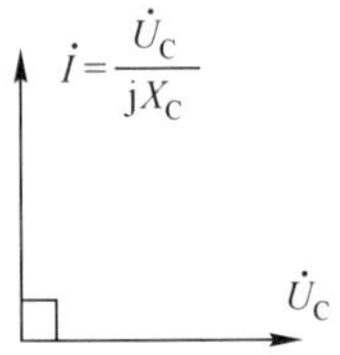

图 5-21　电容的电压和电流相量图

如果同时把电压和电流之间的数量关系和相位关系都考虑进来，并以电压为参考相量，则可得相量关系式：

$$\dot{U} = U\angle 0°,\ \dot{I} = I\angle 90°$$

而
$$U_C = IX_C, 所以\ I = U_C/X_C,$$

则
$$\dot{I} = (U/X_C)\angle 90°$$

即
$$\dot{U} = -jX_C\dot{I} \tag{5-25}$$

式中，$-jX_C$ 是纯电容交流电路的复电抗，其相量图如图 5-21 所示。

2. 纯电容电路中的能量转换和功率

知道了电容中电压和电流的变化规律后，便可求得电容吸取的瞬时功率：

$$p_C = u_C i = U_m \sin\omega t I_m \sin(\omega t + 90°) = U_m I_m \sin\omega t \cos\omega t = U_C I \sin 2\omega t \tag{5-26}$$

它与纯电感电路中瞬时功率表达式（5-21）在形式上完全一样。可见，纯电容电路中的瞬时功率也是频率二倍于电压频率的正弦函数。它的变化曲线如图 5-22 所示。

从瞬时功率 p 的曲线图中可以看到，在第一和第三个 1/4 周期内，u 和 i 同方向，$p > 0$。这表示电容器从电源吸取能量并转换为电场能量储存起来，此时电容相当于负载。但在第二和第四个 1/4 周期内 u 和 i 反向，$p < 0$。这表示电容器把储存的电场能量转换为电能，送回电源，此时电容器相当于电源。

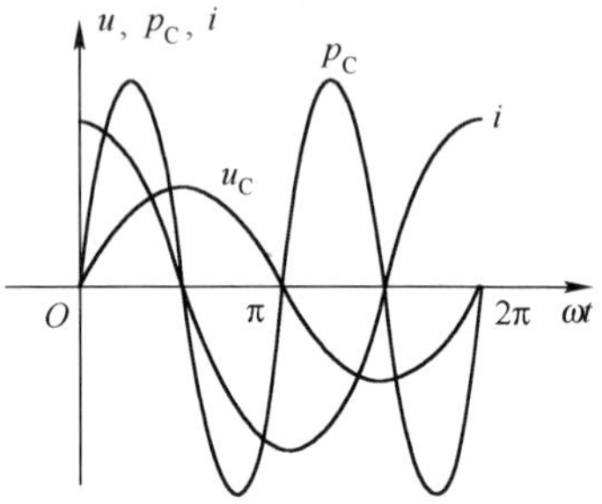

图 5-22　纯电容瞬时功率曲线与电压、电流曲线

因此，纯电容电路的平均功率 P 和纯电感电路的平均功率 P 一样，为

$$P = 0 \tag{5-27}$$

这表示纯电容电路不消耗有功功率，只有电容器和电源之间的能量交换。因此，电容器 C 亦是一个储能元件。同样，用无功功率 Q 来表示该储能元件的瞬时功率的最大值，Q_C 的单位为乏尔（Var）。电容元件的无功功率为

$$Q_C = U_C I = I^2 X_C = U_C^2 / X_C \tag{5-28}$$

例 5-10　将 $C = 20\mu F$ 的电容接在 $U = 220V$ 的工频电源上，求 X_C、I 及 Q_C。

解　$X_C = 1/(\omega C) = 1/(314 \times 20 \times 10^{-6}) = 159(\Omega)$

$I = U_C / X_C = 220/159 = 1.38(A)$

$Q_C = U_C I = 220 \times 1.38 = 304(Var)$

课堂练习 5-9　电容为 2μF 的电容器，接到频率为 50Hz、电压为 220V 的交流电源上，求容抗 X_C、电流 I 和无功功率 Q_C。

5.4　RLC 串联电路

5.4.1　RLC 串联电路的阻抗

将交流电路中的三种基本元件电阻、电感、电容串联起来就组成一种具有实际意义的电路。例如，一个实际线圈相当于 R 与 L 串联，把它和一个电容器 C 串联就组成 RLC 串联电路。

在如图 5-23 所示电路中，$R=30\Omega$，$L=0.001\text{H}$，$C=10\mu\text{F}$，交流电源 $f=5000\text{Hz}$，$U=5\text{V}$，用交流电压表测定各元件的电压。

通过实验中各电压表的示数，可发现各电压表读数符合 $U=\sqrt{U_1^2+(U_2-U_3)^2}$。

如图 5-24 所示电路为 RLC 串联电路，电压和电流的参考方向如图 5-26 所示。通过 R、L、C 的是同一个正弦电流：$i=I_m\sin\omega t$。

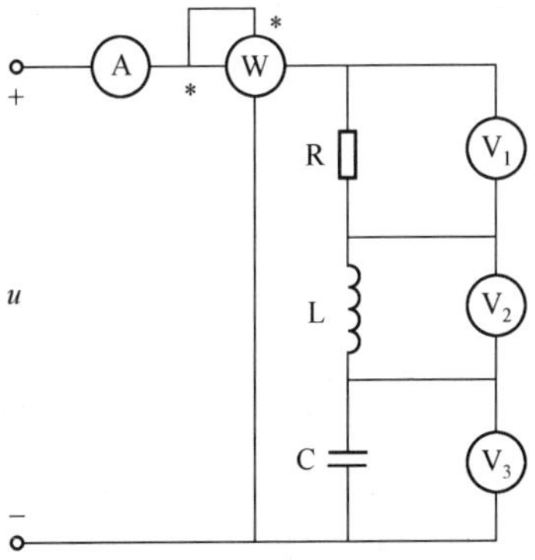

图5-23　RLC 电路阻抗测量电路图

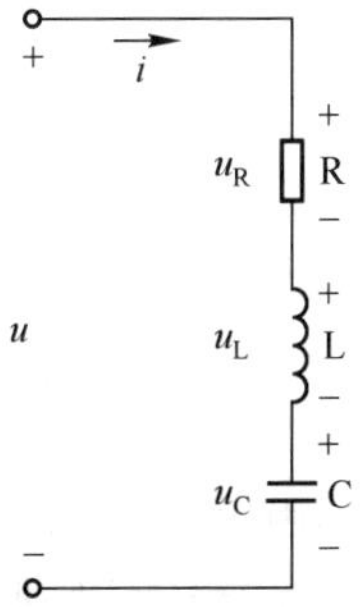

图 5-24　RLC 串联电路

在电阻 R 上产生的电压降：　$u_R=RI_m\sin\omega t$，u_R 与 i 同相位；
它们有效值之间的关系为　$U_R=RI$；
在电感 L 上产生的电压降：　$u_L=X_LI_m\sin(\omega t+90°)$
u_L 比 i 超前 90°，其有效值之间的关系为　$U_L=X_LI$；
在电容 C 上产生的电压降：　$u_C=X_CI_m\sin(\omega t-90°)$
u_C 比 i 滞后 90°，其有效值之间的关系为　$U_C=X_CI$。
根据 KVL,可写出电路中电压瞬时值的关系式：

$$u=u_R+u_L+u_C=RI_m\sin\omega t+X_LI_m\sin(\omega t+90°)+X_CI_m\sin(\omega t-90°)$$

用相量表示

$$\dot{U}=\dot{U}_R+\dot{U}_L+\dot{U}_C=R\dot{I}+\mathrm{j}X_L\dot{I}-\mathrm{j}X_C\dot{I}=[R+\mathrm{j}(X_L-X_C)]\dot{I}=Z\dot{I} \quad (5\text{-}29)$$

式中

$$Z=R+\mathrm{j}(X_L-X_C)=R+\mathrm{j}X=|Z|\angle\varphi \quad (5\text{-}30)$$

式中，$X=(X_{L}-X_{C})$称为电路的电抗，X可为正，也可为负；$Z=R+\mathrm{j}X$称为电路的复阻抗，$|Z|$称为复阻抗Z的模，称为阻抗，单位为欧姆（Ω）；φ称为复阻抗Z的幅角。

5.4.2 电压三角形和阻抗三角形及其应用

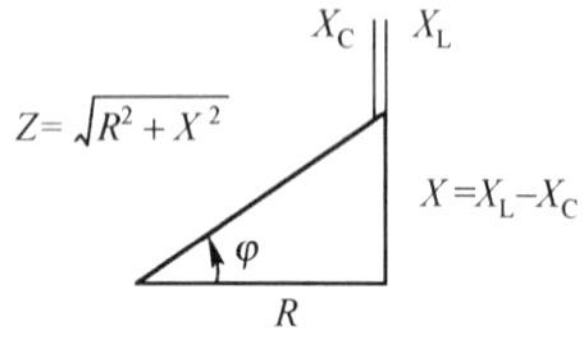

图 5-25 阻抗三角形

由式（5-36），根据勾股定理可画出一个直角三角形，以R为一直角边，$X=X_L-X_C$为另一直角边，则斜边即为$|Z|$，称为阻抗三角形，如图 5-25 所示。

$$|Z|=\sqrt{R^2+(X_L-X_C)^2}=\sqrt{R^2+X^2} \qquad (5-31)$$

$$\varphi=\tan^{-1}(X_L-X_C)/R=\tan^{-1}X/R \qquad (5-32)$$

根据相量图的画法，以电流为参考相量，$\dot{U}_R$和$\dot{I}$同相。$\dot{U}_L$比$\dot{I}$超前 90°，$\dot{U}_C$比$\dot{I}$滞后 90°，据此可得一个电压相量三角形，如图 5-26 所示。在图上，根据三角形关系可知：

$$U_R=U\cos\varphi \qquad (5-33)$$

$$U_X=U_L-U_C=U\sin\varphi \qquad (5-34)$$

则总电压为

$$U=\sqrt{U_R^2+U_X^2}=\sqrt{U_R^2+(U_L-U_C)^2}=I\sqrt{R^2+(X_L-X_C)^2}=I|Z| \qquad (5-35)$$

总电压的最大值$U_m=\sqrt{2}U$。总电压和电流的相位差φ可由式（5-35）求得：

$$\varphi=\tan^{-1}(U_L-U_C)/U_R=\tan^{-1}(X_L-X_C)/R \qquad (5-36)$$

即
$$u=\sqrt{2}|Z|I\sin(\omega t+\varphi)=\sqrt{2}U\sin(\omega t+\varphi) \qquad (5-37)$$

从数量上说
$$U=|Z|I \qquad (5-38)$$

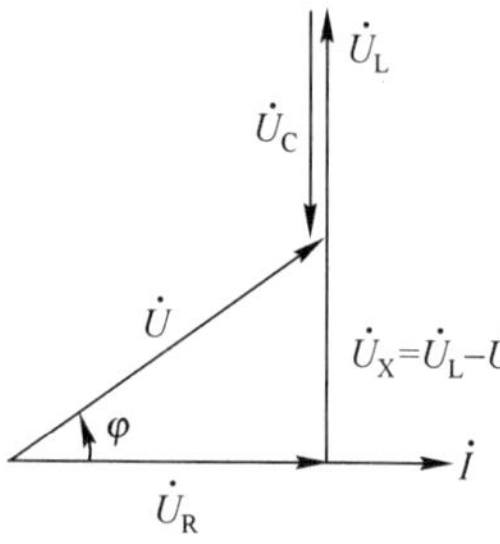

图 5-26 电压三角形

式（5-38）说明电流的有效值I与电压的有效值U成正比，而与电路的阻抗$|Z|$成反比。这条规律不仅适用于 RLC 串联电路，而且对任何线性正弦交流电路都适用，称为交流电路的欧姆定律。相应的，对于$\dot{U}=\dot{I}|Z|$则称为欧姆定律的相量形式。

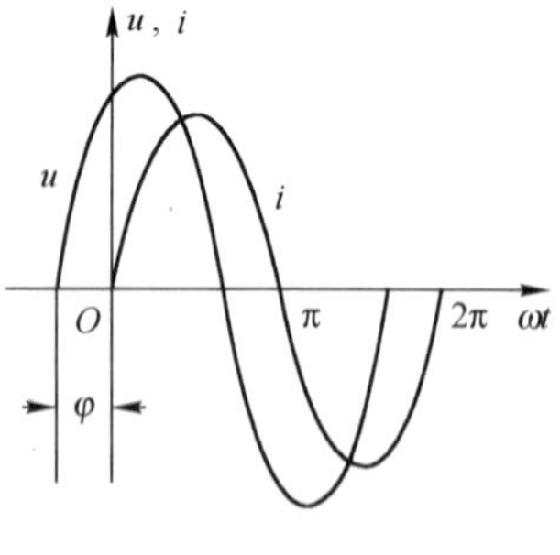

图 5-27 串联电路的电压、电流波形图

综上所述，可以得出结论：在 RLC 串联电路中，电流与电压是同频率正弦量，它们的有效值符合欧姆定律

$$U=|Z|I$$

电压和电流的相位差为

$$\varphi=\tan^{-1}X/R=\tan^{-1}(X_L-X_C)/R$$

因此，RLC 串联电路的电压、电流波形图如图 5-27 所示。

当$X_L>X_C$时，即$\varphi>0$，表示感抗占优势，电路呈电感性质，称为感性电路，这时总电压超前电流角度φ。

当$X_L<X_C$时，即$\varphi<0$，表示容抗占优势，电路呈电容性质，称为容性电路，这时总电压滞后电流角度φ。

当 $X_L=X_C$ 时，即 $\varphi=0$，表示 $|Z|=R$，电路呈现纯电阻性质，称为电阻性电路，这时总电压和电流同相。这种现象又称为串联谐振。

例 5-12 RLC 串联电路 $R=60\Omega$，$L=0.1\text{H}$，$C=17.5\mu\text{F}$；现接到 $U=220\text{V}$ 的正弦电压上。求在工频和 $f=200\text{Hz}$ 两种情况下的电流以及电路性质。

解 （1）正弦电压时，$f=50\text{Hz}$

$$X_L=2\pi fL=2\times3.14\times50\times0.1=31.4(\Omega)$$

$$X_C=1/(2\pi fC)=1/(2\times3.14\times50\times17.5\times10^{-6})=182(\Omega)$$

则电抗 $X=X_L-X_C=31.4-182=-150.6(\Omega)<0$

∴ 电路呈电容性质。

（2）当 $f=200\text{Hz}$ 时，则 $\omega=2\pi fL=1256\text{rad/s}$

则 $X_L=\omega L=1256\times0.1=125.6(\Omega)$

$$X_C=1/2\pi fC=1/(2\times3.14\times200\times17.5\times10^{-6})=45.5(\Omega)$$

$X=X_L-X_C=125.6-45.5=80.1(\Omega)>0$，故电路呈电感性质。

作为 RLC 串联电路的特例，下面举 RL 串联电路和 RC 串联电路的两个例题。

例 5-13 一台小功率的单相交流电动机可等效为 RL 串联电路，设 $R=50\Omega$，$L=0.78\text{H}$，现接在 220V 工频电源上，求通过电动机的电流。

解 电动机感抗 $X_L=\omega L=314\times0.78=245(\Omega)$

则 $Z=R+\text{j}X_L=50+\text{j}245=250\angle78.5°(\Omega)$

$$\dot{I}=\dot{U}/Z=220\angle0°/250\angle78.5°=0.88\angle-78.5°(\text{A})$$

∴ 通过电动机的电流为 0.88A，滞后于电压 78.5°。

例 5-14 如图 5-28 所示的正弦交流电路中，已知电源频率 $f=800\text{Hz}$，$C=0.046\mu\text{F}$，$R=2500\Omega$，求输出电压 u_2 与输入电压 u_1 之间的相位差。

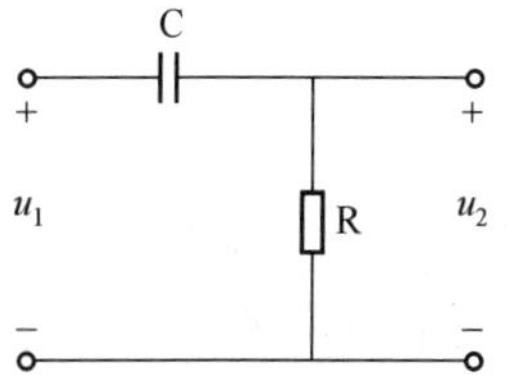

图 5-28 RC 移相电路图

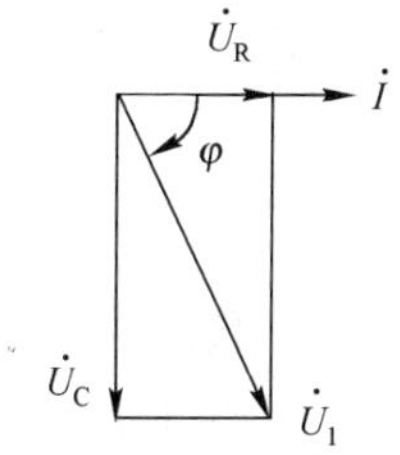

图 5-29 RC 移相电路的电压、电流相量图

解 由图 5-28 可知，输出电压 u_2 就是电阻上的电压 u_R，输入电压 u_1 是 RC 串联电路的总电压。由图 5-29 所示相量图可知 u_R 超前 u 为 φ 角，即 u_2 超前 u_1 为 φ 角。

$\varphi=\tan^{-1}(X_C/R)=\tan^{-1}(2\pi fC/R)=1/(2\times3.14\times800\times0.046\times10^{-6}\times2500)=60°$

即输出电压 u_2 和输入电压 u_1 的相位差为 60°，u_2 超前 u_1。

从本例可知，RC 串联电路可用做移相电路。移相电路在电子技术中有很广的应用，如可利用移相电路组成 RC 振荡器。

课堂练习 5-10 某 RL 串联电路中，电源为 100V、50Hz 的正弦交流电，实测电流 $I=2\text{A}$，有功功率 $P=120\text{W}$，求电路的电阻 R 和电感量 L 各为多少。

*5.4.3 RLC 串联谐振电路

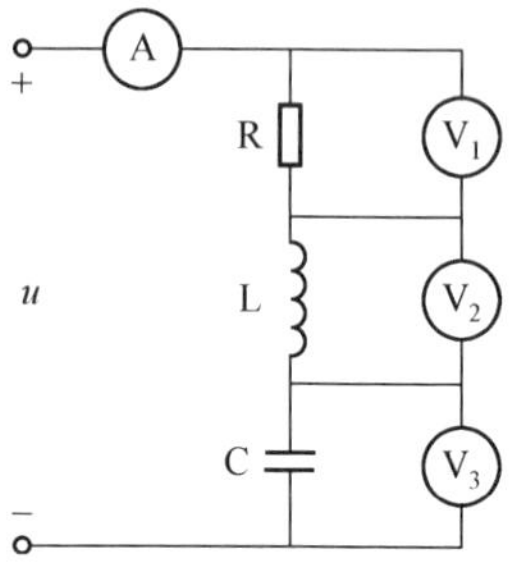

图 5-30 RLC 电路实验原理图

如图 5-30 所示的 RLC 串联电路中，$R=20\Omega$，$L=250\mu H$，$C=150pF$，电源为频率 $f=0.82MHz$，电压 $U=25V$ 的交流电。观测交流电压表 U_R、U_L、U_C 读数。

当电源频率为 0.82MHz、电压为 120V 时，各交流电压表读数为：电阻两端电压 $U=25.0V$，电容两端电压 $U_C=-500.0V$，电感两端电压 $U_L=500.0V$。可见电容两端电压 U_1 和电感两端电压 U_2 相位相反但数值相等，且比电源电压高许多倍，即 RLC 串联电路发生了串联谐振。若改变电源的频率，或改变 L、C 的参数，则没有上述情况发生。

1. 串联谐振的条件和谐振频率

在 RLC 串联电路中当 $X_L=X_C$ 时，即 $\varphi=0$，表示 $|Z|=R$，电路呈现纯电阻性质，这时总电压 u 和电流 i 同相位，如图 5-31 所示，这时电路中就产生谐振现象。

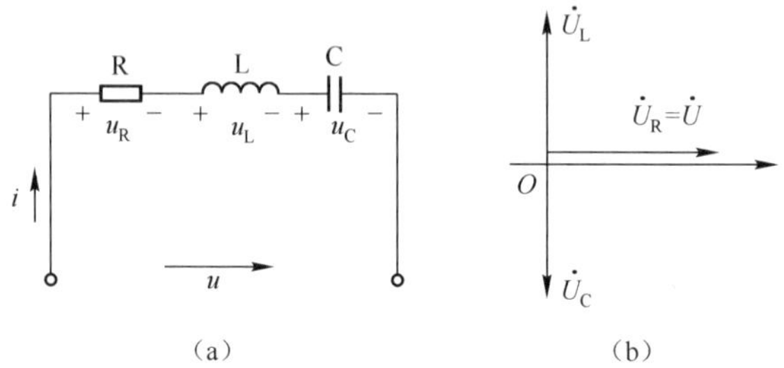

图 5-31 RLC 串联电路

因此，$X_L=X_C$ 即为电路产生谐振的条件。根据 $2\pi fl=\dfrac{1}{2\pi fC}$，可得谐振时的频率

$$f_0=\frac{1}{2\pi\sqrt{LC}} \tag{5-39}$$

由式（5-39）可知，串联电路发生谐振时的频率 f_0 仅由电路本身的参数 L 和 C 确定，若电路的 L、C 为一定值，则电路的谐振频率为一定值。当调节电源的频率使它和电路的谐振频率相等时，则满足 $X_L=X_C$ 的条件，电路便发生谐振。反之，若电源频率为一定值，则改变电路的 L、C，即改变电路的谐振频率，使二者达到相等，也能使电路发生谐振。

2. 串联谐振的特点

（1）串联谐振时电感两端的电压 U_L、电容两端的电压 U_C 可以比总电压 U 大许多倍。

因为谐振时电感两端的电压和电容两端的电压的大小相等而相位相反，彼此互相抵消，这时 $U=IR$。由 $I=U/R$ 可得电感两端的电压和电容两端的电压分别为

$$U_L=IX_L=\frac{X_L}{R}U=\frac{\omega_0 L}{R}U,\qquad U_C=IX_C=\frac{X_C}{R}U=\frac{1}{\omega_0 CR}U$$

上式中 $\omega_0 L/R$ 或 $1/\omega_0 CR$ 称为谐振回路的品质因数，用 Q 表示，即

$$Q=\frac{\omega_0 L}{R}=\frac{1}{\omega_0 CR} \tag{5-46}$$

因此 $U_L=U_C=QU$

当 $R \ll X_L$ 或 $R \ll X_C$，即谐振回路的品质因数很高时，电感、电容上的电压可以比总电压高很多倍。由于串联谐振会在电感、电容上引起高电压，所以串联谐振又称为电压谐振。电压谐振所产生的高电压在电信工程上是十分有利的，因为外来的无线电信号非常微弱，通过电压谐振可把信号电压上升到几十倍甚至几百倍，有利于接收微弱的无线电信号。但是电压谐振也有其不利的一面，如在电力工程上产生的高电压有时会把电感线圈和电容器的绝缘材料击穿，造成设备损坏事故，因此在电力工程上应尽量不产生电压谐振。

（2）串联谐振时电路的阻抗最小，在一定电压下电路中电流的有效值最大。

电路的阻抗 $$Z=\sqrt{R^2+\left(\omega L-\frac{1}{\omega C}\right)^2}$$

则电路的电流 $$I=\frac{U}{Z}=\frac{U}{\sqrt{R^2+\left(\omega L-\frac{1}{\omega C}\right)^2}}$$

由此可知，若 $\omega L=1/\omega C$，则串联谐振时的阻抗 $Z_0=R$，这时电路的阻抗最小，电流最大，$I_0=U/R$。若 $\omega L\neq 1/\omega C$，则 $Z>R$，$I<U/R$。根据阻抗 Z 和电流 I 的表达式，可画出电流 I 随频率变化的曲线，即电流的频率响应曲线，如图 5-32 所示。由电流的频率响应曲线可以看出，当电流频率 f 偏离谐振时的频率 f_0 以后，电流 I 就从谐振时的最大值 U/R 降下来。按照规定，当电流下降到最大有效值 I_0 的 $1/\sqrt{2}\approx 0.707$ 倍时，所包含的一段频率范围称为电路的通频带宽度，即 $\Delta f=f_2-f_1$。由分析可知，$\Delta f=f_0/Q$。

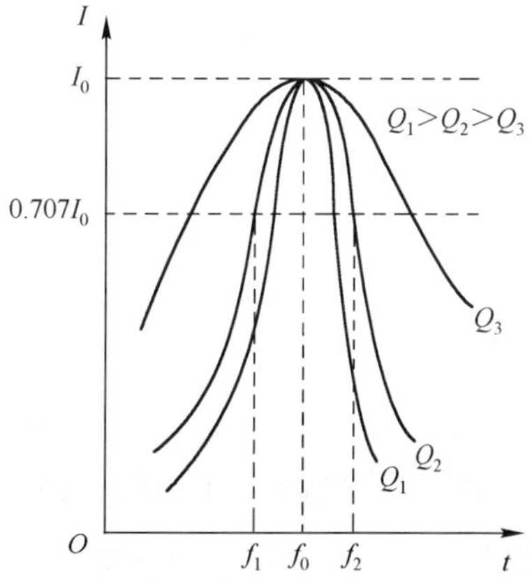

图 5-32 Q 值与频率响应曲线

图 5-36 所示为几种不同 Q 值的电流频率响应曲线，由图可见 Q 值越高，谐振回路在偏离谐振频率后电流的下降就越快，电流频率响应曲线也就越尖锐，则谐振电路的通频带宽度就较小，电路的选择性就较好。需要指出的是，谐振电路的通频带宽度并不一定是越小越好，它应符合所需要传输的信号对通频带宽度的要求。

课堂练习 5-11 RLC 串联电路中，已知 $R=5\Omega$、$L=500\mu H$、$C=103.5pF$，电源电压为 $10\mu V$，求谐振频率 f_0、谐振阻抗 Z_0、品质因数 Q、通频带 Δf。

5.5 交流电路的功率

5.5.1 有功功率、无功功率和视在功率

为了方便，下面从电压三角形出发来分析 RLC 串联电路中的功率问题。

在电压三角形中（如图 5-28 所示），根据三角函数的定义，$U_R = U\cos\varphi$

同样 $U_X = U_L - U_C = U\sin\varphi$

则有功功率 $P = U_R I = UI\cos\varphi$

无功功率 $Q = U_X I = UI\sin\varphi = Q_L - Q_C$

把总电压 U 和电流 I 的乘积称为视在功率，用 S 表示。

即
$$S = UI$$

而
$$P^2 + Q^2 = (UI\text{con}\varphi)^2 + (UI\sin\varphi)^2 = (UI)^2 = S^2$$

即
$$S = \sqrt{P^2 + Q^2} = UI \tag{5-41}$$

视在功率 S 的单位为伏安（VA）。

5.5.2 功率三角形和功率因数

由前述分析可知，有功功率 P、无功功率 Q 和视在功率 S 这三者之间的关系可用一个直角三角形来表示，如图 5-33 所示。

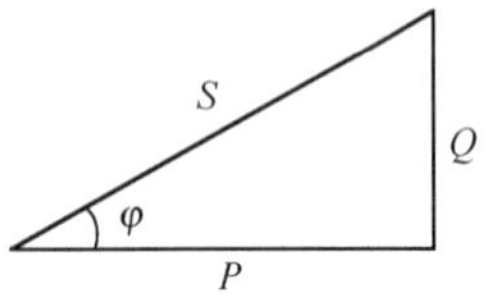

图 5-33 功率三角形

有功功率 P 的一般公式为

$$P = UI\cos\varphi \tag{5-42}$$

式中，$\cos\varphi$ 是总电压 u 和电流 i 之间的相位差 φ 的余弦，称为电路的功率因数，用 $\lambda = \cos\varphi$ 来表示。它是交流电路运行状况的重要指标之一。功率因数 λ 的大小是由负载的性质决定。

比较阻抗、电压、功率三个三角形，可以发现它们是三个相似三角形，底角都是 φ，在三个三角形中分别称为：阻抗角、相位差角、功率因数角。

$$\cos\varphi = R/Z = U_R/U = P/S \tag{5-43}$$

例 5-15 RLC 串联电路如图 5-34 所示，电阻 $R = 22\Omega$、电感 $L = 0.6\text{H}$ 的线圈与电容 $C = 63.7\mu\text{F}$ 串联后接在 $U = 220\text{V}$、$f = 50\text{Hz}$ 的交流电源上，求：电路中感抗 X_L、容抗 X_C、复阻抗 $\dot{Z}$、电流 I、各元件上电压 U_R 及 U_L、有功功率 P、无功功率 Q、视在功率 S、功率因数 λ。

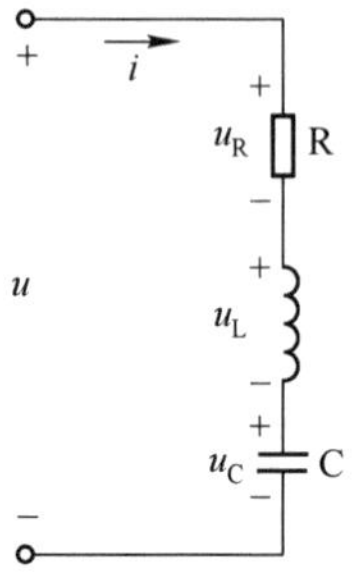

图 5-34 例 5-15 附图

解 $X_L = 2\pi fL = 314 \times 0.6 = 188(\Omega)$

$X_C = 1/(2\pi fC) = 1/(314 \times 63.7 \times 10^{-6}) = 50(\Omega)$

$\therefore \quad \dot{Z} = R + \text{j}(X_L - X_C) = 22 + \text{j}(188 - 50) = 22 + \text{j}138 = 140\angle 81°(\Omega)$

$\dot{I} = \dot{U}/\dot{Z} = 220\angle 0°/140\angle 21° = 1.57\angle -81°(\text{A})$

即电流 I 为 1.57A。

$$U_R = RI = 22 \times 1.57 = 34.5(\text{V})$$

$$U = \sqrt{R^2 + X_L^2} I = \sqrt{22^2 + 188^2} \times 1.57 = 189.3 \times 1.57 = 297(\text{V})$$

$$P = UI\cos\varphi = 220 \times 1.57 \times \cos 81° = 54(\text{W})$$

$$Q = UI\sin\varphi = 220 \times 1.57 \times \sin 81° = 341(\text{Var})$$

$$S = UI = 220 \times 1.57 = 345 \ (\text{VA})$$

$$\cos\varphi = \cos 81° = 0.156$$

课堂练习 5-12 已知某一阻抗 Z 的两端电压和流过的电流（关联参考方向）分别为 $\dot{U}=220\angle 30°\text{V}$，$\dot{I}=5\angle -30°\text{A}$，求复阻抗 Z、等效电阻 R、等效感抗 X_L、有功功率 P、无功功率 Q、视在功率 S 和功率因数 λ。

5.5.3 提高功率因数的方法

当功率 P 和电压 U 一定时，功率因数 λ 越高，电路中电流 I 就越小。电流 I 减小意味着输电线上的损失减小，输电线的截面积可以减小，从而节约电能和导线材料的用量。

用电设备的铭牌上标明的额定功率是指额定的有功功率 P_N，而电源设备（发电机或变压器）的额定功率却是指额定的视在功率 S_N，又称为电源设备的容量，其表达式为

$$S_N = U_N I_N$$

即额定电压与额定电流的乘积。这是因为电路的功率因数不能由电源本身来决定，而是由负载性质和用电状态来确定。因此当电源供电的视在功率达到额定值 S_N 时，即在额定电压条件下输出额定电流，并不能说明电源的供电能力是否得到充分利用；此时电路的功率因数 $\lambda=\cos\varphi$ 越大，电路获得的有功功率 P 越大，电源供电能力的利用越充分，即效益越高。反之，$\lambda=\cos\varphi$ 越小，P 越小，电源设备供电能力的利用就越差，即效益越低。因此，提高用电电路的功率因数有很大的经济意义。

一般来说，电感性负载并联适当的电容，可以提高电路总的功率因数。并联电容的大小可由式（5-44）决定：

$$C=\frac{P}{\omega U^2}(\tan\varphi_1-\tan\varphi) \tag{5-44}$$

式中，P 为电感负载的有功功率；U 为电源电压；ω 为角频率；φ_1 为电感性负载的功率因数角；φ 为电路总的功率因数角。用并联电容的方法提高功率因数，一般提高到 0.9 左右即可。

提高功率因数的现实意义是减少电路中的无功电流（无功功率），提高发电设备的利用率，减少输电线路上的损耗，对提高整个供电电网性能有很大的好处。在工业生产中还采用如下方法来提高自然功率因数：合理地选用电动机，不用大功率的电动机来带动小功率负载，在操作中避免或减少电动机的空转，尽量使电感性负载与电容性负担相平衡。

例 5-16 有一感性负载，额定电压为 220V，$f=50\text{Hz}$，额定功率为 3.3kW，功率因数 $\lambda=\cos\varphi_1=0.75$。若此负载并联一个 $C=100\mu\text{F}$ 的电容，则总功率因数 $\cos\varphi=$？若要将功率因数提高到 0.95，则所并联的电容 $C=$？

解 $\varphi_1=\cos^{-1}0.75=41.4°$

$$\tan\varphi=\tan\varphi_1-(\omega CU^2/P)=\tan 41.4°-(220^2\times 314\times 100\times 10^{-6})/3300$$
$$=0.882-0.461=0.421$$

$\varphi=22.83°$

$\therefore$ 总功率因数 $\lambda=\cos 22.83°=0.92$

若要将功率因数提高到 0.95，则 $\varphi_1=\cos^{-1}0.75=41.4°$，$\varphi=\cos^{-1}0.95=18.2°$，

$$C=(P/\omega U^2)(\tan\varphi_1-\tan\varphi)=(3300/314\times 220^2)(\tan 41.4°-\tan 18.2°)=120(\mu\text{F})$$

课堂练习 5-13 一台电源变压器给 $P=5\text{kW}$，$\cos\varphi=0.7$ 的感性负载供电，求变压器容量 S；若负载的 $\cos\varphi'$ 提高到 0.9，求变压器容量 S'。

5.6 照明电路及其配电板的安装实训

5.6.1 照明电路配电板的安装

1. 实训目的

（1）通过对白炽灯照明灯具的安装，加深对单相照明线路的认识和理解，并训练实际操作技能。

（2）掌握选择导线截面的技能。

2. 实训器材

实训器材见表5-1。

表5-1 照明电路配电板的安装元器件明细表

代号	名称	型号及规格	单位	数量
L_1	白炽灯	额定电压220V、额定功率40W螺口灯	只	1
L_2	白炽灯	额定电压220V、额定功率60W卡口灯	只	1
	两眼插座		个	1
QS	闸刀开关		只	1
FU	熔断器	RCIA—5型瓷插式	只	2
	螺口灯头		只	1
	卡口灯头		只	1
	1号钢筋轧头		包	1
	小铁钉		包	1
	小螺丝		包	1
	配电板	850×550mm	块	1
	二芯塑料护套线	长2m的BVV1cm^2（1/1.13）	根	1
	三芯塑料护套线	长2m的BVV1cm^2（1/1.13）	根	1
	万用表	MF30	只	1

3. 实训电路

实训电路如图5-35所示。

4. 实训原理

照明电路安装时必须遵守以下原则。

（1）一只开关控制一盏灯。

（2）灯的额定电压与电源电压一致。

（3）安装灯头线。为了安全起见，要求将火线（相线）接开关，地线（中线）接灯头。如图5-36所示是一只开关控制一盏灯的两种接法。在图5-36（a）中，开关S断开后，开关以下的线路包括灯头及导线是和地线接通的，故没有危险。而在图5-36（b）中，开关S断开后，电路虽不通，但灯头及开关和火线相连，稍有不慎，就有触电危险。所以在安装照明线路时，一定要“火线进开关，地线进灯头”。

（4）为了防止电路过载或短路，均应在照明线路前面安装熔断器。为了保证拆换、维修安全和方便，熔断器必须装在闸刀开关的出线端，如图5-35所示。由于距离很近，所以导线选用原则是：线路电流不应超过导线的额定电流，以免导线过热而产生意外。

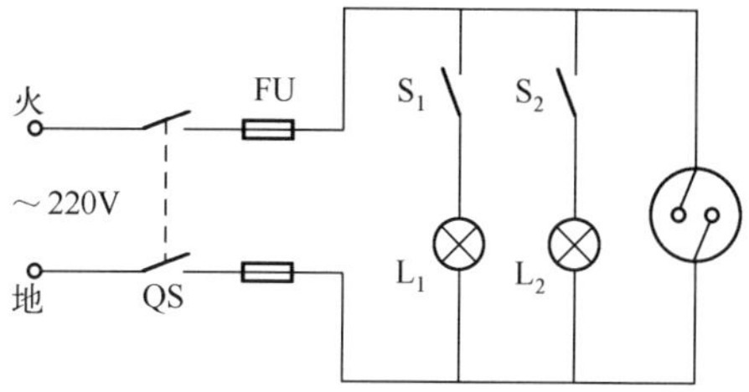

图5-35　白炽灯照明电路

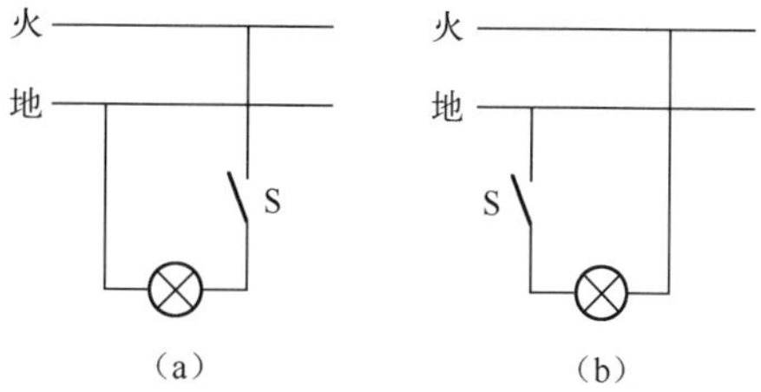

图5-36　灯泡控制电路的接法

5. 实训内容

（1）灯座的安装。平灯座上有两个接线柱，一个与电源的中性线（地线）连接，另一个与来自开关的一根线（开关线）连接。如图5-36（a）所示为正确的，如图5-36（b）所示为错误的。

插口平灯座的两个接线柱，可任意连接上述两个线头，而螺口平灯座上的两个接线柱，为了使用安全，必须把电源中性线头连接在通向螺纹口的接线柱上。把来自开关的线头，连接在通道中心簧片的接线桩上。

（2）单联开关的安装。将一根相线和一根开关线穿过木台两孔并将木台固定在接线板上。再将两根导线穿进开关两孔眼，接着固定开关并进行接线，装上开关盖子即可。

（3）插座的安装。将一根相线和一根地线分别接在插座的两个接线柱上，然后固定在配电板上。注意：合理安排熔断器、白炽灯、开关和插座的位置，避免因误碰而发生危险。

6. 实训步骤

（1）定位及划线。定线路的走向和各个电器的安装位置，应按护套线的安装要求进行，配电板的安装示意图如图5-37所示。

（2）固定线卡。每隔150～300mm画出固定线卡的位置，距开关、插座和灯具的木台50mm处都需设置线卡的固定点。

（3）敷设导线。注意护套线不可在线路上直接连接，可通过瓷接头、接线盒或借用其他电器的接线柱连接线头。护套线转弯时，转弯圆度要大，以免损伤导线，转弯前后应各用一个线卡夹住。

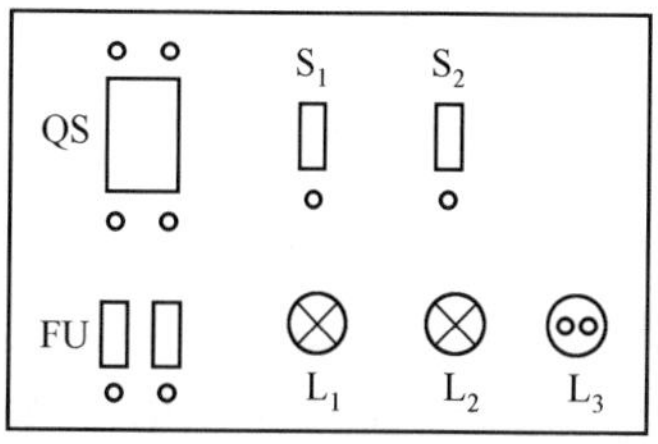

图5-37　配电板安装示意图

（4）检查线路无误后接上电源线，合上闸刀开关，观察电路有无异常现象，用试电笔检查插座是否有电，白炽灯是否工作正常。

7. 实训报告要求

总结照明配电板安装方法、步骤和注意事项。

5.6.2 荧光灯电路的安装及故障排除

1. 实训目的

(1) 学会安装荧光灯电路。
(2) 正确掌握交流电流表、交流电压表、万用表测量交流电，会使用单相功率表。
(3) 学会荧光灯电路的故障排除。

2. 实训器材

实训器材见表 5-2。

表 5-2 荧光灯电路的安装元器件明细表

代　号	名　称	型号及规格	单　位	数　量
	荧光灯管	额定电压 220V、额定功率 40W	根	1
	启辉器	4～40W	只	1
	镇流器	40W	只	1
S1	电源开关	闸刀开关（HK1-15/2）	只	1
	灯座		只	2
	灯架		只	1
	小螺丝		包	1
	二芯塑料护套线	长 2m 的 BVV1cm^2（1/1.13）	根	1
	交流电流表	0～1A	只	1
	交流电压表	0～250V	只	1
	万用表	MF30	只	1
FU	熔断器	RC1A-15/2	只	2

3. 实训线路

实训线路如图 5-38 所示。

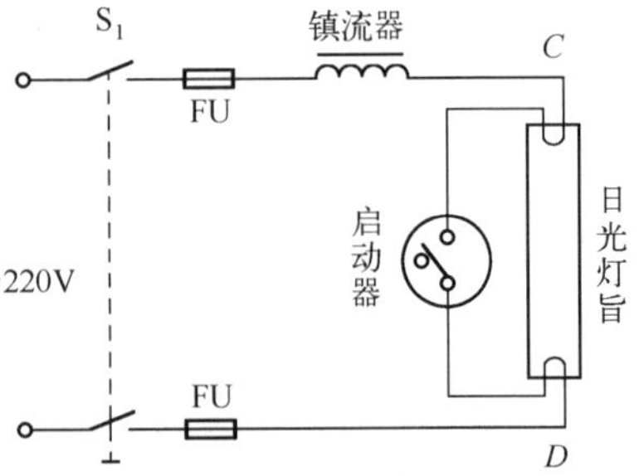

图 5-38　荧光灯实验线路

4. 实训原理

(1) 荧光灯的组成和工作原理。荧光灯由灯管、镇流器和启动器组成。接上电源时，电源电压全部加在启动器两个触头上，引起辉光放电，动触头受热膨胀，与静触头接触，电路接通。两触头的闭合，又使辉光放电停止，动触头冷却后复位，使电路突然断开。在断开瞬间，镇流器的两端产生的自感电动势，与电源电压一起加到灯管的两端，使管内气体电离放电。放电时产生的紫外线照射管壁上的荧光粉，荧光粉受激发出近似日光的光线。

荧光灯点亮后，灯管近似为一个纯电阻，两端的电压较底，20W 的日光灯电压约为 60V，不会使启动器再次动作。镇流器有较大的感抗，电源电压大部分降在镇流器上，它起降压限流作用。

（2）荧光灯电路的安装。启动器座上两个接线柱分别与两个灯座中的各一个接线柱连接；一个灯座中余下的一个接线柱接一个熔断器的一个接线柱；另一个灯座中余下的一个接线柱连接镇流器的一个线头，镇流器的另一个线头接另一个熔断器的一个接线柱或先接入功率表、电流表后，再接另一个熔断器的一个接线柱头。每个熔断器的另一个接线柱分别去接电源开关中的接线柱，电源也接入电源开关中。

（3）荧光灯电路的故障排除。首先检查接线是否正确，在确定接线无误后，若故障不严重，可采用电压表法进行故障的查找。所谓电压表法，是指用电压表测量可能产生故障的各部分电压，依据电压的大小和有无，一般可查找到故障处。

5. 实训内容

（1）荧光灯电路的安装。

1）在控制木板上定位及画线，确定各电气元件的位置。

2）固定各电气元件和日光灯。

3）按图 5-38 所示接线，导线可采用 BV 1mm^2 塑料铜芯软线，接线方法如图 5-39 所示。

4）断开开关 SA_2。合上电源开关 SA_1，点亮荧光灯。

（2）荧光灯电路的故障排除。

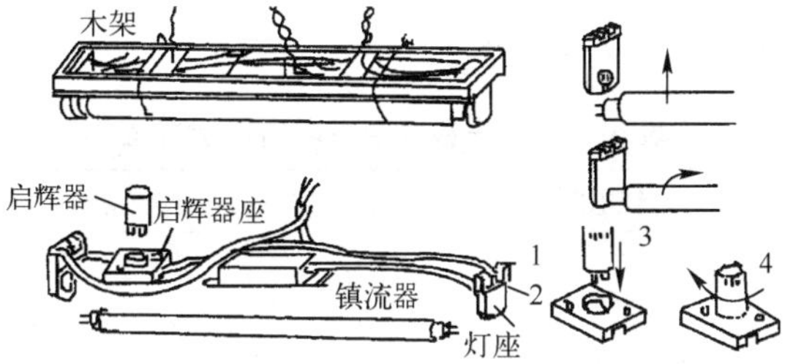

图 5-39　荧光灯的安装接线方法

6. 实训报告要求

整理荧光灯电路的安装和故障排除的方法和步骤。

本章小结

1. 正弦量

各正弦量及其表示方法见表 5-3。

表 5-3 正弦量及其表示方法

内容	正弦量的三要素			正弦量的三种表示方法		
项目	最大值	角频率	初相位	数学表达式	波形图	相量
意义	正弦交流电在变化过程中所能达到的最大数值，如 U_m、I_m、E_m 等	正弦交流电在 1s 内变化的电角度，用 ω 表示，单位是 rad/s	正弦交流电在计时起点（$t=0$）的电角度 φ，$\lvert\varphi\rvert\leqslant\pi$	$i=I_m\sin(\omega t+\varphi_i)$	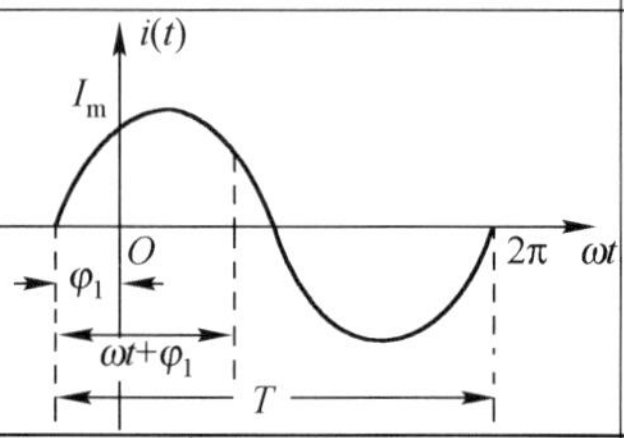	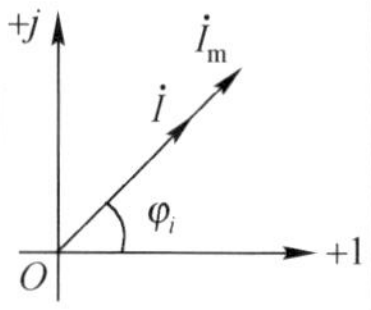
相关物理概念	有效值：与在一个周期内的平均热效应相等的直流量，正弦交流电的有效值是最大值的 $1/\sqrt{2}$，如 $I=0.707I_m$ 瞬时值：正弦交流电在任一时刻的数值，如 i、u	频率 f：正弦交流电在 1s 内变化的次数，单位是赫兹（Hz） 周期 T：正弦交流电变化一周所需的时间。 $\omega=2\pi f=2\pi/T$	相位 α：正弦交流电自零点开始经历的电角度，$\alpha=\omega t+\varphi$ 相位差 φ：两个同频率正弦交流电的相位之差，$\varphi=\varphi_1-\varphi_2$	$i=I_m\sin(\omega t+\varphi_i)$ $u=U_m\sin(\omega t+\varphi_u)$	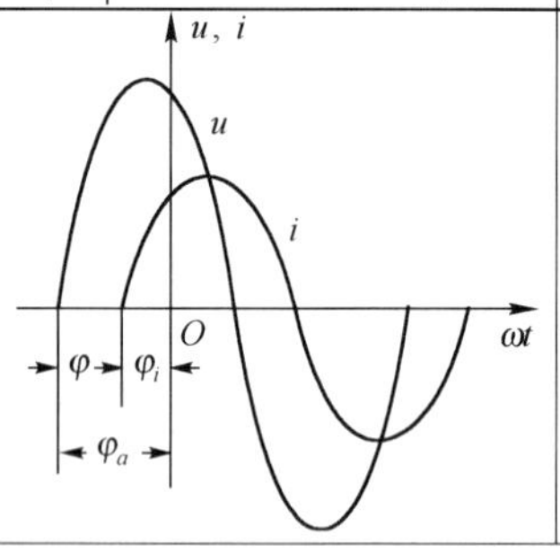	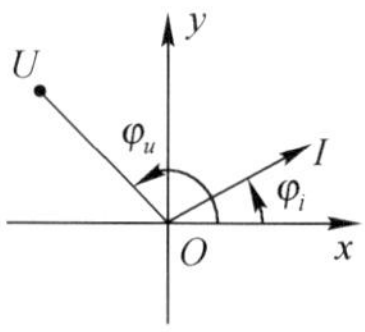
				超前和滞后：一个正弦量比另一个同频率的正弦量早到达零值（或其他任意一个指定的值）时，称前者比后者超前，或后者比前者滞后。		

2. 单一参数交流电路

单一参数交流电路表示方法见表 5-4。

表 5-4 单一参数交流电路表示方法

项目		纯电阻电路	纯电感电路	纯电容电路
u 与 i 关系	数量关系	$U_R=RI_R$	$U_L=X_LI_L$	$U_C=X_CI_C$
	相位关系	u_R 与 i_R 同相	u_L 超前 i_L 90°	u_C 滞后 i_C 90°
相量图（令电源电压初相为零）			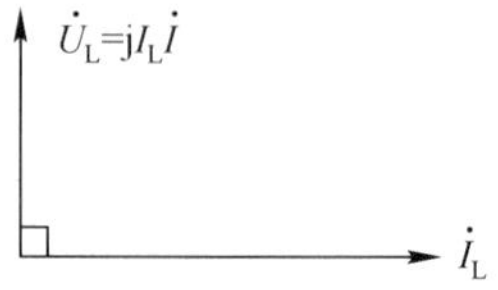	
阻抗		电阻 R	感抗 $X_L=\omega L$	容抗 $X_C=1/\omega C$
功率	有功功率（W）	$P=U_RI_R=U_R^2/R=RI_R^2$	0	0
	无功功率（Var）	0	$Q_L=U_LI_L=U_L^2/X_L=X_LI_L^2$	$Q_C=U_CI_C=U_C^2/X_C=X_CI_C^2$

3. RLC 串联与并联电路

（1）RLC 串联电路表示方法见表 5-5。

（2）谐振电路表示方法见表 5-6。

表 5-5　RLC 串联电路

项目		RLC 串联电路
u 与 i 关系	数量关系	$U = \|Z\| I$
	相位关系	u 与 i 的相位差为 φ $\varphi = \tan^{-1}\dfrac{X_L - X_C}{R}$
相量图（令电源电压初相为零）		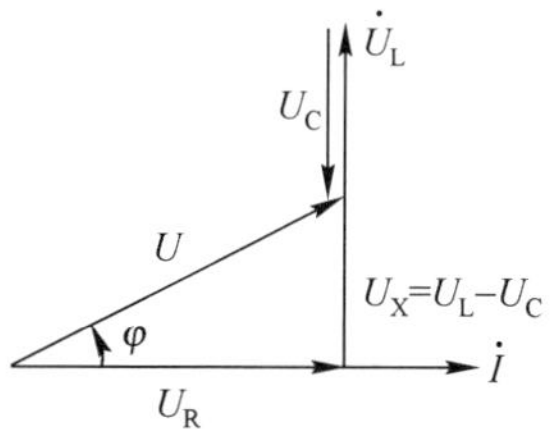
阻抗		$\|Z\| = \sqrt{R^2 + (X_L - X_C)^2}$
功率	有功功率（W）	$P = RI^2 = UI\cos\varphi$
	无功功率（Var）	$Q_L = I^2\ (X_L - X_C) = UI\sin\varphi$
	视在功率（VA）	$S = UI = \sqrt{P^2 + Q^2}$

表 5-6　谐振电路

项　　目	RLC 串联谐振
谐振条件	$X_L = X_C$
谐振频率	$f_0 = \dfrac{1}{2\pi\sqrt{LC}}$
谐振阻抗	$Z_0 = R$　最小
谐振电流	$I_0 = U/R$　最大
谐振电压	$U_R = U$　$U_L = U_C = QU$（电压谐振）
品质因数	$Q = \omega_0 L/R = 1/\omega_0 CR$
谐振功率	$S = P$　$Q_L = Q_C$ $\cos\varphi = 1$
应用	选频，通频带 $\Delta f = f_H - f_L = f_0/Q$

（3）提高功率因数。感性负载可以通过并联一个适当的电容以提高功率因数。把功率因数从 $\cos\varphi_1$ 提高到 $\cos\varphi_2$，所需电容值为：$C = (P/\omega U^2)(\tan\varphi_1 - \tan\varphi_2)$

练习与思考

5.1　某一正弦交流电流的有效值为 20A，频率 $f = 60$Hz，在 $t = t_1 = 1/720$s 时，$i(t_1) = 10\sqrt{6}$A，求角频率 ω、最大值 I_m、初相位 φ 和电流 i 的数学表达式。

5.2　某飞机上交流电供电频率为 $f = 400$Hz，试求其角频率 ω 和周期 T。

5.3　写出图 5-45 中所示各波形图对应的正弦量表达式。

5.4　分别写出图 5-46 所示各电流 i_1、i_2 的相位差 φ，并说明 i_1 和 i_2 超前滞后等相位关系。

5.5　已知 $e_1 = E_{m1}\sin(\omega t + 90°)$，$e_2 = E_{m2}\sin(\omega t - 45°)$，$f = 50$Hz。试求 e_1 与 e_2 的相位差，并指出它们超前、滞后的关系。当 $t = 0.005$s 时，e_1 与 e_2 各处于什么相位？

5.6　已知正弦电流 $i = \sin 314t$A，正弦电压 $u_1 = 140\sin(314t + 90°)$V，$u_2 = 112\sin$（$314t$

－90°）V，画出它们的相量图。

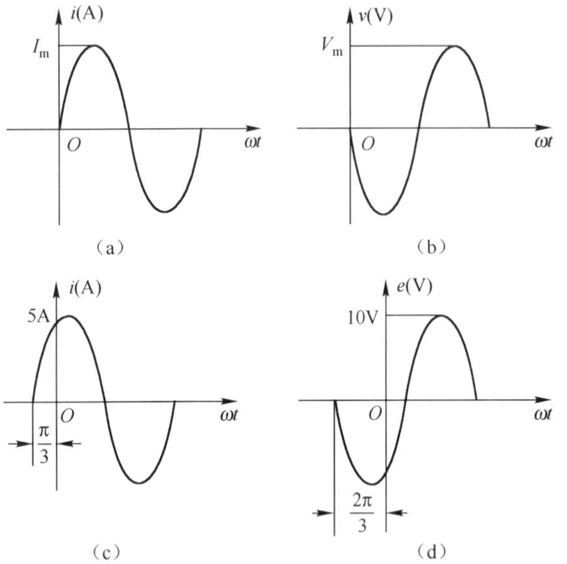

图 5-40　习题 5.3 附图

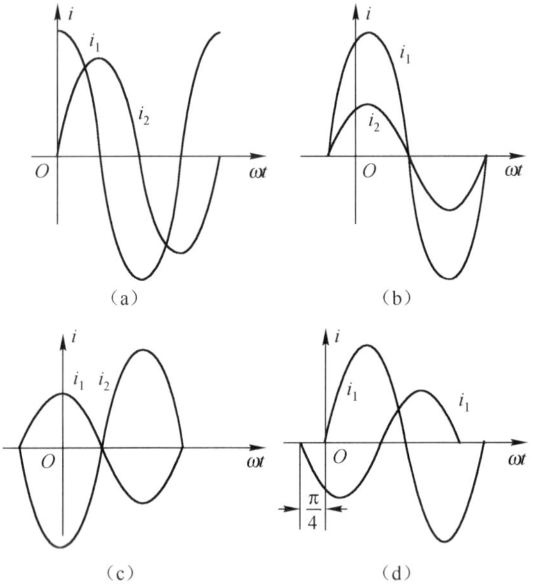

图 5-41　习题 5.4 附图

技能与实践

5.1　工厂里常用高频电炉加热工件，现在高频电炉的感应线圈中，通入电流 $i=85\sin(1256\times10^3t+60°)$ A。试求电流的角频率、频率、周期、最大值、有效值和初相角。

5.2　为了测定一个空心线圈的参数，在线圈的两端接入正弦电压，今测得电压 $U=110$V，电流 $I=0.5$A，功率 $P=40$W，电压频率 $f=50$Hz。试根据这些数据算出线圈的电感和电阻。

5.3　某教学楼共有功率 40W、功率因数为 0.5 的日光灯 100 只，并联在 $U=220$V、$f=50$Hz 的电源上，求此时的总电流 I，若要把功率因数提高到 0.9，应并联多大容量的电容。

技能训练测试

本技能训练进行。交流电路的电压和电流的测量。

（1）仪器和器材。电工电子实训台（箱）1 个，所需元件如表 5-7 所示。

（2）技能训练测试电路。测试电路如图 5-42 所示。

表 5-7　元器件明细表

代号	名　称	型号及规格	单　位	数　量
R	电阻器	1kΩ/1W	只	1
C	电容器	10μF/16V	只	1

续表

代号	名　　称	型号及规格	单　　位	数　　量
L	电感器	0.1H	只	1
U	交流电源	函数信号发生器	台	1
A	电流表		只	1
V	电压表		只	3

（3）内容和步骤

1）在电工电子实训平台上，按图5-42所示搭接电路。

2）调节函数信号发生器，使输出电压为 $U=12V$、$f=50Hz$ 的正弦波。

3）分别用交流电压表和电流表测量电阻R、C、L两端的电压和回路电流 I。

（4）技能训练测试结果。$I=$ ________ A，$U_R=$ ________ V，$U_C=$ ________ V，$U_L=$ ________ V。

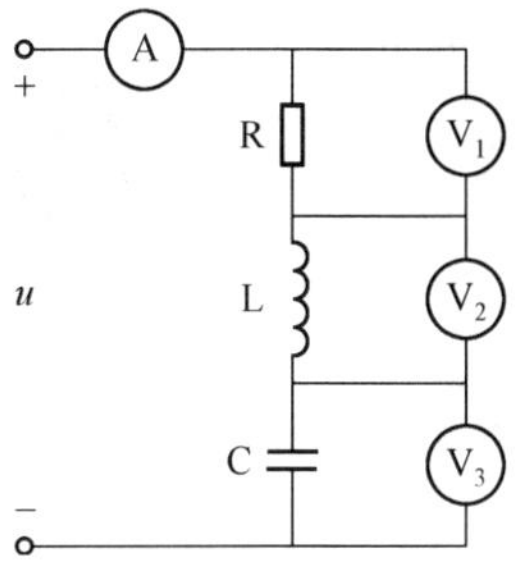

图5-42　交流电路的电压和电流测试

项目六　三相正弦交流电路

参观工厂企业生产了解用电的现状。在电力行业中，如发电机、变压器、电力网等都是按三相电路的接线方式工作的。在工农业生产中应用的交流电动机，大多数也都是三相交流电动机，如图 6-1 所示为三相变压器实物及变电站。

（a）三相变压器　　（b）变电站

图 6-1　三相变压器及变电站

6.1　三相正弦交流电源

电能的产生、输送和分配一般都采用三相制的正弦交流电，也就是由三个电压、频率相同而相位依次相差 120°的电源供电系统，这样三个电源系统称为对称三相电源。

负载有单相和三相之分，单相负载只和三相制供电系统的某一个电源接通，例如照明用电就是如此。三相负载则必须接通三个电源，例如三相电动机，这样构成了三相交流电路。组成三相电路的每一个单相电路称为一相。

6.1.1　三相正弦交流电的基本概念

三相对称电源是由三相交流发电机产生的。

如图 6-2 所示是最简单的具有一对磁极的三相交流发电机的原理结构图。电枢上装有三个同样的绕组 U_1U_2、V_1V_2、W_1W_2，U_1、V_1、W_1 表示各相绕组的起始端，U_2、V_2、W_2 表示它们的末端。三相绕组的始端（或末端）彼此相差 120°电角度。电枢表面处的磁感应是按正弦规律分布的。

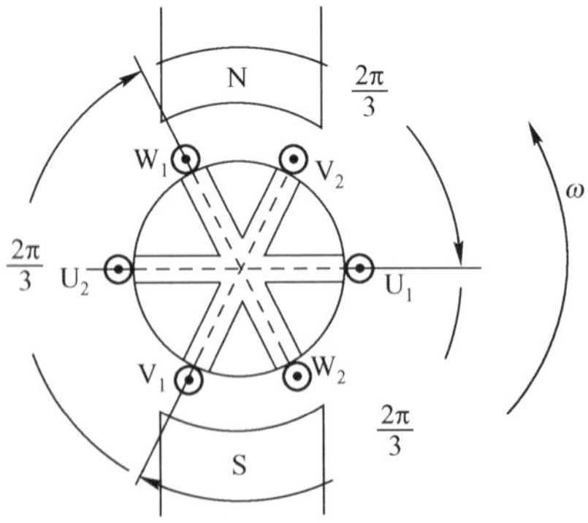

图 6-2　对称磁极的三相发电机原理图

当电枢由动力机构拖动沿逆时针方向以角速度 ω 等速旋转时，每相绕组分别产生正弦电动势，称为相电动势，其方向规定由绕组末端指向始端。因为三个绕组的形状、尺寸和匝数都相同，并以同一角速度在同一磁场中旋转，所以三个相电动势的频率和幅值都相同。唯一不同的是它们之间的相位差是 120°，即三相电动势互相差 120°。因此，发电机产生的是对称三相电动势。同样，若用电压表示，则发电机产生的是对称三相电压，相电压方向和相电动势方向相反，由始端指向末端。

若以 A 相绕组经过中性面（磁感应强度 $B=0$ 处）的时刻为计时起点，如图 6-3（a）所示，则三相对称电压的瞬时值解析式为

$$u_1 = U_m \sin\omega t$$
$$u_2 = U_m \sin(\omega t - 120°)$$
$$u_3 = U_m \sin(\omega t - 240°) = U_m \sin(\omega t + 120°)$$

如图6-3（a）和图6-3（b）所示分别为三相电压的波形图和相量图。由图可见，各相电压到达最大值的时间相差 $T/3$，或相位差 120°。

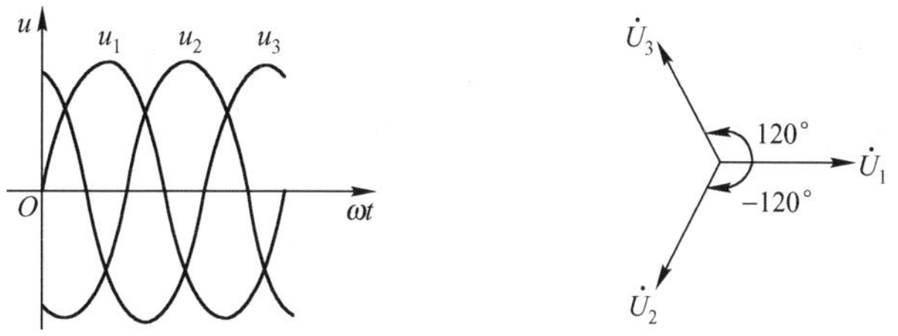

（a）波形图　　（b）相量图

图 6-3　三相对称电压的波形图及相量图

三个相电压到达正最大值的次序称为相序，按 $L_1 \to L_2 \to L_3 \to L_1$ 的次序循环称为顺序（正序），按 $L_1 \to L_3 \to L_2 \to L_1$ 的次序循环称为逆序（反序），一般不加说明均认为采用顺序。

6.1.2　企业生产用电的现状

工厂企业广泛采用三相制的原因是它与单相交流供电相比有下列优点：

（1）三相发电机在技术和经济上都比单相发电机优越。

（2）在相同的输电条件下输送同样大的功率，采用三相制输电可以大大节约线材。

（3）三相交流电动机的性能比单相的好，具有结构简单、运行可靠、维护方便等优点。

6.1.3　三相四线供电制

三相电源的三相绕组有两个方式连接起来供电：一种方式是星形连接，另一种方式是三角形连接。

1. 三相电源的三角形连接

把各相绕组首尾依次相连，即 U_2 与 V_1、V_2 与 W_1、W_2 与 U_1 相连，如图 6-4 所示，即为三相电源的三角形（又叫△形）连接。三角形连接的电源只有三个端点，没有中性点，

只能引出三根端线，故称为三相三线制。

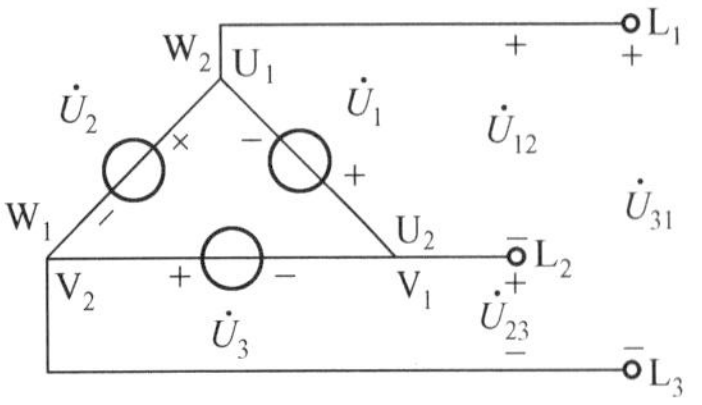
图 6-4　三相电源的△形连接

三相电源的三角形连接，必须是首尾依次相连。这样在这个闭合回路中各电动势之和等于零，在外部没有接上负载时，这一闭合回路中就没有电流。如果有一相接反，三相电动势之和不等于零，因为每一相绕组内阻抗不大，内部会出现很大的环流而烧坏绕组。所以，在判别不清连接是否正确时，应保留最后两端不接（如 U_2 与 V_1），形成一个开口三角形，用电压表测量开口处的电压，如读数为零，表示接法正确，再接成闭合三角形。

三相电源进行三角形连接时，根据图 6-4 所示，相线与相线之间的电压等于每一相绕组上的电压，即线电压等于相电压，用有效值可表示为

$$U_L = U_P \tag{6-1}$$

2. 三相电源的星形连接

对三相发电机来说通常采用星形（又叫 Y 形）连接，就是把三相绕组的末端 U_2、V_2、W_2 连接成一点 N，如图 6-5 所示，N 点称为三相电源的中性点或零点。

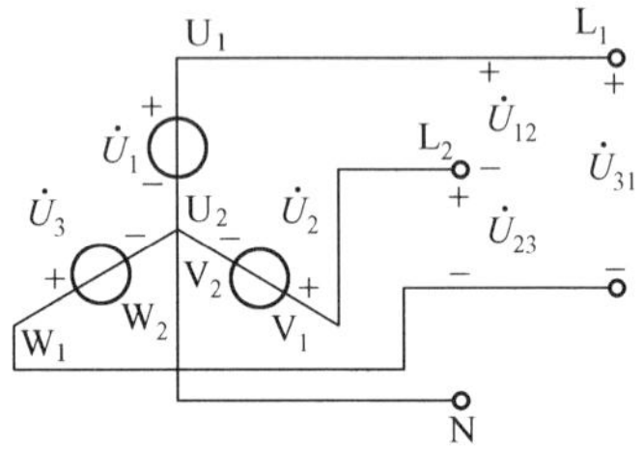
图 6-5　三相电源的 Y 形连接

3. 三相四线制

三相电源的星形连接中，发电机三相绕组的三根始端 U_1、V_1、W_1 的引出线称为端线，俗称火线。中点 N 的引出线称为中性线，为了安全，常将中性线接地，俗称地线。这种有中性线的三相供电线路称为三相四线制。如果不引出中性线，则称为三相三线制。每相端线与中性线之间的电压称为相电压，其有效值用 U_1、U_2、U_3 或 U_P 表示。相电压的方向规定为三相绕组的始端指向末端。任意两根端线之间的电压称为线电压，其有效值用 U_{12}、U_{23}、U_{31} 或 U_L 来表示。它的方向由下标得出，如 U_{12} 是从 U_1 端指向 V_1 端。三相电源星形连接时，相电压与线电压的数值不同，相位也不同，利用相量图可以确定它们之间的关系。

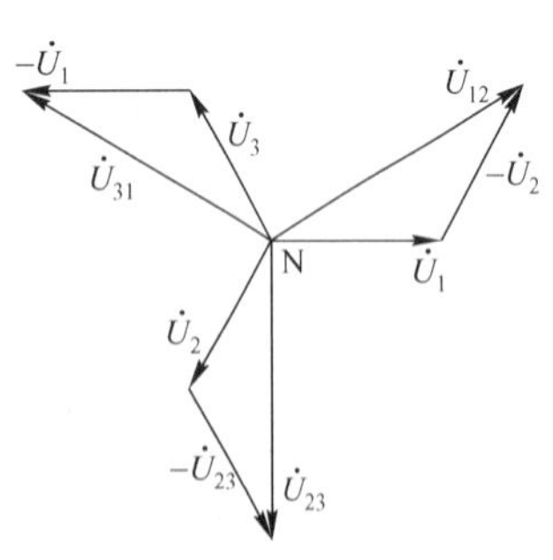
图 6-6　三相电源 Y 形连接时相量图

根据基尔霍夫电压定律，可得到各线电压与相电压的相量关系如下：

$$\dot{U}_{12} = \dot{U}_1 - \dot{U}_2$$

$$\dot{U}_{23} = \dot{U}_2 - \dot{U}_3$$

$$\dot{U}_{31} = \dot{U}_3 - \dot{U}_1$$

从图 6-6 所示的相量图可看出，相量 $\dot{U}_{12}$、$\dot{U}_1$ 和 $-\dot{U}_2$ 组成底角为 30° 的等腰三角形。所以线电压 $\dot{U}_{12}$ 与相电压 $\dot{U}_1$ 的有效值有如下关系：

$$U_{12} = 2U_1\cos 30° = \sqrt{3}U_1$$

同理　　　　$U_{23}=2U_2\cos30°=\sqrt{3}U_2 \quad U_{31}=2U_3\cos30°=\sqrt{3}U_3$

一般形式　　　　$U_L=\sqrt{3}U_P$　　　　(6-2)

而在相位上，线电压 U_{12} 超前相电压 U_1 30°。

由此，可得到下列结论：三相电源星形连接时，如果相电压是对称的，则线电压的有效值 U_L 等于相电压有效值 U_P 的 $\sqrt{3}$ 倍，并且线电压在相位上超前相电压 30°，因此，三个线电压也是对称的。

三相四线制的低压供电系统中常用 380V/220V 的供电系统，就是指电源星形连接时的线电压为 380V，相电压为 220V。低压动力设备（如三相交流电动机）、大功率用电设备（如烘箱）等常采用线电压为 380V 的三相电源，而单相电气设备（如照明、家用电器等）则多采用相电压为 220V 的电源。供电系统如不特别声明，一般所说的电压都指线电压。

课堂练习 6-1　某供电系统的电网电压为 660V，求其相电压。

*6.2　三相负载的连接

三相负载的连接有两种形式，即星形连接和三角形连接。

*6.2.1　三相负载的星形连接

如图 6-7 所示，三个负载的一端连在一起，接到电源中性点 N 上；三个负载的另一端分别与三根端线 L_1、L_2、L_3 相连。在三相电路中，流过各相负载的电流称为相电流。图 6-7 中，I_{1N}、I_{2N}、I_{3N}，方向由端点 L_1、L_2、L_3 分别指向负载中性点 N。而各端线中电流则称为线电流，记做 I_1、I_2、I_3。很明显，在星形接法的负载中，线电流等于相电流。中性线电流为 I_N，若用相量表示，则有：

$$\dot{I}_N=\dot{I}_1+\dot{I}_2+\dot{I}_3$$

在三相四线制中，计算一相负载相电流的方法与单相电路一样，若不计输电线上的电压降，则负载上的线电压和相电压也就是电源电压和相电压，在电源对称的情况下，负载的相电压在数量上等于线电压的 $1/\sqrt{3}$ 倍，在图 6-7 所示电路中，设各相电压为 $\dot{U}_1$、$\dot{U}_2$、$\dot{U}_3$，则各相电流分别为

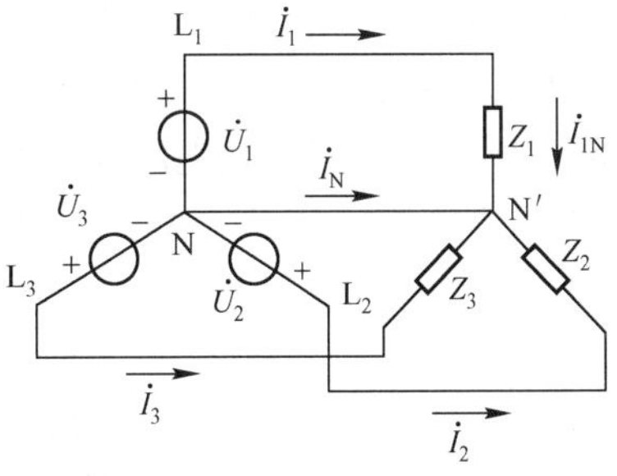

图 6-7　三相负载的星形连接

$$\dot{I}_1=\dot{U}_1/Z_1$$

$$\dot{I}_2=\dot{U}_2/Z_2$$

$$\dot{I}_3=\dot{U}_3/Z_3$$

下面分别就三相负载对称和不对称的两种情况进行讨论。

(1) 三相对称负载。若三相负载 $Z_1=Z_2=Z_3=Z$，则称为三相对称负载。在此种情况下

$$\dot{I}_1=\dot{U}_1/Z \quad \dot{I}_2=\dot{U}_2/Z \quad \dot{I}_3=\dot{U}_3/Z$$

即三个线电流（或相电流）亦为对称，大小相等，相位依次相差120°，此时

$$\dot{I}_N=\dot{I}_1+\dot{I}_2+\dot{I}_3=I\angle 0°+I\angle -120°+I\angle 120°=0$$

既然中性线电流为零，则中性线不起作用，可取消中性线，形成所谓三相三线制，如常用的三相交流电动机就可以不用中性线。采用三相三线星形接法，简称Y形接法。电压电流相量图如图6-8所示。

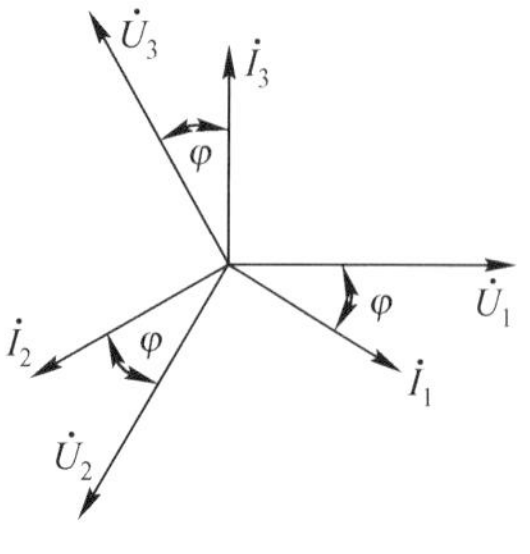

图6-8　对称负载Y形连接时相量图

（2）三相不对称负载。若 $Z_1\neq Z_2\neq Z_3$，则称为三相不对称负载。在负载不对称的情况下，由于中性线的存在，负载的相电压仍等于电源的相电压，即仍为对称的，各相负载均可正常工作。但是和对称负载不同之处就是三相电流不再是对称的。因此，中线电流 $\dot{I}_N=\dot{I}_1+\dot{I}_2+\dot{I}_3\neq 0$，中性线中有电流。

在负载不对称的情况下，如果中性线断开，这时虽然线电压保持不变，仍然对称，但由于缺少中性线，则各相电压要重新分配，造成有的负载承受的电压超过额定电压，有的负载承受的电压低于额定电压，这两种情况都会造成严重事故，所以中性线就必不可少了。为了防止中性线断开，电工施工规则中规定干线上的中性线不允许安装熔断器或开关。

例6-1　如图6-9所示的380/220V的三相四线制供电线路中，设 L_1 相是一个220V、100W的灯泡；L_2 相开路；L_3 相为两个220V、100W的灯泡。若中线突然断开，会发生什么情况？

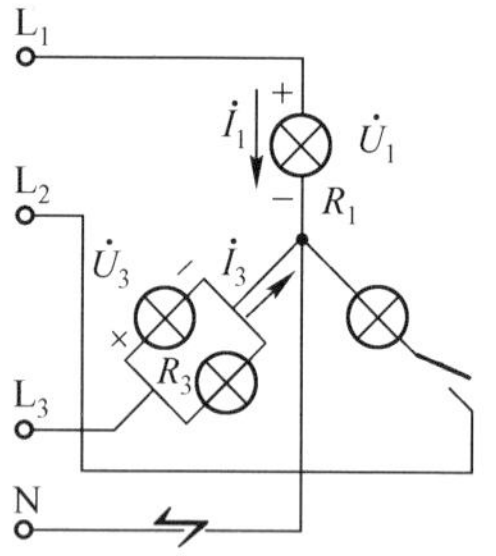

图6-9　三相四线断开中线的例子

解　L_1 相负载电阻　$R_1=U^2/P_N=220^2/100=484(\Omega)$

　　L_3 相负载电阻　$R_3=R_1/2=484/2=242(\Omega)$

有中性线时，L_1、L_3 二相均承受220V相电压，正常工作。

L_1 相电流　　$I_1=U_1/R_1=220/484=0.45(A)$

L_3 相电流　　$I_3=2\times I_1=2\times 0.45=0.90(A)$

中线断开后，因为 L_2 相开路，所以 L_1、L_3 两相负载串联，共同承担线电压 U_{31}。如图6-9所示，根据串联电路分压原理可得：

$$U_1=\frac{R_1}{R_1+R_3}U_{31}=\frac{484}{484+242}\times 380=253(V)$$

$$U_3=\frac{R_3}{R_1+R_3}U_{31}=\frac{242}{484+242}\times 380=127(V)$$

因此，L_1 相的灯泡将烧毁，若有中性线则能正常工作。

课堂练习6-2　Y形接线有什么特点，在哪些情况下应用？

*6.2.2　三相负载的三角形连接

三相负载也可接成三角形的形式，如图6-10所示各相负载接在三根端线之间，所以各

相负载的相电压就是电源的线电压：$\dot{U}_1=\dot{U}_{12}$、$\dot{U}_2=\dot{U}_{23}$、$\dot{U}_3=\dot{U}_{31}$ 或 $U_P=U_L$。三相对称电源的线电压与中性线无关，所以负载三角形连接时，无论负载是否对称，其相电压总是对称的。但是负载的相电流却不同于线电流。根据 KCL 定律可知：

$$\dot{I}_1=\dot{I}_{12}-\dot{I}_{31}$$

$$\dot{I}_2=\dot{I}_{23}-\dot{I}_{12}$$

$$\dot{I}_3=\dot{I}_{31}-\dot{I}_{23}$$

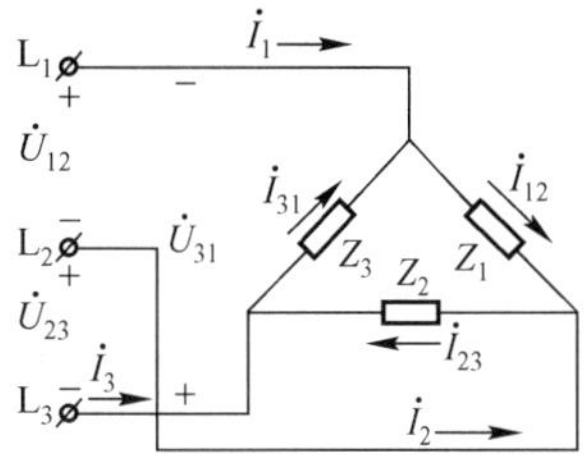

图 6-10　负载的三角形连接

各相电流的计算方法与单相电路完全相同，在图 6-10 所示电路中即：

$$\dot{I}_{12}=\dot{U}_{12}/Z_1\qquad \dot{I}_{23}=\dot{U}_{23}/Z_2\qquad \dot{I}_{31}=\dot{U}_{23}/Z_3$$

若各负载对称，则各相电流亦对称。据此，可画相量图，如图 6-11 所示。

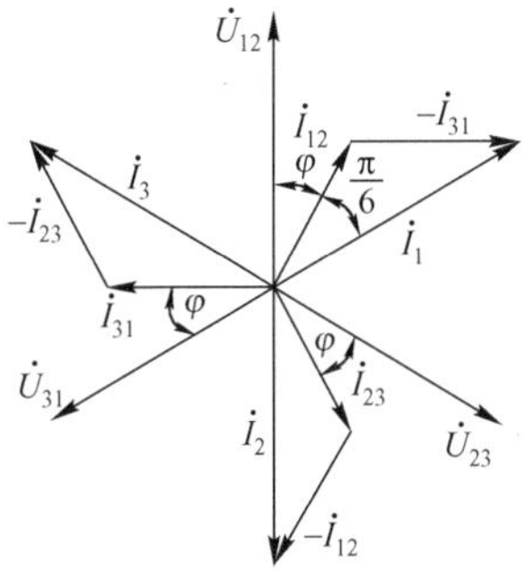

图 6-11　对称负载作三角形连接时线电流和相电流的相量图

可求得　$I_1=2I_{12}\cos30°=\sqrt{3}I_{12}$

同理　$I_2=\sqrt{3}I_{23};I_3=\sqrt{3}I_{31}$

即　$I_L=\sqrt{3}I_P$　(6-3)

由此可得结论：对称负载三角形连接时，线电流有效值 I_L 等于相电流有效值 I_P 的 $\sqrt{3}$ 倍。各线电流 I_1、I_2、I_3 分别比各相电流 I_{12}、I_{23}、I_{31} 滞后 30°角，因此三个线电流也是对称的。

负载采用哪种接法，应根据负载的额定电压和电源的线电压来决定。如果负载的额定电压等于电源的线电压，应采用三角形接法。如果负载的额定电压等于电源的相电压，应采用星形接法。例如，对于常用的线电压为 380V 的三相电源，若三相电动机每相绕组是按额定电压 380V 设计的，应接成三角形；若三相电动机每相绕组是按额定电压 220V 设计的，则应接成星形。

课堂练习 6-3　Y 形接线有什么特点？在哪些情况下应用？

*6.2.3　三相电路的功率

一个三相负载吸取的总有功功率等于每相负载吸取的有功功率之和。

$$P_{总}=P_1+P_2+P_3$$

每相负载的功率等于相电压乘以负载相电流及其夹角的余弦。

即　$$P_{总}=P_1+P_2+P_3=U_{1相}I_{1相}\cos\varphi_{1相}+U_{2相}I_{2相}\cos\varphi_{2相}+U_{3相}I_{3相}\cos\varphi_{3相}$$

在对称三相电路中，各相有功功率相同。

$$P_{总}=3U_{相}I_{相}\cos\varphi_{相}$$

对于星形接法　$I_{相}=I_{线}$，　而 $U_{相}=(1/\sqrt{3})U_{线}$

则　$$P_{总}=3I_{线}(1/\sqrt{3})U_{线}\cos\varphi_{相}=\sqrt{3}U_{线}I_{线}\cos\varphi_{相}$$

对于三角形接法　$U_{相}=U_{线}$，　而 $I_{相}=(1/\sqrt{3})I_{线}$

即
$$P_{总}=3U_{线}(1/\sqrt{3})I_{线}=\sqrt{3}U_{线}I_{线}\cos\varphi_{相}$$

由此可见，对称负载时，不论何种接法，求总功率的公式是一样的。注意：$\varphi_{相}$ 是指负载的相电压和负载相电流之间的相位差，也就是负载的阻抗角 φ。

$$P_{总}=\sqrt{3}U_{线}I_{线}\cos\varphi_{相} \tag{6-4}$$

同理对称三相负载的总无功功率 $Q_{总}$，总视在功率 $S_{总}$分别为

$$Q_{总}=\sqrt{3}U_{线}I_{线}\sin\varphi_{相} \tag{6-5}$$

$$S_{总}=\sqrt{3}U_{线}I_{线} \tag{6-6}$$

课堂练习 6-4 如果采用三相三线制供电给照明电路，当各相负荷相等时，照明电路的灯光亮度是否正常？当各相负荷不相等时，各相灯光会出现什么现象？

*6.3 三相交流电路的星形连接实训

1. 实训目的

（1）学会三相负载作星形连接的能力。
（2）了解三相四线制交流电路中中线的作用。
（3）掌握三相自耦变压器的使用。

2. 实训仪器和器材

（1）白炽灯（220V/25W），6 只；
（2）白炽灯灯座，6 只；
（3）交流电流表（0.5/1A），1 只；
（4）万用表，1 只；
（5）表插座，7 只；
（6）电流表插头，1 只；
（7）单联平开关，2 只；
（8）闸刀开关（HK1—15/3），1 只；
（9）三相自耦变压器（0～380V、1kVA），1 台；
（10）熔断器（RC1A—5/2），3 只；
（11）自制木台（控制板、650×500×50），1 块。

3. 实训电路图

实验电路图如图 6-12 所示。

4. 实训原理

（1）三相负载作星形连接。每相负载的一个接线柱连接在一起，该接线柱为中点，可接中线。各负载的另一个接线柱分别接一相电源，三相负载就能连接成星形。

（2）中线的作用。电源对称，负载也对称时，不论是否有中线，均有 I_L（线电流）$=I_P$

（相电流）、U_L（线电压）$=\sqrt{3}U_P$（相电压）。有中线时，I_N（中线电流）$=0$。电源对称，负载不对称时，有中线，仍有 $I_L=I_P$、$U_L=\sqrt{3}U_P$，但 $I_N\neq0$。无中线时，$I_L=I_P$，但 $U_L\neq\sqrt{3}U_P$。阻抗大的负载上电压增高，阻抗小的负载上电压降低。所以，三相不对称负载作星形连接时，必须牢固连接中线，不允许在中线上安装熔断器或开关。

5. 实训内容

（1）三相负载作星形连接。

1）在控制木板上定位及画线，确定各电气元件和白炽灯的位置。

2）固定各电气元件和白炽灯。

3）按图 6-12 所示接线。导线可采用 BV $1mm^2$ 塑料铜芯软线。导线的接头可使用冷压接线头。在每一根导线的接头上可以套上标有线号的套管。

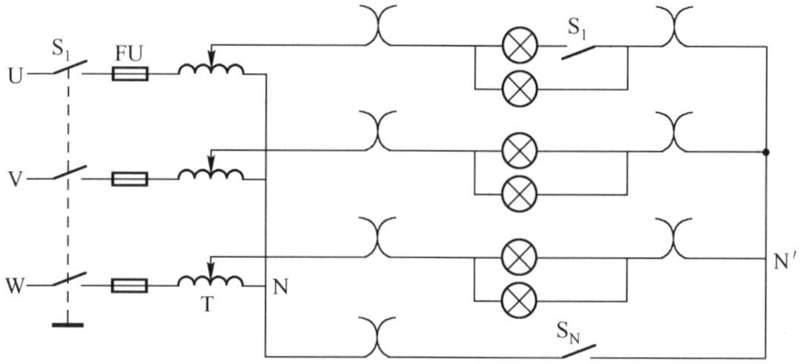

图 6-12　三相负载星形连接的线路

（2）中性线的作用。

1）检查线路，无误后方可开始实验。

2）三相自耦变压器的输出电压先要调节为零，方可合上电源开关。把输出电压调节为 380V。

3）合上开关 S_1、S_N。测量对称负载在有中性线时，各线电压、相电压、线电流（相电流）及中性线电流、中点间电压，记入表 6-1 中。

4）断开 S_N。无中性线时，重复测量以上各量（除中线电流），记入表 6-1 中。观察中性线对星形连接的对称负载有否影响。

5）断开 S_1。不对称负载在有中线（合上 S_N）、无中线（断开 S_N）两种情况下，重复测量以上各量，记入表 6-1 中。观察无中线时，各灯亮度、中性线对星形连接的不对称负载的影响。

表 6-1　测量值记录表

三相负载星形连接		U_{UV} (V)	U_{VW} (V)	U_{WU} (V)	U_U (V)	V_V (V)	U_W (V)	I_U (A)	I_V (A)	I_W (A)	I_N (A)	$U_{NN'}$ (V)
对称负载	有中性线											—
	无中性线										—	
不对称负载	有中性线											—
	无中性线										—	

6. 实训报告要求

（1）整理实训数据，总结三相负载作星形连接的方法。

（2）根据实验数据，总结三相对称交流电路中三相负载作星形连接时，各线电压和相电压、线电流和相电流之间数值上的关系。

（3）根据实验数据，总结三相四线制交流电路中中性线的作用。

本章小结

1. 三相交流电源

三相交流电源相关知识如表 6-2 所示。

表 6-2　三相交流电源 Y、△形连接

项　　目		电源绕组的 Y 形连接	电源绕组的△形连接
接线原理图		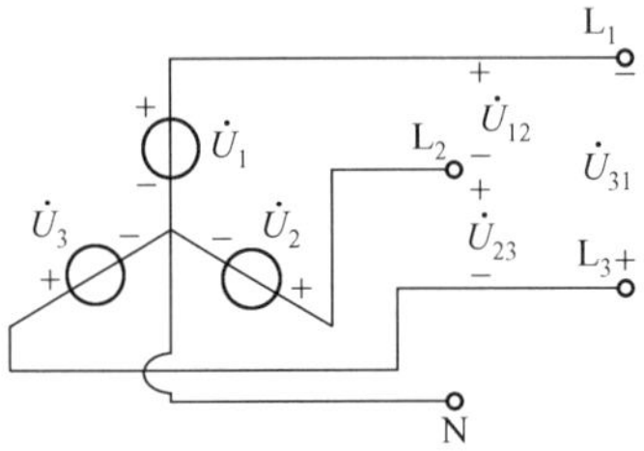	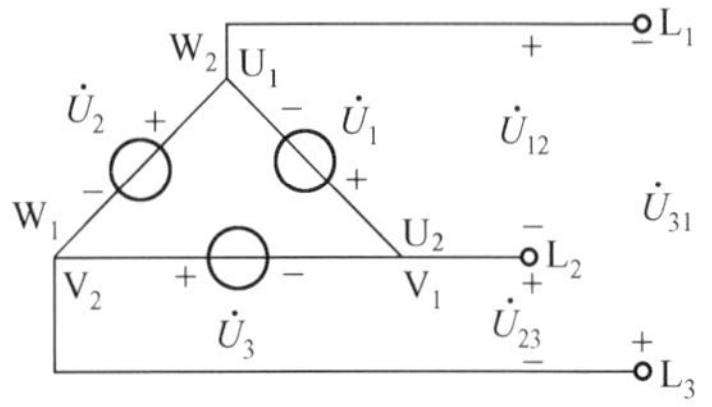
线电压与相电压的关系	数量关系	线电压有效值为电源绕组相电压的 $\sqrt{3}$ 倍，即 $U_{YL}=\sqrt{3}U_P$	线电压有效值与电源绕组相电压相等，即 $U_{\triangle L}=\sqrt{3}U_P$
	相位关系	线电压超前对应的相电压 30°，即 $\varphi_{YL}=\varphi_P+30°$	线电压与对应的相电压同相，即 $\varphi_{\triangle L}=\varphi_P$

*2. 三相交流负载

三相交流负载 Y、△形连接相关知识如表 6-3 所示。

表 6-3　三相交流负载 Y、△形连接

项　　目	对称负载的 Y 形连接	对称负载的△形连接
接线原理图	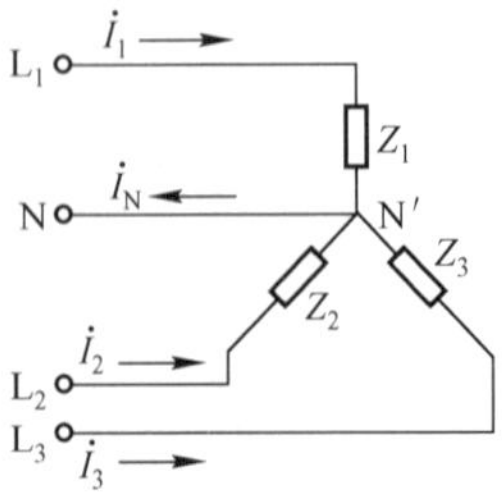	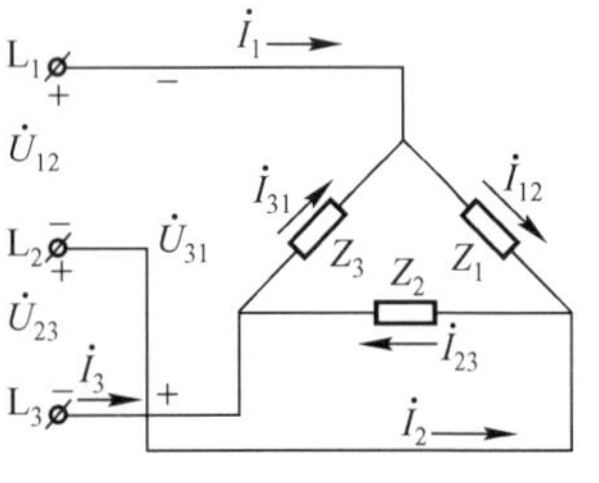

续表

项目		对称负载的Y形连接	对称负载的△形连接
相电压与线电压的关系	数量关系	负载相电压有效值为线电压的 $1/\sqrt{3}$ 倍，即 $U_{YP}=1/\sqrt{3}U_L$	负载相电压有效值等于线电压，即 $U_{\triangle P}=U_L$
	相位关系	负载相电压滞后对应的线电压 30°，即 $\varphi_{YP}=\varphi_L-30°$	负载相电压与对应的线电压同相，即 $\varphi_{\triangle P}=\varphi_L$
线电流与相电流的关系	数量关系	线电流有效值与相电流有效值相等，即 $I_{YL}=I_P$	线电流有效值是相电流有效值的 $\sqrt{3}$ 倍，即 $I_{\triangle L}=\sqrt{3}I_P$
	相位关系	线电流与对应的相电流同相，即 $\varphi_{YP}=\varphi_P$	线电流滞后对应的相电流 30°，即 $\varphi_{\triangle L}=\varphi_P-30°$

练习与思考

6.1　填空。

（1）对称三相电源作Y形连接时，线电压是相电压的________倍，线电压相位超前相电压________；当三角形连接时，线电压是相电压的________倍，线电压相位滞后相电压________。

（2）三相四线制中，当负载对称时，中线电流为________。

（3）三相电源作三角形连接，若接线正确、且各相电动势是对称时，三角形回路中的总电动势为________，三角形回路中的电流为________。

6.2　线电压为 220V、110V、35kV、66kV 的三相星形连接供电线路的相电压是多少？

6.3　三相负载作三角形连接还是星形连接应由什么因素决定？

技能与实践

6.1　有一三相异步电动机，其每相绕组额定电压为 380V，电源线电压也为 380V，问应采用三角形连接还是星形连接？

6.2　有一三相异步电动机，其每相绕组额定电压为 220V，电源线电压则为 380V，问应采用三角形连接还是星形连接？

6.3　有一台三相异步电动机，其铭牌上标注“380V/Y”，表示什么含意？

6.4　有一台三相异步电动机，其铭牌上标注“220V/△”，表示什么含意？

6.5　如果星形连接的发电机的 V_1V_2 绕组接反，试问图 6-13 中三个电压表读数是多少？

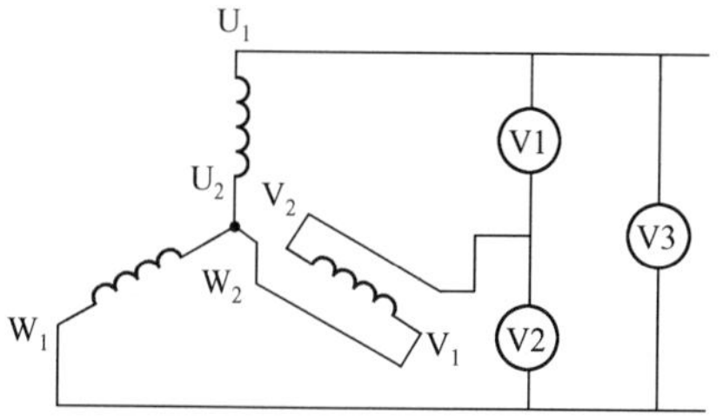

图 6-13　题 6.5 附图

技能训练测试

本技能训练进行三相负载的连接。

① 仪器和器材　元件如表 6-2 所示，三相电源采用三相四线制（380/220V）供电。

表 6-2　三相负载的连接元器件明细表

代　　号	名　　称	型号及规格	单　　位	数　　量
L	灯泡	220V/15W	只	3
FU	熔断器		只	9
	配电板	850×550mm	块	1

② 技能训练测试方法　三相负载连接的原则是电源提供的电压应等于负载的额定电压；单相负载尽可能均衡地分配到三相电源上。因此，三个灯泡应分别接在 U、V、W 各相上。

③ 技能训练测试电路　如图 6-14 所示。

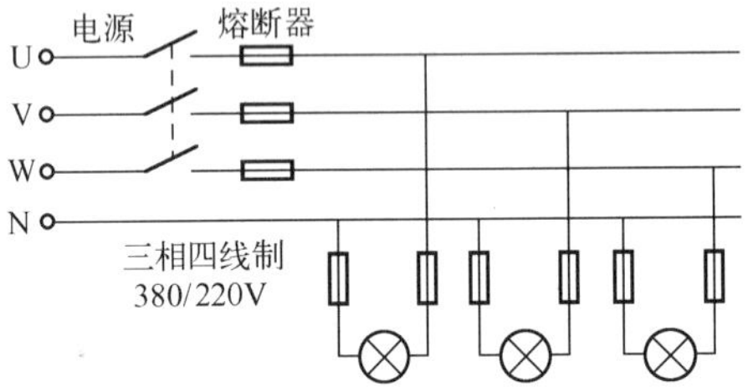

图 6-14　三相负载的连接

④ 内容和步骤。

1）在配电板上，按图 6-13 所示搭接电路。

2）检查无误后，合上电源开关，注意观察有无异常（如有异常情况，立即切断电源）。

3）通电观测三个灯泡发光的情况。总结三相负载连接的注意事项。

项目七　供用电技术

参观工厂企业变、配电设备，了解供用电技术。参观发电厂及高、低压架空输电线路。如图 7-1（a）所示为三相电变电站，其作用是将远距离输送来的超高压三相交流电降压到用户所需的电压，分配给用户。供用电技术包括电力供电、安全用电和节约用电。

7.1　电力供电与节约用电

7.1.1　发电、输电和配电

把其他形式的能量转换成电能的场所，称为发电站或发电厂。根据发电机所用能源，可分为火力、水力、原子能（核能）、太阳能发电以及风力、潮汐、地热发电等。

为了安全和节约资金，通常都把大电站建在远离城市中心的能源所在地附近，如水电站就是在远离城市中心的江河上游。所以电站发出的电能还需通过一定距离的输送，才能分配给用户使用，这就构成了发电、输配电系统。由发电设备、输配电设备（包括高低压开关、变压器、电线电缆）以及用电设备等组成的总体叫做电力系统，如图 7-1（b）所示。

（a）三相电变电站

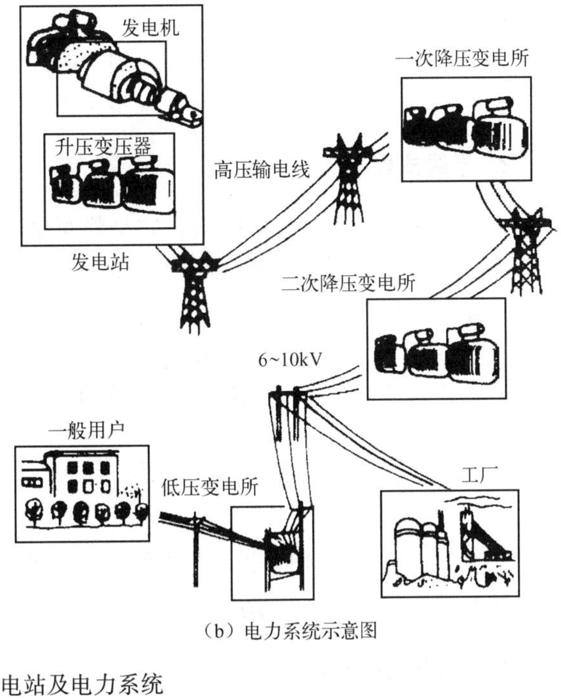

（b）电力系统示意图

图 7-1　变电站及电力系统

电力系统中，联系发电和用电设备的输配电系统，称为电网。

7.1.2 电力供电的主要方式

一般大、中型发电机的输出电压等级有 6.3kV 和 10.5kV。为提高输电效率，并减小输电线路上的损失，通常都采用升压变压器将电压升高后再进行远距离输电。

目前我国远距离交流输电电压有 110kV、220kV、33kV 及 500kV 等几个等级，而目前世界上正在试验的最高输电电压为 1000kV。

输电电压的高低，视输电容量和输电距离而定，一般容量越大、距离越远，输电电压就越高。

高压输电到用户区后，再经过降压变压器，将高电压降低到用户所需的电压。

7.1.3 供配电系统

电能输送到工厂企业后，都要进行变电或配电。进行接电（引入电能）、变压和配电的场所称为变电所。若只进行接电和配电，而不进行变压的场所就称配电所（即开关间）。只有用电量在 1000kW 以下的厂矿，才采用低压供电（在电力系统中，1kV 以上为高压，1kV 以下为低压），只需一个低压配电即可。

车间等工作场所是主要配电对象之一，常用的配电方式有放射式和干线式两种。

1. 放射式配电

放射式配电是指对每一独立负载（如大型水泵、空气压缩机等）或一组集中负载（如多台电动机拖动设备、车间照明等）都用单独的配电线路供电。这种配电方式的最大优点是供电可靠，维修方便，某一配电线路发生故障时不会影响其他线路。

2. 干线式配电

干线式配电又叫树干式配电，它是将每个独立负载或一组集中负载按其所在位置，依次接到某一配电干线上。一般车间内部多采用干线式配电，这种线路虽然比较经济，但当干线发生故障时，接在它上面的所有设备都要受影响。

课堂练习 7-1 由电站发电到用户用电，中间大致有几个环节？

课堂练习 7-2 电力系统和电力网有何异同？

7.1.4 节约用电及其措施

能源不仅是我国现代化建设中的一个重要问题，也是现在一个世界性的问题。节能降耗，是我国在“十一五”期间一个重要任务。工业企业节约用电主要有以下途径。

1. 合理使用电能

要求机电设备配套合理，消除“大马拉小车”的现象。电动机经常在轻载状态下运行称为“大马拉小车”，这样会使设备容量得不到充分利用，而且功率因数都很低，增加损耗，浪费电能。此外还可采用各种合理化用电措施，如：机床空载时自动停车、电焊机加装空载自动节电装置、异步电动机轻载时自动作△－Y切换等。

2. 改善功率因数

用户变电站和用电设备尽可能加装无功补偿设备，如加装电容器、同步补偿器等，以提高用户的功率因数，补偿电网无功功率，从而提高电网的供电能力，降低线路能量损耗。我国规定高压供电的工业用户和高压供电装有负荷调整电压装置的电力用户，功率因数为0.90以上；其他100kVA（kW）及以上电力用户和大中型电力排灌站，功率因数为0.85以上；趸售和农业用电，功率因数为0.80以上；超过或低于以上标准的，按规定比例减收或增收应收的电费总额，并实行用电力率调整电价的制度，以鼓励用户改善功率因数。

3. 推广新技术，降低产品电耗定额

例如采用高效节电的Y、Y—L系列的三相异步电动机代替JO_2、JO_2—L型三相异步电动机。电热设备中，推广远红外加热技术、采用硅酸铝耐热保温材料等新技术。又如运用电子技术实现自动控制、采用晶闸管整流装置代替直流发电机组、采用变频变压方法调速、使用节能电器等均可使电耗大幅度下降。此外，还可推广使用高效能的风机、水泵、交流弧焊机等。

4. 综合利用余热气发电

有条件的工矿企业应综合利用余热汽发电。例如，由附近发电厂供热的工厂，可考虑安装背压式汽轮发电机，将蒸汽经过汽轮机降低气压后使用。炼钢厂的烘钢炉烟道废气气温很高，可考虑安装余热锅炉和凝气式汽轮发电机发电。

5. 加强管理、杜绝浪费

尽量利用电网系统供电的低谷时间（供电系统处于低负荷时）和水电的丰水季节进行生产。此外生活照明用电方面也应加强管理，杜绝浪费，养成节约用电的良好习惯。

课堂练习7-6　为什么“大马拉小车”的拖动方式需进行改造?

7.2　用电保护

7.2.1　保护接地和保护接零线

触电的原因，可能是人体直接接触带电导体；也可能是绝缘损坏，工作人员接触带电的金属外壳而造成的。大多数事故的发生属于后一种情况。为了防止这种危险，可采用保护接地或保护接零线的装置。

1. 保护接地

将电气设备的金属外壳或机架与大地可靠连接，称为保护接地。保护接地宜用于三相电源中性点不接地的供电系统。

如图 7-2 所示是电动机的保护接地示意图，将电动机外壳和接地干线连接，而接地干线又与接地体连接。

接地装置中，可利用自然接地体，如地下金属水管或房屋的金属框架；或采用人工接地体。人工接地体可采用长 2 ~ 3m、直径 35 ~ 50mm 的钢管垂直打入地下，接地体和埋在地下的钢条相连，接地电阻一般应小于 4Ω。

在三相电源中性点不接地而电气设备又没有接地的情况下，当一相绝缘损坏时，使外壳对地电压降低到安全数值以下，如图 7-3 所示，此时如有人触及电气设备的外壳，就会发生触电。如果电气设备已有保护接地，这时设备外壳通过导线与大地有良好的接触，当人体触及带电外壳时，人体电阻 R_b 与接地电阻 R 并联，而人体电阻又远远大于接地电阻，因此大部分电流通过接地电阻流向大地，几乎不通过人体。从而避免了触电的危险，保证了人身安全。

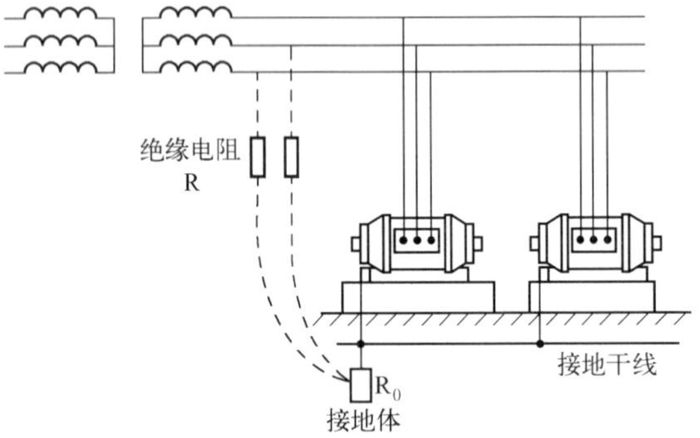

图 7-2　电动机保护接地装置

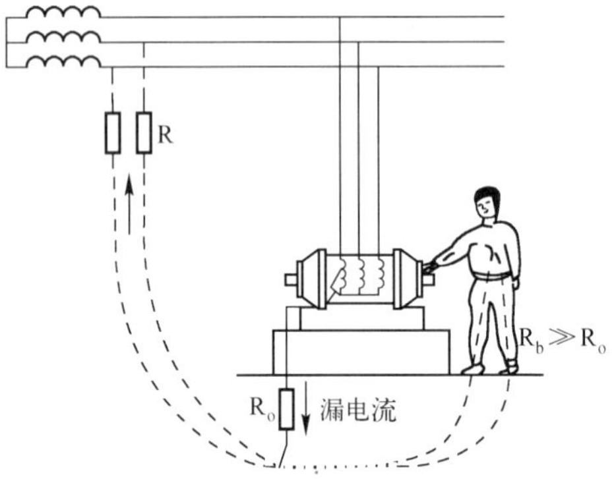

图 7-3　人体触及电动机接地外壳时的漏电流流向

2. 保护接零

在低压三相四线制供电系统中，将中性点接地，这种接地方式称为工作接地。在该系统中应采用保护接零（接中性线）。保护接零就是将电气设备在正常情况下不带电的金属外壳或构架，与供电系统中的零线连接，如图 7-4 所示，称为保护接零。

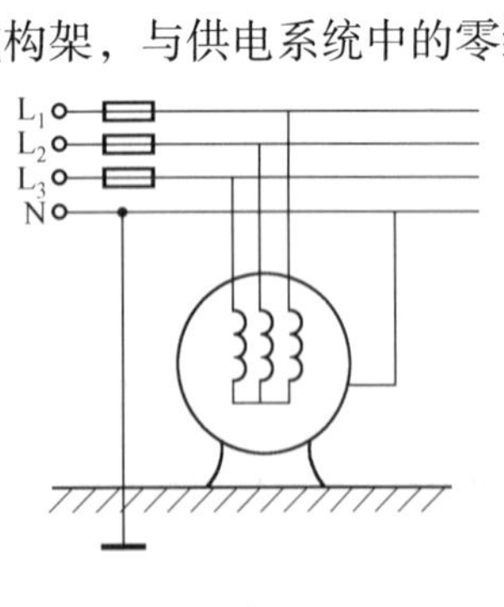

图 7-4　保护接零

保护接零适用于三相四线制中性线直接接地系统中的电气设备，接零后，若电气设备的某相绝缘损坏而漏电时，称为该相短路。短路电流立即将熔丝熔断或使其他保护电器动作而切断电源，从而消除触电危险。

必须指出的是，在同一供电线路中，不允许对一部分电器采用保护接地，而对另一部分电器采用保护接零，如图 7-5 所示。因为此时若保护接地设备的某一相碰壳短路，而设备的容量较大，所产生的短路电流不足以使熔断器或其他保护电器动作，则零线的对地电压将可能升高到致人死亡的地步。

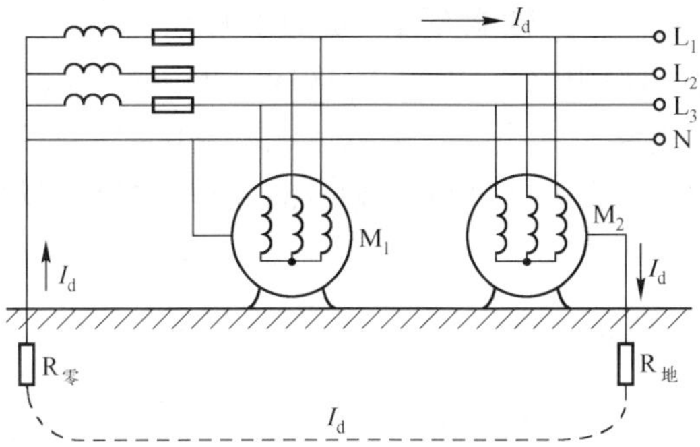

图 7-5　同一供电线路中有接地接零，当接地设备碰壳短路时的情况

设：　　$U_0 = R_{零} U_{相} / (R_{零} + R_{地})$

若　　$R_{零} = R_{地}$　则 $U_0 = U_{相}/2$

所以会使与零线相连接的所有电气设备的金属外壳都带上可能使人触电的危险电压。

7.2.2　漏电保护器及其应用

1. 漏电保护器的功能

设备采用保护接地或保护接零后，只能防止人体接触漏电设备发生的触电，而不能防止人体直接接触带电体引发的触电，所以在低压电路中，许多场合都采用漏电保护器作为防止人身触电和防止漏电的安全电器。漏电保护器是触电保安器、漏电保护断路器、剩余电流断路器、漏电开关等漏电保护元器件的统称，有的漏电保护器还具有过载、短路、过电压、欠电压等多种保护功能。在低压配电系统中装设漏电保护器，是防止电击事故的有效措施之一，也是防止漏电引起电气火灾和电气设备损坏事故的一种技术措施。漏电保护器一般用于1200V 以下的低压系统。

2. 漏电保护器的组成及分类

根据工作原理不同，漏电保护器分为电压型和电流型两种。

电压型漏电保护器是通过检测漏电设备外壳与地之间的电压来实现保护的。电压型漏电保护器电路简单，但它的检测性能差，动作不稳定，已逐步被电流型漏电保护器所取代。

电流型漏电保护器是目前用得最多、最理想的漏电保护装置。电流型漏电保护器又分为电磁式和电子式，这两种漏电保护器都采用零序电流互感器作为检测元件，电磁式漏电保护器采用释放式漏电脱扣器作为判断元件，自动开关作为执行元件。

电磁式漏电保护器的灵敏度比电子式的差，一般以 30mA 为限，抗振动能力也差，但绝缘耐压能力和耐雷电冲击能力强，受电源电压、环境温度影响较小。

电子式漏电保护器是在电磁式漏电保护器基础上加以改进的，将零序电流互感器检测到的微弱漏电信号经电子电路放大、比较、整形等处理后，通过电子放大电路触发脱扣机构，再驱动自动开关断开电源。电子式漏电保护器的灵敏度较高，耐机械冲击能力强，但耐雷电冲击能力差，电源电压及环境对其性能都有一定的影响。

漏电自动保护（简称漏电开关）适用于380V（50～60Hz）交流及以下、电流10～100A、电源中性点接地的电路中，当人身触电或电网漏电时能够迅速分断故障电路，起漏电保护之用，同时可保护线路和电动机的过载短路；也可作为线路的不频繁转换及电动机的不频繁起动。

3. 漏电保护器的技术参数

电压型漏电保护器的主要参数是动作电压和动作时间，电流型漏电保护器的主要参数是动作电流和动作时间。

（1）额定漏电动作电压。电压型漏电保护器的动作电压最好不要超过安全电压。

（2）额定漏电动作电流。电流型漏电保护器的额定漏电电流以及有关漏电保护器的动作时间，目前我国尚未定出标准，国外有关标准如下：电流型漏电保护器的动作电流一般为0.006A、0.01A、0.03A、0.1A、0.3A、0.5A、1A、3A、5A、10A、20A等15个等级。其中0.03A及以下的属于高灵敏度；0.03A以上、1A及以下的属于中灵敏度；1A以上的属于低灵敏度。为避免误动作，要求漏电保护器的不动作电流不低于动作电流的1/2。

（3）漏电动作时间。漏电动作时间指从发生大于额定动作电流的接地电流时至回路切断止的这一段时间。漏电保护器的漏电动作时间取决于保护要求，可分为三种类型：①快速型，动作时间不超过0.1s；②延时型，动作时间不超过2s；③反时限型，在额定漏电动作电流消失时，漏电动作时间不超过1s；在2倍额定动作电流时，漏电动作时间不超过0.2s；在5倍额定动作电流时，漏电动作时间不超过0.03s；对于被保护的线路额定电流单相40A以上、三相60A以上的大型漏电保护器，其漏电动作时间要求不超过0.15s。

4. 漏电保护器的选用

（1）从动作电流和动作时间来选择。从安全角度考虑，动作电流越小越安全，但过小又会使漏电保护器做得灵敏度很高而出现频繁动作，影响电气设备的正常使用。一般来说，应根据电气设备的结构和使用条件来选择动作电流：如果电气设备绝缘性能较好、使用环境干燥，动作电流可选择小些；通常动作电流不应超过30mA，而不动作电流为15mA。动作时间显然越短越好，一般在0.1s的时间内切断电流已是足够安全了。

（2）从电气设备的接地电阻来选择。还应从电气设备使用环境应具有的接地电阻值来选用漏电保护器的动作电流。一般来说，接地电阻小于100Ω时，可选用500mA动作电流；接地电阻小于250Ω时，可选用200mA动作电流；接地电阻小于500Ω时，可选用30mA动作电流。对于无须接地的电气设备，可选用15mA；在浴室、游泳池等湿度较大的场所，可选用10mA。对于为了防止火灾要求接地电阻小于80Ω的情况，可选用500mA动作电流的漏电保护器，它们的动作时间仍采用0.1s。

5. 漏电保护器的安装

（1）必须安装漏电保护器的设备与场所：移动式电气设备及手持式电动工具；安装在潮

湿、强腐蚀性等环境恶劣场所的电气设备；建筑施工工地的电气施工机械设备；暂设临时用电的电气设备；宾馆、饭店及招待所客房内的插座回路；机关、学校、企业、住宅等建筑物内的插座回路；游泳池、喷水池、浴室的水中照明设备；安装在水中的供电线路和设备；医院中直接接触人体的医用设备。

（2）漏电保护器的安装要求。漏电保护器的安装如图 7-8 所示，其安装要求如下：

① 使用的漏电保护器应符合选择条件，即电网的额定电压应等于漏电保护器的额定电压，漏电保护器的额定电流应大于或等于线路的最大电流。

② 漏电保护器的试验按钮回路的工作电压不能接错。电源侧和负载侧不能接错。

③ 总保护和干线保护安装在配电室内，支线或终端线保护安装在配电箱或配电板上。并保持干燥通风，以免受腐蚀性气体的损害。

④ 在漏电保护器的负载侧零线不得重复接地或与设备的保护接地线相连接。

⑤ 电路接好后，应首先检查接线是否正确，并通过试验按钮进行试验。按下试验按钮后，漏电保护器应能动作。

7.2.3　安全用电及其措施

为了保证安全用电，需要遵守以下用电安全常识。

（1）对高低压电气设备均应制订安全操作规程，并严格遵守安全操作规程。

（2）低压设备中，应采取措施防止偶然触及带电部分，如闸刀开关的闸刀，变阻器的接触点等有适当的保护装置；凡可能触及的金属部分，虽然不是电路的一部分，但只要在绝缘损坏时有可能与带电部分相接触，都要采用保护接地或保护接零。

（3）工厂车间内一般只允许使用 36V 的手提灯，在金属结构架上和特别潮湿的屋内则只允许使用不超过 12V 的手提灯。

（4）使用低压电器设备时，变压器原边电压必须为 380V 或 220V，而不能过高，变压器的外壳必须接地。不准用自耦变压器、扼流圈或变阻器来降压用电。

（5）任何情况下都不得用手来鉴定导体是否带电。

（6）电源未切断时，不得更换熔断器，不得任意加大熔断器的断流容量。

（7）防止绝缘部分破损或受潮，为了防止电线受损，不得在电线上挂物件、衣服。

（8）遇有人触电，要立即切断电源，或用干燥的绝缘棒使触电者脱离电源（380V 以下），然后施行人工呼吸，不准打强心针。

*7.3　漏电保护器的安装实训

1. 实训目的

（1）学会漏电保护器的安装要求及方法。

（2）掌握安全用电常识。

2. 实训仪器和器材

（1）漏电保护器，1 只；
（2）单相电度表，1 只；
（3）开关，1 个；
（4）熔断器（熔断器），1 副；
（5）配电板，1 块。

3. 实训原理

漏电保护器外形结构如图 7-6（a）所示，漏电保护器手柄在通电情况下应合上，一旦发生漏电情况，手柄立即分断。

4. 实训线路

漏电保护器安装线路如图 7-6（b）所示，单相电源连接电度表的进线，电度表的出线接到漏电保护器的电源侧（进线），漏电保护器的负载侧（出线）接用电器。

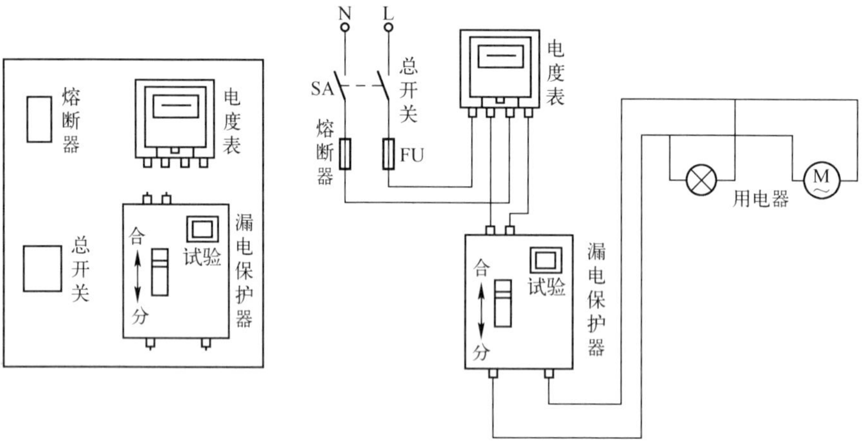

（a）配电板位置图　　（b）漏电保护器安装接线图

图 7-6　漏电保护器的安装接线图

5. 实训内容

（1）配电板的定位。在配电板上将各部件位置按图 7-6（a）所示安排好，然后安装漏电保护器、单相电度表、开关、熔断器（熔断器）。
（2）安装接线。按图 7-6（b）所示的漏电保护器安装线路图接线。
（3）调试。检查接线无误后，在教师的指导下通电，此时用电器应能正常工作。

5. 实训报告要求

小结漏电保护器安装的方法及注意事项。

本章小结

1. 大型电站发出的交流电经高压输电，并经一次或两次降压后，再经配电才能为用户提供不同等级的电压；由发电、输配电和用电设备所构成的系统叫电力系统，输配电系统叫电力网。

2. 触电有电击和电伤两种，其中电击最危险。电流通过心脏和大脑最容易使人死亡，安全电压的规定等级值为42V、36V、24V、12V、6V。

3. 安全用电的原则是不接触低压带电体，不靠近高压带电体。为了防止触电事故的发生，可采取保护接地、保护接零和安装漏电保护器。

4. 节约用电的原则是合理使用电能、改善功率因数、推广新技术降低产品电耗定额、加强管理、杜绝浪费。

练习与思考

7.1 电网由哪些基本环节构成？它们分别起什么作用？

7.2 安全用电的原则是什么？

7.3 保护接地和保护接零有什么异同点？它们各适用于什么场合？

7.4 为什么要采用保护接地或保护接零的措施？它可以防止哪一类的触电事故？

7.5 如何处理触电和电气火灾事故？

7.6 节约用电的原则是什么？

技能与实践

是否可以在同一供电线路中一部分电气设备采用保护接地而另一部分电气设备采用保护接零的措施？为什么？

技能训练测试

本技能训练进行漏电保护器的使用训练。所需要的仪器和器材为实训项目六的配电板。技能训练测试内容为调试漏电保护器的动作电流。

项目八　常 用 电 器

常用电器是指在日常生活和工作中使用的一类电器。常用电器的品种很多，如图 8-1 所示是部分常用电器的实物，本章主要介绍照明灯具、变压器、电动机及低压电器。

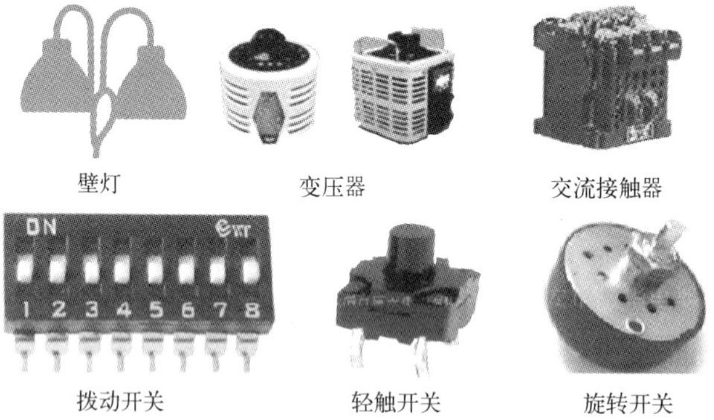

图 8-1

8.1　照明灯具

8.1.1　常见的照明灯具

1. 人工照明

人工照明是人们日常工作与生活不可缺少的条件。有了人工照明，可以不受天然采光的限制，而且还可以美化环境。

灯亦称照明器，它由光源和灯具组成。电气照明既是光学和电学的一门综合性技术，又涉及建筑学、心理学和卫生学等各方面的要求，因此必须统筹兼顾，才能获得满意的效果。

当前在生活日用方面，电气照明技术发展努力的目标是：对于电光源，需要进一步提高光效、节约能源、延长寿命、改善光色、减少附件和增加品种；对于灯具，则应继续提高光的利用率，合理配光，限制眩光，逐步实现灯具的标准化、系列化和通用化。

2. 室内照明常用灯具

灯具是人们用做照明的器具，在电光源问世以来的一百多年间，经过逐步改进和完善，现在品种和款式繁多，外形琳琅满目，既实现了照明功能，又成为室内重要的装饰品。

室内灯具一般可按其安装方式分为吊灯、吸顶灯、嵌入灯、壁灯、落地灯、台灯和射灯 7 类。考虑到灯具的照明效果，按照它发出的光通量在上下半球空间的分配比例，则可分为直接型、半直接型、直接－间接型（漫射型）、半间接型和间接型5类。间接和直接型两种照明器的灯具，一般都用金属做灯罩，光线分别分布在上半空间和下半空间，灯具造型比较单一，在家庭中用得不多。直接－间接型和半直接型照明器的灯具，都使用半透明或透明的玻璃或塑料做成各种形状的灯罩，包围着光源，上下空间都有光线，室内亮度比较均匀，家庭中常用的照明器都属于这种类型。

（1）吊灯。吊灯是室内主要的照明灯具，用做大面积范围内的一般照明。它悬挂在天花板上，处在最显眼的位置，因此对其造型和光线效果要求都较高。

（2）吸顶灯。吸顶灯是直接附着在天花板上的照明器，它占有比较小的空间，适用于家庭中层高较低的房间作为一般的照明。为了维持房间内平顶的完整，避免出现亮斑，大房间中常常采用嵌入式灯具。

（3）壁灯。壁灯是一种安装在墙壁或建筑支柱上的照明器。

（4）落地灯和长杆台灯。落地灯和长杆台灯安放在地板上，配有固定的或可调节高度的长杆，称为落地灯。也可放在茶几上、外形比一般台灯高大，称为长杆台灯或茶几灯。

（5）台灯。台灯是一种放在桌子上供书写、阅读或其他用视力工作的小型可移动的局部照明灯。目前台灯都用白炽灯和荧光灯做光源。

（6）射灯。近十几年来，国外在室内照明中广泛采用了一种新灯具——射灯，用白炽灯作光源定向射出光束，适用于室内书桌、沙发、床头等处工作照明，也可用于墙壁上的挂画和室内摆设品的投光照明，以及用在展览会上和商店橱窗的陈列照明等。

课堂练习8-1　照明器由哪几部分组成?

课堂练习8-2　室内照明常用灯具有哪些?

8.1.2　新型节能电光源及其应用

1. 电光源

电光源的种类很多，除大部分用做照明外，在工农业生产、交通运输、国防工业、科学技术等领域中都有广泛的用途。电光源按由电能转换为光能形式的不同，大致可分为三大类。热辐射光源是利用物体通电加热而辐射发光的原理制成的，常见的有白炽灯（如普通照明灯泡）、卤钨灯（如管形照明卤钨灯）。气体放电光源则是利用气体放电时发光的原理制成的，按发光物质又可细分为金属气体放电光源（常见的有汞灯）、低压汞灯（如荧光灯、紫外线灯）、高压汞灯（如荧光高压汞灯），钠灯（如低压钠灯、高压钠灯）、惰性气体放电光源（如霓虹灯、氙灯）和金属卤化物气体放电光源（如钠铊铟灯、日光色镝灯）。固体发光光源现正处在进一步改进提高阶段，此类光源一般用做指示灯及文字显示，它具有耗电省、寿命长等独特的优点。如图8-2所示是一种发光二极管手电筒，其利用手的握力将机械能转化为电能为发光二极管供电。

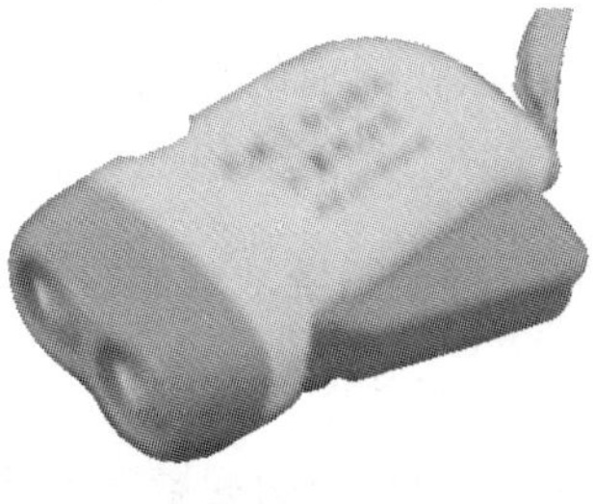

图8-2　射灯发光二极管手电筒

2. 新型节能电光源

照明技术就是光的应用技术。光源按发光原理分为热辐射光源、气体放电光源、固体发光电光源三种电光源，其优缺点如下：热辐射光源制作简单、成本低，但效率很低，一般约11%，能量多是以热能的形式消耗掉了。气体放电光源，如荧光灯，发光效率和寿命约为白炽灯的两倍。固体发光电光源发光效率和寿命最高，是理想的新型节能电光源，如图8-3所示是一种节能吸顶灯。

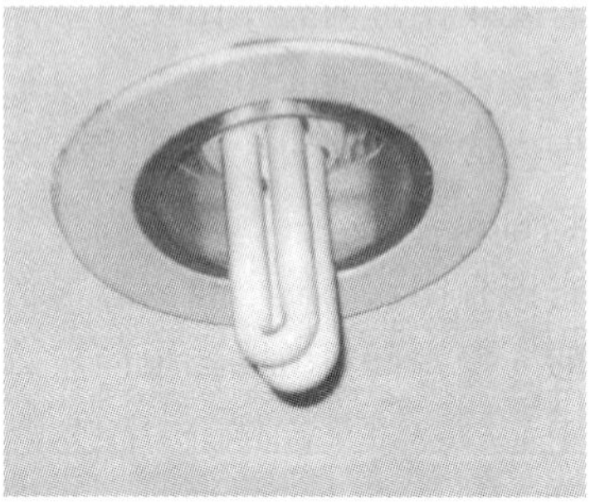
图8-3 节能灯

由于人类的活动，特别是全球工业化进程，CO_2 排放加剧，导致环境变差、气候异常。因此，节能减排是世界各国面前的重大问题。我国政府也做出承诺，减少 CO_2 的排放，其中一个重要举措是政府补贴在全国推广使用节能灯，使用固体发光电光源，如发光二极管（LED）、等离子体发光器件等，其发光效率或光强度高，而且能方便地与太阳能电池配合使用。但是固体发光电光源目前还不能做到大功率化，同时由于成本等因素，使之市场化、规模化还有待时日。与热辐射光源相比，气体放电发光光源大大提高了照明系统的发光效率，因此能节约大量电能，也可作为节能电光源。近年来，由于制造工艺的提高，使气体放电发光光源性能有了极大的提高，光效高、光色好（接近白炽灯）。高压钠灯是气体放电发光光源中光效最高的，而且其还有寿命长（长达24 000h）、光色好、光穿透性强等优点，已逐渐被广泛应用于广场、道路、码头、铁路、矿山等室外大面积照明系统。

课堂练习8-3 电光源有哪些类型？节能型的电光源有哪些？

8.1.3 照明灯具的选用和检修

1. 照明灯具的合理选用

照明灯具选用的原则是在安全、节能的前提下，获得舒适的光环境和满意的工作照明。例如，起居室宜用吊灯或吸顶灯作为一般照明灯，灯具应该华丽大方，并有一定的功率，使室内得到一个明亮的环境。会客室的天花板上应有枝形吊灯或吸顶灯作为一般照明，沙发旁有落地灯做局部照明。餐室的餐桌上方最好使用下口敞开的单灯罩吊灯，可以随意调节吊挂高度。书桌上往往用台灯照明，也可以用吊灯，此外书房内还应有一般照明灯，采用普通吊灯或吸顶灯。书桌要靠窗安放，充分利用自然采光，如有书橱的话，可以在橱前的天花板上安装射灯或嵌入式下射灯，以照明书籍。书房兼会客用的话，在沙发旁还要安放落地灯。

2. 照明系统故障的检修

照明系统中可能出现的故障较多，当发现整个场所或其中一部分灯同时熄灭时，这可能是供电线路故障引起熔断器被烧断。若只有个别灯熄灭，则可能是分支供电线路或光源及其附件有故障。寻找故障点可用测电笔或校验灯（白炽灯泡）。

电路断路包括相线或中线断开两种情况，检查方法如下：首先用测电笔检查总开关进线端相线，如果有电，再用校验灯测试，灯亮则说明进线正常。然后用测电笔分别测试各支路相线，如果有电，再用校验灯一头接相线，另一头分别接试各级中性线。如果灯亮说明中性线未断；如灯不亮说明该处中性线已断，应修复。

白炽灯供电线路简单，故障少，检修也较方便。荧光灯供电系统中由于附件多，发生故障的机会也多。经常碰到的故障有不能启动，灯管不亮，这是由于电源未接通或灯座与灯脚接触不良。还经常碰到镇流器过热或严重蜂音，这往往是由于电源电压过高或镇流器长期过载以及铁心没有夹紧所致。此外，荧光灯在使用时若开关频繁、电源电压波动过大、镇流器与灯管规格不匹配、启辉器质量差、长时间灯光跳动不启动或仅两端长时间发光等，都会导致灯管两头早期发黑、缩短寿命，应特别注意。

课堂练习 8-4　照明灯具应如何合理选用？

课堂练习 8-5　如何寻找照明系统故障？

8.2　变压器

8.2.1　单相变压器的基本结构、额定值及用途

变压器的实物、结构和图形符号如图 8-4 所示。

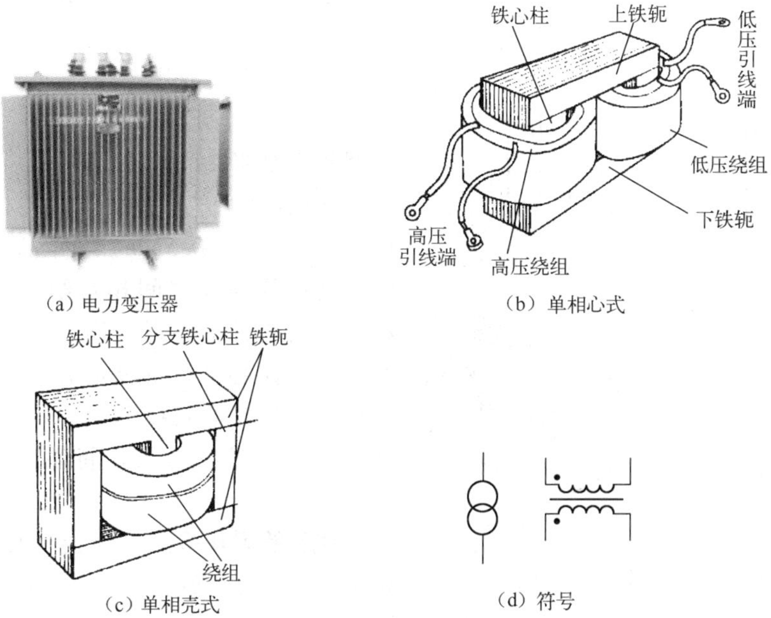

（a）电力变压器　（b）单相心式

（c）单相壳式　（d）符号

图 8-4　变压器的结构和电路图形符号

1. 变压器的用途

变压器是人们最常见的静止电器设备，用它可以把某一电压的交流电能变换成同频率的

另一电压的交流电能。远距离输送电能时，升高电压，可以减小电流，节省输电线材料和降低线路上功率损耗。使用电能时，降低电压，可减小绝缘等级及保障人身安全。在电信系统和电子线路中，变压器用来传递交流信号和实现阻抗匹配。除此之外，在各种仪器、设备上还广泛应用变压器的工作原理来完成某些特殊任务。例如，冶炼金属用的电炉变压器，整流装置用的整流变压器，输出电压可以调节的自耦变压器、感应调压器，供测量高电压和大电流用的电压互感器、电流互感器等。

2. 变压器的类型

变压器的种类很多，可按照相数、用途、绕组数目以及绕组与铁心的安装位置进行分类。

（1）按相数分，变压器可分为单相变压器、三相变压器。单相变压器多为小容量、三相变压器多为大容量。

（2）按用途分，变压器可分为电力变压器、电源变压器、整流变压器、电炉变压器、电焊变压器、电镀变压器、调节变压器、电压互感器、电流互感器、试验变压器、控制变压器、脉冲变压器、同步变压器等。

（3）按绕组数目分，变压器可分为单绕组变压器、双绕组变压器、多绕组变压器。

（4）按绕组和铁心的安装位置分，变压器可分为心式和壳式两种，如图 8-5（a）、（b）所示为单相变压器的结构图。其中图 8-5（a）所示为心式变压器，它采用口字形铁心，高压和低压绕组部分成两部分，分别套在左右两个芯柱上，上下两磁轭和芯柱构成闭合铁心；图 8-5（b）所示为壳式变压器，这种变压器的高压和低压绕组互相间隔套在中间的芯柱上，左右两边的磁轭与芯柱构成闭合铁心。

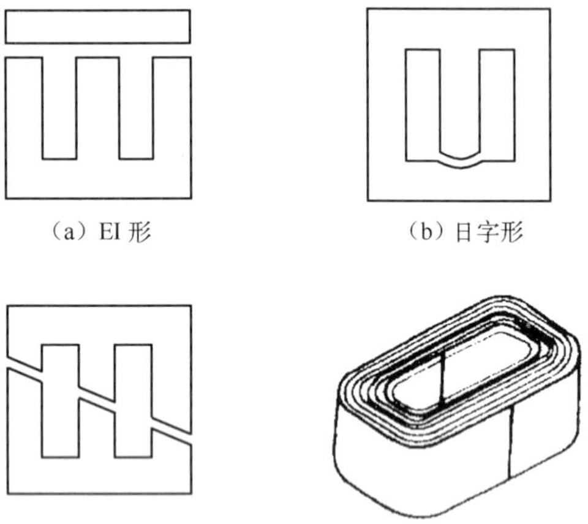

（a）EI 形　（b）日字形　（c）F 形　（d）C 形

图 8-5　小型变压器的铁心形式

虽然变压器的用途很广，结构形状各有特点，但其工作原理基本上都是一样的。构成变压器的主要部件是铁心和绕组。

变压器的铁心用磁滞损耗很小的硅钢片（厚度为 0.35 ~ 0.5mm）叠装而成，以减小磁滞损耗；片与片之间相互绝缘以减小涡流损耗。常用的有山字形（EI 形）、F 形、日字形及卷片式铁心（C 形铁心），如图 8-7 所示。其中卷片式铁心（C 形铁心）不但加工方便，而且还有比较好的工作特性，现得到广泛的应用。

课堂练习 8-6　变压器有哪些种类？它们都由哪几部分组成？

8.2.2　变压器的工作原理、变压比和变流比

变压器工作原理图如图 8-6 所示，为了便于分析，通常将高压绕组和低压绕组分别绕在两边芯柱上。接电源的绕组称为一次绕组（或称为初级绕组）匝数为 N_1；接负载的绕组

称为二次绕组（或称次级绕组），匝数为 N_2。一次绕组输入电功率，其中各电量的参考方向按一次绕组为负载性质来规定并标有下标“1”；二次绕组输出电功率，其中各电量的参考方向按二次绕组为电源性质来规定，并标有“2”下标，电流和磁通参考方向符合右手螺旋关系。

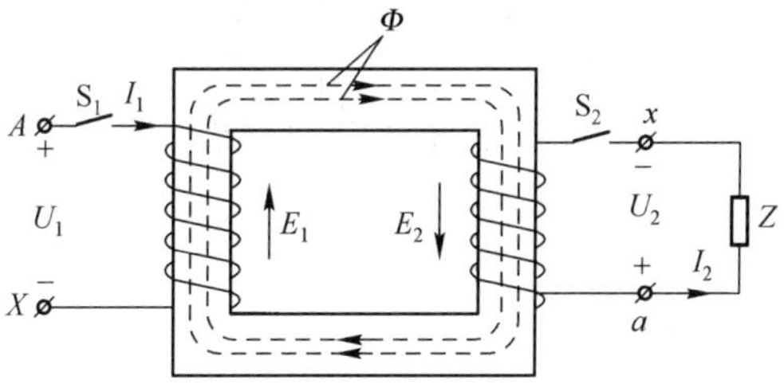

图 8-6　变压器工作原理图

1. 空载运行和电压变换

当一次绕组和交流电源相接，而不接负载时，变压器处于空载运行状态。变压器在空载运行时，由于要产生主磁通，所以在一次绕组中有交变电流 I_0 通过，I_0 称为空载电流或励磁电流。一般大、中型变压器的空载电流为额定电流的 3% ~8%。可以证明，此时变压器在一次侧应有近似关系式：$U_1=4.44fN_1\phi_m$。

但是该主磁通同样穿过二次绕组，同样会在二次绕组中产生感应电压 U_{20}，按图 8-6 的参考方向可知：$U_{20}=4.44f N_2\phi_m$

另外，二次绕组电流 i_2 为零，故比较两式可得：

$$U_1/U_{20}\approx 4.44fN_1\phi_m/4.44fN_2\phi_m=N_1/N_2=k \qquad (8\text{-}1)$$

式（8-1）说明，在忽略空载电流 I_0 的情况下（事实上 I_0 确实很小），一次、二次绕组电压之比，近似等于一次、二次绕组的匝数比，这个比值 k 称为变压比或简称变比。

式（8-1）可写成 $U_1\approx k\,U_{20}$，当 $k>1$ 时，则 $U_1>U_{20}$，是降压变压器；而当 $k<1$ 时，则 $U_1<U_{20}$，是升压变压器

例 8-2　一台降压变压器，初级绕组接在 6600V 的交流电源上，次级绕组电压为 220V，若初级绕组匝数 $N_1=3300$ 匝，求次级绕组匝数 N_2；若电源电压降低到 6000V，要使次级电压保持不变，问初级绕组匝数应调整为多少？

解　变比　$k=U_1/U_{20}=6600/220=30$

次级绕组的匝数　$N_2=N_1/k=110$（匝）

若 $U'_1=6000\text{V}$，而 U_{20} 不变，则原绕组的匝数应为

$$N'_1=(U'_1/U_{20})\times N_2=(110\times 6000)/220=3000(\text{匝})$$

2. 负载运行和电流变换

在图 8-8 中所示开关 S_1 和 S_2 均合上，则表示变压器工作在负载的运行状态，这时二次绕组电路中有了电流 I_2。

因为变压器一次绕组的电阻很小，它的电阻电压降可以忽略不计，即使在变压器满载情况下，一次绕组电阻的电压降也只有额定电压 U_{1N} 的 2% 左右。因此，在二次绕组接通负载的情况下，仍可近似认为 $U_1=4.44f N_1\Phi_m$，它说明只要 f、N_1 保持不变，则磁路主磁通 Φ_m 就基本不变。

可以证明，当只考虑数量关系，有：

$$I_1N_1=I_2N_2,\qquad 即：I_1/I_2=N_2/N_1=1/k \qquad (8\text{-}2)$$

式（8-2）表明，变压器一次、二次绕组的电流与其匝数成反比。必须注意，空载、轻

载时上述关系不成立。而电压比 $U_1/U_2=k$，因此输入视在功率 $S_1=U_1I_1$ 和输出视在功率 $S_2=U_2I_2$ 基本近似相等，符合功率守衡原则。当然也可以理解为：在二次绕组电流 I_2 增大时，一次绕组的输入电流 I_1 也将随着增加，即 I_1 取决于 I_2，而且同时达到它们的额定值 I_{1N}、I_{2N}。

$$I_{1N}/I_{2N}=N_2/N_1$$

变压器负载运行时，随着二次绕组的电流 I_2 增加，I_1 也相应增加，一次、二次绕组的电阻及漏电抗上电压降均要增加，因而输出给负载的电压 U_2 要发生变化。在常见的感性负载情况下，U_2 略有下降。U_2 随负载电流 I_2 的增加而下降。

3. 阻抗变换

由于变压器的损耗和漏磁通都很小，其输入功率近似等于输出功率，即 $U_1I_1=U_2I_2$，由 $I=U/Z$ 可知，变压器一次、二次绕组之间有 $U_1^2/Z_1=U_2^2/Z_2$，故

$$\frac{Z_1}{Z_2}=\left(\frac{U_1}{U_2}\right)^2=\frac{N_1^2}{N_2^2}=k^2 \quad 或 \quad Z_1=\frac{U_1}{I_1}=\frac{kU_2}{\frac{1}{k}I_2}=k^2\frac{U^2}{I_2}=k^2Z_2 \qquad (8\text{-}3)$$

式（8–3）说明，变压器二次绕组的负载阻抗 Z_2 反映到一次绕组的等效阻抗值 Z_1 应为 Z_2 的 k^2 倍。

4. 电源变压器的测试技能训练

（1）仪器和器材。电工实训台（箱）、元件见表 8–1。

表 8–1　电源变压器的测试元器件明细表

代　　号	名　　称	型号及规格	单　　位	数　　量
R	电阻器	RTX-1-100Ω ±5%	只	1
T	变压器	30V/6V	只	1
	万用表	MF—30 型	只	1
	交流电压表		只	1
	交流电流表		只	1

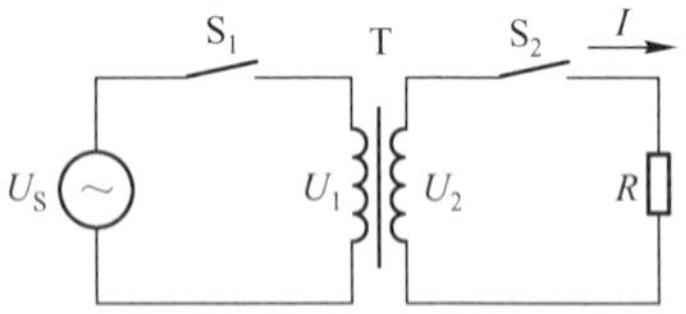

图 8–7　变压器测试电路

（2）技能训练电路。测试电路如图 8–7 所示。

（3）内容和步骤。

1）在电工电子实训平台上，按图 8–7 所示的电路图搭接电路。检查无误后，合上开关 S_1 和 S_2。

2）用交流电压表和电流表测量一次绕组和二次绕组的电压和电流，将测量数据填入表 8–2 中。

表 8–2　电源变压器的测试数据

一 次 绕 组		二 次 绕 组	
电压 U_1（V）		电压 U_2（V）	
电流 I_1（A）		电流 I_2（A）	

例 8-3　一只电阻为 8Ω 的扬声器，经匝数比 $k=6.5$ 的输出变压器接入晶体管功率放大电路中，等效负载 R'_L 阻值为多大？

解　$R'_L=k^2R_L=6.5^2\times8=338$（Ω）

可见，尽管变压器二次绕组所带的阻抗小、电流大、负载重，而相应的变压器一次绕组等效阻抗值 R'_L 变大，起到了阻抗变换作用。

课堂练习 8-7　变压器有哪些特性？

课堂练习 8-8　变压器的铁心起什么作用？改用木芯行不行？为什么铁心要用硅钢片叠成？

课堂练习 8-9　变压器能不能用来变换直流电压？若将一台 220/36V 变压器接入 220V 直流电压，会有什么后果？

课堂练习 8-10　一台 220/110V 单相变压器，初级绕组 400 匝，次级绕组 200 匝；可否初级绕组只绕 2 匝，次级绕组只绕 1 匝？

8.2.3　变压器的外特性、损耗和效率

1. 变压器的铭牌和额定值

为了保证变压器安全、经济、可靠地运行，应熟悉变压器的铭牌和额定值，从而正确地使用变压器。

（1）变压器的铭牌。铭牌上除标有变压器名称、型号、产品代号、标准代号、制造厂名（包括国名）、出厂序号、制造年月等以外，还需标出技术数据，如相数、额定频率、额定电压、额定电压组合、额定电压比、额定容量、额定电流、绕组连接组标号、调压范围、空载电流、空载损耗、效率、电压调整率和冷却方式等。它们全面反映了变压器的性能指标，是制造和选用的主要依据。

（2）变压器的额定值。变压器在规定的使用环境和运行条件下的主要技术数据称为额定值。额定值通常标在变压器的铭牌上，所以变压器的额定值也称为铭牌数据。

1）额定容量 S_N。由于变压器运行时，功率因数由负载决定，所以变压器用额定视在功率表示其额定容量。额定容量以 V · A 或 kV · A 表示。对于单相变压器

$$S_{1N}=U_{1N}I_{1N}=U_{2N}I_{2N}$$

对于三相变压器

$$S_{1N}=\sqrt{3}U_{1N}I_{1N}=\sqrt{3}U_{2N}I_{2N}$$

2）额定电压（U_{1N}、U_{2N}）。受铁心饱和与发热的限制，变压器上所加电压不能超过额定电压值。超过额定电压值，铁损增加，时间长了，变压器过热，将损伤绝缘材料，导致事故。U_{1N} 为变压器一次绕组的额定电压，U_{2N} 为变压器二次绕组的额定电压，它们的单位是 V 或 kV。

3）额定电流（I_{1N}、I_{2N}）。受发热限制，超过额定电流时，铜损增加，时间一长，亦会损坏绝缘材料。额定电流可根据额定容量和额定电压计算出来，其额定电流单位是 A。

4）额定温升。变压器正常运行时，其内部温度容许超出规定的环境温度（+40℃）的数值。

(3) 变压器的型号。现以例 8-1 为例，说明变压器的型号各部分的意义。

例 8-1 S　J　L —— 1000/10

- 第五部分表示高压绕阻的额定电压（kV）
- 第四部分表示变压器额定容量（kVA）
- 第三部分表示材料，L为铝线圈
- 第二部分表示冷却方式，J为邮浸自冷式、F为风冷式
- 第一部分表示相数，S为三相、D为单相。

除了上述项目之外，变压器的额定值还有相数 m（单相或三相）、冷却方式、效率等，它们都标注在变压器的铭牌上。

2. 变压器的外特性

变压器的外特性是指变压器一次绕组电压 U_1 为额定值时，二次绕组的电压 U_2 与电流 I_2 之间的关系曲线，对于感性负载，可用图 8-8 表示。

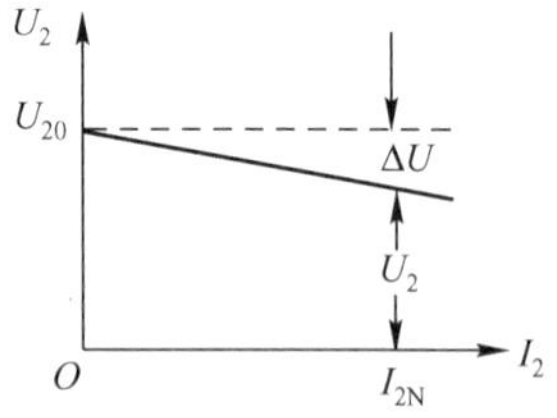

图 8-8　变压器的外特性曲线

对于用户来说，变压器的二次绕组相当于电源。在一次绕阻外加电压不变的条件下，变压器的负载电流 I_2 增大时，二次绕组的内部电压降也增大，二次绕组端电压 U_2 将随负载电流 I_2 的变化而变化，这就是变压器的外特性。例如，现代电力变压器从空载到满载，二次绕组端电压 U_2 的变化约为额定电压的 4% ~6%。

3. 变压器的损耗和效率

变压器的损耗包括铁损耗 P_{Fe} 和铜损耗 P_{Cu} 两部分。铁损耗是交变的主磁通在铁心中产生的磁滞损耗和涡流损耗之和。铜损耗是一次、二次绕组电流流过其绕阻时由于绕组导线电阻产生的损耗。

变压器的效率 η 是指输出功率 P_2 和输入功率 P_1 的百分比，即

$$\eta = P_2/P_1 \times 100\% = P_2/(P_2 + P_{Cu} + P_{Fe}) \times 100\%$$

变压器没有转动部分，没有机械损耗，通常损耗很小，故效率很高。小功率变压器的效率约为70% ~82%，一般变压器的效率在 85% 左右，大型变压器的效率可达98% ~99%。

课堂练习 8-11　何谓变压器的外特性？

课堂练习 8-12　变压器有哪些损耗？

*8.2.4　三相变压器的基本结构和原理

对于三相电源进行电压变换，可用三台单相变压器组成的三相变压器组，或用一台三相变压器来完成。

三相变压器的铁心有三个芯柱，每个芯柱上装有属于同一相的两个绕组，如图 8-9（a）所示。就每一相来说，其工作情况和单相变压器完全相同。

三相变压器或三个单相变压器的一次绕组和二次绕组都可以接成星形或三角形，实际上常用的接法有Y/Y_0、$Y/\triangle$、$Y_0/\triangle$三种，分子表示高压绕组的接法，分母表示低压绕组的接法，符号Y_0表示有中线的星形接法。

课堂练习 8-13　和单相变压器相比，三相变压器有哪些特点？

*8.2.5　特殊变压器的基本结构、工作原理和用途

1. 自耦变压器

普通双绕组变压器初、次绕组之间仅有磁的耦合，至少有两个绕组，且初、次级也相互绝缘，没有直接的电的联系。自耦变压器只有一个绕组，如图 8-9（b）、（c）所示，即初、次级绕组共用一部分绕组，所以自耦变压器初、次级绕组之间除有磁的耦合外，还有电的直接联系。实质上自耦变压器就是利用一个绕组抽头的办法来改变电压的一种变压器，故又称为调压变压器（或简称调压器）。除单相自耦变压器外，还有三相自耦变压器，如图 8-10 所示。

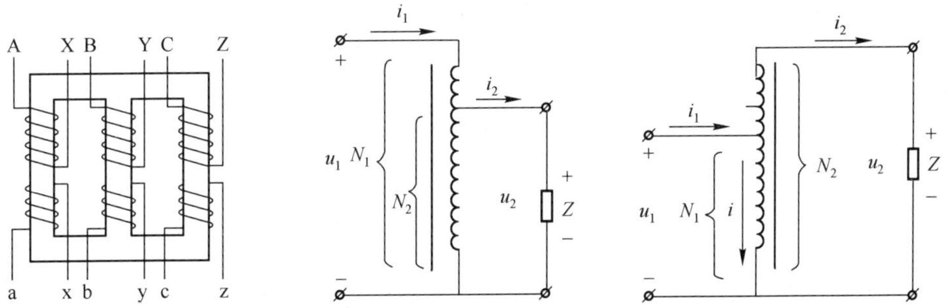

（a）三相变压器　（b）降压自耦变压器　（c）升压自耦变压器

图 8-9　自耦变压器

以图 8-9（b）所示降压自耦变压器为例，将匝数为 N_1 的初级绕组与电源接通，其电压为 U_1；匝数为 N_2 的次级绕组（也是初级绕组的一部分）接通负载，其电压为 U_2。自耦变压器的绕组也是套在闭合铁心的芯柱上。工作原理和普通变压器一样，初级和次级的电压、电流和匝数的关系仍为：$U_1/U_2 \approx N_2/N_1 = k$，$I_1/I_2 = N_2/N_1 = 1/k$

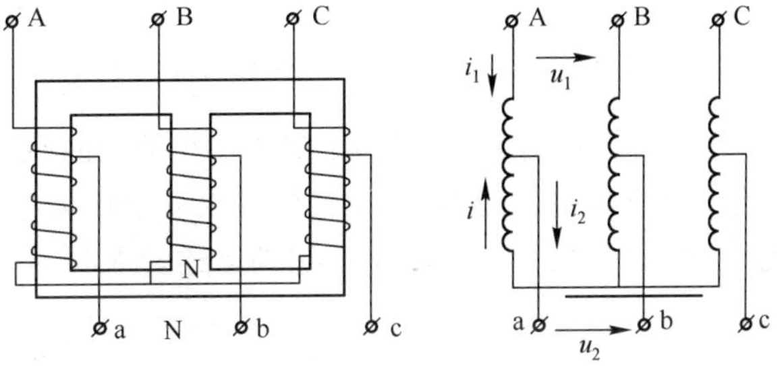

（a）铁心绕组线路示意图　（b）图形符号

图 8-10　三相自耦变压器

选用适当的匝数比，次级就可以得到所需要的电压。

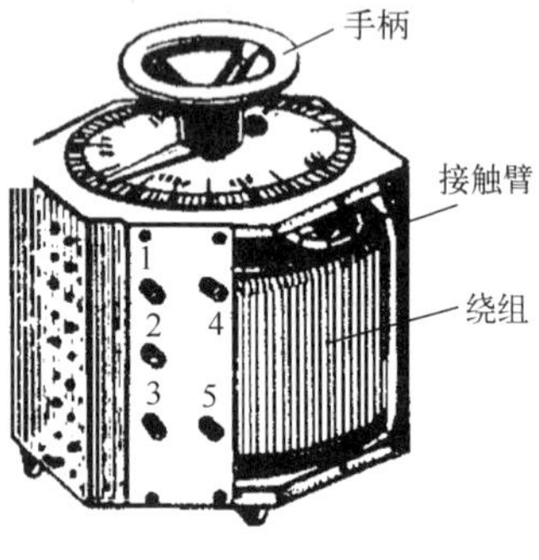

图 8-11　单相自耦变压器外形

三相自耦变压器的绕组通常是接成星形的，一般将自耦变压器中间的抽头做成活动的电刷，可以沿着整个线圈滑动，该调压器的次级绕组上的电压 U_2，其变化范围从 0 到稍大于 U_1。

自耦变压器主要用于实验室和交流异步电动机的降压起动设备中，如图 8-11 所示为一种单相自耦变压器的外形。它的优点是在次级绕组上可得到一个连续变化的电压，可大可小。其很大的缺点是原、副绕组直接有电的联系，不宜作为安全电源（如小于 36V 的安全电压）来使用。正确的连接形式应是初、次绕组的公共端接零线（或中性线），最好能接地，初级绕组的另一端接到相线火线上，而安全电源必须是初、次级相互绝缘的，无直接电联系的双绕组变压器。

2. 电焊变压器

目前使用很广泛的交流弧焊机，实际上就是一台特殊的降压变压器，又称为电焊变压器。根据要求，电焊变压器应有如下特点；空载时应有足够的引弧电压（60 ~ 75V），以保证电极间产生电弧，有负载时次级电压能迅速下降，当焊条与焊件之间产生电弧并稳定燃烧时，约有 30V 的电弧压降。而短路时（焊条和焊件相碰瞬间，此时输出电压为零）短路电流又不能太大，以免损坏焊机。另外，焊接电流要能够调节以适应不同规格的焊条及焊件。综上所述，电焊变压器的输出电压 U_2 与输出电流 I_2 应有如图 8-12 所示的关系，即电焊变压器的输出电压 U_2 要有陡降的外特性。

为满足上述条件，电焊变压器的结构与一般变压器结构不同，如图 8-13 所示，它的初、次级绕组分装在两个铁心柱上，次级与可变电抗器相串联，电抗器的铁心不但有一定的空气隙，而且可以通过转动螺杆以调节气隙的长短来获得不同大小的焊接电流。

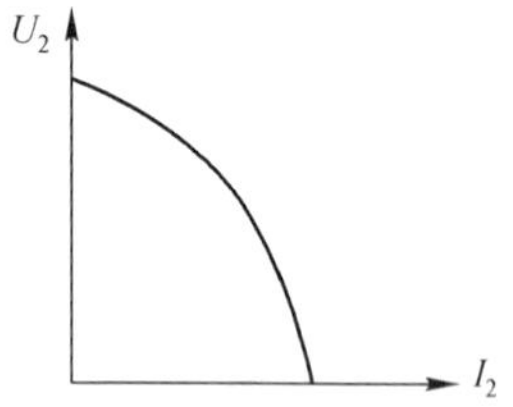

图 8-12　电焊变压器的外特性

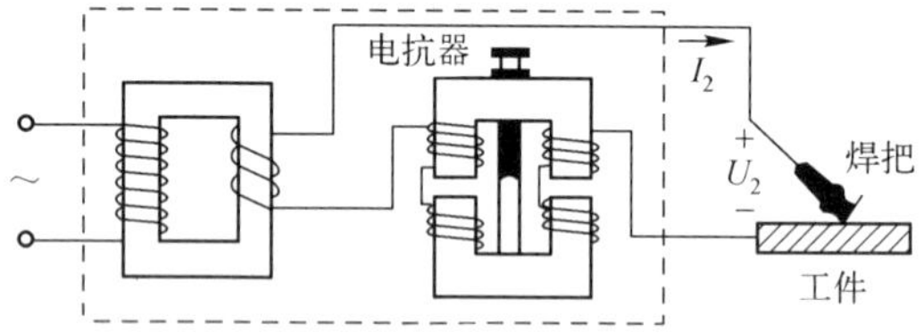

图 8-13　电焊变压器结构原理图

在次级绕组中串接一个电抗器，相当于增加了次级绕组的漏阻抗。因为次级绕组对于负载来说相当于电源，漏阻抗的增加相当于电源（次级绕组的电压 U_2）的内阻抗增加，因此输出电流 I_2 增加，则输出电压 U_2 就会急剧减小，达到上述要求。

3. 互感器

互感器是一种专供测量仪表、控制和保护设备使用的变压器。在高电压和大电流的电气设备和输电线路中，是不能直接用仪表去测量电压、电流的。必须要将高电压和大电流转换成低电压和小电流，然后进行测量。为此利用互感器将待测的电压或电流按一定的比率减小以便测量，并且将高压电路与测量仪表电路隔离，以保证安全。这样既能保证测量人员和仪表的安全，又可将仪表做得精致小巧。因此互感器实质上就是损耗低、变比精确的小型变压器。根据用途不同，互感器又可分为电压互感器和电流互感器两种。

如图 8-14 所示是接有电压互感器和电流互感器的电路，从图 8-14（a）可以看到 10kV 的高压电路与测量仪表电路只有磁耦合而无电的直接连通。为防止互感器初、次级绕组之间绝缘损坏时造成危险，铁心以及次级绕组的一端应当接地。

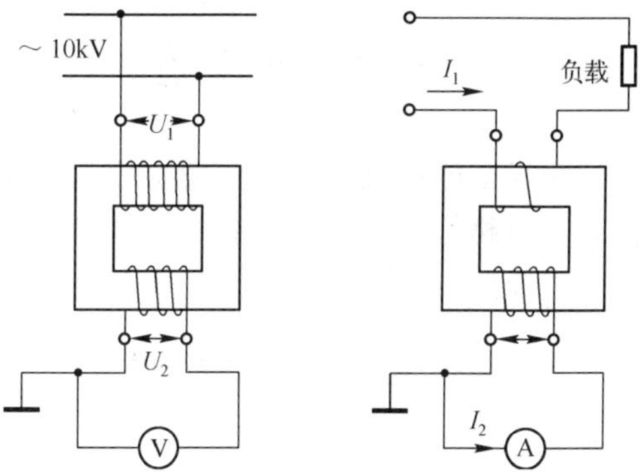

（a）电压互感器　　（b）电流互感器

图 8-14　接有互感器的电路

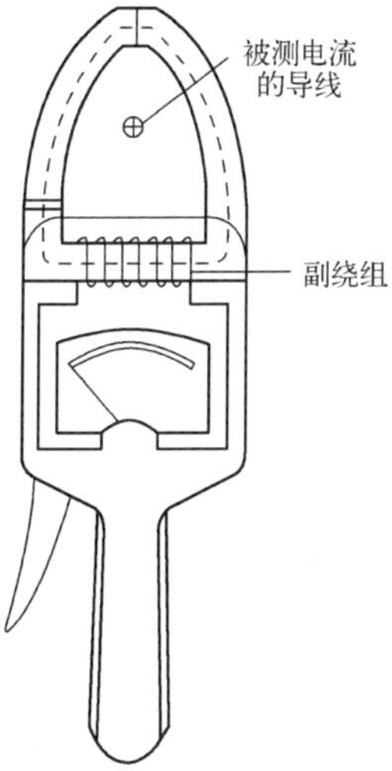

图 8-15　钳形电流表

电压互感器的主要原理根据式（8-1），即

$$U_1/U_2 = N_1/N_2$$

为降低电压，$N_1 > N_2$，一般规定次级的额定电压为 100V。

电流互感器的主要原理根据式（8-2），即

$$I_1/I_2 = N_2/N_1$$

为减小电流，$N_1 < N_2$，一般规定次级的额定电流为 5A。必须注意，由于电压互感器的次级电流很大，所以决不容许短路；而电流互感器的初级绕组匝数很少，次级绕组的匝数很多，于是在次级绕组中会产生很高的感应电动势，所以电流互感器的次级绕组决不容许开路。

常用的钳形电流表就是一种电流互感器，如图 8-15 所示。它是由一个同电流表接成闭合回路的次级绕组和一个铁心组成，其铁心可开可合。测量时先松开铁心，把待测电流的一根导线放入钳口中，然后闭合铁心，这时在电流表上就可接读出被测电流的大小。

课堂练习 8-14　自耦变压器有什么特点？使用自耦变压器时应注意什么问题？

课堂练习 8-15　互感器有哪两种？简述其工作原理。

课堂练习 8-16　电焊变压器有哪些特点？

8.3　交流电动机

发电机和电动机统称为电机，发电机和电动机是电气化的重要设备，它们的基本功能是实现机械能和电能的转换。从能量转换角度来说它们是可逆的。按电流种类的不同，电机有交流电机和直流电机两大类。交流电机分为异步电机和同步电机两种，异步电机主要作为电动机应用，而同步电机则是现代交流发电机的主要机型。本章主要介绍和讨论异步电动机的基本结构、工作原理及另外一些特殊用途的电动机。

8.3.1 三相笼型交流异步电动机的基本结构和铭牌参数

三相异步电动机（又称为感应电动机）在工农业生产、科研及生活中应用广泛，它结构简单、价格低廉、工作可靠、维修容易并且容易控制。本节主要介绍异步电动机的基本结构、工作原理及机械特性。

1. 三相异步电动机的基本结构

观察一套拆开的三相鼠笼式异步电动机，可对其基本结构进行了解。

异步电动机由两个基本部分组成：不动部分——定子；转动部分——转子。如图 8-16 所示是鼠笼式异步电动机拆开后各个部件的形状及名称。

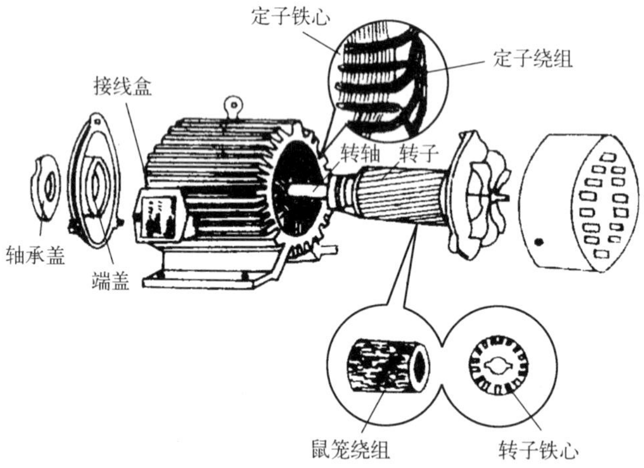

图 8-16 三相异步电动机主要部件

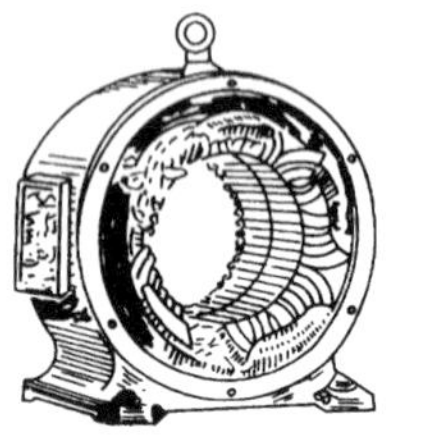

图 8-17 定子的结构

（1）定子。在铸铁或铸钢制成的机座内装上 0.5mm 厚的硅钢片叠成筒形铁心，就形成了定子，片间绝缘以减小涡流损耗，铁心内圆表面均匀分布的轴向线槽中，嵌有三相对称绕组。绕组是根据电动机的磁极对数和槽数，按照一定规则排列与连接的。如图 8-17 所示为整只定子的结构图。

定子绕组可以接成星形或三角形。为了便于改变接线，三相绕组的六根端线（它们的始、末端分别标以 U_1、U_2，V_1、V_2，W_1、W_2，都接到定子外面接线盒上，而接线板六个端子上的标记分别为 U_1、V_1、W_1；U_2、V_2、W_2，三相对称定子绕组可以接成星形，也可以接成三角形，以适应不同的情况，如图 8-18 所示。例如，电源的线电压为 380V，电动机定子绕组的额定电压为 220V，则定子绕组必须接成星形；如果定子绕组的额定电压为 380V，则定子绕组必须接成三角形连接。

机座通常用铸铁或铸钢制成，其作用是固定定子铁心和定子绕组，并以前后两个端盖支承转子轴，它的外表面铸有散热部件，以增加散热面积，提高散热效果。

（2）转子。三相异步电动机的转子部分包括转轴、转子铁心和转子绕组。转子铁心由 0.5mm 厚、外圆中有槽孔的硅钢片叠成，压装在转轴上。转子铁心外圆均匀分布着轴向线

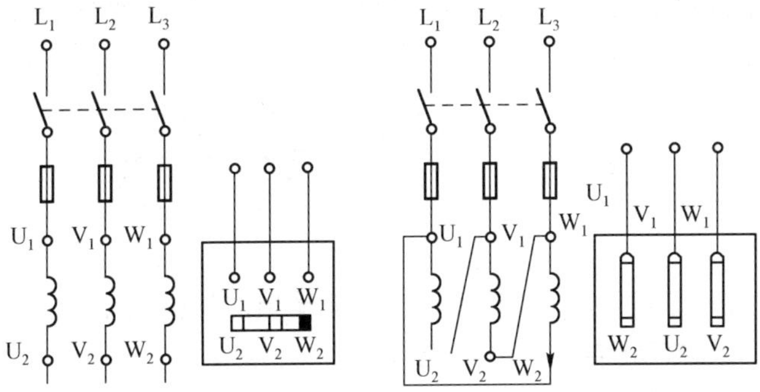

（a）星形(Y)接法　　（b）三角形(△)接法

图 8-18　三相异步电动机定子绕组的接法

槽，转子绕组就装在这些槽中。转子有两种型式：鼠笼型转子和绕线型转子。

鼠笼型转子的绕组由安放在槽内的裸导体构成，这些导体的两端分别焊接在两个端环上，因为它们形状像个松鼠笼子，故称为鼠笼型转子，如图 8-19 所示。为了节省铜材、提高生产效率，一般将铝熔化后，用铸造法将转子导体，端环及通风冷却用的风扇一同铸成，如图 8-19（b）所示。目前国内 100kW 以下的异步电动机大多采用这种转子。

（a）用铜条做绕组的转子　　（b）铸铝的转子

图 8-19　鼠笼式异步电动机的转子

2. 三相异步电动机的铭牌

每台电动机都有自己的铭牌，铭牌上标注有该电动机的主要性能和技术数据。这对正确使用和维护电动机都是必不可少的。如图 8-20 为 Y 系列异步电动机铭牌的示例。

三相异步电动机					
型号	Y315S—6	标准	DAGT，510 019		
额定功率	110kW	额定电压	380V	额定电流	205A
额定频率	50Hz	额定转速 984rpm	绝缘等级	B 级	
外壳防护等级	IP23	接法	△	重量	905kg
工作方式	S_1	出产年月　年　月			
××电机厂					

图 8-20　电动机铭牌示例

（1）型号。Y 系列电动机的型号由四部分组成：第一部分拼音字母 Y 表示异步电动机；第二部分数字表示机座中心高；第三部分英文字母为机座长度代号（S—短机座 ，M—中机座，L—长机座），字母后的数字为铁心长度代号；第四部分横线后的数字为电动机的磁极数。例如，Y315S—6 意义如下：

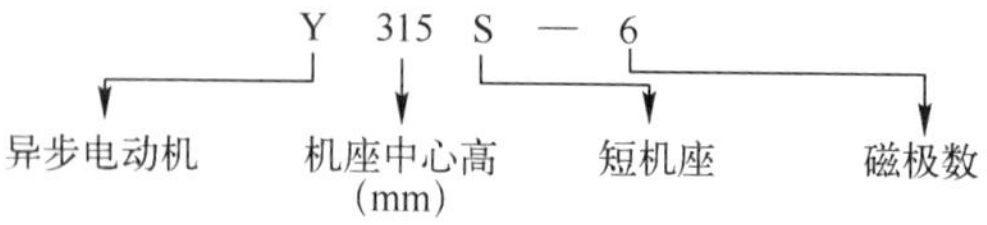

（2）额定功率：在额定转速下电动机转轴所能输出的机械功率。

（3）额定频率：电动机正常运行时的电源频率。

（4）额定电压：电动机定子绕组规定使用的线电压。

（5）额定电流：电动机在输出额定功率时，定子绕组所允许通过的线电流。

（6）额定转速：电动机满载时的转子转速，单位为转/分（rpm，revolutions per minate）；

（7）接法。电动机定子绕组的连接方法：若铭牌上的电压标为 380V，则应接成△形；若铭牌上的电压为 380V/220V，接法标为Y/△时，则电源电压为 380V 时，定子绕组连接成 Y 形，电源电压为 220V 时，定子绕组连接成△形。

（8）工作方式。三相异步电动机的工作方式一般分为三种：S_1 表示连续工作方式，允许在额定条件下长时间连续运行；S_2 表示短时间工作方式，在额定条件下只能在规定时间内运行；S_3 表示断续工作方式，在额定条件下以周期性间歇方式运行。

（9）绝缘等级。根据绝缘材料允许的最高温度分为 Y、A、E、B、F、H、C 级，见表 8-3 。Y 系列三相异步电动机多采用 E、B 级绝缘等级。

表 8-3　绝缘材料的耐热等级

绝缘级别	Y	A	E	B	F	H	C
最高温度（℃）	90	105	120	130	155	180	>180

课堂练习 8-17　简述鼠笼型异步电动机的结构。

课堂练习 8-18　电动机定子绕组的额定电压为 220V，当电源线电压为 380V 时，绕组应如何连接？

8.3.2　旋转磁场的产生与转子转动的原理

演示实验 8-1　鼠笼型异步电动机工作原理的演示。如图 8-21 所示为鼠笼型异步电动机工作原理的演示实验附图。在装有手柄的马蹄形磁铁的两极间放置一个导电鼠笼，磁铁与鼠笼无机械联系。当转动手柄带动马蹄形磁铁旋转时，发现鼠笼也会跟着磁铁旋转，若改变磁铁的旋转方向，则鼠笼的转向也会跟着改变。

1. 鼠笼式异步电动机的工作原理

在演示实验 8-1 中，当转动手柄带动马蹄形磁铁旋转时，发现鼠笼也会跟着磁铁旋转，若改变磁铁的旋转方向，则鼠笼的转向也会跟着改变。此现象可以用图 8-22 来解释。当马蹄形磁铁旋转时，磁铁与鼠笼发生相对运动，鼠笼导体切割磁力线而在其内部产生感应电动势，由于鼠笼导体是一个闭合的回路，所以在鼠笼导体中产生感应电流。鼠笼导体中产生电流，就会受到电磁力矩 T 的作用。从图上可以看出，电磁力矩 T 的方向与马蹄形磁铁旋转的方向 n_0 相同，所以鼠笼就会沿着马蹄形磁铁的旋转方向跟随磁铁旋转。这就是鼠笼型异步电动机的工作原理。

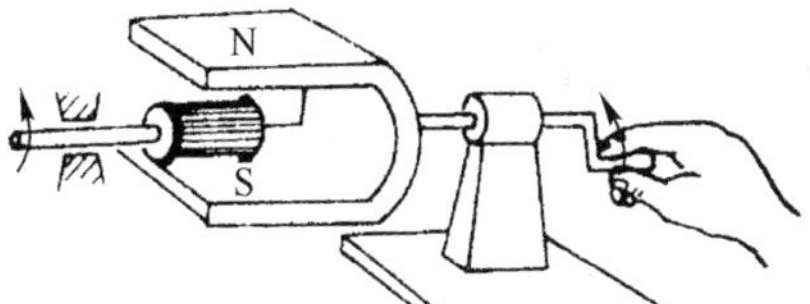

图 8-21　鼠笼型异步电动机工作原理演示图

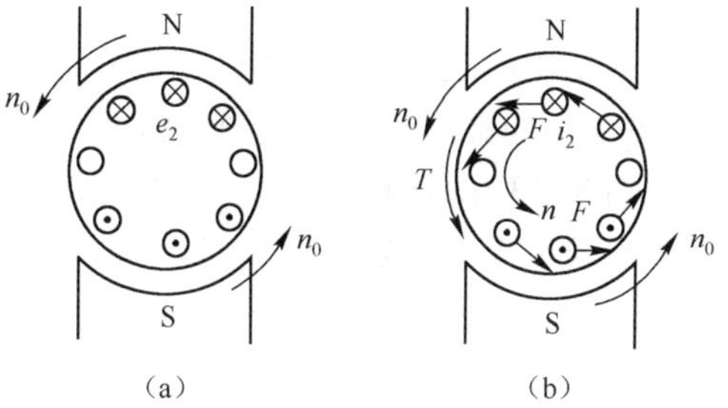

图 8-22　鼠笼导体切割磁力线产生感应电流

2. 两极定子绕组中旋转磁场的产生

由演示实验 8-1 可知，转动的马蹄形磁铁形成了一个旋转磁场，这一旋转磁场吸引着鼠笼型转子与其一起转动。因此转子转动的先决条件是要有一个旋转磁场。在实际的三相鼠笼型异步电动机中，旋转磁场是由通过定子绕组中的三相交流电产生的。

图 8-23（a）表示作星形连接的对称三相定子绕组 U_1-U_2、V_1-V_2、W_1-W_2，三个绕组在空间位置上互相相隔 120°排列。当把它们的首端 U_1、V_1、W_1 接到三相正弦交流电源上时，三相电流流过绕组从末端 U_2、V_2、W_2 流出。如图 8-21（b）所示，三相电源的相序为 $L_1 \to L_2 \to L_3 \to L_1$，且电流 i_1 初相为零，则 i_2 的初相为 −120°，i_3 的初相为 120°，即各相电流的相位差依次为 120°，如图 8-24 所示。随着时间的推移，三相交流电所产生的合成磁场的方向随着电流的变化而变化。根据右手螺旋法则，可确定某一时刻合成磁场的分布。分析结果可知，合成磁场只有一个 N 极，一个 S 极，即只有一对磁极或称为两极旋转磁场。若用 p 来表示旋转磁场的磁极对数，则这样的旋转磁场的磁极对数为 1，即 $p=1$。

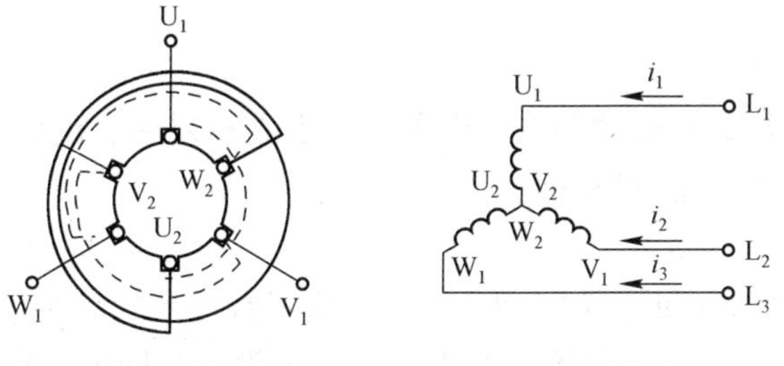

（a）定子绕组结构示意图　（b）电流流向图

图 8-23　定子绕组结构及电流流向示意图

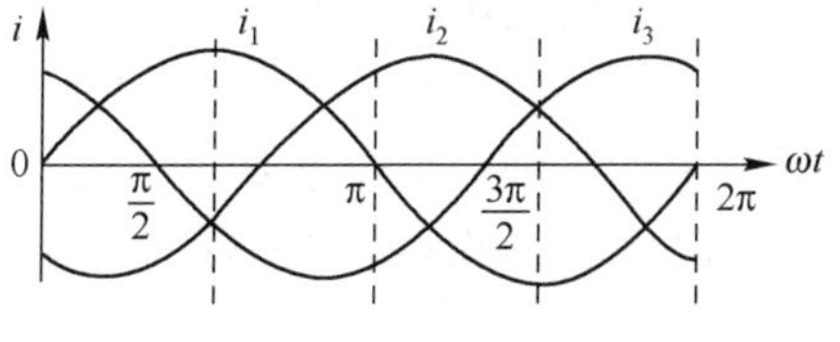

图 8-24　定子绕组中三相电流波形图

对两极旋转磁场（$p=1$）来说，当三相交流电变化一周时，磁场在空间旋转一周。交流电频率为 2Hz，磁场的转速 $n_0=2\times1=2$rpm。当频率为 f 时，则 $n_0=f$ rps，通常把磁场转速的单位定义为“转/分”（rpm），这样两极旋转磁场的转速为 $n_0=60f$ rpm。

对于四极（即 $p=2$）旋转磁场来说，交流电每变化一周，磁场只转过 180°（1/2 周）。

以此类推，当旋转磁场具有 p 对磁极，每当交流电变化一周时，旋转磁场在空间转动 $1/p$ 周。交流电频率为 f 时，则 p 对磁极的旋转磁场转速为

$$n_0 = 60f/p \tag{8-4}$$

式中，n_0 为旋转磁场的转速，叫同步转速；f 为三相交流电源的频率；p 为旋转磁场的磁极对数。

我国使用的交流电源频率为 50Hz，由式（8-4）可知，两极旋转磁场的同步转速是 3000rpm，而四极旋转磁场的同步转速是 1500rpm。

从图 8-23 中还可以看出，旋转磁场的旋转方向是和电源的相序一致的。所以要使磁场反转，只要改变流入定子线圈的电源相序即可，即把三相电源任意两根相线对调。在实际中，异步电动机的正反转控制就是根据这一原理操作的。

3. 电磁转矩 *T*

在图 8-24 中，当三相对称交流电通过定子线圈时，在定子和转子之间产生旋转磁场，则旋转磁场将切割转子的导体。根据运动的相对性，可以把磁场看成不动，而转子导体相当于做顺时针转动而切割磁力线，于是在转子闭合导体中就会产生感应电动势及感应电流。根据右手定则可判断转子上半部分导体的感应电流方向是流进纸面，而下半部导体的电流则流出纸面。于是转子导体就成了载流导体，在磁场中将会受到电磁力 F 的作用，其作用方向可根据左手定则确定，如图 8-25 所示。电磁力 F 作用在转轴上的力矩称为电磁转矩，用 T 表示。正是电磁转矩 T 才使电动机的转子跟着磁场旋转。但是可以发现，转子的转速 n 一定要小于电动机中磁场的同步转速 n_0，因为若两者相等，那么磁场和转子之间没有相对运动，转子无法切割磁力线，也就没有感应电动势和感应电流了，电磁转矩 T 就会消失。异步电动机名称的来源就在于 $n < n_0$。

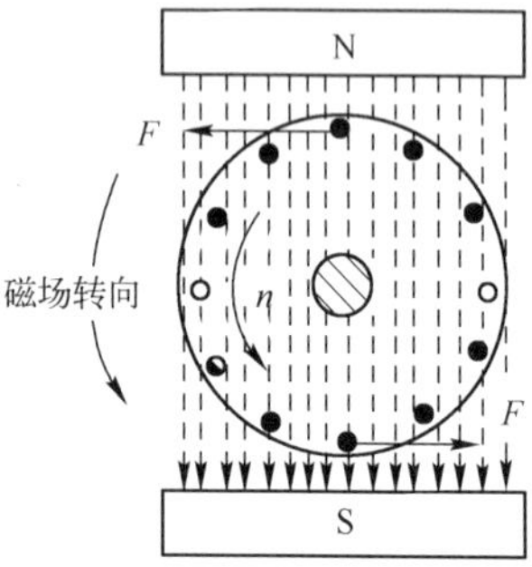

图 8-25　异步电动机的电磁转矩

4. 转差率 *S*

由于转子的转速 n 和定子旋转磁场的同步转速 n_0 之间存在着差异，引进转差率的概念。转差率 S 就是指同步转速 n_0 和转子转速 n 之差与 n_0 的比值，用公式表示为

$$S = (n_0 - n)/n_0 \times 100\% \tag{8-5}$$

这是异步电动机中一个很重要的参数。亦可写成：$n = (1 - S)\ n_0$。一般正常运行的异步电动机的转差率 S 为 0.02～0.08；而在刚起动时，旋转磁场已产生，但转子没动，即 $n = 0$，此时 $S = 1$。

5. 异步电动机运行中的动态平衡

由上面的分析可知，在负载不变的情况下，若转子的转速 n 过大，而接近同步转速 n_0，则 S 趋于零。此时转子受到的电磁转矩变小，迫使转速变慢。而当转速 n 偏小时，则受到的电磁转矩变大，又会迫使转子转速加快，这样的结果，会迫使转子的转速基本稳定在某一转

速。例如，当 $n_0=1500\text{rpm}$ 时，正常的转速大约稳定在 $n=1440\text{rpm}$，称为动态平衡。

例 8-4　已知某异步电动机的磁极对数 $p=2$，转差率 $S=0.04$，电源频率 $f=50\text{Hz}$，求该电动机的转速 n。

解　因为 $n=(1-S)n_0$，且 $n_0=60f/p$

所以　$n=(1-S)\times60f/p=(1-0.04)\times60\times50\times0.5=1440$（rpm）

课堂练习 8-19　试计算当电源频率为 50Hz 时，4 极和 6 极电动机的同步转速各为多少？

课堂练习 8-20　一台三相异步电动机，电源频率为 50Hz，额定转速为 1440rpm，空载转差率 $S_0=0.0026$。求该电动机的磁极对数 p、同步转速 n_0、空载转速 n_0和额定转差率 S。

8.3.3　三相异步电动机的机械特性

1. 转矩特性

在电源电压和转子电路参数为常数的条件下，电动机的电磁转矩 T 与转差率 S 的关系称为三相异步电动机的转矩特性，如图 8-26 所示。由图可知，当 $S=0$，即 $n=n_0$ 时，电磁转矩 $T=0$，这是理想的空载运行状态；随着 S 增大，T 也开始增大。到达最大值 T_m 以后，随着 S 继续上升，T 反而减小。

2. 机械特性

电动机的机械特性是指电动机的转速 n 与电磁转矩 T 的关系，如图 8-27 所示。图中纵轴表示电动机的转子转速 n（或转差率 S），横轴为电磁转矩 T。由图可知，当起动转矩 T_{st} 大于转轴上的阻力矩时（$S=1$），转子便旋转起来，并在电磁转矩作用下，逐渐加速。此时电磁转矩 T 也逐渐增大（沿曲线的 CB 段上升）到最大电磁转矩 T_m。随着转速继续上升，电磁转矩 T 反而减小（沿曲线 BA 段逐渐下降）。最后当电磁转矩等于阻力矩时，电动机就以某一转速做等速旋转。

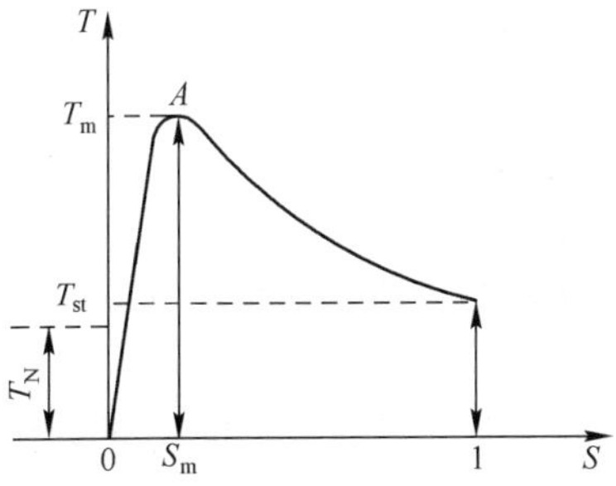

图 8-26　异步电动机的转矩特性曲线

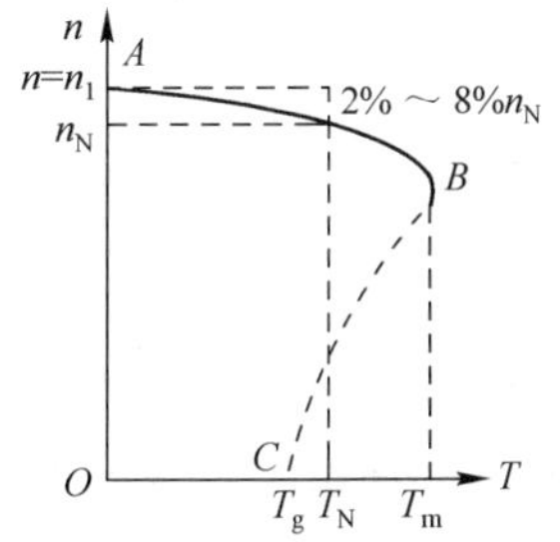

图 8-27　异步电动机的机械特性曲线

通常异步电动机一经起动，很快就进入机械特性曲线的 AB 段平稳运行。电动机在 AB 段工作时，若负载加重，因为阻力矩大于电动机的转矩，会使电动机的转速稍微下降，但与此同时，电磁转矩 T 则随转速下降而增大，从而使得电磁转矩和阻力矩重新保持平衡。但此时电动机则以稍低的转速稳定运转。若负载的阻力矩增大到超过了最大电磁转矩 T_m时，电动机的转速将很快下降，直到停止运转（因为此段中转速下降，电磁转矩也变小，见图 8-27 的 *BC* 段）。

通常把曲线 *AB* 段称为异步电动机的稳定运行区，而 *BC* 段则称为不稳定区。

从图 8-26 上还可看到，曲线 *AB* 段几乎是一条稍微向下倾斜的直线，从 $n = n_0$ 到 $n = n_e$（额定转差率）下降的幅度仅（2% ~8%）n_0。这说明电动机从空载变到满载时，其转速下降很少，工程上常把这样的机械特性叫做硬特性。一般金属切削机床就需要这种硬特性的电动机来拖动。

课堂练习 8-21 什么是电动机的机械特性？它有哪几个区域？

*8.3.4 三相绕线式异步电动机的基本结构和工作原理

三相绕线式异步电动机和三相鼠笼型异步电动机的基本结构相同，只是绕线式异步电动机的转子绕组的结构和定子相类似，亦用绝缘导线做成线圈。然后嵌入转子铁心槽内，其三相绕组成星形连接，末端接在一起，埋设在转子内，首端分别接到固定在转轴上的三个铜制集电环上。集电环除互相绝缘外，还与转轴绝缘。在机座上装有固定不动的电刷架，电刷架内安放与铜环（这些铜环称做滑环）相接触的电刷。通过电刷与集电环的滑动接触，可使转子绕组与电动机外部的变阻器构成回路，如图 8-28 所示。采用绕线型转子的三相异步电动机称为绕线式三相异步电动机，适用于要求满载起动（如起重机）的工作机械。

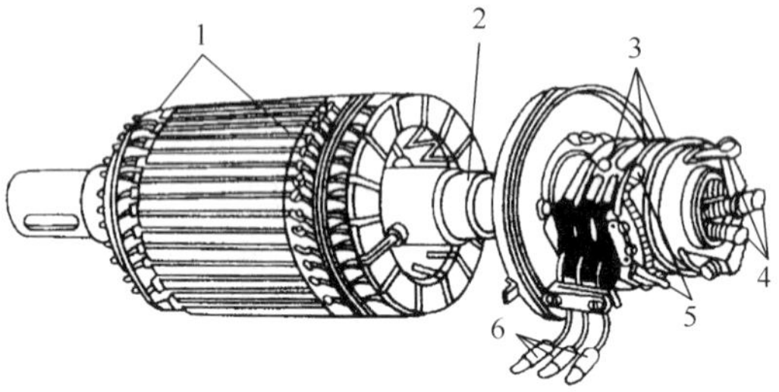

图 8-28 线绕式异步电动机的转子结构图
1—三相转子绕组；2—转轴；3—集电环；4—转子绕组出线头；5—电刷；6—电刷外接线

课堂练习 8-22 绕线式三相异步电动机在结构上有什么特点？

*8.3.5 单相异步电动机的基本结构、类型和工作原理

1. 单相异步电动机的结构原理及种类

在只有交流电源或负载所需功率较小的场合，常采用单相异步电动机，如电扇、冰箱、洗衣机、医疗器械及某些电动工具上。

单相异步电动机的构造和三相鼠笼式异步电动机相似。它的转子也是鼠笼型，而定子铁心槽内只安装了一组绕组。单相异步电动机的结构如图 8-29 所示。

由于单相异步电动机定子绕组为单相，当定子绕组通入单相交流电时，只产生一个单相的脉动磁场。当电流为正半周时，磁场方向垂直向上；当电流为负半周时，磁场方向垂直向下。这个磁场的轴线在空间上是固定不变的，不是旋转磁场，因此电动机不能旋转。但此时，若用外力使转子转动一下，转子就会沿着外力方向转动起来，这是因为脉动磁场可以分解为幅值相等、转速相等而转向相反的两个旋转磁场：正转磁场和反转磁场。这两个旋转磁

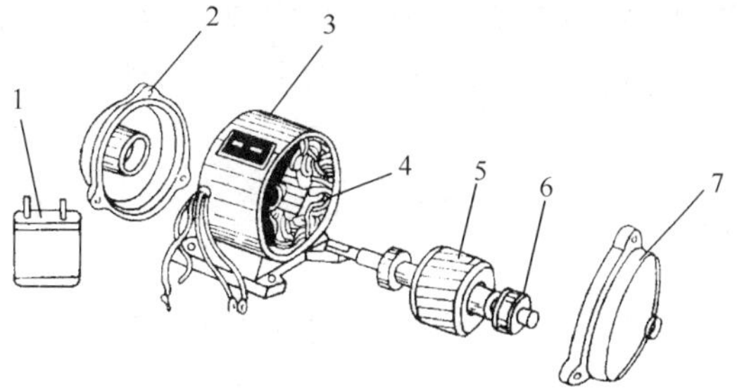

图 8-29　单相异步电动机结构
1—电容器；2，7—端盖；3—电源接线；4—定子；5—转子；6—螺钉

场切割转子导体，分别在转子导体中感应出电动势和电流，产生两个大小相等、方向相反的正转电磁转矩和反转电磁转矩。当电动机不转时，合成电磁转矩为零，电动机不能自行启动。但当用外力使转子转动一下后，正转电磁转矩大于反转电磁转矩，单相异步电动机便沿着外力方向旋转起来。

为了使单相异步电动机能按预期的方向自行起动运转，必须采取一些起动措施，常用的起动措施有电容起动和罩极起动两种，由于电容式电动机的效率高、运行性能好、过载能力强且制造方便，所以应用广泛。而罩极式电动机启动转矩小、不能改变方向，已逐步被淘汰。

2. 单相电容式异步电动机

单相电容式异步电动机的定子绕组有两个，一个是工作绕组（也称主绕组或运行绕组），另一个是起动绕组，其在空间的位置与主绕组相差 π/2，如图 8-30 所示。起动绕组串联电容，起动时，利用电容使起动绕组中的电流在相位上比主绕组中的电流超前 π/2。因为主绕组的线圈匝数多、电感大、主绕组中的电流在相位上滞后于电源电压，只要选择合适的电容（通常一只较小的电容，如 1400mm 吊扇中用 2.5μF 的电容器），即可使起动绕组中电流在相位上超前电源电压。这种在运行时接有电容器的单相异步电动机就称为电容式单相异步电动机，它比一般单相异步电动机具有较高的功率因数。改变单相异步电动机转向的具体方法是：将任意一个线圈绕组的两个接线端换接。

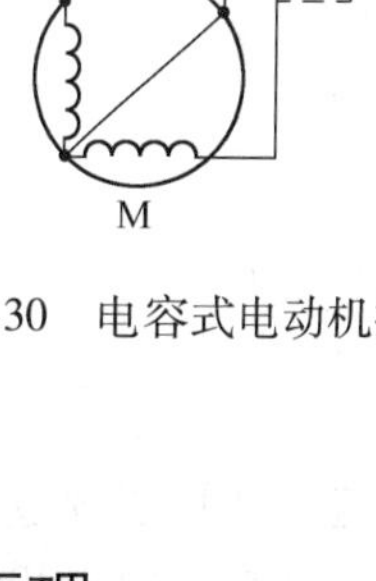

图 8-30　电容式电动机接线图

课堂练习 8-23　单相异步电动机在结构原理上有何特点？

课堂练习 8-24　单相电容式异步电动机的定子绕组中，除了工作绕组外，为什么还要有起动绕组？

*8.3.6　直流电动机的基本结构、类型和工作原理

直流电动机是将直流电能转换成机械能的一种装置。直流电动机的主要优点是具有良好的调速性能，便于经济地在宽范围内作平滑的速度调节；具有良好的起动性能，这是一般交

流电动机所不及的。直流电动机的主要缺点是结构复杂、使用受环境限制、价格高，加上交流调速系统的飞速发展，现已较少使用。直流电动机在电力拖动、轨道交通、电气机车等行业中仍有广泛应用。

1. 直流电动机的结构

直流电动机的结构也分为定子和转子两大部分，如图 8-31 所示。

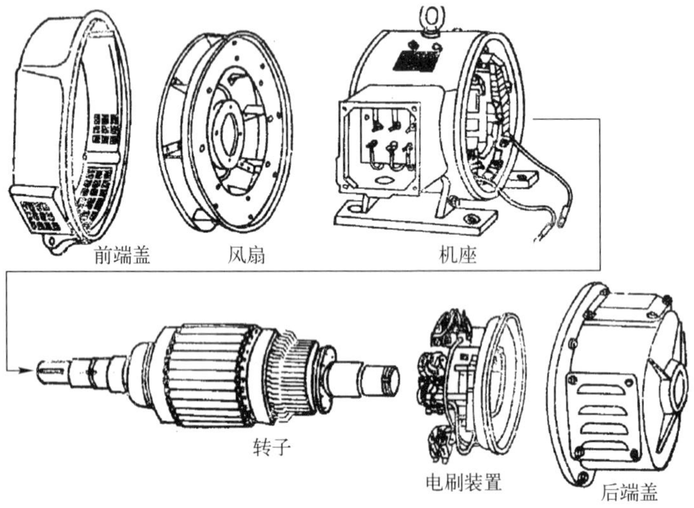

图 8-31　直流电动机的组成部件

定子包括主磁极、换向磁极、机座、端盖和电刷装置。主磁极由铁心和励磁绕组两部分组成。在励磁绕组中通入直流励磁电流便可形成主磁场，磁力线方向由励磁电流方向决定。

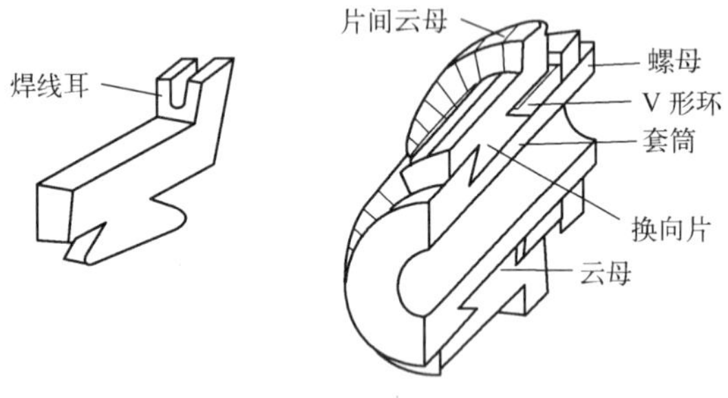

（a）换向片　（b）换向器

图 8-32　换向器结构

转子（又叫电枢）包括电枢铁心、电枢绕组、换向器，转轴和风扇，如图 8-32 所示。换向器（又称整流子）是由许多互相绝缘的铜片（换向片）叠成的圆环，结构如图 8-31 所示。换向器的每一个铜片，都通过引线按一定规律同电枢绕组相连，它的圆柱形表面上则压放着电刷，当电枢转动时，换向器和静止电刷之间保持着良好导电的滑动接触。通过换向器和电刷，可把电枢绕组和外电源连接起来。直流电动机的定子和转子通过端盖组装成一体，端盖上装有电刷架，电刷架上装有电刷。是否有换向器是区分直流电动机和交流电动机最直观的依据。

2. 直流电动机的使用

(1) 使用前的准备与检查。用压缩空气吹净电动机内部灰尘、电刷粉末等，清除污垢杂物；拆除与电动机连接的一切导线及其他引线，用兆欧表测量绕组对机壳的绝缘电阻，若小于0.5MΩ时，应烘干后再测量；检查换向器的表面是否光洁，如发现有机械损伤或火花灼痕应进行保养处理；检查电刷是否磨损得过短、刷架的压力是否适当、刷架的位置是否符合规定的标记。

(2) 起动。起动前要检查电动机的接线与测量仪表的连接等情况；检查启动器的弹簧是否灵活、转动臂是否在断开的位置；如果是变速电动机，应将调速器调节到最低转速位置。上述检查无误后，合上开关，在电动机有负载的情况下，开动启动器，在每个触点上停留约2s，直到最后一点，转动臂被低压释放器吸住为止。如为变速电动机，可调节调速器，使转速达到所需要的数值。

(3) 运行。电动机运转时，应注意测量轴承温度，并听其转动有无异声，如有异声应停车进行轴承保养处理；电动机在额定负载下，换向器上的电刷边缘只允许有小于1.5级的轻微火花。

(4) 停车。如果是变速电动机，应先调节调速器，将转速降到最低；切断电源开关，启动器转动臂应立即被弹到断开位置。

课堂练习8-25　试说明直流电动机的基本结构及其各个部件的作用。

课堂练习8-26　试说明直流电动机的基本工作原理。

8.4　常用低压电器

8.4.1　常用低压电器的分类

凡是用来接通和断开电路，以达到控制、调节、转换和保护目的的电气设备都称为电器。

常用低压电器的作用种类较多，其作用原理结构也不相同，按其用途来分，有控制电器和保护电器两大类。凡是用来使电动机起动、停止、调速或反转的电器都称为控制电器。控制电器按其动作方式通常分为手动控制电器和自动控制电器两大类。由人工直接操作的，如刀开关、转换开关、按钮等为手动控制电器；自动控制电器是借助于电路或电气设备的某一物理量的量值变化自动使其改变工作状态的，如继电器、接触器等。凡是用来保护电动机等的电气设备都称为保护电器。常用的低压保护电器有熔断器、热继电器等。

8.4.2　常用低压电器的工作原理和应用

1. 闸刀开关

闸刀开关主要由刀片（动触头）和刀座（静触头）组成。如图8-33所示为胶盖瓷底闸刀开关外形、结构和电路图符号。它用的是瓷质底板，刀片和刀座带有相间隔弧板的胶木盖罩，为确保安全，胶木盖板未盖上时，不允许使用闸刀开关。

闸刀开关的额定电压通常为250V和500V，额定电流为10～500A。

按闸刀的极数多少可分为单极、双极、三极等几种，按闸刀的位置分为单掷和双掷，以

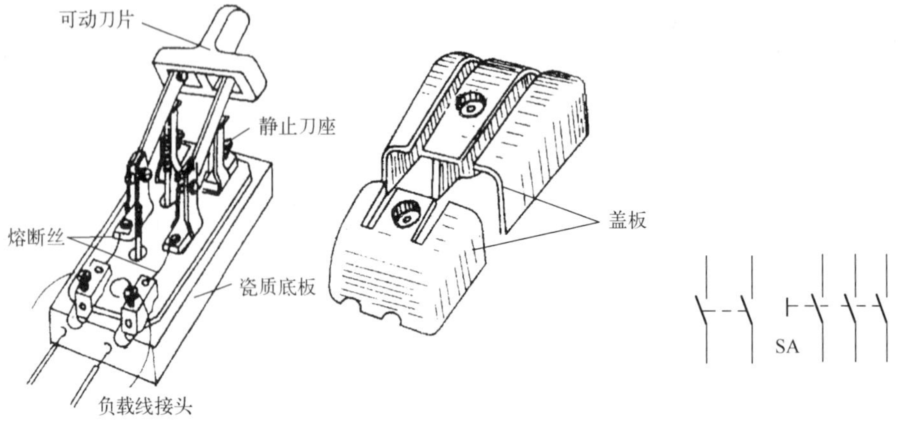

（a）闸刀开关外形与结构　　（b）符号

图 8-33　胶盖瓷底闸刀及符号

单掷为多。

安装闸刀开关时，电源线和静止刀座应连接，接在闸刀开关的上接线柱上，负载线接在闸刀开关的下接线柱上。这样，向下拉开即为切断电源，裸露的刀片不带电，向上推动开关闭合为接通电源，不会因刀片受外力作用而误接电源，造成安全事故。

2. 铁壳开关

铁壳开关又称为负荷开关，由刀片、速断弹簧、刀座、操作手柄、熔断器等组成。这些元件都装在铁盒内，所以称为铁壳开关，如图 8-34 所示。铁壳开关实质上是一种能接通和切断一定负荷的闸刀开关，可用于控制 28kW 以下的电动机直接起动和停车，开关的额定电流应大于电动机满载电流的 3 倍，图形符号如图 8-34（b）所示。

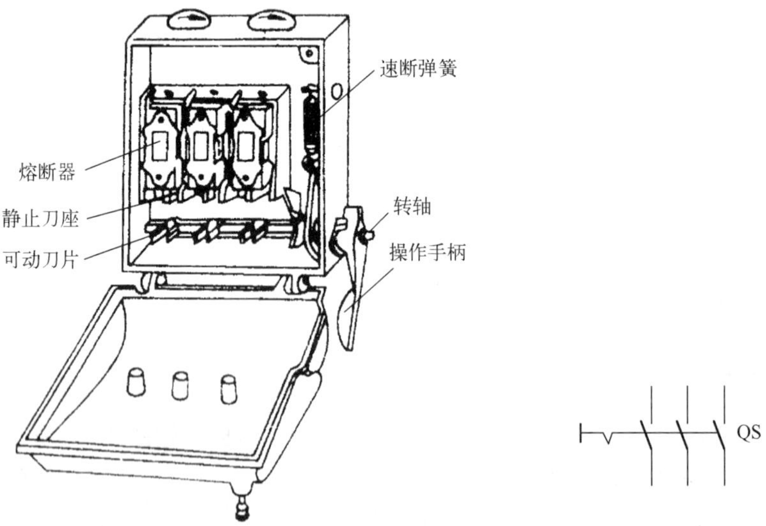

（a）铁壳开关外形和结构　　（b）符号

图 8-34　铁壳开关及符号

3. 组合开关

组合开关是另一种形式的开关，它的特点是用动触片的左右旋转来代替闸刀的推合和拉开，结构较为紧凑。如图 8-35 所示为 HZ10—25/3 三极组合开关，该开关共有 6 个触头和 3 个动触片。静触头的一端固定在胶木边框内，另一端则伸出盒外，并附有接线螺钉，以便和电源及用电器连接，由图 8-35（b）、(c) 所示可知，3 个动触片装在绝缘垫板上，并套在方轴上，通过手柄可使方轴作 90°正反向转动，从而使动触片与静触头保持接触或分断。

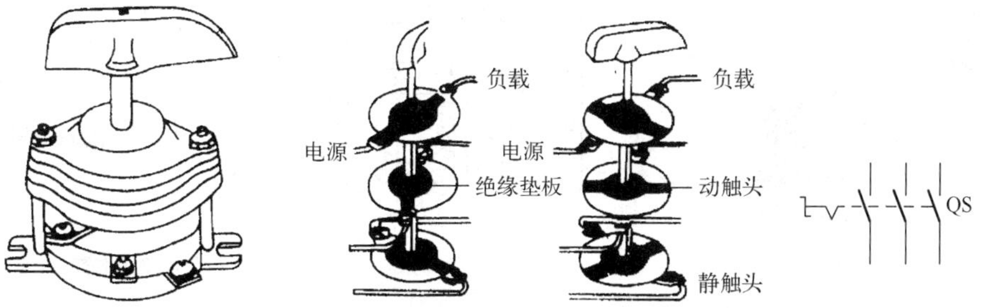

（a）外形　（b）接通位置　（c）分断位置　（d）符号

图 8-35　组合开关

4. 熔断器

熔断器是电路中最常用的短路保护器，俗称熔断器。熔断器串联在被保护的电路中，正常情况下相当于一根导线，当电路发生短路或过载等故障时，电路中电流增大，熔丝（或熔片）因过热而熔断，便自动将电路切断。

熔断器中的熔丝（或熔片）一般由低熔点的铅锡合金（铅 95%、锡 5%）做成，或用截面甚小的铜、银制成。为了安全，熔体大多装在各种式样的外壳里面，组成所谓熔断器。常用的熔断器有插入式和螺旋式等，如图 8-36 所示，符号如图 8-36（c）所示。

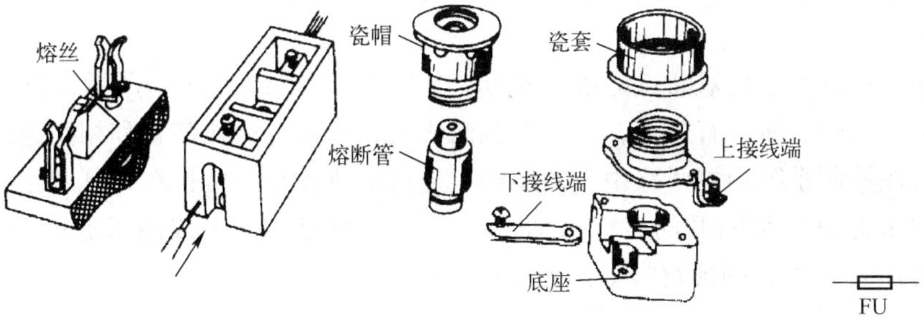

（a）瓷插式　（b）螺旋式　（c）符号

图 8-36　熔断器

5. 按钮

按钮通常用于接通和断开小电流的控制回路，如接触器继电器的吸引线圈电路，图 8-37（a）、(b) 所示为按钮的实物及剖面图。将按钮按下时，下面一对原来断开的触头被接通，以接通某个控制回路；而上面一对触点则被断开，以断开另一控制回路。当松手时，靠弹簧的作用，立刻恢复到原来的状态。原先就接通的触头称为动断触头（常闭触头），原先就断开的触头称为动合触头（常开触头），其电路图形符号如图 8-37（c）所示。

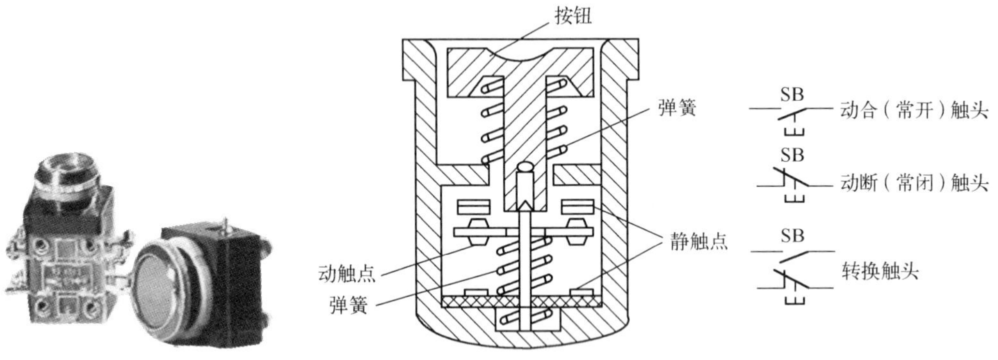

（a）按钮实物　（b）剖面结构图　（c）电路图形符号

图 8-37　按钮实物、剖面结构及电路图形符号

6. 交流接触器

交流接触器是用电磁铁来操作的开关，应用最为广泛，常用来接通或断开电动机及其他电气设备的主电路，每小时可以通断几百次。

交流接触器常见的结构如图 8-38 所示，它主要由电磁铁和触点两部分组成。电磁铁的铁心由硅钢片叠成，分为固定的静铁心和可动的动铁心（衔铁）两部分，吸引线圈套装在静铁心上，可动触点用绝缘体固定在动铁心上。

当吸引线圈加额定电压通电时，铁心磁化，所产生的电磁力将动触点与静触点闭合，使得受控电路接通。当吸引线圈断电时，电磁力消失，动铁心在弹簧作用下返回原来的位置，使得动触点和静触点分开，将受控电路断开。总之接触器触点的闭合或断开，受控于吸引线圈的通电或断电。

接触器的主触点大多是双断点的桥式触点，如图 8-38（a）、（b）所示，分为主触点和辅助触点两种。主触点通常有三对，它的接触面积大，并装有灭弧装置和相间绝缘隔板，以免短路，可接在控制系统的主回路中。辅助触点通过电流较小，常接在控制回路中。辅助触点在吸引线圈未通电时是断开的，称为动合（常开）触点；如果线圈未通电时是闭合的，称为动断（常闭）触点，图形符号如图 8-38（c）所示。

7. 中间继电器

中间继电器的结构和接触器相似，只是电磁铁小一些，触点多一些。它在控制电路中一般用做中间环节，接通或断开其他控制电器的线圈，以便传递信号和同时控制多个电路。

如图 8-39 所示为中间继电器的实物、结构示意图及电路图形符号。图中间是线圈及铁心，左右两边各有 4 对双断点桥式触点，动合和动断触点各占一半，并可按实际需要调换。当线圈通电时，铁心被吸引向下，通过联动机构动作使动合触点闭合（动断触头断开）；线

（a）交流接触器实物

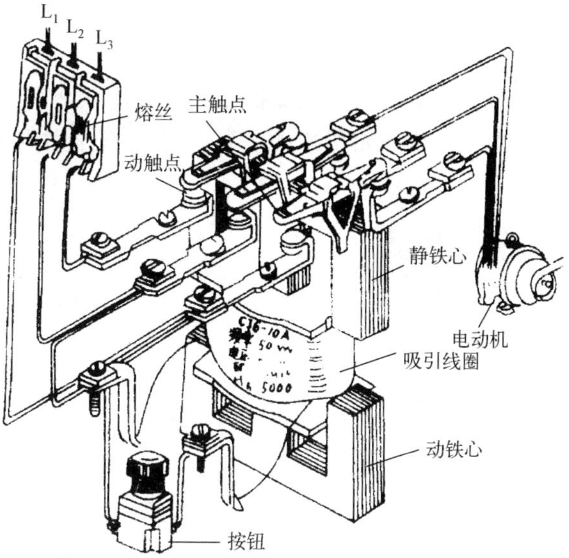

（b）接触器外形与结构

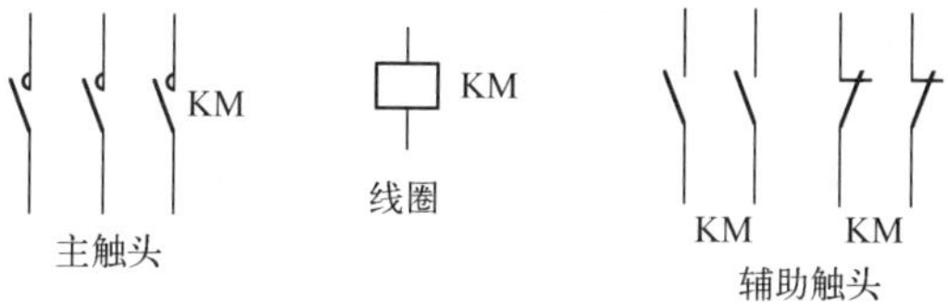

（c）电路图符号

图 8-38　交流接触器

（a）实物图

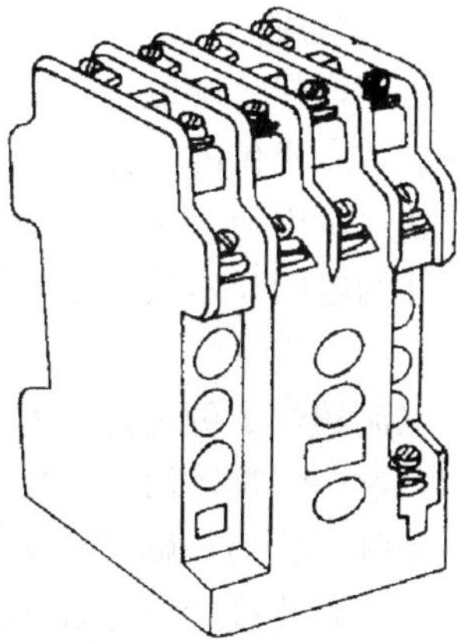

（b）结构示意图

（c）电路图形符号

图 8-39　中间继电器的结构示意图

圈断电时，在复位弹簧作用下，触头恢复原来状态。

中间继电器有交流（线圈加交流电压），也有直流（线圈加直流电压）的，有多种系列，此外还有不同型号的小型电磁继电器，可用晶体管控制其线圈的通断。

8. 热继电器

热继电器用于电动机的过载保护，它是利用双金属片受热后弯曲，通过联动机构使触点动作的原理制成的电器，如图 8-40 所示。热继电器主要由如下几部分组成。

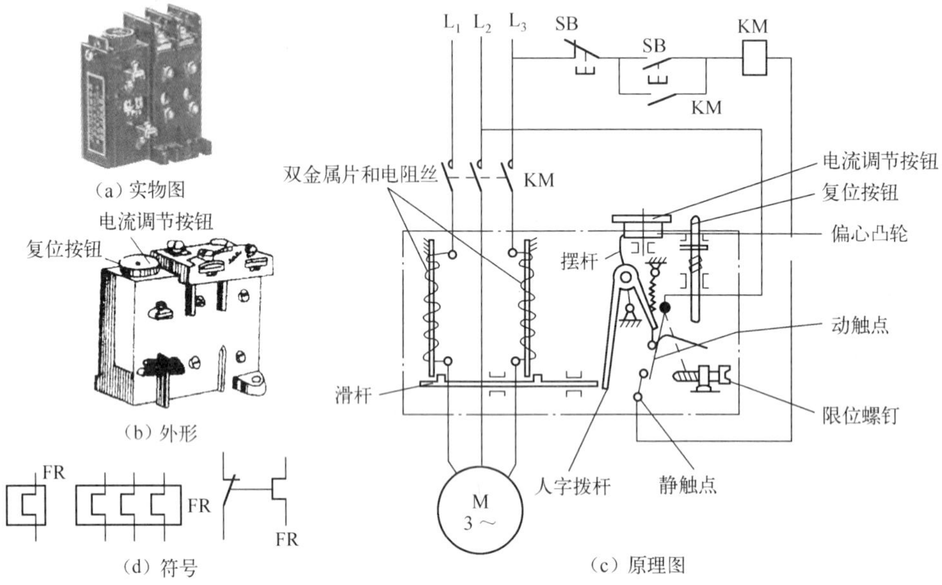

图 8-40　热继电器外形、结构、原理图

（1）热驱动器件：共 3 块，这是热继电器的主要部分，由双金属片及绕在外面的电阻丝组成。

（2）常闭触头：它由动触点和静触点组成。

（3）传动机构：它可将双金属片的动作传到动触点。

（4）复位按钮：用来使动作后的动触点复位的按钮。

（5）调整电流装置：用来调整过载保护电流大小的装置。

使用热继电器时，应将热驱动器件的电阻丝串联在主电路中，将常闭触点串联在具有交流接触器吸引线圈的控制电路中。

当电动机过载时，主电路流过的电流超过了额定值，使双金属片过热，因为左金属片的热膨胀系数比右金属片大，金属片向右弯曲，推动滑杆，使人字拨杆顶向动触点。当双金属片弯曲后的推力超过弹簧的拉力时，动触点脱离静触点，从而切断了控制电路，使电动机断电，实现过载保护。电动机断电后，双金属片冷却，经过一段时间，在弹簧的拉力下动触点又恢复和静触点接触。只有在热继电器的常闭触点复位后，才能重新起动电动机。这称为自动复位，当然也可采用手动复位。

热继电器的工作电流可以在一定范围内调整，称为整定。整定电流值应为被保护的电动机额定电流值，它的大小可以通过旋转整定电流旋钮来实现。由于热驱动件的热惯性，当流过热继电器的过载电流超过整定电流，必须经过一段时间，热继电器才会动作（这性质正符合电动机过载保护），因此热继电器不能做短路保护使用。

一般工作机械电路可选用两相结构的热继电器，当电动机作三角形连接，并以熔断器作短路保护时，宜选用三相结构。而热继电器的整定电流应由电动机的额定电流来确定，如电动机的额定电流为 8.4A，可选用电流数值相近的 10A 等级热继电器，使用时再将整定电流调整到比 8.4A 稍大些即可。

9. 自动空气开关

自动空气开关简称自动开关，是低压电路中应用较广的一种保护电器，能实现短路，过载和欠压保护。它的特点是动作后不需要更换元件、工作可靠、运行安全、操作方便、断流能力大。

如图 8-41 所示是常用的 DZ 系列自动开关的外形和结构原理图。短路时，短路电流使电磁铁吸合衔铁，向上推动导杆，使脱扣脱钩，借弹簧的拉力将三相触点分断。过载时，热元件使双金属片受热弯曲，向上推动导杆，也可使脱扣器脱钩（图中只画出一相，实际上三相都应装接这两种保护装置）。欠压或失压时由于电磁铁吸力不足或无吸力，衔铁被弹簧拉向上方，推动导杆使脱扣脱钩。

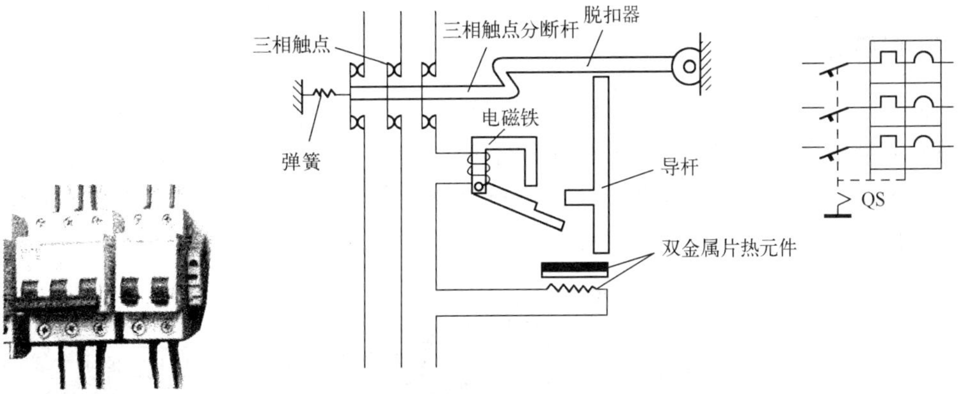

（a）实物　　（b）结构原理图　　（c）符号

图 8-41　自动空气开关

自动开关主要做保护用，但在常规条件下也可用来接通和断开电路以及控制电动机启动和停止（不能太频繁地操作）。

10. 行程开关

行程开关又称为限位开关，在电路中起限位控制作用，其实物如图 8-42（a）所示。它利用机械运动部件的碰撞，而使其触点动作，其种类很多，常见的有 JLXK1—111 型，它是单滚轮、自动复位式组合电器，内装有微动开关，其结构和符号如图 8-42（b）、（c）所示。行程开关的工作原理如下：当工作台边上的挡铁压倒行程的滚轮时，杠杆连同轴一起转动并推动撞块移动，当撞块移动到一定位置时便触动微动开关，使其常闭触点分断，再使其常开触点闭合；当滚轮上的挡铁移开后，复位弹簧使触点复位。所谓微动开关，是指一种反应灵敏的开关，只要它的推杆有微量位移，就能使触点快速动作。其结构如图 8-42（b）所示，图 8-42（c）为行程开关的符号，图 8-42（d）所示为内置的微动开关结构示意图。

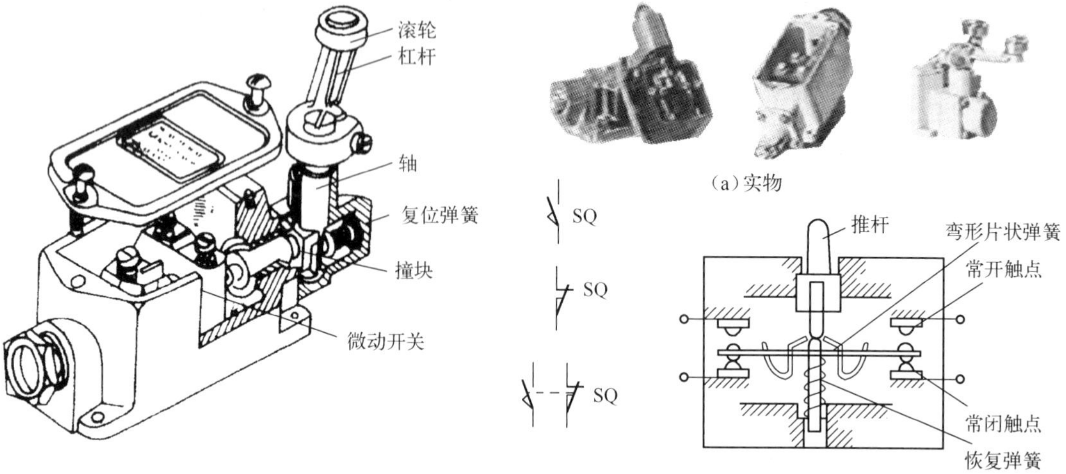

（a）实物　（b）结构　（c）电路图符号　（d）微动开关示意图

图 8-42　JLXK1—111 型行程开关

11. 时间继电器

时间继电器的种类很多，常用的有空气阻尼式（又叫气囊式）、摆式和电动机式，还有晶体管时间继电器。空气阻尼式时间继电器的结构如图 8-43（b）所示，它由电磁机构、延时气室和微动开关三部分组成。如图 8-43 所示是通电时延时动作的继电器（还有断电时延时动作的继电器）。

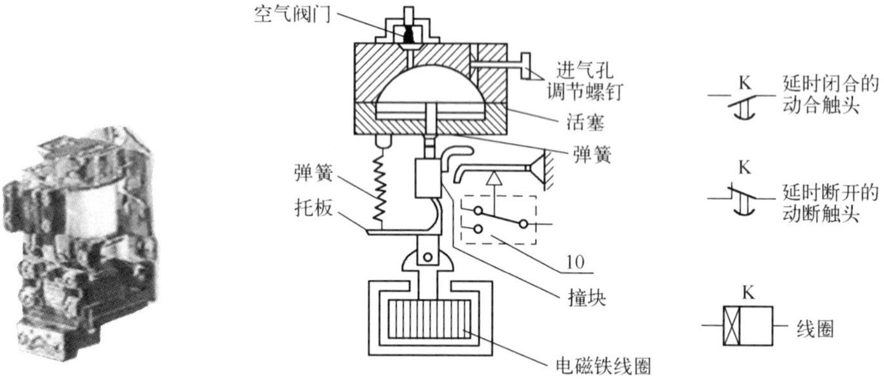

（a）实物　（b）结构　（c）符号

图 8-43　通电时延时动作的继电器

当电磁铁线圈通电时，衔铁和托板受电磁力作用向下移动，活塞和活塞杆所连撞块在弹簧及自重的作用下开始下落，但空气受进气孔调节螺钉的阻碍，不能很快流入气室，形成阻尼作用，使活塞缓慢下降，撞块延时触动微动开关。旋转调节螺钉，改变进气孔的大小，就可整定延迟时间。当线圈断电时，在弹簧的作用下，衔铁和托板上升，推动活塞将空气阀门压开，空气可顺利排出，因此撞块立刻上升，微动开关立即动作，不带延时。时间继电器的图形符号如图 8-43（c）所示。

空气阻尼式时间继电器结构简单，但准确度稍低，常用的 JS7 型号，延时范围有 0.4 ~ 60s 和 0.4 ~ 180s 两种。

课堂练习 8-27 手动控制电器和自动控制电器各有什么特征？

课堂练习 8-28 简单说明接触器的结构、工作原理和用途。

课堂练习 8-29 熔断器只能用做何种保护？为什么？

课堂练习 8-30 热继电器只能用做何种保护？为什么？

课堂练习 8-31 限位开关的作用是什么？它的符号由哪些组合而成？

8.5 变压器和电动机的参数测量实训

8.5.1 用兆欧表测量变压器、电动机的绝缘电阻

1. 兆欧表

兆欧表（摇表）是一种常用的测量绝缘电阻的仪表。兆欧表上分别标有接地“E”、电路“L”和保护环“G”三个接线柱。

2. 电路绝缘电阻的测量

测量电路的绝缘电阻时，可将被电路的被测端接于电路“L”接线柱上，而以良好的地线接于“E”接线柱上。

3. 变压器绝缘电阻的测量

测量变压器的绝缘电阻时，可将变压器的绕组接于电路“L”接线柱上，铁心接于接地“E”接线柱上。若变压器有屏蔽层，则屏蔽层接屏蔽端子“G”。切断变压器的电源，摇动兆欧表手柄由慢渐快，然后转速保持均匀，约 120rpm，此时兆欧表的读数即为变压器绕组对地的绝缘电阻。用同样的方法，可以测量变压器各绕组间的绝缘电阻。

4. 测量电动机的绝缘电阻

（1）电动机绝缘电阻的测试目的。检查绕组与机壳、三相绕组间是否短路；检查电动机的干燥程度及绝缘质量。

（2）电动机绝缘电阻的测试要求。如果电动机各相绕组的首尾端均引出机壳外，则测量每相绕组对地绝缘电阻后，还要分别测量各相间的绝缘电阻；如果绕组只有首端或尾端引出机壳外，则允许测量所有绕组对机壳的绝缘电阻。电动机的绝缘电阻一般规定为低压电动机不小于 5MΩ；3 ~ 6kV 的高压电动机不小于 20MΩ。三相异步电动机不得低于 0.5 MΩ。

（3）电动机绝缘电阻的测试方法。测量绝缘电阻一般使用兆欧表，对 500V 以下的电动机，可采用 500V 兆欧表；对 500 ~ 3000V 的电动机，应使用 1000V 兆欧表；对 3000V 以上的电动机，应采用 2500V 兆欧表。

测量电动机的绝缘电阻时，可将电动机绕组接于电路“L”接线柱上，机壳接于接地

“E”接线柱上。

8.5.2 用钳形交流电流表测试电动机的空载电流

电动机的空载状态即未带负载时的状态，此时电磁转矩 $T=0$。在电动机空载状态下，用钳形交流电流表测试电动机定子绕组的电流，即空载电流电动机的空载电流。

测试时，先将钳形交流电流表的量程开关转到合适的位置，手持胶木手柄，用食指勾紧铁心开关，便可打开铁心，将电动机定子绕组引出机壳外的首端（或尾端），也就是一根电源线从铁心缺口引入到铁心中央，然后放松铁心开关的食指，铁心就自动闭合，电动机定子绕组的电流就在铁心中产生交变磁力线，钳形交流电流表上就感应出电流，直接读到的数值就是电动机的电流。如果此时电动机处于空载状态，则此电流就是电动机的空载电流。

8.5.3 三相异步电动机定子绕组首、末端的判别

当电动机接到三相电源上，定子绕组中通入三相电流后，三相电流共同产生的合成磁场是随电流的交变而在空间不停地旋转着，这就是旋转磁场，旋转磁场切割转子导体（铜条或铝条），便在其中感应出电动势和电流，转子电流同旋转磁场相互作用而产生电磁转矩，使电动机转动。

有时电动机的三相绕组引出端标记遗失，以致无法接线，因为不论是星形（Y）或三角形（△）接法，其首、末端都不能接错，否则会因为不能产生正常的旋转磁场而损坏电动机。三相异步电动机定子绕组首、末端可用实验方法确定，先用万用表确定每相绕组的两个线端，并把任意一相的两个线端先标上 A 和 X，然后按下述两种情况确定另一绕组的首、末端。

（1）总磁通顺着第三个线圈平面通过，所以不能在这个绕组中感应出电动势，于是电压表指针不动（或电灯不亮），如图 8-44（a）所示。这时与第一绕组的末端 X 相连的是第二绕组的末端 Y。

（2）总磁通垂直于第三个线圈平面，因此在这个绕组中就感应出电动势，电压表指针转动（或电灯亮），如图 8-44（b）所示。这时与第一绕组的末端 X 相连的是第二绕组的首端 B。

在明确了两个绕组的首、末端之后，就可用第三个绕组代替前面任一绕组，重复上述实验，可将第三个绕组的首末端标出。

8.5.4 变压器和电动机的参数测量

1. 实训目的

（1）学会用兆欧表测量变压器、电动机的绝缘电阻。

（2）学会用钳形交流电流表测试电动机的空载电流。

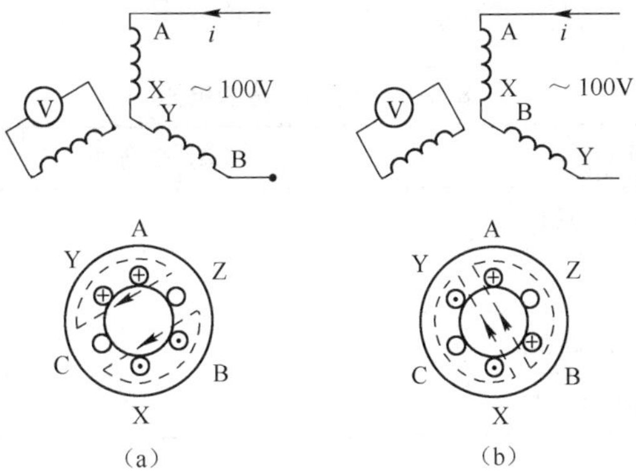

图 8-44　测定每相绕组首末端时磁通位置图

（3）掌握三相异步电动机定子绕组首、末端的判别方法。

2. 实训仪器和器材

（1）500V 兆欧表，1 台；
（2）钳形交流电流表，1 只；
（3）万用表，1 只；
（4）三相异步电动机（220W），1 台；
（5）电灯泡（220V/220W），1 只；
（6）电压表，1 只；
（7）双绕组变压器，1 只；
（8）导线，若干。

3. 实训内容

（1）用兆欧表测量变压器、电动机的绝缘电阻。

1）检查兆欧表是否完好。将两连接线开路，摇动手柄，转速约为 120rpm，指针应指在"∞"位置上。再将两连接线短接，摇动手柄，指针应指在"0"位置上。

2）变压器绝缘电阻的测量。将变压器的绕组接于电路"L"接线柱上，铁心接于接地"E"接线柱上，变压器的屏蔽层接屏蔽端子"G"。切断变压器的电源，由慢渐快摇动兆欧表手柄，然后转速保持均匀，约为 120rpm，此时兆欧表的读数即为变压器绕组对地的绝缘电阻。用同样的方法，可以测量变压器各绕组间的绝缘电阻。将测试数据填入表 8-4 中。

表 8-4　变压器绝缘电阻

测试项目	测试结果	结　论
变压器绕组对地的绝缘电阻		
变压器各绕组间的绝缘电阻		

3）电动机绝缘电阻的测量。将电动机绕组接于电路"L"的接线柱上，机壳接于接地"E"接线柱上。切断电动机电源，由慢渐快摇动兆欧表手柄，然后转速保持均匀，约为 120rpm，此时兆欧表的读数即为电动机绕组对地的绝缘电阻。用同样的方法，可以测量电

动机各绕组间的绝缘电阻。将测试数据填入表 8-5 中。

表 8-5　电动机绝缘电阻

测试项目	测试结果	结　论
绕组对地的绝缘电阻		
绕组 1、2 间的绝缘电阻		
绕组 2、3 间的绝缘电阻		
绕组 3、1 间的绝缘电阻		

（2）用钳形交流电流表测试电动机的空载电流。

1）将钳形交流电流表的量程开关转到合适的位置，将电动机定子绕组引出机壳外的首端（或尾端），也就是一根电源线从铁心缺口引入到铁心中央。

2）起动电动机，并使电动机处于空载状态。

3）观测钳形交流电流表的读数，电流表的读数就是电动机的空载电流，为________A。

（3）三相异步电动机定子绕组首、末端的判别。

1）用万用表确定每相绕组的两个接线端，并把任意一相的两个线端标上 A 和 X、B 和 Y、C 和 Z。

2）按图 8-44 所示接线，接通电源，若电压表指针不动（或电灯不亮），则这时与第一绕组的末端 X 相连的是第二绕组的末端 Y，如图 8-44（a）所示。若电压表指针转动（或电灯亮），这时与第一绕组的末端 X 相连的是第二绕组的首端 B，如图 8-44（b）所示。

3）用第三个绕组代替前面任一绕组，重复上述实验，将第三个绕组的首末端标出。并将测试结果填入下列横线中。

第一个绕组 X 为________，A 为________。

第二个绕组 Y 为________，B 为________。

第三个绕组 Z 为________，C 为________。

4. 实训报告及预习要求

（1）实训前，预习相关知识。

（2）整理实训数据。

本章小结

1. 照明器由光源和灯具组成，照明灯具选用的原则是在安全、节能的前提下，获得舒适的光环境和满意的工作照明。新型节能电光源，如发光二极管（LED）、等离子体发光器件等，其发光效率或光强度高，越来越得到广泛的应用。

2. 变压器由闭合铁心和绕在铁心上的初级绕组、次级绕组构成，用途主要有传输电能、信号传递。变压器按其初、次级绕组的匝数比进行电压变换、电流变换和阻抗变换，理想情况下有：

$U_1/U_2 = N_1/N_2 = k, I_1/I_2 = N_2/N_1 = 1/k, Z'_L = (N_1/N_2)^2 Z_L = k^2 Z_L$

3. 三相异步电动机主要由定子和转子两部分组成。三相异步电动机的定子三相对称绕组通入三相对称电流便产生旋转磁场，其转向取决于对称绕组中电流的相序。旋转磁场的转速与电源频率 f 成正比，与磁极对数 p 成反比，即 $n_0 = 60 f/p$。

4. 低压电器可分为控制电器和保护电器两大类，控制电器又可分为手动控制电器和自动控制电器两类。

练习与思考

8.1　说明组合开关和按钮开关的区别，并画出它们的电路图形符号，写上文字符号。

8.2　接触器的主要功能是什么？它的线圈、主触头和辅助触头各接在什么电路中？画出它们的图形符号，写上文字符号。

8.3　简述热继电器的主要组成部分和动作原理，画出它的电路图形符号，写上文字符号。

8.4　试述自动空气开关的主要组成部分和功能。画出它的电路图形符号，写上文字符号。

8.5　一只 8Ω 的扬声器，经匝数比 $k = 6.5$ 的输出变压器接入晶体管功率放大电路时，等效负载 R'_L 为何值？

8.6　单相变压器初级接在电压为 3300V 的交流电源上，空载时次级接上一只电压表，其读数为 220V。如果次级有 20 匝，试求：（1）变压比；（2）初级匝数。

8.7　三相异步电动机的转子转速为 1410rpm，电源频率为 50Hz，试求此时的转差率。

8.8　若交流电源频率为 50Hz，额定转差率为 2%，试分别求两极、四极、六极和八极异步电动机的额定转速。

技能与实践

8.1　变压器的铁心起什么作用？改用木心行不行？为什么铁心要用硅钢片叠成？

8.2　变压器能不能用来变换直流电压？若将一台 220/36V 变压器接入 220V 直流电压，会有什么后果？

8.3　将一台 220V/36V、500VA 的变压器错接成 36V 当做初级，而 220V 当做次级，会出现什么问题？

8.4　一台 220/110V 单相变压器，一次绕组 400 匝，二次绕组 200 匝；可否一次绕组只绕 2 匝，二次绕组只绕 1 匝？

8.5　电动机定子绕组的额定电压为 220V，当电源线电压为 380V 时，则绕组应如何连接？

技能训练测试

本项目训练用钳形交流电流表检测接线板的电流。

（1）仪器和器材。钳形交流电流表、工作电流为 10A 的接线板。

（2）内容和步骤。

1）剥开外接接线板的一段电源线，使其外露出内部的零线、相线和地线。

2）将外接接线板与市电连接，闭合外接接线板的电源开关。

3）将正在工作的设备接在外接接线板上，按下钳形交流电流表的表头闭合开关，使其钳住电源线的零线、相线和地线。则零线的电流为________A，相线的电流为________A，地线的电流为________A。

项目九　三相异步电动机的基本控制

在现代工农业生产中为了满足生产工艺和生产过程自动化的要求，经常需要对生产机械的起停、制动、调速等进行自动控制，通常有电气、液压、机械、气动等控制手段，其中以电气自动控制的应用最广泛、最方便。继电器接触器控制是实现电气自动控制的方法之一，它具有控制方法简单、工作稳定、便于维护等优点，因此在许多场合得到广泛应用。

可编程序控制器是在继电器接触器控制的基础上，伴随着计算机技术、微电子技术的发展而发展起来的一种先进的控制器。可编程控制（PLC，Programmable Logic Controller）技术和数字控制技术的出现，使电气自动控制系统进入到现代控制系统的崭新阶段。

9.1　起动控制

9.1.1　直接起动控制线路的组成及工作原理

三相异步电动机的直接起动，是指加在电动机定子绕组上的电压就是电动机的额定电压。中小容量的鼠笼型三相异步电动机通常可以直起起动，其控制电路如图 9-1 所示。它由刀开关 QS、熔断器 FU、交流接触器 KM、按钮 SB 等组成。

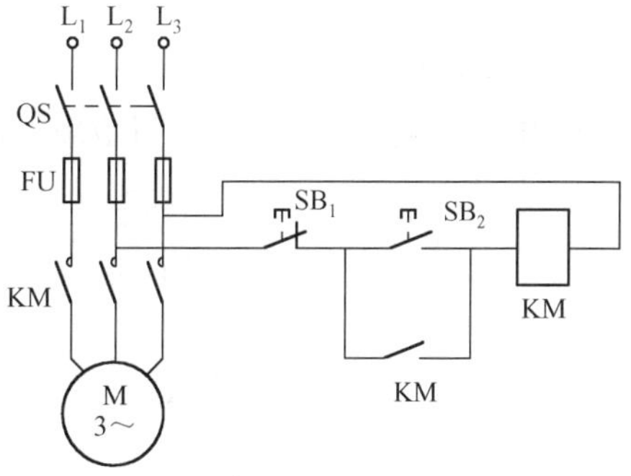

图 9-1　异步电动机直接起动控制原理图

整个电路可分为主电路和控制电路两部分。主电路由三相电源、熔断器、接触器主触点和电动机定子绕组组成。控制电路由按钮、接触器辅助触点和线圈等组成。

电路工作原理如下：起动电动机时，首先合上开关 QS，引入电源。当按下起动按钮 SB_2 时，交流接触器 KM 的线圈通电，动铁心吸合并带动三对主触点闭合，电动机接通电源起动运转，即

起动：按下 SB_2 使其常开触点闭合→线圈 KM 得电→$\left[\begin{array}{l}\text{主触点 KM 分断}\\\text{自锁触点 KM 分断}\end{array}\right]$→电动机 M 起动运转

与此同时，辅助常开触点也闭合，由于它和起动按钮并联，所以即使起动按钮恢复常开状态时，接触器线圈仍能通电，电动机将继续运转，这种利用接触器自身常开触点使线圈保持通电的作用称为自锁，完成自锁功能的这一对触点称为自锁触点。

按下停止按钮 SB_1，接触器线圈断电，所有常开触点断开，电动机停止运转，即

停止：按下 SB_1，其常闭触点立即分断→线圈 KM 失电→$\left[\begin{array}{l}\text{主触点 KM 分断}\\\text{自锁触点 KM 分断}\end{array}\right]$→电动机 M 断电停转

当松开 SB_1，其常闭触点恢复闭合后，因接触器的自锁触点 KM 在切断控制电路时已分断，停止自锁，这时接触器线圈 KM 不可能得电。要使电动机重新转动，只有进行第二次起动。

如图 9-1 所示的三相异步电动机直接起动控制电路具有短路保护，失压、欠压保护作用。熔断器 FU 起短路保护作用，一旦发生短路事故，熔丝立即熔断，电动机立即停转。当电路由于某种原因突然断电或电压过低，电动机被迫停转时，接触器的主、辅触点都已断开，相当于停止供电。因此，当故障消除后，电动机就不能自行起动，操作人员可以从容退出刀具，然后重新起动电动机，以保证人员和设备的安全。如果不采用上述电路，而是用刀开关直接起动，若停电时未及时断开开关，电源恢复时，电动机会自行起动，有可能造成事故。在断电时能自动切断电动机电源的保护作用称为失压保护。电压过低是指接触器的电磁力小于弹簧的作用力而断开，称为欠压保护。

9.1.2 单向点动控制线路的组成及工作原理

所谓单向点动控制，是指按下起动按钮，接触器线圈通电。电动机就转动；松开按钮，接触器线圈失电，电动机就停止运转。如图 9-1 所示的三相异步电动机的直接起动控制线路中，如果撤除自锁触点，则可实现对电动机的点动控制。

在图 9-1 所示的三相异步电动机的直接起动控制线路中，稍加改进，引入热继电器 FR 即可实现过载保护，如图 9-2 所示。其工作原理如下：当电动机过载时，主电路电流增大使热继电器 FR 的热元件发热，将串在电动机定子绕组电路中的常闭触点断开，使交流接触器断电，主触点断开，电动机也就停转。

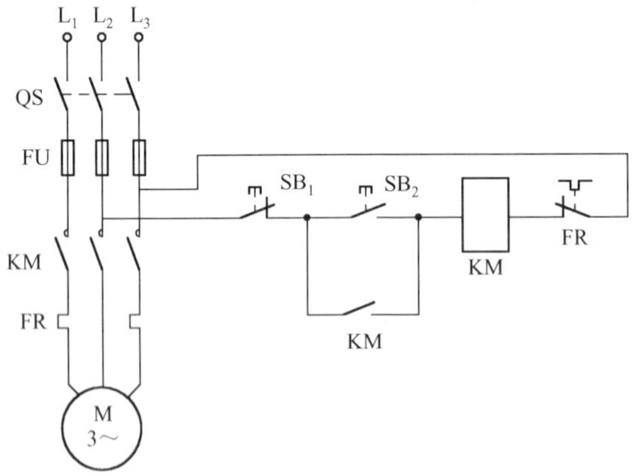

图 9-2　异步电动机过载保护

9.1.3 连续控制线路的组成及工作原理

如图 9-3 所示是点动和连续运转的控制电路，其工作原理如下。

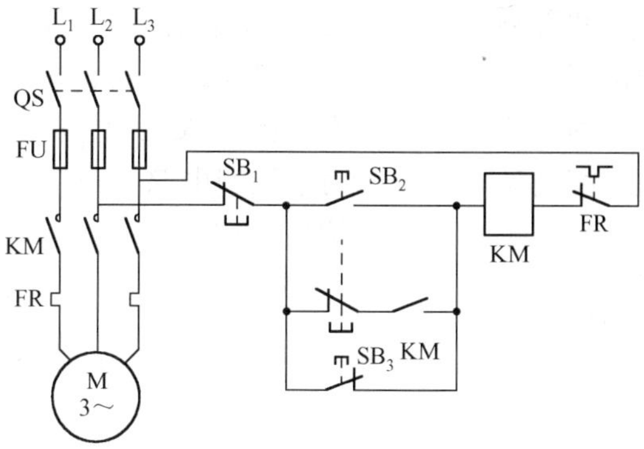

图 9-3　点动和连续控制线路

当按下起动按钮 SB_2 时，联动常闭触点 SB_2 断开，自锁触点 KM 不起作用，接触器线圈 KM 通电，主触点 KM 闭合，电动机运转。一旦释放按钮 SB_2，线圈 KM 失电，电动机停转。因此，SB_2 为点动控制按钮。

若需要电动机连续运转时，则按下启动按钮 SB_3，线圈 KM 通电，自锁触点 KM 闭合，电动机起动并连续运转。因此，SB_3 为电动机连续运转起动按钮。

三相异步电动机采用直接起动，由于转子尚未转动，就会在转子绕组中产生很大的转子电流，导致定子绕组中产生很大的起动电流，起动电流一般约为额定电流的 4～7 倍。起动电流过大，将会产生两方面的问题：一是整个供电线路的电压会下降，影响供电线路上其他电气设备的正常使用；二是使电动机的绕组发热，容易造成绝缘老化，缩短电动机的使用寿命。

在一般情况下，当电动机容量小于 7.5kW 或容量不超过电源变压器容量的 15%～20% 时，才允许直接起动。为使电动机能够连续运行，可采用接触器自锁控制线路和具有过载保护的自锁控制线路。

课堂练习 9-1　什么叫电动机的直接起动？什么叫点动？

课堂练习 9-2　在继电器控制电路中，什么是主电路？什么是控制电路？

课堂练习 9-3　什么叫自锁？在控制电路中是如何实现的？

课堂练习 9-4　在图 9-2 所示的电路中，是如何实现短路保护、失压（或欠压）保护和过载保护的？

9.2　正反转控制

9.2.1　接触器联锁正反转控制电路的组成原理

很多机械设备的运动部件都需要正反向运动，它可以通过电动机的正反转运行来实现。前面已知，改变输入电动机的三相电源相序，就可以改变电动机的旋转方向，正反转控制线路就是根据这个原理设计出来的。最简单的正反转控制线路是应用倒顺开关直接使电动机做正反转；但其缺点是，只适用于电动机的容量小、转换不太频繁的场合。常用的是应用接触器的正反转控制线路。

如图 9-4 所示的是交流接触器联锁正反转控制线路。该线路采用两个交流接触器 KM_1 和 KM_2，分别控制电动机的正转和反转。从主电路可以看出，这两个接触器主触点所接通的电源相序不同，KM_1 按相序（$L_1-L_2-L_3$）接线，KM_2 则按相序（$L_3-L_2-L_1$）接线，所以能改变电动机的转向。相应地它设置了两条控制电路：由按钮 SB_2 和线圈 KM_1 等组成正转控制电路；由按钮 SB_3 和线圈 KM_2 等组成反转控制电路。

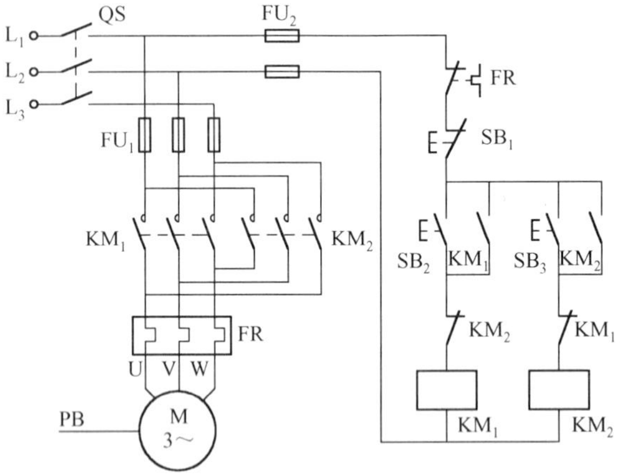

图 9-4　交流接触器联锁正反转控制线路

必须指出，主触点 KM_1 和 KM_2 决不允许同时闭合，否则将造成电源两相短路事故；为了确保只有一个接触器得电动作，在 KM_1 控制电路中串接了 KM_2 的常闭辅助触点，在 KM_2 控制电路中串联了 KM_1 的常闭辅助触点。它的工作原理如下（设 QS 已合上）。

（1）正转控制：

按 SB_2 → 线圈 KM_1 得电 →
- 主触点 KM_1 闭合 ┐
- 自锁触点 KM_1 闭合 ┘→ 电动机 M 起动正转
- 常闭辅助触点 KM_1 分断 → 切断反转控制电路，使线圈 KM_2 不能得电

（2）反转控制：

先按 SB_1 → [切断所有控制电路；线圈 KM_1 失电] →
- 主触点 KM_1 分断 ┐
- 自锁触点 KM_1 分断 ┘→ 电动机 M 断电停转
- 常闭辅助触点 KM_1 重新闭合 → 为接通反转控制电路做准备

再按 SB_3 → 线圈 KM_2 得电 →
- 主触点 KM_2 闭合 ┐
- 自锁触点 KM_2 闭合 ┘→ 电动机 M 反转
- 常闭辅助触点 KM_2 分断 → 切断正转控制电路，使线圈 KM_1 不能得电

从上面分析中可看到：当接触器 KM_1 得电动作时，因常闭辅助触点 KM_1 分断，使接触器 KM_2 不能得电；同样，当接触器 KM_2 得电动作时，因常闭辅助触点 KM_2 分断，使接触器 KM_1 不能得电。只有接触器 KM_1 失电复位后，接触器 KM_2 才有条件得电；同样，在接触器 KM_2 失电复位后，接触器 KM_1 才有条件得电。这种相互制约的作用称为联锁（或互锁），所用的常闭辅助触点称为联锁触点（或互锁触点），这种控制线路称为接触器联锁。

接触器联锁的优点是安全可靠；缺点是如果要反转，必须先按停止按钮，再按反转按钮，显得不太方便。

9.2.2　双重联锁的正反转控制线路

针对接触器联锁的缺点，如果在起动按钮上增设按钮联锁，则可避免上述操作不便的缺点。如图 9-5 所示电路中采用了复合按钮 SB_2、SB_3，它们有两组触点，一组为动合触点，另一组为动断触点。在电路中，这些按钮将动断触点串接入对方的控制电路中。这样只要按下按钮，就自然切断了对方的控制电路，从而实现了互锁，保证正、反转两条控制电路不会同时被接通。

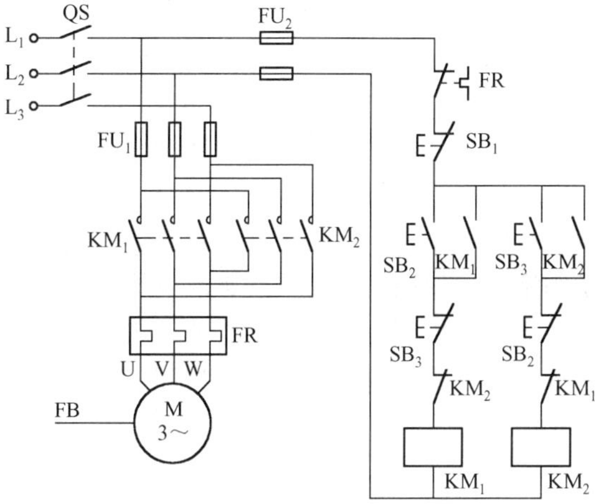

图 9-5　双重联锁的正反转控制线路

如图 9-5 所示，在按下 SB_2 时，复合按钮 SB_2 动断触点先打开，实现对接触器 KM_2 的互锁；动合触点闭合，正转接触器 KM_1 得电，其自锁触点和主触点都闭合，分别实现自锁和接通电动机正转电源，电动机正转。同样，按下 SB_3 时，复合按钮 SB_3 动断触点先打开，使正转接触器 KM_1 断电，在正转电源切断的同时，正转自锁和正转对反转的互锁都解除，SB_3 动合触点闭合，接通反转接触器 KM_2，使电动机反转。因此，要改变电动机的转向，只要按一下相应的按钮即可。

这种线路综合了接触器互锁和按钮互锁的优点，方便、安全可靠，且反应迅速，是一种比较完善的电路，因此应用甚广。

课堂练习 9-5　什么叫互锁？在控制电路中是如何实现的？它和自锁有什么区别？

*9.3　普通车床控制电路

9.3.1　普通车床电气控制的一般知识

普通车床的主要功能是对金属材料进行切削，加工成形机械部件。普通车床一般由床身、主轴变速箱、进给箱、溜板箱、溜板与刀架、尾架、主轴、丝杆与光杆等部件组成。车床的主运动形式是主轴的旋转运动，是由主轴电动机通过带轮传动到主轴箱再旋转。除此之外，快速进给运动是溜板箱带刀架的直线运动，是由快进电动机传动进给箱，通过光杆传入溜板箱，再通过溜板箱的齿轮使床身上的齿条或下刀架的丝杆、螺母等获得纵、横两个方向的快速进给。

根据普通车床的机械运动情况，车床电气控制线路的主要要求如下。一般车床有数台电动机，其中一台是主轴电动机带动主轴做旋转运动；另一台是快速进给电动机带动刀架做快速进给运动，所以控制方式采用点动控制；另外还有一台是冷却液泵电动机，为车削工件输送冷却液。按工艺要求，冷却液泵电动机必须在主轴电动机起动后才能进行起动。由于主轴旋转方向和进给运动方向是由液压装置和机械传动机构来改变的，所以，三台电动机只要求单向起动。因为主轴电动机起动时的负载为轻载，所以电动机采用全压起动，并对主轴电动机在运行时的负载情况设置了监察仪表。同时，车床还必须具有工作照明及电源和工作指示。

因此，车床的电气控制线路是与机床的机械部分紧密相联的，它对机床能否准确而可靠地工作起着决定性作用。电气控制方式应能保证机床的使用效能和正确的动作程序、自动工作循环等基本要求，应与机床的通用化、专用化程度及总体的电气传动方案相适应。对于专用机床，工作程序往往是固定的，使用中不需要经常改变原有程序，因此控制线路大多采用继电器接触器控制方式。对于万能机床，为适应不同的工艺要求，机床的工作程序往往需要在一定范围内加以变更，故采用顺序预选控制和顺序控制方式。总之车床电气控制线路要经济实用、安全可靠、使用及维修方便。

9.3.2 普通车床电气控制电路原理图的识读

普通车床电气控制电路原理图一般较为复杂，阅读这类电路图应掌握其组成特点和阅读的方法。

1. 电气控制电路原理图的特点

普通车床电气控制电路主要由信号元件、控制元件和执行元件组成。信号元件（如按钮、行程开关）的作用主要是把非电量（如机械位移、压力等）的变化转换成电信号，以此作为控制信号。控制元件（如接触器、继电器等）主要根据有关信号的综合结果，来控制执行元件的动作。执行元件（如电动机、电磁铁和电磁阀等）主要用来操纵车床的执行机构。有时信号元件也可以直接用来控制执行元件。

普通车床电气控制电路主要分为主电路和控制电路两部分。主电路一般为执行元件所在的电路，控制电路为控制元件和信号元件所组成的电路，主要用来控制主电路的工作。

普通车床电气控制电路原理图中各电气元件采用统一的标准符号画出。读图之前应先了解各元件的符号、作用和意义。图中各元件符号均按常态表示。如接触器未通电状态，按钮处于未按下位置。同一电器的线圈和触点用同一符号表示，但同一电器的线圈和触点分布在不同的支路中起着不同的作用。

2. 电气控制电路原理图的读图方法和步骤

普通车床电气控制电路原理图的一般读图方法和步骤如下。

（1）阅读说明书。通过阅读设备说明书，首先了解车床的工艺过程、控制电路服务的对象及生产过程对控制电路的要求。

（2）阅读主电路。从主电路入手，了解车床由几台电动机拖动、各电动机有哪些动作要求、由哪些控制电器实现、主电路中采取了哪些保护措施、采用了何种起动方法等。这样为阅读控制电路做好准备。

（3）阅读控制电路。根据主电路中各电动机和执行电器的控制要求，逐一找出控制电路中有关控制环节及各环节间的联系，将其“化整为零”，按功能不同划分成若干局部控制线路再着手分析。

在读图时，还应注意以下问题：

（1）具体分析之前，首先把各控制电器有关触点的位置全部找到，避免分析功能时遗漏。

（2）读图时，要掌握控制电路编排上的特点。一般控制电路都是按照动作先后顺序，自上而下，从左到右绘制而成的。因此阅图时，也应自上而下，从左到右，逐行弄清楚它们的作用和动作条件。

（3）从按动起动按钮开始，查找线路，观察元件的触点是如何控制其他控制元件动作的。然后再查看这些被带动的控制元件的触点是如何控制执行电器或其他控制元件动作的，并随时注意控制元件的触点使执行电器有何运动或动作。

（4）经过“化整为零”逐步分析每一局部电路的工作原理以及各部分控制关系之后，最后还要从整体角度进一步检查和理解各控制环节之间的联系以及某些特殊要求部分，从而达到对整个控制线路功能的掌握和了解。

3. C620 型车床控制电路原理分析

下面以 C620 型车床为例，介绍读图方法。C620 型车床是一种普通车床，是电气控制机床的典型类型，其他车床的控制方法是相似的。C620 型车床控制电路主要由主线路、控制线路和照明线路三部分组成，其电气控制电路原理图如图 9-6 所示。可将电路原理图分为电源开关、主轴、冷却泵、照明和控制电路 5 个部分。

（1）电源开关。由刀开关 QS_1 和熔断器 FU_1 组成，三相电源进线 L_1、L_2、L_3 经闸刀开关 QS_1、熔断器 FU_1 向电气控制电路供电。

（2）主线路。C620 型车床主线路由熔断器 FU_3，接触器主触点 KM，热继电器 FR_1、FR_2，刀开关 QS_2，电动机 M_1、M_2 组成。其中 M_1 是主轴电动机，拖动主轴旋转和刀架做进给运动。由于主轴是通过摩擦离合器实现正、反转的，所以主轴电动机不要求有正、反转。主轴电动机 M_1 是用按钮和接触器控制的。M_2 是冷却泵电动机，直接用刀开关控制。

（3）控制电路。控制电路由按钮 SB_1、SB_2，接触器 KM 线圈和自锁触点，热继电器 FR_1、FR_2 的动断触点组成。

（4）照明电路。照明电路由变压器 T，熔断器 FU_4，刀开关 QS_3、S，照明灯 L 组成。照明灯 L 由刀开关 S 直接控制。由图 9-6 所示可知，照明电路由一台 380/36V 变压器供给 36V 安全电压，熔断器额定电流为 2A。使用时合上开关 QS_3、S 即可。

读图时还应看到，电动机的外壳和变压器的二次侧均应通过保护线 PE 可靠接地。

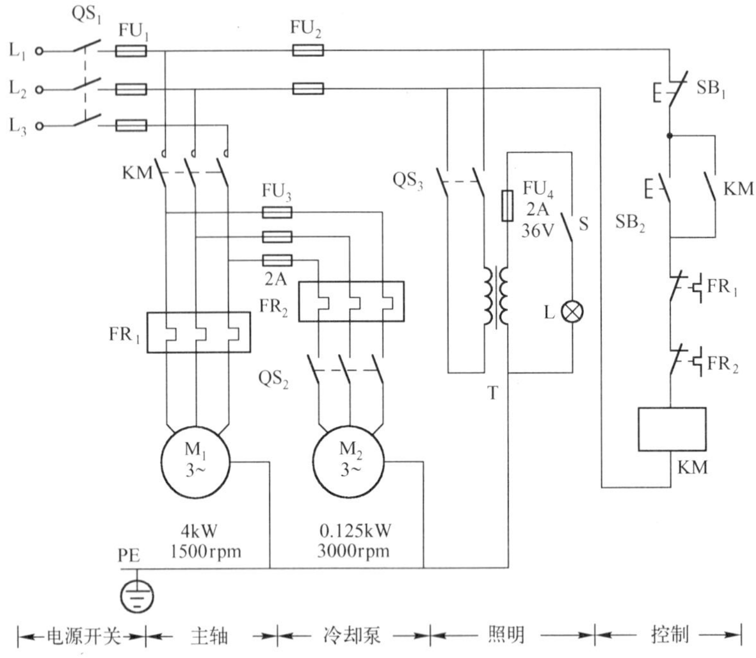

图 9-6　C620 型车床电气原理图

C620 型车床控制电路的工作过程如下：当合上开关 QS_1，按下启动按钮 SB_2，接触器 KM 线圈获电动作，其主触头和自锁触点闭合，电动机 M_1 起动运转。若需要停止时，按下停止按钮 SB_1，接触器 KM 线圈断电释放，电动机停转。

冷却泵电动机 M_2 是当 M_1 接通电源旋转后，合上开关 QS_2，冷却泵电动机 M_2 即起动运转。M_2 和 M_1 是联动的。

课堂练习 9-6　怎样阅读普通车床电气控制电路原理图？

*9.4　现代控制技术

9.4.1　可编程控制器的基本原理和用途

可编程序控制器是在继电接触器控制的基础上，伴随着计算机技术、微电子技术的发展而发展起来的一种先进的控制器。可编程控制器技术和数字控制技术的出现，使电气自动控制系统进入到现代控制系统的崭新阶段。

1. 可编程控制器的产生及定义

可编程控制器（Programmable Controller）简称 PC。由于个人计算机（Personal Computer）也简称 PC，为了避免混淆，人们将最初用于逻辑控制的可编程控制器叫做 PLC（Programmable logic Controller）。

在 PLC 诞生之前，工业控制设备的主流产品是以继电器、接触器为主体的控制装置，称为继电器接触器控制电路。继电器接触器控制电路虽然简单、实用，但随着生产自动化程度不断提高，日益暴露其缺陷和不足。首先是在一些较为复杂的顺序控制和过程控制系统中，使用成百上千个各种各样的继电器，成千上万根导线连接得密如蛛网。只要有一个电器、一根导线出现故障，系统就不能正常工作，这就大大降低了这种接线逻辑系统的可靠性。其次是这样的系统维修及改造很不容易，特别是技术改造。当试图改变工作设备的工作过程以改善设备的功能时，人们宁愿重新生产一套控制设备，也不愿意将继电器控制柜中的线路重接。因此继电接触控制电路接触控制连线繁复、体积大、功耗高，而且修改控制顺序也较困难，即它的灵活性与扩展性较差。

从 20 世纪 60 年代末开始，随着半导体技术的飞速发展，首先出现了无触点电器，也就是使用集成电路逻辑程序代替继电接触控制电路进行顺序控制。随后又将计算机技术引入系统控制领域，在生产中使用一位微机。到 70 年代，出现了可编程控制器，简称 PLC，它是一种通用的新型自动控制电器，是计算机技术在生产控制领域中成功应用的典范。世界上公认的第一台 PLC 是 1969 年美国数字设备公司（DEC）研制的。为了方便熟悉继电器、接触器系统的工程技术人员使用，可编程控制器采用和继电器电路图作为主要编程语言，并将参加运算及处理的计算机存储元件都以继电器命名。因而人们称可编程控制器为微机技术和继电器常规控制概念相结合的产物。

可编程控制器的历史虽然不很久远，但发展极为迅速。为了确定它的性质，国际电工委员会多次发布及修订有关 PLC 的文件。在 1987 年颁布的 PLC 标准草案中对 PLC 作了如下定义："PLC 是一种专门为在工业环境下应用而设计的数字运算操作的电子装置。它采用可以编制程序的存储器，用来在其内部存储执行逻辑运算、顺序运算、计时、计数和算术运算等操作指令，并能通过数字式或模拟式的输入和输出，控制各种类型的机械或生产过程。PLC 及其有关的外围设备都应按照易于与工业控制系统形成一个整体，易于扩展其功能的原则而设计。"

通过以上定义可知，可编程控制器实质上是经过一次开发的工业控制用计算机。但是它又是一种通用机，不经过二次开发，它不能在任何具体的工业设备上使用。由于可编程控制器的二次开发十分容易，它在很大程度上使得工业自动化设计从专业设计院走进了工厂和矿山，变成了普通工程技术人员甚至普通电气工人力所能及的工作。

2. 可编程控制器的结构、工作原理和编程语言

（1）可编程控制器的硬件结构。可编程控制器（PLC）是专为工业生产过程设计的控制器，实质上是一种用于工业控制的专用计算机，它主要由中央处理器（CPU）模块、输入/输出（I/O）模块、电源和外围设备等部分组成，如图 9-7 所示。

（2）PLC 的工作原理。可编程序控制器在其系统软件的控制下周而复始地循环扫描执行用户程序，即采用的是顺序循环工作方式。每一个循环分为自诊断、输入刷新、执行用户程序、输出刷新和通信 5 个阶段，如图 9-8 所示。

（3）可编程控制器的编程语言。PLC 控制系统是通过执行用户程序来实现其控制功能的。因此需要用户按照生产工艺和流程的要求编写程序，然后用编程器将其编制好的程序写入用户程序存储器以备用。PLC 常用的编程语言有梯形图、语句表、流程图及高级语言。目前使用较多的是梯形图和语句表

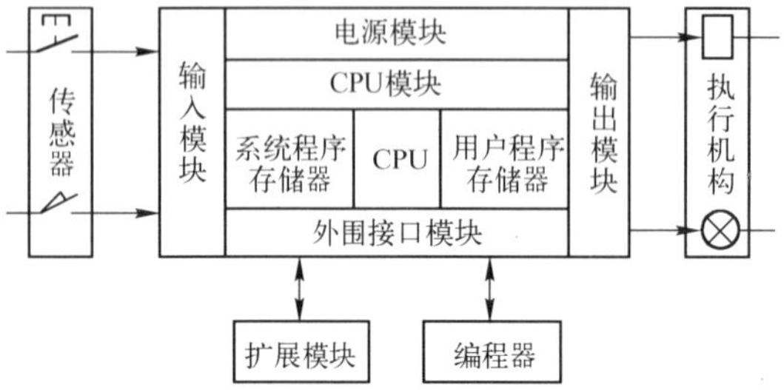

图 9-7　PLC 组成框图

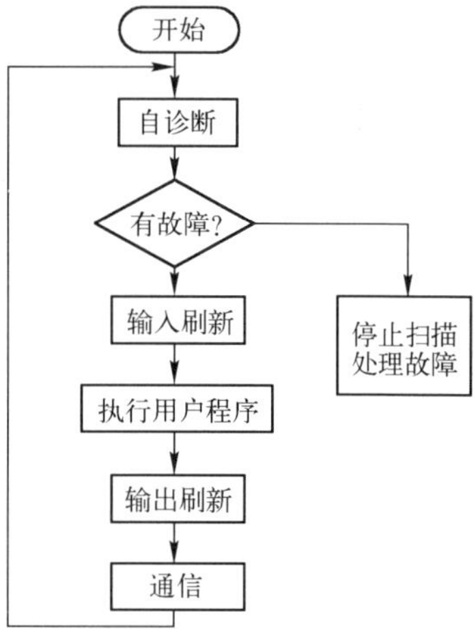

图 9-8　PLC 扫描工作过程

1）梯形图。梯形图语言与继电接触器控制电路的电气原理图结构相似，如图 9-9 所示，均是通过触点的组合联接及触点的开与闭去控制线圈的通电与断电来实现对机械设备运行的控制。但两者也有许多不同，例如：梯形图中的触点只有两种符号，常开触点的符号为“┤├”，常闭触点的符号为“┤/├”；梯形图中的继电器、定时器不是物理意义上的继电器，而是一种电子电路；梯形图只是 PLC 形象化的编程方法，其左右两侧母线并不接任何电源，因此在梯形图中不存在真实的电流。

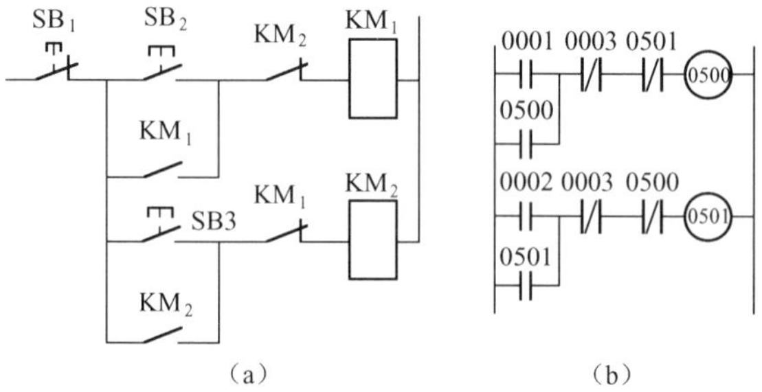

图 9-9　三相异步电动机正反转控制电路

2）语句表。语句表类似于计算机的汇编语言，采用助记符形式表示 PLC 的操作命令。对于有计算机基础知识的使用者来说，用语句表编程是很方便的。一般的 PLC 既可以使用梯形图编程，也可以使用语句表编程，且梯形图与语句表可以相互转换。

课堂练习 9-7　什么是可编程控制器？可编程控制器有什么功能？

课堂练习 9-8　可编程控制器由哪几部分组成？各有什么作用？

课堂练习 9-9　简述可编程控制器的工作原理。

课堂练习 9-10　可编程控制器的编程语言有哪些？

9.4.2　变频器的基本原理和用途

在三相异步电动机的各类调速方法中，采用变频变压方法调速效率最高，性能最佳。随着科学技术的飞速发展，半导体大功率器件不断推出，变频调速正在广泛应用于各种调速要求较高的场合。

如图 9-10 所示是通用变频器的结构原理图。通用变频器把工频电流变换成各种频率的交流电流，以实现电动机的变速运行。变频器由主电路和控制电路组成。主电路包括整流电路（把工频交流电变换成较平滑的直流电）和逆变电路（把直流电变换成各种频率的交流电）两部分。控制电路根据不同的控制原理实现对主电路的变流控制。变频器即交－交（AC－AC）变频电路，是不通过中间直流环节而把电网频率的交流电直接变换为不同频率交流电的变频电路，因无中间直流环节，属于直接变频电路。

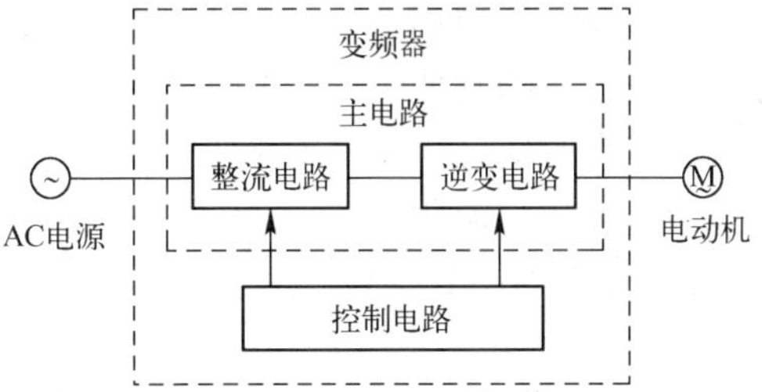

图 9-10　变频器的组成原理

为了实现变频调速，在变频控制时一般使电压与频率的比率（V/f）为常数，称为 V/f 控制。

交－交变频电器主要用于 500kW 或 1000kW 以上、转速在 600rpm 以下的大功率、低转速的交流电动机调速传动系统中，目前已在矿石破碎机、卷扬机、鼓风机及轧机主传动等装置中获得了较多的应用。它既可以用于异步电动机，也可用于同步电动机传动。

课堂练习 9-11　什么是变频器？它有什么作用？

9.4.3　传感器的基本原理和用途

传感器是一种能感受规定的被测量，并按照一定的规律转换成可用输出信号的器件或装置。常用的传感器的输出信号多为易于处理的电量，如电压、电流、频率等。

传感器由敏感元件、转换元件及测量转换电路三部分组成，如图 9-11 所示。图中的敏感元件是传感器中直接感受被测量的元件，即被测量通过传感器的敏感元件转换成与被测量有确定关系、更易于转换的非电量。这一非电量通过转换元件后就被转换成电参量。测量转换电路的作用是将传感元件输出的电参量转换成易于处理的电压、电流或频率等信号。当然，并不是所有的传感器都由这三部分组成，有的传感器的敏感元件和转换元件是合而为一的。例如，日常生活中经常用到的电子秤就利用了传感器及传感技术。当物体放置在电子秤的秤盘上，粘贴在秤盘上的敏感元件——应变片就把秤盘上的压力变化转换成电阻值（电参量）的变化，然后经过测量转换电路（电桥）将电阻值的变化转换成电压的变化，最后用数码管显示出物体的重量。

图 9-11　传感器的组成框图

随着现代测量、控制和自动化技术的发展，传感器技术越来越受到人们的重视。特别是近年来，由于科学技术、经济发展及生态平衡的需要，传感器在各个领域中的作用也日益显著。在工业生产自动化、能源、交通、灾害预测、安全防卫、环境保护、医疗卫生等方面所开发的各种传感器，不仅能代替人的感官功能，并且在检测人的感官所不能感受的参数方面创造了十分有利的条件。如果说“电脑是人脑的扩展”，那么“传感器就是人的五官的延伸”。在微型计算机广为普及的今天，如果没有各种类型的传感器提供可靠、准确的信息，计算机控制就难以实现。目前传感器正向固态化、集成化、多功能化、图像化和智能化的方向发展。

课堂练习 9-12 什么是传感器？它由哪几部分组成？它有什么作用？

9.5 三相异步电动机控制线路配电板的配线与安装实训

9.5.1 点动与连续运行控制线路配电板的配线与安装

1. 实训目的

（1）学会点动与连续运行控制线路配电板的配线与安装。
（2）了解点动与连续运行控制线路工作原理。

2. 实训仪器和器材

实训仪器及器材见表 9-1。

表 9-1 元器件明细表

代号	名　称	型号及规格	单位	数量
M	三相鼠笼型异步电动机	Y—112M—4、4kW、380V、8.8A、△接法 \ 1440rpm	台	1
KM	交流接触器	CJ10—20、线圈电压 380V	只	1
FR	热继电器	JR16—20/3、整定值 8.8A	只	1
SB1	按钮	LA10—3H	只	1
SB2	按钮	LA10—3H	只	1
SB3	按钮	LA10—3H	只	1
QS	组合开关	HZ10—25/3	只	1
FU	熔断器	RL1—60/20	只	1
	端子板	JX2—1015	块	1
	自制木台	配电板、650mm×500mm×50mm	块	1
	万用表	MF—30	只	1

3. 实训线路

点动与连续运行控制线路如图 9-12 所示，点动与连续运行控制线路配电板布置和接线图如图 9-13 所示。

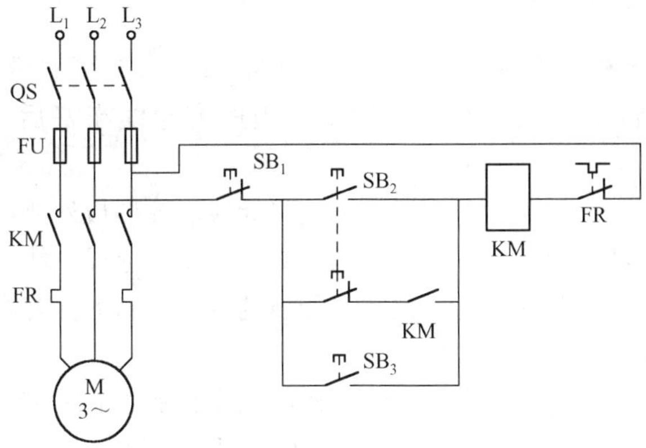

图 9-12　三相异步电动机的点动和连续控制线路

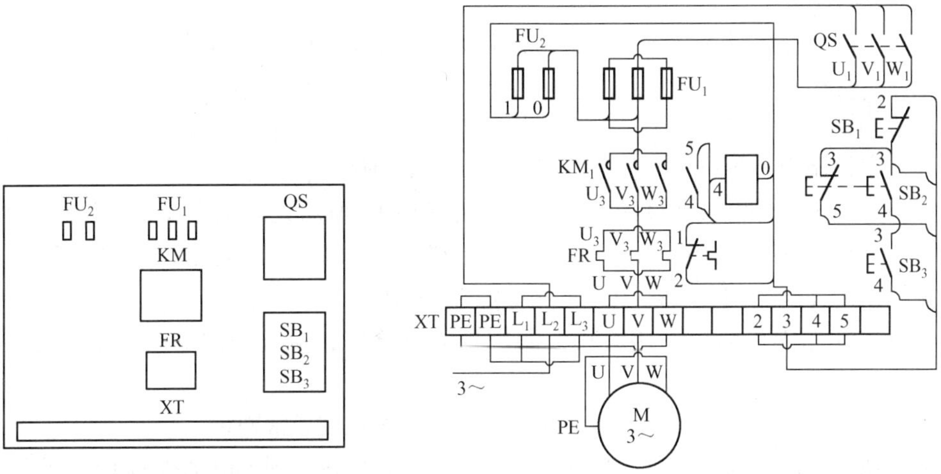

（a）配电板布置　　（b）配电板接线图

图 9-13　配电板布置和接线图

4. 实训方法

（1）点动和连续控制原理。当按下启动按钮 SB_2 时，联动常闭触点 SB_2 断开，自锁触点 KM 不起作用，接触器线圈 KM 通电，主触点 KM 闭合，电动机运转。一旦释放按钮 SB_2，线圈 KM 失电，电动机停转。因此，SB_2 为点动控制按钮。

若需要电动机连续运转，则按下启动按钮 SB_3，线圈 KM 通电，自锁触点 KM 闭合，电动机起动并连续运转。

热继电器 FR 对电动机进行过载保护。当电动机电流达到其整定值时动作，常闭触头断开，KM 线圈失电，电动机 M 断电，停止转动。熔断器 FU_1 进行短路保护。

（2）正确布线。配电板明线布线时，应符合横平竖直、整齐、紧贴敷设面，变换走向应垂直，同一平面导线应高低一致或前后一致、尽量不交叉，一个电气元件接线端子上连接导线不得超过二根，可利用接线端子板接线，走线应合理及接点不得松动、不反圈、不压绝缘层等，要符合工艺要求。在每一根导线的接头使用冷压接线头，导线的接头上套上标有线号的套管。

接线时，先接好每根导线的一头，然后按确定的走向布线下料。导线的另一头套上相同线号的套管后，打个结以防止套管掉下，当所有导线布好后，再把导线的另一头接上。

应注意主电路与控制电路使用粗细不同的连接导线。控制板外部连接电源和电动机的导线要橡胶塑料电缆，电缆的每一端先剥去一段绝缘层，露出导线。然后每一根导线套上塑料套管，在每一根导线的接头使用冷压接线头，导线的接头上套上标有线号的套管。电缆露出导线处，连同套管的端部，用塑料胶带扎紧。

（3）布线检查。断电检查可用万用表欧姆挡，先检查控制电路中电气元件各部分的连接是否正确，以手动来代替各个接触器触头的闭合、断开，验证工作是否正常、操作顺序是否正确，然后再检查主电路。也可断开电动机后，用万用表交流电压挡或校验灯，通电检查。

通电试车时，应短时点动，观察线路和电动机有否异常现象，确保试车成功。

5. 实训内容

（1）观察控制板上各电气元件的构造和接线端子的接法。

（2）在已安装了各电气元件的配电板上，按图 9-12 所示先确定走线。然后控制电路中用 BV 1mm^2 导线连接，主电路用 BV 1.5mm^2 导线连接。按布线工艺要求，参照图 9-13 所示正确接线。用 YHZ4X 1.5mm^2 电缆连接电源和电动机。

（3）检查线路无误后，再用万用表欧姆挡或校验灯，检查控制电路、主电路工作是否正常。

（4）通电试车，短时点动，观察线路和电动机有否存在异常现象。

（5）一切正常后，通电运行。操作起动按钮或停止按钮，观察电动机的工作情况。

6. 实训报告要求

（1）什么叫自锁？画出其控制电路。

（2）三相异步电动机的点动和连续控制电路由哪几部分组成？各部分由哪些部件组成？各有什么作用？

（3）小结三相异步电动机的点动和连续控制线路配电板的配线与安装的方法与步骤。

9.5.2 接触器互锁正反转控制线路配电板的配线与安装

1. 实训目的

（1）了解接触器互锁正反转控制线路的工作原理。

（2）学会接触器互锁正反转控制线路配电板的配线与安装。

2. 实训仪器和器材

实训仪器和器材见表 9-2。

表 9-2　接触器互锁正反转控制线路元器件明细表

代号	名　称	型号及规格	单位	数量
M	三相鼠笼型异步电动机	Y—112M—4、4kW、380V、8.8A、△接法\1440rpm	台	1
KM_1	交流接触器	CJ10—20、线圈电压 380V	只	1
KM_2	交流接触器	CJ10—20、线圈电压 380V	只	1
FR	热继电器	JR16—20/3、整定值 8.8A	只	1
SB_1	按钮	LA10—3H	只	1
SB_2	按钮	LA10—3H	只	1
SB_3	按钮	LA10—3H	只	1
QS	组合开关	HZ10—25/3	只	1
FU_1	熔断器	RL1—60/20	只	3
FU_2	熔断器	RL1—60/20	只	2
	端子板	JX2—1015	块	1
	自制木台	配电板、650mm×500mm×50mm	块	1
	万用表	MF—30	只	1

3. 实训线路

接触器互锁正反转控制线路如图 9-14 所示，接触器互锁正反转控制线路配电板布置和接线图如图 9-15 所示。

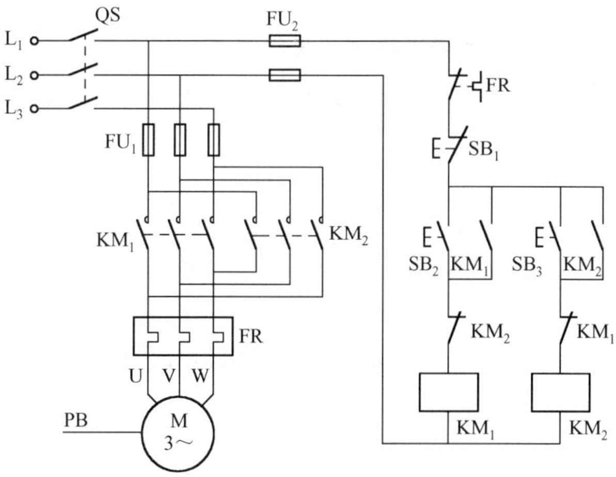

图 9-14　接触器互锁正反转控制线路

4. 实训方法

（1）正确布线。布线方法及要求同点动与连续运行控制线路配电板的配线与安装。

（2）检查。检查方法同点动与连续运行控制线路配电板的配线与安装。

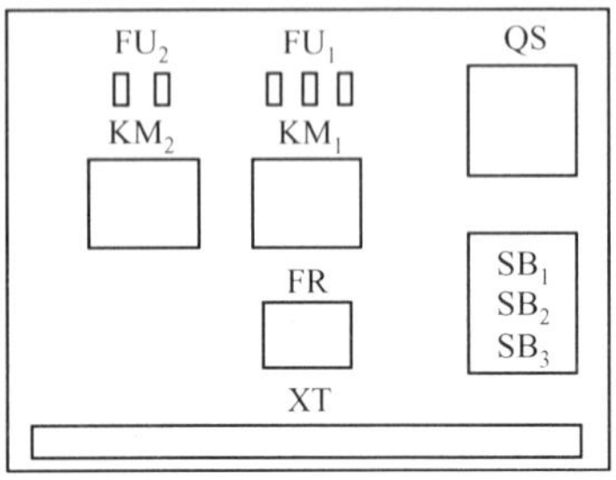

(a)

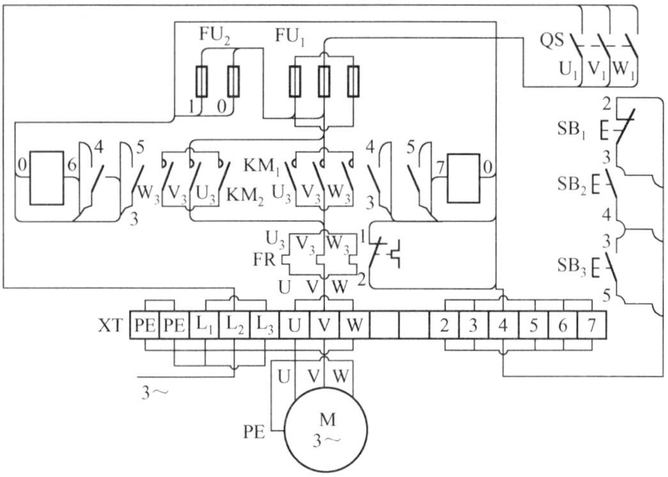

(b)

图 9-15　接触器互锁正反转控制线路安装和接线图

5. 实训内容

（1）观察控制板上各电气元件的构造和接线端子的接法。

（2）在已安装了各电气元件的配电板上，按图 9-14 所示先确定走线。然后控制电路中用 BV 1mm^2 导线连接，主电路用 BV 1.5mm^2 导线连接。按布线工艺要求，参照图 9-15 所示正确接线。用 YHZ4X 1.5mm^2 电缆连接电源和电动机。

（3）检查线路无误后，再用万用表欧姆挡或校验灯，检查控制电路、主电路工作是否正常。

（4）通电试车，短时点动，观察线路和电动机是否有异常现象。

（5）一切正常后，通电运行。操作起动按钮或停止按钮，观察电动机的工作情况。

6. 实训报告要求

（1）什么叫联锁？画出其控制电路。

（2）三相异步电动机接触器互锁正反转控制线路由哪几部分组成？各部分由哪些部件组成？各有什么作用？

（3）小结三相异步电动机接触器互锁正反转控制线路配电板的配线与安装的方法与步骤。

本章小结

1. 三相异步电动机的直接起动，是指加在电动机定子绕组上的电压就是电动机的额定电压。单向点动控制，即按下启动按钮，接触器线圈通电，电动机转动；松开按钮，接触器线圈失电，电动机停止运转。正反转控制线路是根据改变输入电动机的三相电源相序，从而改变电动机的旋转方向的原理工作的。继电器接触器控制是实现电气自动控制的方法之一。

2. 阅读电气原理图的步骤为：先主电路，然后控制电路，最后阅读保护、照明、信号指示、检测电路。

3. 可编程控制器（PLC）是专为工业生产过程设计的控制器，实质上是一种工业控制的专用计算机，可直接输入、输出信号，对小功率电动机、电磁阀、接触器等负载实施控制。变频器把工频电流变换成各种频率的交流电流，以实现电动机的变速运行。传感器是一种能感受特定的被测量，并按照一定的规律转换成可用输出信号的器件或装置。

练习与思考

9.1　点动控制电路有何特点？

9.2　什么叫自锁？画出其控制电路。

9.3　三相异步电动机的点动和连续控制电路由哪几部分组成？各部分由哪些部件组成？各有什么作用？

9.4　什么叫连锁？画出其控制电路。

9.5　三相异步电动机接触器互锁正反转控制线路由哪几部分组成？各部分由哪些部件组成？各有什么作用？

9.6　简述三相异步电动机正反转控制的基本原理。

9.7　简述可编程控制器的硬件结构及特点。

9.8　简述可编程控制器的工作过程。

技能与实践

9.1　试画出既可点动，又可单方向连续工作的三相异步电动机控制电路图，并简述其工作过程。

9.2　试画出三相异步电动机正反转控制电路图，并简述其工作过程。

9.3　有两台电动机 M_1 和 M_2，要求 M_1 和 M_2 可以分别起动；但 M_2 停车后 M_1 才能停车（如运输皮带）。试设计控制线路。

技能训练测试

有些场合（例如车床等）要求对电动机能进行点动控制，即用手按住起动钮，电机就运转；松手放开起动钮，电机就断电趋于停止。试画出一个点动控制电动机的线路，并在配电板上实现。

第二部分　模拟电子技术

项目十　电子实训室的认识与基本技能训练

10.1　电子实训室

电子实训室一般根据学生人数配备相应的实训工位。每个实训工位配有交、直流电源箱，提供各种规格的交流、直流电源。除此之外，每个实训工位配有各种仪器仪表，如信号发生器、电压表、电流表、万用表、交流毫伏表、电子示波器等。另外，根据实训的需要，提供各种仪器仪表，如晶体管特性曲线图示仪、Q 表等，可满足电子实训的需要。

在电子实训室里，学生通过实践类课程的学习，着重培养学生的实践技能和职业意识。学生自己动手，进行电路设计、电路制作、电路功能调试、电路技术参数测量、测量数据处理、寻找和排除电路中出现的故障等，并通过实训教学过程，着力培养学生良好的职业习惯和职业道德，使之成为现代企业中具有多种技能和良好素养的有用人才。

10.2　基本工具、仪器仪表使用实训

10.2.1　电烙铁使用方法

电烙铁是手工焊接的主要工具，其主要部分是烙铁头和烙铁心。烙铁心由绕制在云母或瓷管上的电阻丝组成。在使用时通常将烙铁头锉成凿式，如图 10-1 所示。在焊接电子元器件时，一般宜采用 40W 以下的电烙铁，功率过大会烫坏电子元器件。电烙铁使用时应注意以下几点。

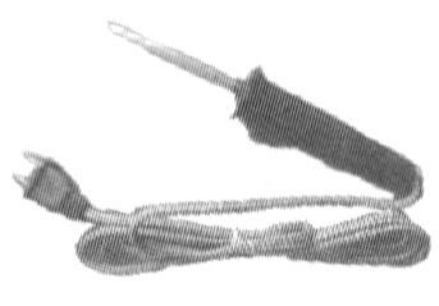

图 10-1　内热式电烙铁

（1）烙铁头是采用紫铜做成的，高温下易氧化，因此新烙铁头应先用细锉刀锉去表面氧化物，然后蘸些松香，涂上一层很薄的锡（搪锡）。在使用了一段时间后，也常需对烙铁头进行这样的处理。

（2）电烙铁在加热使用时，不允许敲击，以防电热丝和瓷管震断。

（3）电烙铁外壳应该接地线，对于焊接 CMOS 器件时更需如此。

手工焊接的基本步骤和方法如下。

（1）做好焊件和焊点的表面清洁和搪锡工作。焊接前焊件表面的清洁工作是保证焊接质量的关键，可用砂纸或小刀除去表面绝缘层或氧化物，然后在上面搪上锡，方可焊接。这样既可避免出现虚焊，又能缩短焊接时间。

在焊接过程中，一般采用松香作为助焊剂。在加热情况下，它具有去除焊件表面氧化物、增加焊锡流动性的作用。而焊锡是一种铅锡合金，具有熔点低、流动性好、对元件和导线附着力强、机械强度高等优点，常用的是将松香包在其中的管状焊锡丝。

（2）加热焊件和放上焊锡丝。把烙铁头放在被焊物上进行加热，然后使焊锡丝接触焊件融化适量的焊料。焊接时应以烙铁头面接触焊点，使传热面增大、焊速加快、焊点光滑美观。不可将烙铁头在焊点上来回拉动或用力下压。

（3）移开焊锡丝。当焊锡融化适量后应迅速移开，焊点上焊锡太少，强度不够；焊锡太多易形成虚焊，应以焊接引脚全部浸没，其轮廓隐约可见为准。

（4）移开电烙铁。当焊料的流动扩散范围达到要求后，即迅速移开烙铁，视情况也可同时移开焊锡与烙铁。烙铁头移开方向将影响焊接质量，以 45°方向撤离为好，可使焊点光滑美观，如图 10-2（a）所示。如图 10-2（b）所示为烙铁头竖直向上撤离，焊点易出现拉尖。如图 10-2（c）所示为水平方向撤离，烙铁头带走大部分焊料。如图 10-2（d）所示为竖直向下撤离，把大部分焊料带走。如图 10-2（e）所示为竖直向上撤离只带走很少量焊料。

在完成以上步骤后，由于焊料尚未凝固，所以需待冷却凝固后，才能松动被焊元件或引线，否则会影响焊点美观，产生焊锡凝状、附着不牢或出现虚焊等弊病。

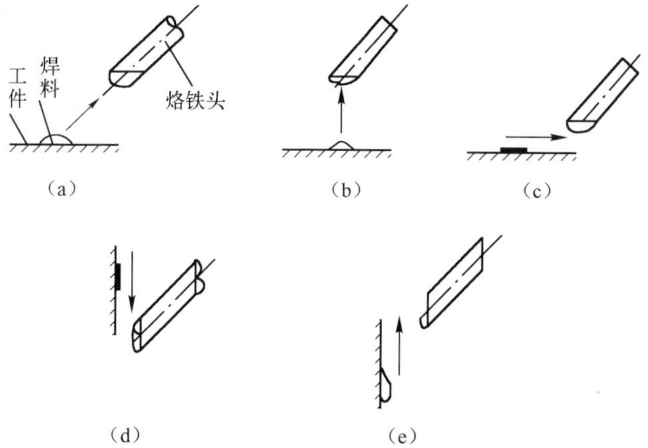

图 10-2　烙铁心撤离的方向

10.2.2　常用电子仪器仪表的基本使用方法

凡是利用电路技术由电子器件组成的，用于测量各种电磁参量或产生供测量用的电信号的装置称为电子仪器仪表。电子实训室中经常使用的电子仪器仪表主要有直流稳压电源、信号发生器、电子电压表和电子示波器。

1. 直流稳压电源

直流稳压电源能提供稳定的直流电压。现以 YJ56 型双路直流稳压电源为例说明直流稳压电源的使用方法。YJ56 型双路直流稳压电源面板如图 10–3 所示。

（1）单机使用。接通电源，调节面板上“粗调”和“细调”电位器，使输出电压达到所需的电压。拨动面板上“V－A”开关，分别能从表上读得电源的输出电压和输出电流。

（2）串联使用。当所需电压超过直流稳压电源的最大输出电压时，可以将两路输出串联或多机串联使用。一路输出的“⊥”接线柱与另一路的“＋”接线柱相连，输出电压是各电源的指示值之和。

（3）并联使用。当负载所需电流超过 2A 时，可以将二路输出并联或多台电源并联。首先调节各台电源的输出电压，尽可能地一致，然后，分别并联各台电源输出的“＋”及“⊥”接线柱。输出电流为各台电源的电流表指示值之和。

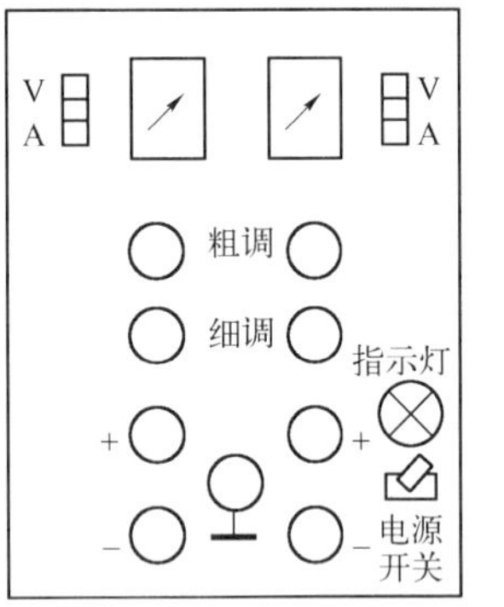

图 10–3　YJ56 型双路直流稳压电源面板图

2. 电子电压表

与普通万用表相比，电子电压表具有灵敏度高、输入阻抗高、可测的电压范围和频率范围宽等优点，可测量毫伏、微伏的交流电压，其实物如图 10–4（a）所示。现以 DA－16 型晶体管毫伏表为例说明电子电压表的使用方法。DA－16 型晶体管毫伏表面板如图 10–4（b）所示。

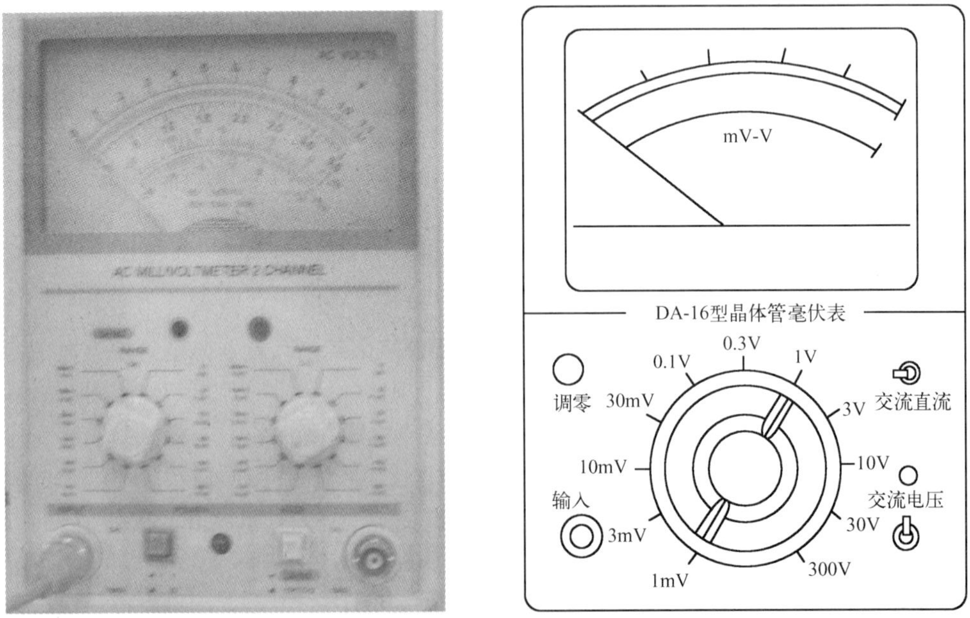

（a）电子电压表实物　（b）DA-16 型晶体管毫伏表面板图

图 10–4　电子电压表

（1）在未接通电源时，对电压表进行机械调零。

（2）接通电源：预热 10min。将两个输入接线柱短路，并使量程开关处在合适挡位上，进行电气调零。在使用中，变换量程后应重新调零。

（3）量程选择应使电表指针偏转满刻度的 2/3 以上为佳。

（4）测量线路接线时，应先接上接地端，再接另一个输入端；拆线时，应先拆不接地的输入端，再拆接地端。

（5）测量完毕，应将量程开关转至最大电压挡。

（6）交流直流开关用于转换外接电源，置于直流时，使用外接 12V 直流电源。

3. 信号发生器

信号发生器能产生频率、幅度均可连续调节的正弦波信号、调幅及调频信号，以及各种频率的方波、三角波、锯齿波信号等。其种类繁多，按其输出的波形分，有正弦波信号发生器、脉冲信号发生器、函数信号发生器；按其输出频率分，有超低频、低频、视频、高频、超高频信号发生器；按调制方式分，有调幅、调频、调相、脉冲调制等各种信号发生器。信号发生器可用做信号源。因函数信号发生器能产生各种信号，故使用最为广泛。如图 10-5 所示是一种函数信号发生器。使用时先选择好所需的信号源、幅度、衰减分贝、信号频率后，再开启电源开关。

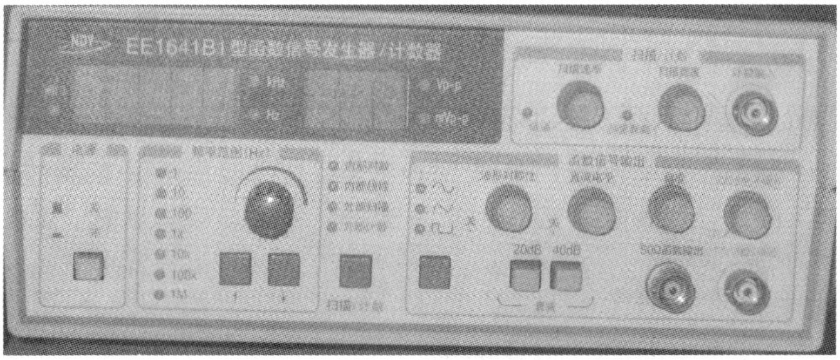

图 10-5　信号发生实物

4. 电子示波器

电子示波器能直接显示被测信号的波形，从而对它进行观察，进行定性或定量的测量。所以，它被广泛用于捕获、显示、分析各种电信号的波形和瞬态过程；测量其大小、频率和相位等电参数；配以传感器，还能对非电量进行测量。双踪示波器还可同时显示两种不同的电信号，从而对它们进行对比、分析、测量。如图 10-6 所示为某双踪示波器的实例，下面对其使用方法进行介绍。

（1）接通电源，预热几分钟。

（2）显示水平扫描线。若出现了水平扫描线，可调节辉度、聚焦旋钮，使其亮度适中、清晰。

（3）连接输入信号。连接线应使用专用探头，探头的最大衰减量为 10 倍。

（4）Y 偏转系统控制件的选择。垂直显示方式开关，单踪显示时选“CH_1”或“CH_2”，双踪显示时较高频率信号选“ALT”，较低频率信号选“CHOP”。输入耦合方式开关选“AC”或“DC”。

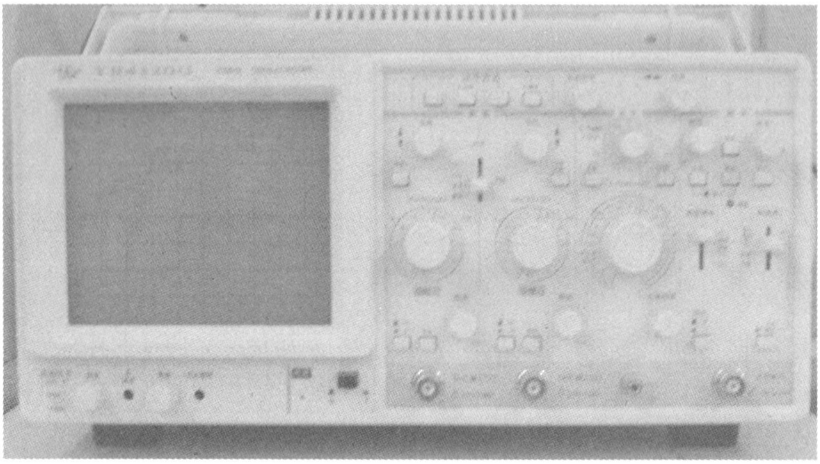

图 10-6　双踪示波器实物

灵敏度开关选“适当”，作定量测试时，微调旋钮转至校准位置。CH_2 极性转换开关只有在 CH_2 通道信号倒置显示时，开关位于“-”，否则位于“+”。

内触发选择开关在双踪显示时，要对这两个信号作时间上的比较与分析，开关可选“CH_1”或“CH_2”。

（5）X 偏转系统控制件的选择。触发方式开关选“AUTO”为自动扫描，选“NORM”为触发扫描。若需电视场同步，可选 TV-V；如需电视行同步，可选 TV-H。触发极性开关选择“+”或“-”。扫描速度开关选择“适当”。作定量测试时，扫描速度微调转至校准位置。

（6）调节波形稳定后，观测信号波形或进行测量。

10.3　常用电子仪器使用技能训练

1. 技能训练目的

掌握示波器、低频信号发生器、交流毫伏表的使用。巩固万用表及直流稳压电源的使用。

2. 仪器和器材

（1）直流稳压电源，1 台，示波器，1 台。
（2）低频信号发生器，1 台，万用表，1 只。
（3）交流毫伏表，1 台。

3. 技能训练线路

实训电路如图 10-7 所示。由低频信号发生器提供所需一定幅度、一定频率的正弦波信号，用交流毫伏表测量其大小，用示波器观察其波形，并可测量其大小和频率。

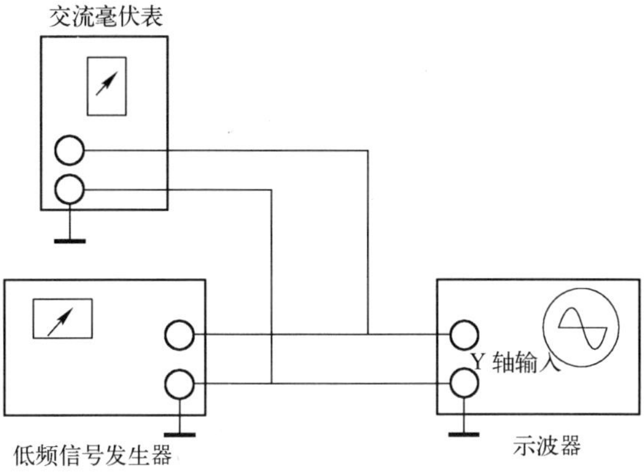

图 10-7　实训线路图

4. 技能训练方法

在模拟电子电路实验中，常用的电子仪器有示波器、低频信号发生器、交流毫伏表、直流稳压电源等，它们与实验电路的相互关系及用途如图 10-8 所示。

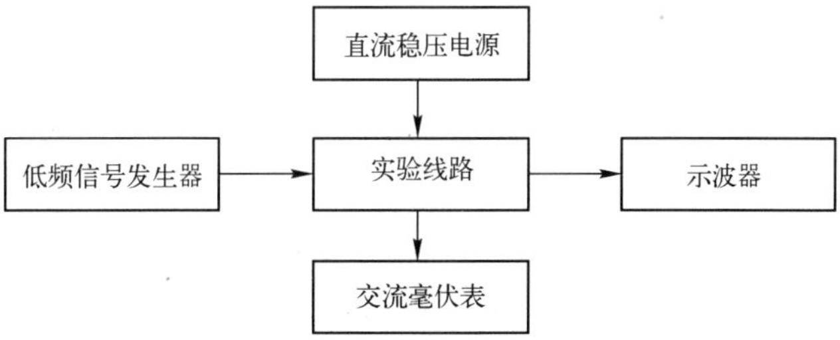

图 10-8　实验仪器与电路的关系图

5. 内容和步骤

（1）将示波器电源接通预热后，调节相关旋钮，使荧光屏上出现扫描线，并熟悉面板上各旋钮的位置和作用，把调节的旋钮名称及所置挡位填入表 10-1 中。

表 10-1　测量记录表

要　　求	旋钮名称及所置挡位
显示基线	
亮度适中、清晰基线	
移动基线	

（2）启动低频信号发生器，按表 10-2 要求调节输出电压，把调节的旋钮名称及所置挡位填入表中。

表 10-2　测量记录表

1kHz 输出信号有效值	旋钮名称及所置挡位
5V	
0.5V	
50mV	

按表 10-3 要求调节输出信号的频率，把调节的旋钮名称及所置挡位填入表中。注意要用交流毫伏表测量其大小。

表 10-3　测量记录表

100mV 输出信号频率	旋钮名称及所置挡位
10Hz	
100Hz	
1kHz	
10kHz	

（3）调节低频信号发生器，使其输出电压有效值为 1V、频率为 1kHz，用示波器观察信号电压波形，调节相关旋钮，使荧光屏上显示如下的波形：

1）二个周期，峰 - 峰值约占四格刻度；

2）一个周期，峰 - 峰值约占八格刻度；

3）四个周期，峰 - 峰值约占二格刻度。

（4）由低频信号发生器产生表 10-4 所要求的信号，用交流毫伏表测量其电压大小，用示波器观察波形并测量其电压大小和频率，将测量的结果和各仪器的读数填入表中。

表 10-4　测量记录表

正弦信号		频率	400Hz	1kHz	2kHz	20kHz
		有效值（V）	0.08	0.5	0.15	2
低频信号发生器	旋钮挡位	输出衰减				
		频段选择				
	输出信号	频率（Hz）				
		有效值（V）				
示波器	V/div	挡级				
	读数	电压峰 - 峰值				
	t/div	挡级				
	读数	信号频率				
交流毫伏表	量程	挡级				
	读数	电压有效值				

注意：示波器的灵敏度选择开关及扫描速度选择开关应置于校准。

（5）用万用表的直流电压挡，测量直流稳压电源的输出电压，使之为 6V、10V 、12V、24.5V。

6. 技能训练报告要求

(1) 整理有关技能训练数据。

(2) 将低频信号发生器的读数与交流毫伏表、示波器的测量值进行比较分析，看哪个量用哪种仪器测量更精确。

本章小结

1. 遵守电子实训室的规章制度和操作规程是学好电子技术的保证。

2. 焊接要保证每个焊点牢固整齐、无虚焊，并保证焊接过程中不损坏元器件和印制电路板，不影响元器件性能。

3. 电子实训室中经常使用的电子仪器仪表主要有直流稳压电源、信号发生器、电子电压表和电子示波器。要按照电子仪器仪表说明书的要求进行操作。

练习与思考

10.1　简述印制电路板手工焊接的工艺及步骤。

10.2　简述直流稳压电源的使用方法。

10.3　简述电子电压表的使用方法。

10.4　简述低频信号发生器的使用方法。

10.5　简述电子示波器的使用方法。

项目十一　常用半导体器件

常用半导体器件有半导体二极管、半导体三极管、场效应管和晶闸管。

11.1　半导体二极管

各类半导体二极管如图 11-1 所示。

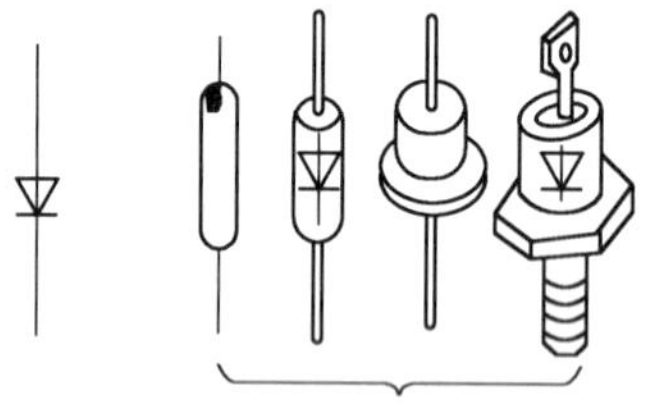

（a）图形符号　　（b）半导体二极管

图 11-1　半导体二极管及其图形符号

11.1.1　二极管的特性

1. 半导体二极管的外形和符号

半导体二极管又称为晶体二极管，简称二极管。自从 1946 年第一个晶体二极管、1947 年第一个晶体三极管、1960 年第一块集成电路诞生以来，半导体技术发展极为迅速。由于晶体管、集成电路等半导体器件具有体积小、重量轻、耗电省、寿命长、工作可靠等一系列优点，所以在现代化建设的各个领域都获得了广泛的应用。

半导体二极管是用半导体材料制做的。半导体是导电性能介于导体和绝缘体之间的物质，如硅、锗。纯净的半导体又称的本征半导体，其原子按一定规律整齐排列，都呈晶体结构。半导体材料如果受热或光照后，导电性能变好，这就是半导体的热敏特性和光敏特性。另外，在本征半导体中掺入微量的元素后，其导电性能大大提高，这就是半导体的掺杂特性。但是在本征半导体中掺入不同的微量元素，就会得到导电性质不同的半导体材料。例如，在硅晶体中掺入微量的硼元素，就会得到以空穴载流子为主的空穴型半导体，空穴型半导体又称的 P 型半导体；又如在硅晶体中掺入微量的磷元素，就会得到以电子载流子为主的电子型半导体，电子型半导体又称的 N 型半导体。如果通过一定的工艺把 P 型半导体和 N 型半导体结合在一起，在它们的交界处就会形成 PN 结。PN 结是构成各种半导体器件的基础。将 PN 结加上相应的电极引线及管壳，就制成半导体二极管。

2. 半导体二极管的单向导电性

下面通过实验观察二极管的单向导电性。

（1）仪器和器材。电工实训台（箱）、元件见表 11-1。

表 11-1　二极管的单向导电性实训元器件明细表

代　号	名　称	型号及规格	单　位	数　量
VD	二极管	2CZ52B	个	1
L	小灯泡	3V/0.5A	只	1
E	电源	直流稳压电源	台	1

（2）技能训练电路如图 11-2 所示。

（3）内容和步骤。调节直流稳压电源，使其输出电压为 3V。按图 11-2 所示电路接线，观察图 11-2（a）和（b）两种情况下，小灯泡发光的情况。

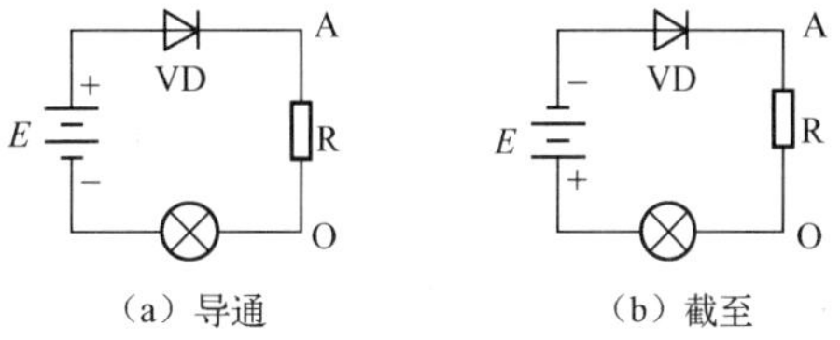

图 11-2　二极管的单向导电性测试

如图 11-2 所示，当二极管正极接电源的正端，二极管的负极接电源的负端（这种接法称为二极管外加正偏电压），此时灯亮，表明有较大的电流通过二极管，称为二极管导通。当二极管的正极接电源的负端，二极管的负极接电源的正端（这种接法称为二极管外加反偏电压），此时灯不亮，表明无电流通过二极管，称为二极管截止。

可见二极管具有单向导电性：外加正偏电压二极管导通，外加反偏电压二极管截止。

3. 半导体二极管的伏安特性

半导体二极管伏安特性，即流过二极管的电流与二极管两端电压之间的关系，曲线如图 11-3 所示。由二极管伏安特性可知，当二极管两端所加正向电压较小时，二极管还不能导通，这一段称为死区（硅管死区电压小于 0.5V，锗管死区电压小于 0.1V）。超过死区后，二极管中电流开始增大，以后只要电压略有增加，电流急剧增大，二极管导通（硅二极管的导通电压约为 0.7V，锗管约为 0.3V）。

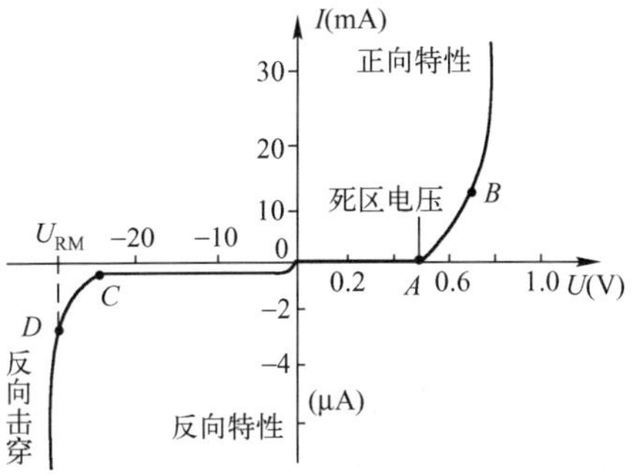

图 11-3　二极管的伏安特性

当二极管两端加反向电压时，二极管并不是理想的截止状态，它会有很小的反向电流，而且随着反向电压增大，反向电流也基本保持不变，称为反向饱和电流，记做 I_S。一般硅管为几到几十微安，锗管为几十到几百微安。由于半导体的热敏特性，所以反向饱和电流将随温度升高而增大。通常温度每升高 10℃ 其反向饱和电流约增大一倍。

当反向电压过高且大于反向击穿电压 U_{RM} 时，反向电流在图 11-3 中的 *D* 点处会突然剧增，这种现象称为反向击穿。此时，有可能将二极管烧坏。

4. 半导体二极管的主要参数

（1）最大整流电流 I_F。二极管允许长期通过的最大正向平均电流称为最大整流电流。超过这一数值二极管将过热而烧坏。因此电流较大的二极管必须按规定加装散热片。

（2）最高反向工作电压 U_{RM}。保证二极管不被击穿而给出的最高反向电压称为最高反向工作电压。选用时应保证反向电压在任何时候都不要超过这一数值，并应留有一定余量，以免二极管被反向击穿。

此外还有反向电流、正向压降、工作频率等参数，选用二极管时也应注意。表 11-2 列出了一些整流二极管的主要参数。

表 11-2　整流二极管的主要参数表

参数 型号	最大整流电流 I_F（A）	最高反向工作电压 U_{RM}（V）	正向压降 U_F（V）	反向电流 I_B（μA）	最高工作频率 f（kHz）
2CZ52B～G 2CZ53C～G	0.1 0.3	B：50　C：100　D：200 E：300　F：400　G：500	≤0.8 ≤0.8	1000 1000	3
1N4001 1N4002 1N4003	1	50 100 200	≤1	≤5	—

课堂练习 11-1　半导体二极管具有________特性，即外加________电压，二极管导通，有________的电流通过二极管；外加________电压，二极管截止，只有________的反向电流通过二极管。

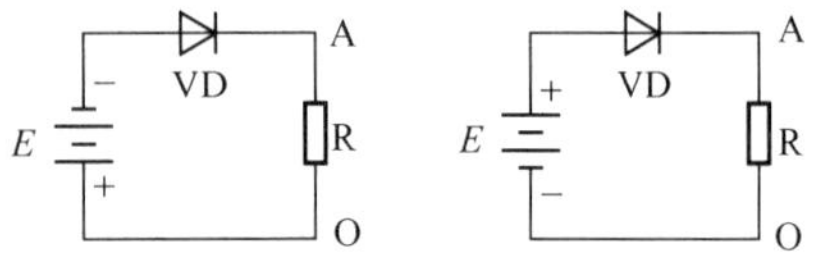

图 11-4　课堂练习 11-2 附图

课堂练习 11-2　已知 $E=10\text{V}$，试判断如图 11-4 所示各电路中二极管是导通还是截止，并求 $U_{AO}=?$（二极管是理想的二极管，即二极管导通压降视为零。）

课堂练习 11-3　查阅电子器件手册可知：2CZ52B 管的 I_F 为________，U_{RM} 为________。

11.1.2　特殊二极管

1. 稳压二极管

稳压二极管简称稳压管，用于稳定直流电压。硅稳压管主要工作在反向击穿区域，在击穿区域中，硅稳压管两端的电压基本不变而流过稳压管的电流变化很大，只要在外电路中采取适当的限流措施，保证管子不因过热而烧坏，就能达到稳压的效果。稳压管的外形与二极管相似，符号如图 11-5（a）所示。

（a）稳压二极管　（b）光电二极管　（c）发光二极管　（d）变容二极管

图 11-5　常见二极管电路图符号

稳压管的主要参数有：

（1）稳定电压 U_Z，稳压管的反向击穿电压。

（2）稳定电流 I_Z，稳压管的正常工作电流。

（3）最大电流 I_{ZM}，允许流过稳压管的最大工作电流。

(4) 最大耗散功率 P_{ZM}；稳压管的最大功率损耗，其值为 $P_{ZM} = U_Z \times I_{ZM}$。

2. 发光二极管

发光二极管是用特殊的半导体材料，如砷化镓（GaAs）等制成的。砷化镓半导体辐射红光，磷化镓半导体辐射绿光或黄光。发光二极管正常工作时，工作电流为 10～30mA，正向电压降为 1.5～3V。下面通过技能训练练习发光二极管的使用

(1) 仪器和器材。所需的电工实训台（箱）、元件见表 11-3。

(2) 技能训练电路。实训电路如图 11-6 所示。

表 11-3　发光二极管的使用元器件明细表

代　号	名　称	型号及规格	单　位	数　量
VD	发光二极管		个	1
R	电阻器	RT—0.5—1kΩ ±5%	只	1
E	电源	直流稳压电源	台	1

(3) 技能训练方法。如图 11-6 所示，使用时发光二极管必须加正向电压。为了防止发光二极管烧坏，回路中必须加限流电阻，使发光二极管有一个合适的工作电流。

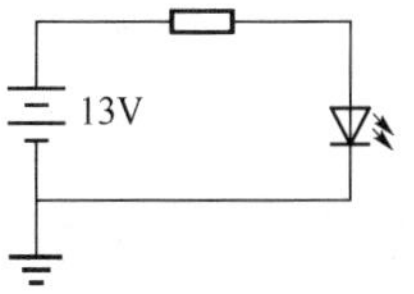

图 11-6　发光二极管的使用电路图

其他用途的二极管还有检波二极管、开关二极管、光电二极管、变容二极管等，如图 11-5 所示是几种常见二极管的图形符号。

课堂练习 11-4　稳压二极管起稳压作用时工作在________状态，发光二极管工作在________状态。

11.1.3　二极管的识别和检测

1. 普通二极管极性判别和性能检测

二极管具有单向导电性，一般带有色环的一端表示负极，也可以用万用表来判断其极性。用万用表“$R\times100$”或“$R\times1\text{k}$”挡测量二极管正反向电阻，阻值较小的一次，二极管导通。由于使用万用表电阻挡时，黑表笔是高电位，故导通时黑表笔接触的是二极管正极，如图 11-7 所示。

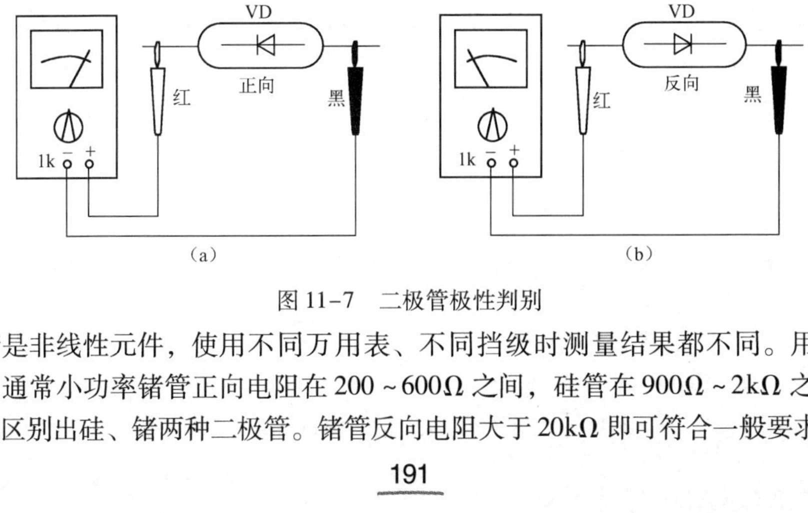

图 11-7　二极管极性判别

二极管是非线性元件，使用不同万用表、不同挡级时测量结果都不同。用“$R\times100$”挡测量时，通常小功率锗管正向电阻在 200～600Ω 之间，硅管在 900Ω～2kΩ 之间，利用这一特性可以区别出硅、锗两种二极管。锗管反向电阻大于 20kΩ 即可符合一般要求；而硅管反

向电阻都要求在500kΩ以上，小于500kΩ视为漏电严重，正常硅管测其反向电阻时，万用表指针都指向无穷大。另外，二极管正、反向电阻相差越大越好，阻值相同或相近都视为坏管。

2. 稳压管极性判别

稳压管是利用其反向击穿时两端电压基本不变的特性来工作的，所以稳压管在电路中处于反偏工作状态。稳压管的极性和性能好坏的判断与普通二极管所使用的方法相同。要注意的是，不要使用“$R\times10k$”挡，因为万用表电阻值最高挡常使用高压层叠电池（如9V、15V、22.5V），可能会损坏稳压器。

3. 二极管性能判断技能训练

用万用表判断半导体二极管的性能。

课堂练习11-5 检测二极管时，应使用万用表的哪个挡级？

11.2 半导体三极管

11.2.1 三极管的结构与特性

1. 半导体三极管的结构和符号

各种类型的半导体三极管的实物、外形及引脚排列，如图11-8所示。

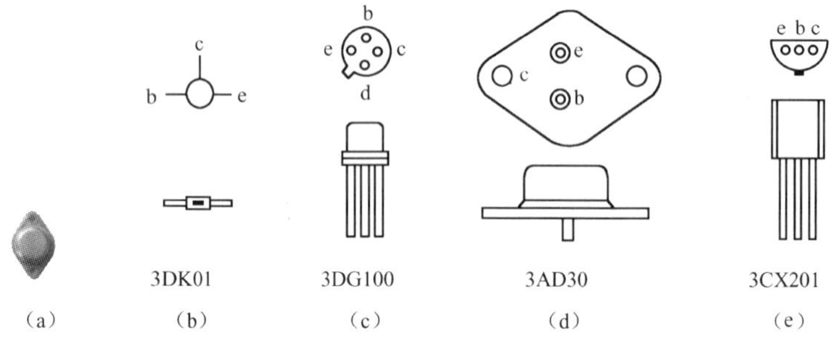

图11-8 半导体三极管的实物、外形和引脚排列

半导体三极管简称三极管或晶体管，是应用很普遍的一种半导体器件。三极管的基本结构是在一块半导体基片上，用一定的工艺方法形成两个PN结，如图11-9所示，如果两边是N区而中间夹着P区，就称为NPN型三极管；如果两边是P区而中间夹着N区，称为PNP型三极管。

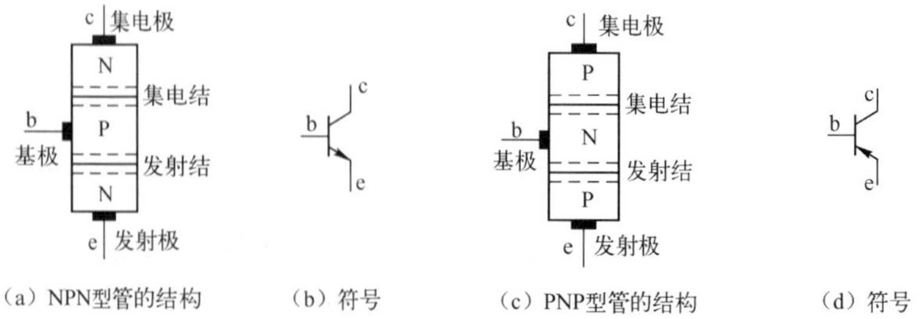

图11-9 半导体三极管的结构和电路图符号

三极管有三个导电区，分别引出三个电极。中间的一个区称为基区，由此引出基极 b。两边分别是发射区和集电区，分别引出发射极 e 和集电极 c。发射区发射带正电载流子，集电区收集带正电载流子。三极管的图形符号如图 11-9（b）、（d）所示，其中发射极箭头方向表示发射结正向偏置时电流的方向，因此从它的方向即能判断管子是 NPN 型还是 PNP 型。

应当说明，三极管中间的基区很薄，仅为 1 ~ 10μm，因此它的功能不同于两个反向串联的二极管。另外，发射区和集电区虽是相同类型的半导体，但并不完全相同，发射区掺杂重，载流子浓度高；而且发射区的面积比集电区的小，因此发射极和集电极不能调换使用。

2. 半导体三极管的电流放大作用

为了实现电流放大作用，半导体三极管除了结构上的特点之外，还必须具备一定的外部条件，即要给三极管的发射结加正向电压，给集电结加反向电压，如图 11-10 所示。图中 $V_{CC} > V_{BB}$，基极电源 V_{BB} 的极性应保证发射结处于正向偏置；集电极电源 V_{CC} 的极性应保证集电结处于反向偏置。由此可见，三个电极的电位关系是 $U_C > U_B > U_E$，如果改用 PNP 型管，就应将基极电源 V_{BB} 和集电极电源 V_{CC} 的极性都反过来，三个电流 I_B、I_C、I_E 的方向也都要反过来，这时三个电极的电位关系为 $U_C < U_B < U_E$。

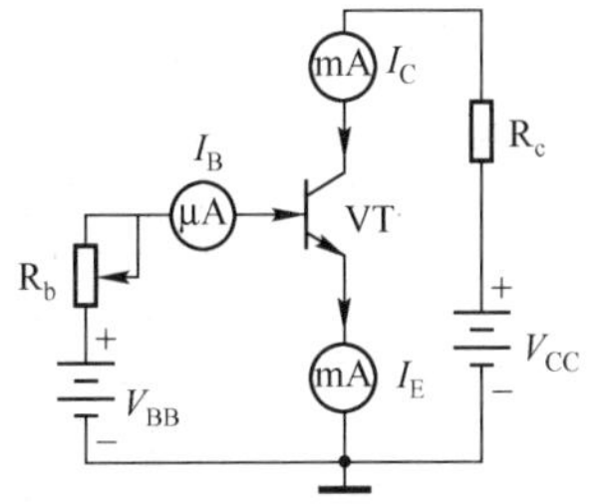

图 11-10 三极管电流放大

在图 11-10 所示电路中，I_B 所经过的回路称为输入回路，I_C 所经过的回路称为输出回路，两个回路的公共端是三极管的发射极 E，所以上述电路称为共发射极电路，简称共射电路。此外还有共基极电路、共集电极电路。

下面通过实训来认识三极管的电流放大作用，搭接如图 11-10 所示的电路，测量电路中 I_B、I_C、I_E 三个电流，并找出它们之间的关系。

如图 11-10 所示，改变 R_b 就可以改变基极电流（又称偏置电流）I_B，集电极电流 I_C 与发射极电流 I_E 也随之变化，测试结果如表 11-2 所示。

表 11-2 三极管电流放大实验测试数据

电流（mA）	实验次数		
	1	2	3
I_B	0	0.02	0.04
I_C	≈0	1.14	2.31
I_E	≈0	1.16	2.34

从这些实验数据，可以得到如下结论：

（1）三个电流符合基尔霍夫定律，即

$$I_E = I_C + I_B \tag{11-1}$$

并且基极电流 I_B 很小，而 I_C 与 I_E 相差不多。

（2）I_C 与 I_B 的关系。对一个确定的三极管，I_C 与 I_B 的比值基本不变，该比值称为共发射极直流电流放大系数，记做 $\bar{\beta}$，即

$$\bar{\beta} = \frac{I_C}{I_B} \tag{11-2}$$

（3）基极电流的微小变化（ΔI_B）能引起集电极电流的很大变化（ΔI_C），ΔI_C 和 ΔI_B 之比称为共发射极交流电流放大系数，记做 β，即

$$\beta = \frac{\Delta I_C}{\Delta I_B} \tag{11-3}$$

由表 11-2 所示实验数据可知，$\beta \approx \bar{\beta}$，故在工程上 β 和 $\bar{\beta}$ 不必严格区分，估算时可以通用。

（4）$I_B=0$（即基极开路）时的 I_C 值称为穿透电流，记做 I_{CEO}。I_{CEO} 很小，锗管为 mA 级，硅管为 μA 级。因为 I_{CEO} 是 $I_B=0$ 时的 I_C，显然 I_{CEO} 不受 I_B 的控制。

根据以上分析可知，I_E 是由 I_C 和 I_B 组成的，所谓电流放大并非电流自行放大，而是大电流 I_C 受小电流 I_B 控制，以弱控强，并使大电流 I_C 随小电流 I_B 的变化而变化的过程，这就是三极管的电流放大作用。

3. 半导体三极管的特性曲线

（1）输入特性。输入特性是指当 U_{CE} 一定时 I_B 与 U_{BE} 之间的关系曲线。三极管输入特性曲线如图 11-11（a）所示。由图可知，三极管的输入特性是非线性的，与二极管正向特性相似，也有一段死区（硅管约 0.5V，锗管约 0.1V）。当三极管正常工作时，发射结压降变化不大，此时的电压称为导通电压（硅管为 0.6～0.7V，锗管为 0.2～0.3V）。由图 11-11（a）所示还可知，当 U_{CE} 增大时曲线向右移，但大于 2V 后曲线重合。

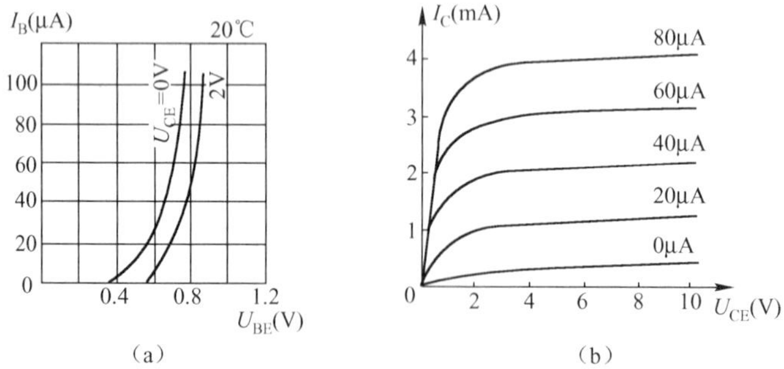

图 11-11　三极管的特性曲线

（2）输出特性。输出特性是指当 I_B 一定时 I_C 与 U_{CE} 之间的关系曲线。三极管的输出特性曲线如图 11-11（b）所示。由图可知，三极管的输出特性是与二极管反向特性相似的一组曲线族，可分为放大区、饱和区和截止区三个工作区域。

4. 半导体三极管的三种工作状态

（1）放大区。三极管处于放大状态的条件是：发射结正偏和集电结反偏。就是在输出特性曲线上 $I_B>0$ 和 $U_{CE}>1V$ 的部分，即曲线平坦区域，如图 11-12 所示。可见当 I_B 不变时 I_C 基本不变，即具有恒流特性；I_B 改变时 I_C 随之改变，表明 I_C 受 I_B 控制，具有电流放大作用。

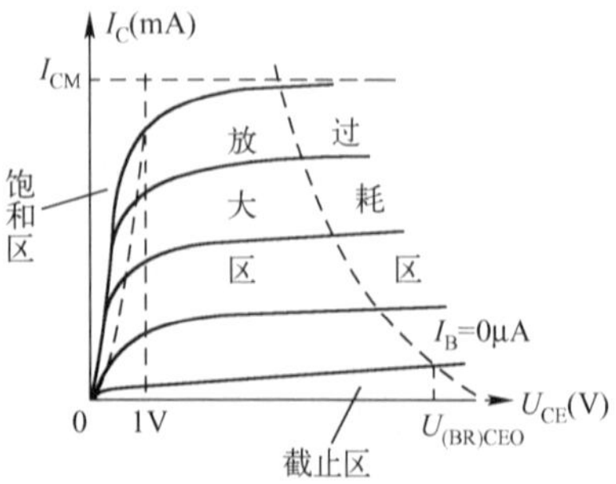

图 11-12　三极管的工作区

（2）截止区。发射结反偏时，因发射结两端电压小于死区电压，由三极管的输入特性曲线可知 $I_B \approx 0$。由三极管的输出特性曲线可知，$I_B=0$ 时，$I_C=I_{CEO}\approx 0$；三极管处于截止状态。即在输出特性曲线中 $I_B=0$ 以下的区域，如图 11-12 所示。此时 U_{CE} 近似等于集电极电源电压 V_{CC}，三极管类似断开的开关。

（3）饱和区。如果发射结正偏集电结也是正偏，三极管处于饱和状态。也就是在输出特性曲线上，I_C 随 U_{CE}的增大而增大的区域。此时 $I_C \approx \beta I_B$ 的关系不再存在。三极管饱和时的管压降 U_{CE}称为饱和压降 U_{CES}，U_{CES}很小，一般小功率的硅管约 0.3V，锗管约 0.1V，此时三极管相当于接通的开关。饱和时集电极电流 I_C 不再随 I_B 的变化而变化，此时的 I_C 记做 I_{CS}，称为饱和电流。饱和电流 I_{CS}主要由外电路决定，$I_{CS} = \frac{V_{CC} - V_{CES}}{R_c} \approx \frac{V_{CC}}{R_c}$。

三极管在三种工作状态时各极电压的典型数据如表 11-3 所示。

表 11-3　NPN 型三极管各极电压的典型数据

各极电压 / 管型	饱和区		放大区	截止区		备注
	U_{BE}（V）	U_{CE}（V）	U_{BE}（V）	U_{BE}（V）		
				一般	可靠截止	
硅管	0.7	0.3	0.7	<0.5	0	对 PNP 型管，相应各极电压符号相反
锗管	0.2	0.1	0.2	<0.1	-0.1	

综上所述，三极管使用时通常有两类不同的方式：一是三极管工作在放大状态，利用 I_B 对 I_C 的控制作用，这是模拟电子技术的应用方法；二是三极管工作在开关状态，即使三极管在饱和和截止两个状态之间转换，三极管相当于一个受控开关，这是数字电子技术的应用方法。

5. 半导体三极管的主要参数

（1）共发射极交流电流放大系数 β 和直流电流放大系数 $\bar{\beta}$。

（2）集电极－发射极穿透电流 I_{CEO}。因为 I_{CEO}不受 I_B 控制，同时 I_{CEO}明显随温度变化，所以希望 I_{CEO}愈小愈好，以免影响放大电路的稳定性。另外硅管的 I_{CEO}远小于锗管，因此多数情况下选用硅管。

（3）极限参数。极限参数关系到三极管的安全运行。

1）集电极最大允许电流 I_{CM}。工作时 I_C 若超过 I_{CM}，三极管 β 值将明显下降，特性变差。

2）集电极－发射极反向击穿电压 $U_{(BR)CEO}$。工作时 U_{CE}应小于此值，并应留有一定的余量，以免击穿。另外温度升高将使 $U_{(BR)CEO}$降低，因此要留足余量。

3）集电极最大耗散功率 P_{CM}。使用时应使 $U_{CE} \times I_C \leqslant P_{CM}$，否则三极管将过热而损坏。大功率管必须按要求加装散热片才能安全工作。使用时三极管的工作点不可进入图 11-12 所示的过耗区。表 11-4 列出了一些三极管的主要参数。

表 11-4　三极管的主要参数表

参数 / 型号	集电极最大允许电流 I_{CM}（mA）	集电极最大耗散功率 P_{CM}（mW）	集电极－发射极反向击穿电压 $U_{(BR)CEO}$（V）	集电极－发射极穿透电流 I_{CEO}（μA）	共发射极交流电流放大系数 β	特征频率 f_T（MHz）
3DG6A（硅 NPN 型）	20	100	15	≤0.1	10～200	≥100
3DG12A（硅 NPN 型）	300	700	30	≤1	20～200	≥100
3DK4（硅 NPN 型）	800	700	15	≤1	20～200	≥100
9011（硅 NPN 型）	30	400	30	≤0.1	28～198	≥370
9012（硅 PNP 型）	500	625	20	≤0.1	64～202	
9013（硅 NPN 型）	500	625	20	≤0.1	64～202	
9014（硅 NPN 型）	100	625	45	≤0.05	60～1000	≥270

课堂练习 11-6 某三极管电流分配关系数据见表 11-2 所示，试求 $I_B = 19.98\mu A$ 时 β 和 $\bar{\beta}$。

课堂练习 11-7 当半导体三极管的________结正向偏置、________结反向偏置时，三极管具有________作用，即________能控制________。

课堂练习 11-8 试判断如图 11-13 所示的各三极管工作在什么状态？并说明各三极管的管型。

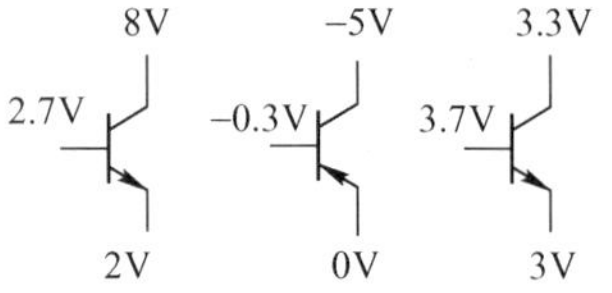

图 11-13 课堂练习 11-8 附图

课堂练习 11-9 查阅电子元器件手册，写出 3DG100A 的主要参数，并问：（1）能否工作在 $U_{CE} = 3V$，$I_C = 25mA$ 的状态下？（2）能否工作在 $U_{CE} = 30V$，$I_C = 3mA$ 的状态下？（3）能否工作在 $U_{CE} = 10V$，$I_C = 15mA$ 的状态下？

*11.2.2 场效应晶体管

晶体三极管是靠输入电流信号来实现控制的，所以是电流控制器件。但是因为大多数信号源都存在内阻，在提供信号电流时，往往使信号电压明显下降，甚至无法工作。例如，多数传感器的输出信号电压均十分微弱，放大这类信号不应用三极管，而采用场效应晶体管。

场效应晶体管（FET，Field Effect Transistor）具有信号放大功能。但它是靠信号电压产生的电场效应控制场效应管导电沟道的宽度而实现放大的。所以场效应管是电压控制器件，它几乎不需要输入电流，因而输入电阻很高（$>10M\Omega$），这是它的主要特点。此外，场效应管还具有噪声低、热稳定性好、功耗低等优良特性，且加工工艺简单，易于集成，因而获得了广泛的应用。场效应管分为结型和绝缘栅型两大类，绝缘栅场效应管（又称 MOS 管，Metal-Oxide-Semiconductor）分为增强型和耗尽型两种，每一种又有 N 沟道和 P 沟道之分。N 沟道绝缘栅场效应管（NMOS 管）的结构与符号如图 11-14 所示。若是 P 沟道绝缘栅场效应管（PMOS 管），符号中的箭头方向相反。

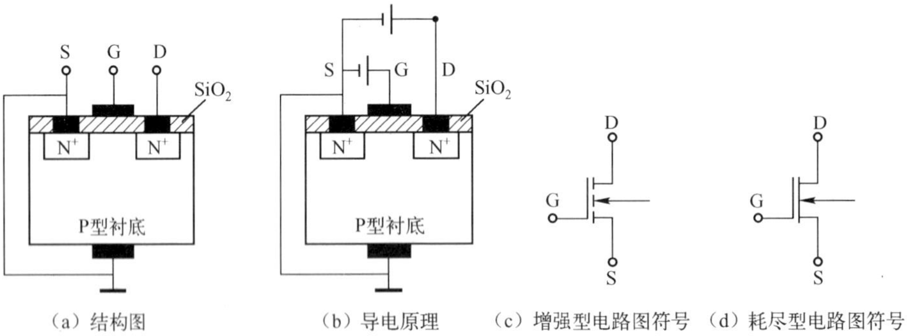

图 11-14 N 沟道绝缘栅场效应管结构、原理、符号图

NMOS 管是用一块掺杂甚轻的 P 型硅片做衬底，上面制成两个高掺杂浓度的 N 型区，分别引出两个电极漏极 D 和源极 S。衬底其余部分的表面覆盖一层很薄的二氧化硅绝缘层，其上喷涂一层铝作为栅极 G。栅极、源极、漏极分别与三极管基极、发射极、集电极相对应。

现介绍增强型绝缘栅场效应管的基本工作原理。在漏、源极之间加电压 U_{DS}（漏极接正、源极接负），因为漏、源极之间存在着两个背靠背的 PN 结，有一个 PN 结处于反向偏置，MOS 管截止，$I_D=0$。当栅、源之间接正向栅压（栅极接正、源极接负），使栅、源之间形成垂直向下的电场，吸引电子向上运动。当栅压 U_{GS}足够大时，漏、源极之间就形成了一层电子层，将漏、源极连通起来，形成导电沟道。于是，在漏、源极电压 U_{DS}的作用下产生漏极电流 I_D；栅压 U_{GS}越大，N 沟道越宽，I_D 也就越大。

场效应管的漏、源极之间原来并不存在导电沟道，只有在栅、源极之间施加一正向栅压 U_{GS}时，导电沟道才逐渐形成，栅压增大，沟道增宽，故这种场效应管称为增强型管。在一定的漏源电压 U_{DS}作用下，使漏、源极之间由截止变为导通的临界栅源电压称为开启电压 U_{TH}，$U_{GS}>U_{TH}$时 MOS 管才能正常工作。此时漏极电流 I_D 将受栅压 U_{GS}的控制，栅压对漏极电流的控制作用可以用特性参数跨导 g_m 来表示，反映场效应管的输入电压 U_{GS}对输出电流 I_D 的控制能力，表示为

$$g_m=\frac{\Delta I_D}{\Delta U_{GS}} \tag{11-4}$$

跨导 g_m 值越大，栅压对漏极电流的控制能力越强。

使用场效应管时，不要超过最大漏源电压、最大栅源电压、最大耗散功率等极限参数。不用时，应将各电极全部短路，以免在外电场作用下栅极感应高电压而击穿绝缘层。焊接时，应将电烙铁接地，以防感应击穿。

课堂练习 11-10　场效应管与普通晶体管比较，有哪些特点？

课堂练习 11-11　场效应管有哪几种类型？使用场效应管时要注意什么？

11.2.3　三极管的识别和检测

1. 三极管的管型和引脚判别

（1）基极（b 极）判别。使用万用表“$R\times100$”或“$R\times1\text{k}$”电阻挡随意测量三极管的两极，直到指针摆动较大为止。然后固定黑（红）表笔，把红（黑）表笔移至另一引脚上，若指针同样摆动，则说明被测管为 NPN（PNP）型，且黑（红）表笔所接触的引脚为 b 极。

（2）c 极和 e 极的判别。根据上面的测量已经确定了 b 极，且为 NPN（PNP）型，再使用万用表“$R\times1\text{k}$”电阻挡进行测量。假设一极为 c 极接黑（红）表笔，另一极为 e 极接红（黑）表笔，用手指捏住假设 c 极和 b 极（注意 c 极和 b 极之间以人体电阻相连，不能直接相碰），读出其阻值 R_1；然后再假设另一极为 c 极，重复上述操作（注意捏住 b、e 极的力度两次都要相同），读出其阻值 R_2；比较 R_1、R_2 的大小，阻值小的一次为假设正确，黑（红）表笔对 c 极。

2. 结型场效应管类型、引脚及性能好坏的判别

用万用表“$R\times100$”或“$R\times1\text{k}$”电阻挡随意测量结型场效应管任意两极，当发现指针偏转较大时，把黑（红）表笔固定，红（黑）表笔接到另一引脚上，若指针同样偏转，则黑（红）表笔对 G 极且为 N（P）沟道结型场效应管，其余的为 D、S 极，因 D、S 极可互换使用，故可不用判别。

判断结型场效应管的好坏时，首先要判断 G－S 和 G－D 两 PN 结的好坏，然后再测量D－S 两极的电阻，阻值一般都在几千欧内，若发现阻值过大或过小（只有几百欧以下）则都是已损坏的 MOS 管。对于绝缘栅型场效应管，因其易被感应电荷击穿，所以不便于测量。

实训项目 11–4 用万用表判断半导体三极管的引脚。

课堂练习 11–12 检测三极管时，应使用万用表的哪个挡级？

*11.3 晶闸管

11.3.1 晶闸管的结构与特性

晶闸管俗称可控硅，是一种大功率半导体器件。它具有容量大、效率高、控制方便、寿命长等优点，是大功率电能变换与控制的理想器件。电能的变换包括电压、电流和频率的变换，统称变流技术。以晶闸管为主的变流技术属于电力电子学科，该学科横跨了电力、电子和控制三个领域，使电子技术进入了强电领域，使强电变流方便、可靠，同时节约了大量的电能。目前，晶闸管变流技术主要应用于可控整流、有源逆变、无源逆变、交流调压、直流载波及无触点功率静态开关等方面。晶闸管种类很多，包括普通晶闸管、双向晶闸管、快速晶闸管等。下面以 普通晶闸管为例进行介绍。

1. 晶闸管的结构

晶闸管外形结构有螺旋式和平板式两种，晶闸管的内部结构和符号如图 11–15 所示。它是四层（$P_1N_1P_2N_2$）三端（阳极 A、阴极 K、门极 G）半导体器件。

2. 晶闸管可控单向导电性

如图 11–16 所示电路中，晶闸管的阳极 A 和阴极 K 与负载（灯）、可变电阻 RP、开关 S_2 和电源 U_a 连接，组成晶闸管主电路；晶闸管门极 G 和阴极 K 与开关 S_1 和电源 U_g 连接，组成晶闸管控制电路。其中 S_1 与 S_2 是双刀双掷开关，具有正、零、反三个位置。该实验现象与结论见表 11–5。

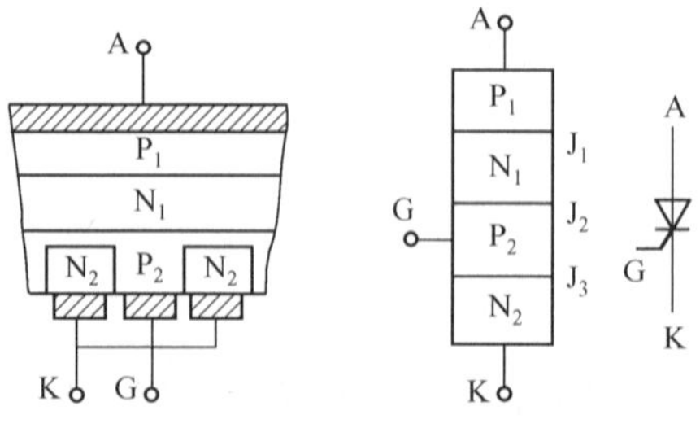

（a）结构图

（b）电路图符号

图 11–15 晶闸管的结构与符号

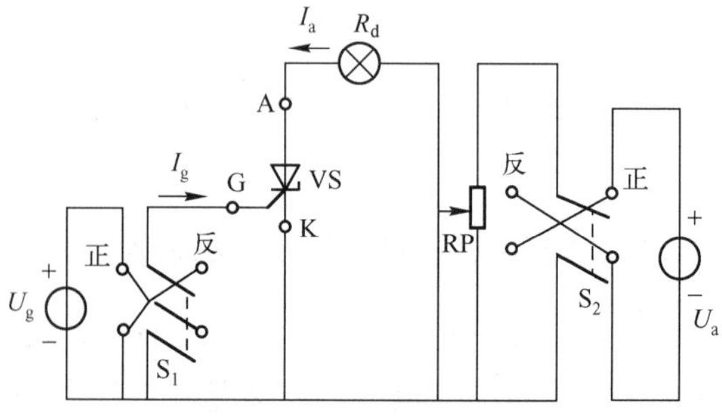

图 11–16 晶闸管实验电路

表 11-5　晶闸管导通关断实验

实验顺序		实验前灯的情况	实验时晶闸管条件		实验后灯的情况	结　论
			阳极电压 U_a	门极电压 U_g		
导通实验	1	暗	反向	反向	暗	晶闸管在反向阳极电压作用下，不论门极为何种电压，它都处于关断状态
	2	暗	反向	零	暗	
	3	暗	反向	正向	暗	
	4	暗	正向	反向	暗	晶闸管同时在正向阳极电压和正向门极电压作用下，才能导通
	5	暗	正向	零	暗	
	6	暗	正向	正向	亮	
关断实验	1	亮	正向	正向	亮	已导通的晶闸管在正向阳极电压作用下，门极失去控制作用
	2	亮	正向	零	亮	
	3	亮	正向	反向	亮	
	4	亮	正向（逐渐减小到接近于零）	任意	暗	晶闸管在导通状态时，当 U_a 减小到接近于零时，晶闸管关断

可见晶闸管和二极管一样，具有单向导电性，电流只能从阳极流向阴极，当晶闸管阳极加反压时，只有很小的反向漏电流，晶闸管处于反向阻断状态。晶闸管又不同于二极管，它还具有正向导通的可控特性。当晶闸管阳极加正压时，元件还不能导通，呈正向阻断状态，这是二极管不具有的。要使晶闸管导通需要在阳极和阴极间加正向电压 U_a，同时还需要在门极加适当的正向电压 U_g，门极对晶闸管的导通起控制作用，所以晶闸管具有可控单向导电性。晶闸管一旦导通后，门极就失去控制作用，一般只要在门极加正向脉冲电压即可，亦称为触发电压，门极只能触发晶闸管导通，不能使其关断。由此得出晶闸管导通关断的条件如下：

（1）导通条件。在晶闸管的阳极加上正向电压，同时在门极加上适当的正向电压。两者必须同时具备，缺一不可。

（2）关断条件。要使已导通晶闸管关断，只有改变阳极电压。在晶闸管的阳极加上反向电压；或暂时去掉阳极电压；或增大可变电阻减小主回路的电流 I_a，使 I_a 降到一定值以下。

3. 晶闸管的主要参数

（1）额定电压 U_{Tn}。晶闸管的额定电压 U_{Tn}，是指正、反向重复峰值电压 U_{DRM} 与 U_{RRM} 中较小的值。一般选择晶闸管额定电压应是实际工作时最大电压 U_{TM} 的 2～3 倍，即

$$U_{Tn} = (2 \sim 3)\ U_{TM} \qquad (11-5)$$

（2）额定电流 $I_{T(AV)}$。在环境温度为 40℃和规定的冷却条件下，元件在电阻性负载的单相工频正弦半波、导通角不小于 170°的电路中，结温不超过额定结温时，所允许的最大通态平均电流，称为额定通态平均电流。

（3）通态平均电压 $U_{T(AV)}$。在规定环境温度和稳定的额定结温下，正弦半波的额定电流平均值流过元件时，元件阳极和阴极间的电压在一周内的平均值，称为通态平均电压 $U_{T(AV)}$，简称管压降。

（4）维持电流 I_H。在室温和门极断开条件下，元件从较大的通态电流降至刚好能保持导通的最小阳极电流，称为维持电流 I_H。表 11-6 列出了晶闸管的一些主要参数。

表 11-6　晶闸管的主要参数表

参数 系列	额定正向平均电流 $I_{T(AV)}$（A）	重复峰值电压 U_{DRM}、U_{RRM}（V）	维持电流 I_H（mA）	通态平均电压 U_F（V）	门极触发电流 I_{GT}（mA）	门极触发电压 U_{GT}（V）
3CT021～3CT024 3CT031～3CT034 3CT041～3CT044 3CT051～3CT054 3CT061～3CT064	0.1 0.2 0.3 0.5 1	20～1000	0.4～20 0.4～30 0.4～30 0.5～30 0.8～30	≤1.5 ≤1.5 ≤1.2 ≤1.2 ≤1.2	0.01～10 0.01～15 0.01～20 0.05～20 0.01～30	≤1.5 ≤1.5 ≤1.5 ≤2 ≤2
3CT101 3CT103 3CT104 3CT105 3CT107	1 5 10 20 50	50～1400	<50 <100 <200	≤1	3～30 5～70 8～150	≤2.5 ≤3.5 ≤3.5 ≤3.5 ≤3.5

课堂练习 11-13　晶闸管的导通条件是____________，关断条件是____________。

4. 双向晶闸管

双向晶闸管和普通晶闸管一样，有塑料封装式、螺旋式和平板式三种。塑料封装式的电流一般只有几安培，多用于台灯调光、家用风扇调速；螺旋式的电流一般有几十安培；大功率均为平板式。双向晶闸管为五层三端半导体结构，符号如图 11-17 所示。它相当于两个反向并联的普通晶闸管制作在一起并共有一个控制极。其三个引出端分别为第一阳极 V_1、第二阳极 V_2 和门极 G。双向晶闸管正反两个方向都能导通，门极正负信号都能触发。若双向晶闸管两端加正向电源电压，控制极加正脉冲，管子正向导通；若电源电压为负，控制极加负脉冲，管子反向导通。

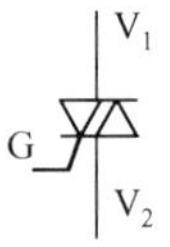

图 11-17　双向晶闸管符号图

11.3.2　晶闸管的识别和检测技能训练

1. 实训器材

普通晶闸管 1 个，万用表 1 个。

2. 实训步骤

（1）单向晶闸管的引脚判别。用万用表"$R\times1k$"挡任意测量一个普通晶闸管两极，若出现指针摆动较大，则说明黑表笔接触的是控制极 G，红表笔接触的是阴极 K，余下就是阳极 A。

（2）单向晶闸管的性能好坏判别。判断性能好坏时，先用"$R\times1k$"挡测量 A、K 极正反向电阻，一般都为无穷大，而 K、G 极则具有二极管特性。

11.4　二极管、三极管和晶闸管的识别和检测实训

1. 实验目的

（1）掌握查阅半导体器件产品手册的方法。
（2）掌握用万用表检测半导体二极管、三极管的方法。

2. 实训器材

（1）各类半导体二极管，5 只；
（2）各类半导体三极管，5 只；
（3）各类晶闸管，5 只；
（4）万用表，1 只。

3. 实训内容及步骤

（1）按提供的半导体二极管查阅电子元器件产品手册，并将参数填入表 11-7 中。

表 11-7　半导体二极管的主要参数

序　号	型号与类型	额定整流电流（mA）	额定电流时正向压降（V）	最高反向工作电压（V）	最高反压下的反向电流（μA）	导通电压
1						
2						
3						
4						
5						

（2）用万用表判断半导体二极管的极性和性能，填入表 11-8 中。

表 11-8　用万用表检测半导体二极管

序　号	型　号	正向电阻	反向电阻	性能好坏	二极管极性
1					
2					
3					
4					
5					

（3）按提供的半导体三极管型号查阅电子元器件产品手册，将其主要参数填入表11-9 中。

表 11-9　半导体三极管主要参数

参数 型号与类型	集电极最大允许电流 I_{CM}（mA）	集电极最大耗散功率 P_{CM}（mW）	集电极－发射极反向击穿电压 $V_{(BR)CEO}$（V）	集电极－发射极穿透电流 I_{CEO}（μA）	共发射极交流电流放大系数 β

（4）用万用表判别半导体三极管的引脚和管型，并记录于表 11-10 中。

表 11-10　半导体三极管的引脚和管型

型　号					
引脚图					
管型					
合格否					

（5）按提供的晶闸管型号查阅电子元器件产品手册，将其主要参数填入表 11-11 中。

表 11-11　晶闸管主要参数

参数 型号与类型	额定正向平均电流 $I_{T(AV)}$（mA）	重复峰值电压 U_{DRMM}（V）	维持电流 I_H（mA）	通态平均电压 U_F（V）	门极触发电流 I_{GT}（mA）	门极触发电压 U_{GT}（V）

（6）用万用表判别晶闸管的引脚，并记录于表 11-12 中。

表 11-12　晶闸管的引脚

型　号					
引脚图					
管型					
合格否					

4. 实训评价

本实训项目各项操作的评分标准见表 11-13，完成实训后可由教师进行评价，也可自我评价。

表 11-13　成绩评定

项目内容	配分	评分标准	扣分	得分	
二极管参数	25%	每错一项扣 5 分			
二极管检测	25%	每错一项扣 5 分			
三极管参数	25%	每错一项扣 5 分			
三极管检测	25%	每错一项扣 5 分			
考核时间	30min	每超过 5min 扣 10 分，不足 5min 按 5 分计			
开始时间		结束时间		评分	

本章小结

本章介绍了几种半导体器件的工作原理、特性、参数、特点及用途，见表 11-14。

表 11-14　半导体器件小结

器件类型	半导体二极管	半导体三极管		场效应管		晶闸管	
		NPN	PNP	N 沟道	P 沟道	普通晶闸管	双向晶闸管
符号	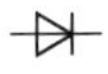	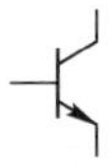		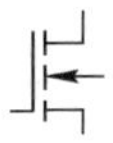	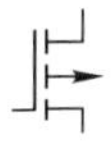	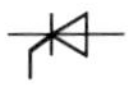	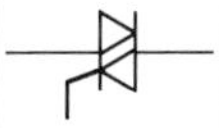
特点	单向导电性	较小的 I_b 控制较大的 I_c（电流控制器件）		U_{GS}控制 I_D（电压控制器件）		可控单向导电	可控双向导电
工作条件	外加正偏电压导通，外加反偏电压截止	放大区 e 结正偏 c 反偏；饱和区 e 结正偏 c 正偏；截止区 e 结反偏 c 反偏		放大 $U_{GS} > U_{TH}$ 夹断 $U_{GS} > U_{TH}$ 栅极不可悬空		阳极加正向电压，门极加一定正向电压，导通	阳极门极加相同电压导通
主要参数	I_F、U_{DRM}	β、I_{CEO}、I_{CM}、U_{CEO}、P_{CMS}		g_m、U_{DSM}、U_{GSM}		U_{Tn}、$I_{T(AV)}$、$U_{T(AV)}$、I_H	U_{Tn}、$I_{T(AV)}$、$U_{T(AV)}$
主要用途	整流	放大电路、开关电路		放大电路、开关电路		可控整流	交流调压

练习与思考

11.1　图 11-18 所示各电路中灯是否亮？二极管是导通还是截止，并求 U_{AB} = ?

11.2　图 11-19 所示电路是白炽灯供电电路，试回答：（1）当开关 S 接通 A 点时，白炽灯两端的电压 u_L 是________。（2）当开关 S 接通 B 点时，白炽灯两端的电压 u_L 是

________。此时流过二极管的电流平均值 $I_{D(AV)}$ = ________，二极管承受的最高反向工作电压 U_{DRM} = ________。可选用的二极管的型号为________，该管的参数 I_F 为________，U_{RM}为________。

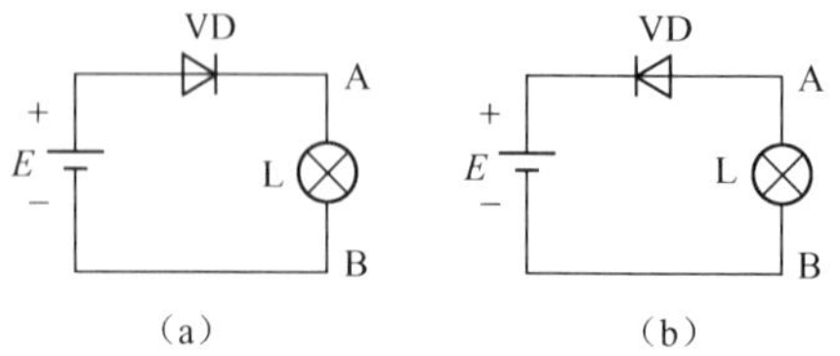

图 11-18　习题 11.1 附图

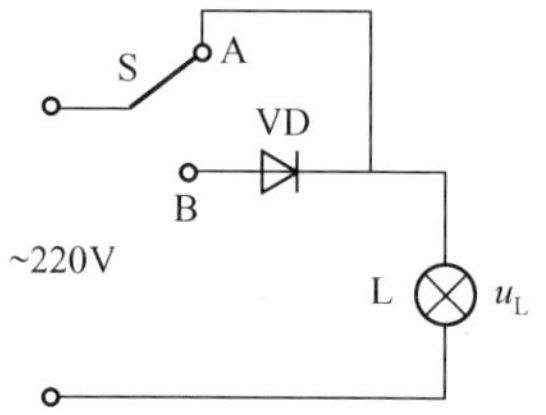

图 11-19　习题 11.2 附图

11.3　在放大电路中测得各三极管电极电位如图 11-20 所示，试判断各管的引脚、类型及材料。

11.4　有两个半导体三极管，一只三极管的 $\beta = 150$，$I_{CEO} = 200\mu A$；另一只的 $\beta = 50$，$I_{CEO} = 10\mu A$；其他参数都相同，你认为用做放大时，应选用哪一个管子比较合适？

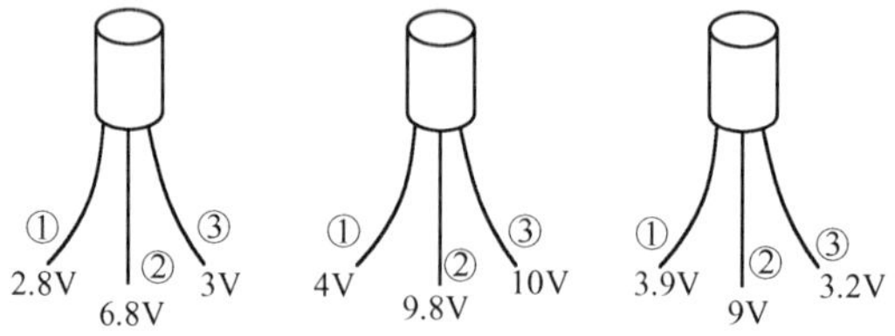

图 11-20　习题 11.3 附图

11.5　如图 11-21 所示电路中，稳压管 VD_{Z1} 与 VD_{Z2} 的稳压值分别为 7.5V、8.2V，正向压降均为 0.7V，试求出各输出电压 U_o。

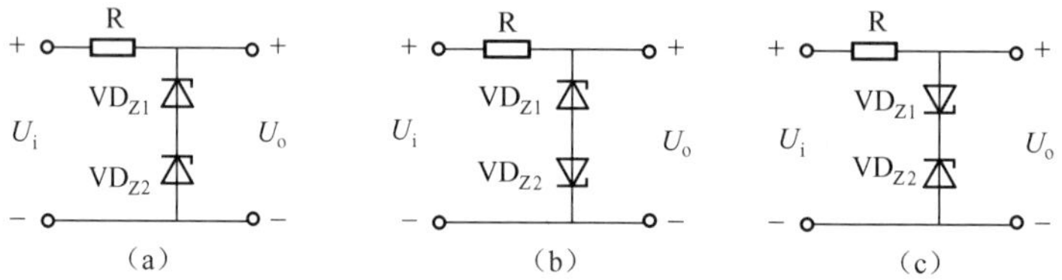

图 11-21　习题 11.8 附图

技能与实践

11.1　某三极管的输出特性曲线如图 11-22 所示，试写出三极管的主要参数：β、I_{CEO}、$U_{(BR)CEO}$的值。

11.2　接在电路中的 4 个三极管，用电压表测出它们各电极的电位如图 11-23 所示，试判断各管分别工作在何种状态（放大、饱和、截止）。

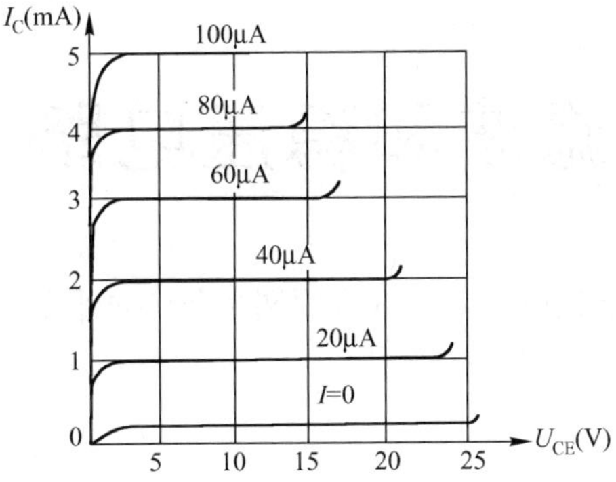

图 11-22　技能实践题 11.1 附图

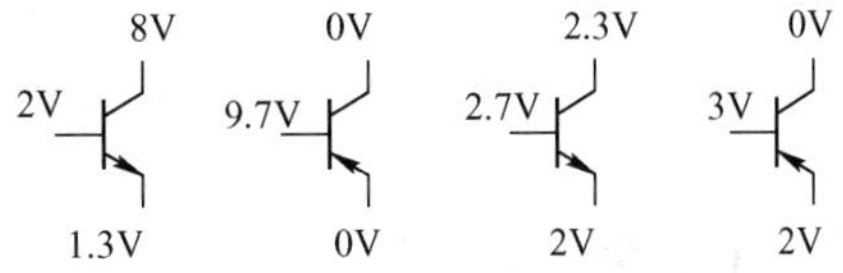

图 11-23　技能实践题 11.2 附图

技能训练测试

(1) 测试项目。用万用表检测二极管、三极管的管脚和性能。

(2) 仪器和器材。万用表、二极管、三极管。

项目十二　整流、滤波和稳压电路

家用调光台灯是一种亮度可进行无级调光的照明灯具。打开家用调光台灯的外壳，里面有一块电路板。该电路是由整流滤波电路和调光电路组成的。

12.1　整流电路

12.1.1　单相桥式整流电路

整流就是把交流电转换成存在脉动的直流电。按所用交流电源的相数分，可分为单相和多相整流；按负载上所得整流波形分，可分为半波和全波整流。由于桥式整流电路结构简单、输出直流电压大、电压脉动小，所以被广泛采用。

1. 单相桥式整流电路的组成

单相桥式整流电路如图 12-1（a）所示。图中整流变压器 T 将电网电压 u_1 变换成合适的交流电压 u_2。VD_1 ~ VD_4 四个整流二极管接成电桥形式，其中 VD_1 和 VD_2 的负极连在一起作为输出直流电压的正极性端；VD_3 和 VD_4 的正极连在一起作为输出直流电压的负极性端；而 VD_1 的正极和 VD_4 的负极连在一起，接交流电压 u_2 的 a 端；VD_2 的正极和 VD_3 的负极连在一起，接交流电压 u_2 的 b 端。

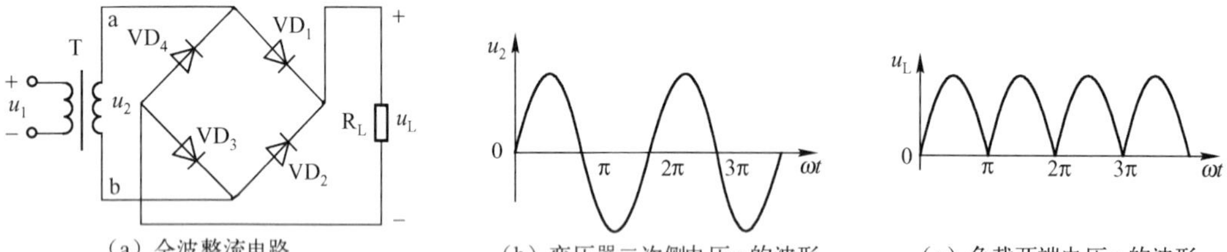

（a）全波整流电路　（b）变压器二次侧电压 u_2 的波形　（c）负载两端电压 u_L 的波形

图 12-1　单相桥式整流电路和波形

桥式整流电路还有其他一些画法，如图 12-2 所示，其中图 12-2 所示（b）是简化画法。

2. 单相桥式整流电路的工作原理

按图 12-1（a）所示电路图搭接单相桥式整流电路，元器件清单如表 12-1 所示，用示波器观测输出电压波形。

通过实验，可以看到 u_2 和 u_L 的波形如图 12-1（b）和（c）所示。

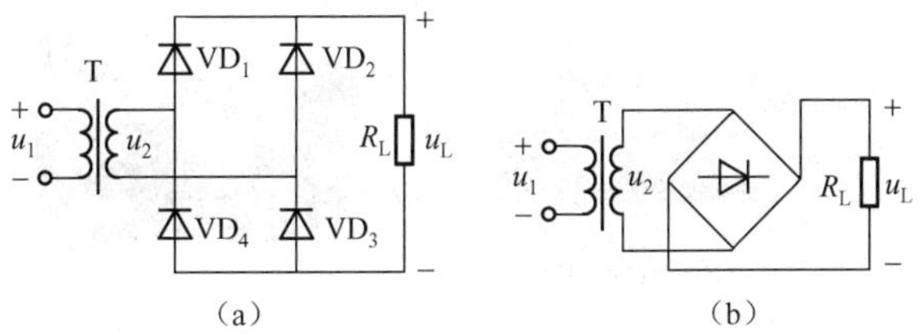

图 12-2　桥式整流电路的其他画法

表 12-1　单相桥式整流电路元器件明细表

代　号	名　称	型号及规格	单　位	数　量
T	电源变压器	220V/10V	个	1
VD_1 ~ VD_4	整流二极管	1N4001	只	4
R_L	电阻器	RTX - 0.25 - 1kΩ ± 5%	只	1

u_2正半周（a 端为正、b 端为负），二极管 VD_1、VD_3 同时正偏导通（此时 VD_2、VD_4 反偏截止），导电路径是 a→VD_1→R_L→VD_3→b，电流 i_L自上而下流过 R_L，产生电压 u_L为半个正弦波。

u_2负半周（a 端为负、b 端为正），二极管 VD_2、VD_4 同时正偏导通（此时 VD_1、VD_3 反偏截止），导电路径是 b→VD_2→R_L→VD_4→a，电流 i_L 自上而下流过 R_L，产生电压 u_L也为半个正弦波。

由此可见，一个周期（$\omega t = 2\pi$）内，二极管 VD_1、VD_3 和 VD_2、VD_4 轮流导通，在负载上得到正负半周都有单一方向的脉动的直流电压，因此称为全波整流。

从实验结果可知，单相全波桥式整流电路负载上输出的直流电压 $U_{L(AV)}$ 为

$$U_{L(AV)} = 0.9U_2$$

3. 桥式整流电路测试技能训练

在上面所搭接的实验电路板上（或 EWB 平台上），用万用表测量单相桥式整流电路的电源变压器 T 二次侧电压有效值 U_2、负载上输出的直流电压 $U_{L(AV)}$ 及流过负载的平均电流 $I_{L(AV)}$。

课堂练习 12-1　简述单相全波桥式整流电路的工作原理。

课堂练习 12-2　在图 12-1（a）所示单相桥式整流电路中，若二极管 VD_2 因虚焊而断开，问输出电压及波形会有何变化？

12.1.2　桥式整流电路的应用

在因特网搜索引擎中输入“桥式整流电路应用”，查询桥式整流电路的应用，了解目前其基本应用情况。

许多电子设备和自动控制装置通常需要由直流电源供电。目前广泛采用由交流电源经整流、滤波和稳压组成的直流稳压电源，其中整流环节大多是桥式整流电路。

如图 12-3 和图 12-4 所示的家用电器中的直流电源，都采用桥式整流电路。

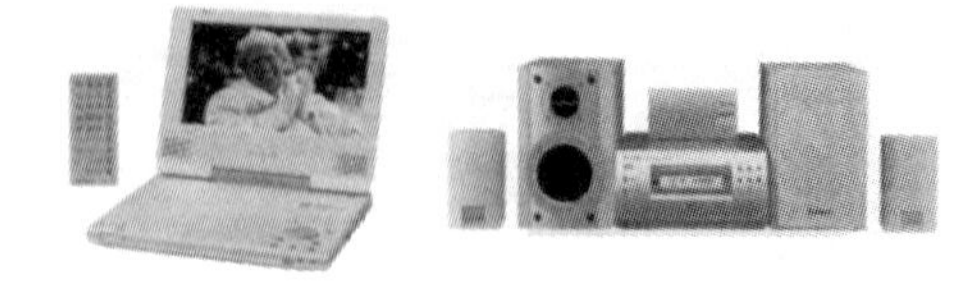

携带式DVD/VCD/CD影碟机　　DVD套装组合音响

图 12-3　整流电路应用 1

图 12-4　桥式整流电路的应用 2

课堂练习 12-3　试列举 3 个采用桥式整流电路的电子电器或设备。

12.2　滤波电路及其电路测试

经过整流得到的直流电，脉动很大，含有很大的交流成分，这对电子设备、自动控制等装置会带来不良影响。因此整流之后还需滤波，即将脉动的直流电变成比较平滑的直流电。常用电容器、电感器等储能元件组成滤波电路。

1. 电容滤波电路测试

（1）电路组成。把电容器并联在负载两端就组成电容滤波电路，桥式整流电容滤波电路如图 12-5（a）所示。

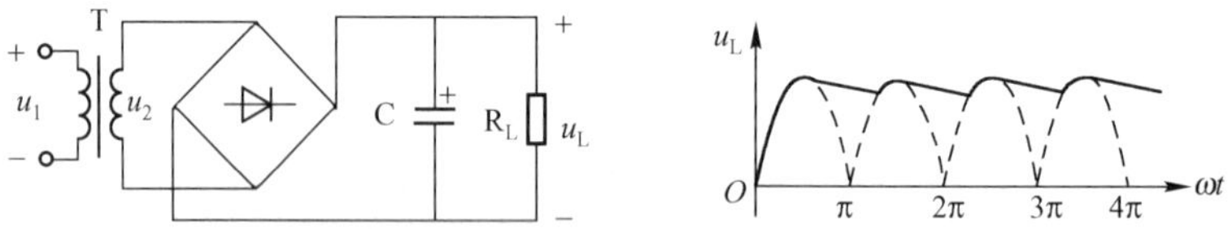

（a）桥式整流电容滤波电路　　（b）滤波电容为470μF时u_L的波形

图 12-5　桥式整流电容滤波电路和波形

（2）工作原理。利用电容两端电压不能突变的特性，可使输出电压波形平滑。

搭接如图 12-6（a）所示电路，用示波器观察 u_2 和 u_L 的波形，并用直流电压表测 $U_{L(AV)}$。其电路参数为 $U_2 = 10V$，$C_1 = 50\mu F$，$C_2 = 470\mu F$，$R_L = 120k\Omega$。

通过实验测得 u_2 是正弦波，如图 12-6（b）所示。当开关 S 接 1 端，u_L 是半波整流波形，如图 12-6（c）所示，此时 $U_{L(AV)} = 9V$。当开关 S 接 2 端，u_L 是较平滑的波形，如图 12-6（d）所示，$U_{L(AV)} = U_2$。当开关 S 接 3 端，u_L 波形更平滑，如图 12-6（e）所示。R_L 两端并联的电容 C 越大，波形越平滑，输出直流电压 U_L 越高。

上述实验表明：接上滤波电容器对输出电压波形起到了平滑滤波作用，并且提高了输出直流电压的幅度。当负载电阻 R_L 一定时，滤波电容越大，则输出电压波形越平稳。

从演示实验 12-2 可知，单相桥式整流电容滤波电路负载上输出的直流电压 $U_{L(AV)} = 1.2U_2$。

电容滤波电路简单，在电流不大时，滤波效果较好，一般用于负载电流较小且变化不大的场合，如各种电子测量仪器、收录机、电视机等。但当负载电流较大即 R_L 较小时，电容 C 放电快，波形平滑程度差，$U_{L(AV)}$ 下降，即电容滤波的外特性差（带负载能力差），不适用于负载电流大的场合。

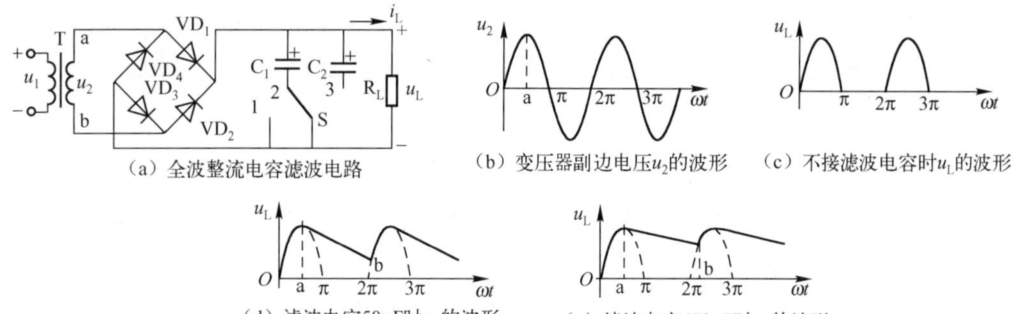

（a）全波整流电容滤波电路　（b）变压器副边电压u_2的波形　（c）不接滤波电容时u_L的波形

（d）滤波电容50μF时u_L的波形　（e）滤波电容470μF时u_L的波形

图 12-6　桥式整流电容滤波电路原理图及测试波形

2. 电感滤波电路测试

（1）电路组成。把电感元件与负载串联就构成电感滤波电路，桥式整流电感滤波电路如图 12-7（a）所示。

（2）工作原理。利用电感元件中电流不能突变的特性来抑制电流的脉动，达到滤波的目的。

搭接如图 12-7（a）所示的桥式整流电感滤波电路，用示波器观察 u_2 和 u_L 的波形，并用直流电压表测 $U_{L(AV)}$。其电路参数为 $U_2=11.68V$，$L=1H$，$R_L=1k\Omega$。

通过实验观察到 u_2 是正弦波，u_L 为似锯齿状的较为平滑的波形，如图 12-7（b）所示。

由演示实验 12-3 可知，单相桥式整流电感滤波电路负载上输出的直流电压 $U_{L(AV)}=0.9U_2$

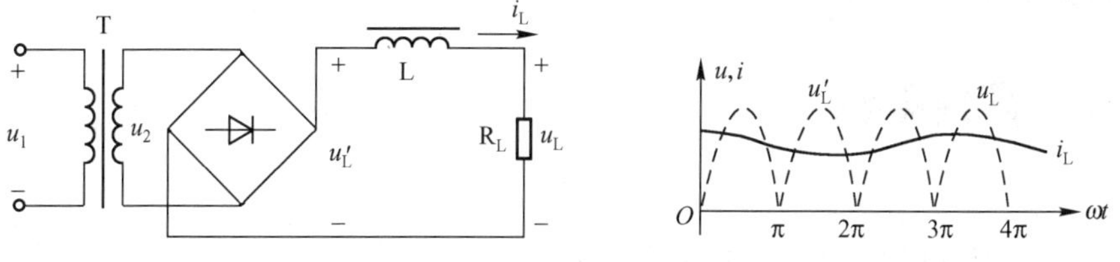

（a）电路　（b）波形

图 12-7　桥式整流电感滤波电路原理图及测试波形

电感滤波电路的外特性较好、带负载能力强，电感滤波电路适用于负载演示实验 12-3 电流较大的场合，其缺点是体积大、笨重、成本高。

3. 复式滤波

在实际应用中常常采用复式滤波电路，即同时采用电容、电感元件，可以取得更加理想的效果。如图 12-8 所示是两种常见的复式滤波电路。

（1）π 型 LC 滤波器。在滤波电容 C_1 之后再串接一个铁心线圈 L、并接一个滤波电容 C_2，就组成 π 型 LC 滤波器，如图 12-8（a）所示。

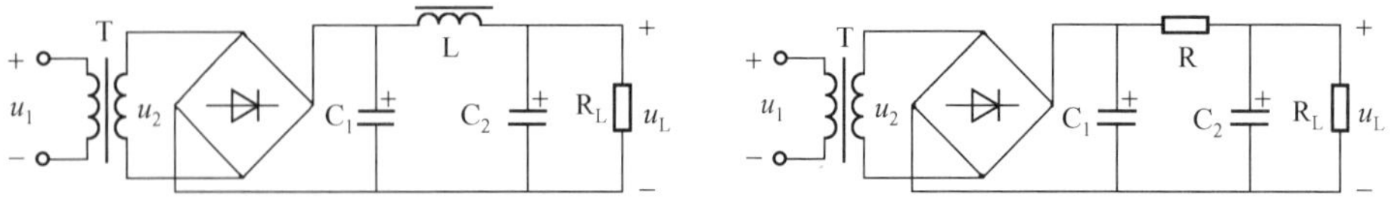

（a）π形LC滤波器　　（b）π形RC滤波器

图 12-8　复式滤波电路原理图

经桥式整流电容 C_1 滤波后，已经比较平滑的整流电压，其交流成分大部分都降落在电感 L 上，再经并联的滤波电容 C_2 进一步滤波，可以使负载得到更加平滑的直流电。LC 滤波器的外特性与电感滤波器相同，但滤波效果更好，适用于负载电流较大且电压脉动小的场合。

（2）π 型 RC 滤波器。由于铁心线圈体积大、成本高，有时可用电阻 R 代替 L，构成 π 形 RC 滤波器，如图 12-8（a）所示。由于电容的交流阻抗很小，而脉动电压的交流成分大部分都降落在 R 上，这样输出电压 u_L 的交流成分大为减小而起到滤波作用。这种滤波器主要适用于负载电流较小且电压脉动小的场合，如在电子仪器设备、电视机、收录机中广泛采用。

3. 滤波电路技能实训

按照图 12-6（a）、图 12-7（a）、图 12-8（a）在电路板上（或 EWB 平台上）搭接电容滤波电路、电感滤波电路和复式滤波电路，并用万用表测量单相桥式整流电路的电源变压器 T 二次电压有效值 U_2、负载上输出的直流电压 $U_{L(AV)}$ 及流过负载的平均电流 $I_{L(AV)}$。

课堂练习 12-4　整流是将________转变为________；滤波是将________转变为________。

课堂练习 12-5　电容滤波器适用于________的场合，电感滤波器适用于________的场合，LC 滤波器适用于________的场合，而 π 型 RC 滤波器适用于________的场合。

*12.3　稳压电路

12.3.1　集成稳压电路及其应用

各种电子电路都需要稳定的直流电源供电。一般情况下是将交流电变换成直流电进行供电。一般直流电源由变压、整流、滤波、稳压四部分组成，组成框图如图 12-9 所示。各部分分别起着不同的作用：变压器 T 将电网提供的交流电降压；整流电路将交流电转换成脉动的直流电；滤波电路将脉动的直流电转换成较平滑的直流电；由于电网电压波动或负载变化时，输出电压会产生相应的变化，所以经整流滤波后还需加稳压电路，稳压电路可将较平滑的直流电变成稳定的直流电。

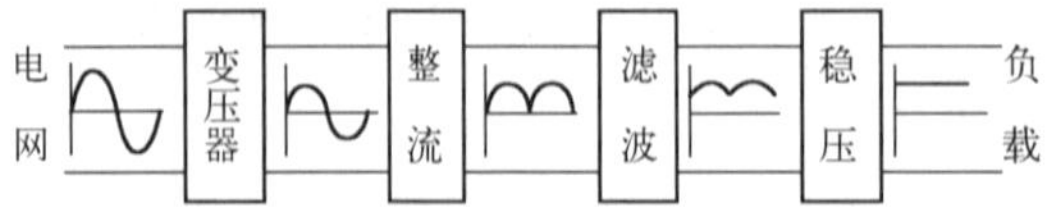

图 12-9　直流电源组成框图

集成稳压器是利用半导体工艺制成的集成器件，其特点是体积小、稳定性高、性能指标好等，已逐步取代了由分立元件组成得稳压电路。三端集成稳压器可分为固定式三端和可调式三端两大类。

1. 固定式三端集成稳压器

固定式三端集成稳压器外形、引脚排列和电路图符号如图 12-10 所示。

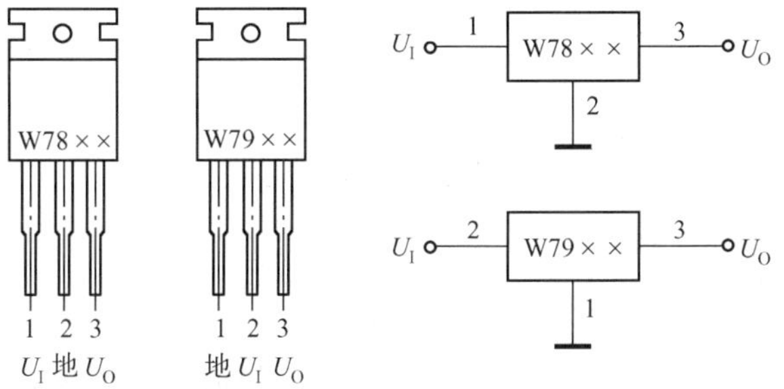

（a）外形和引脚排列　　（b）电路图符号

图 12-10　固定式集成稳压器

固定式三端集成稳压器直接输出的是固定电压，分正电压输出（W78××系列）和负电压输出（W79××系列）两种类型。正电压输出三端集成稳压器（W78××系列）的三个引出端为输入端 1、公共端 2 和输出端 3；负电压输出三端集成稳压器（W79××系列）的三个引出端为公共端 1、输入端 2 和输出端 3。输出电压有 5V、6V、8V、9V、10V、12V、15V、18V 和 24V。器件型号中的后两位数字代表输出电压值，如 W7805 表示输出电压为 +5V（对地），W7905 表示输出电压为 -5V（对地）。固定输出的三端稳压电源如图 12-11 所示。

2. 三端稳压电路技能训练

分别用示波器和数字万用表观察并测量如图 12-11 所示的固定输出的三端稳压电源输出电压波形和数值。

通过实训，观察到输出电压波形为一条直线，输出电压值为 5V。改变负载电阻 R_L，输出电压波形和数值不变，即三端稳压电源把交流电压转换成非常稳定的直流电压输出。由于输出电压固定不变，故称为固定式三端集成稳压器。

图 12-11 中 C_i 的左边为整流滤波环节，三端式稳压器与 C_i、C_o 组成稳压环节。整流滤波的输出电压作为稳压器的输入电压，稳压器的输出电压供给负载，稳压器的输入、输出端接有电容 C_i、C_o。C_i 为输入电容，其作用是防止干扰；C_o 为输出电容，其作用是消除可能产生的振荡。

固定电压输出电路有三种形式：输出正电压、输出负电压及输出正、负电压。如图 12-11 所示为输出正电压电路，如图 12-12 所示为输出正、负电压的稳压电路。适当配些外接元件，能实现输出电压、输出电流的扩展。

课堂练习 12-6　从交流电输入到直流电输出，直流稳压电源包括________、________、________和________四个部分。

课堂练习 12-7 稳压电路的作用是：在________或________时，使输出直流电压保持稳定。硅稳压管起稳压作用时工作在________状态。

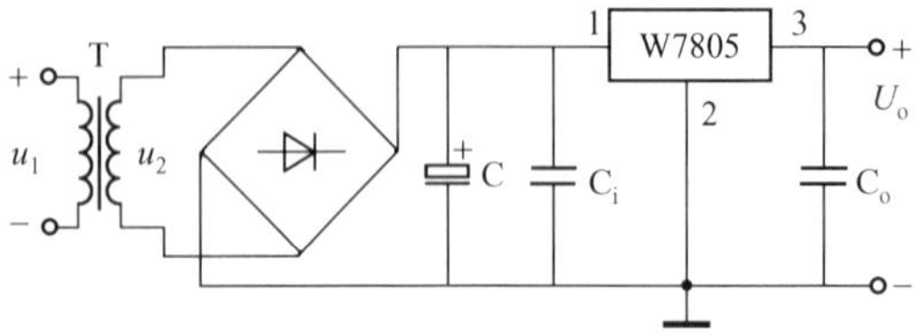

图 12-11 三端稳压电源技能训练电路图

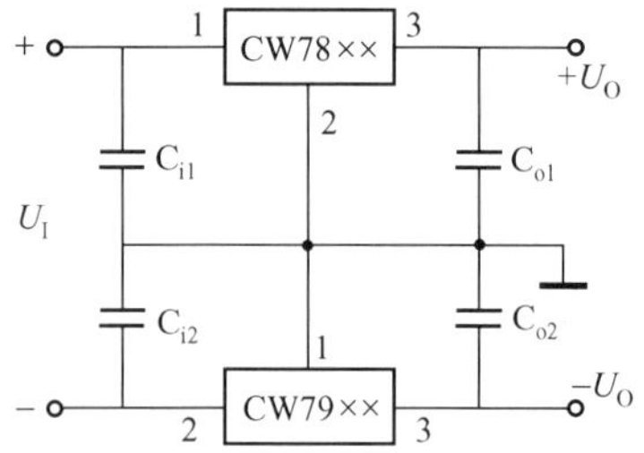

图 12-12 输出正、负电压电路

3. 可调式三端集成稳压器

可调式三端集成稳压器的外形如图 12-13 所示。可调式三端集成稳压器有两种类型：型号 W117/ W217/W317 为正电压输出，三个引出端分别为调整端 1、输出端 2 和输入端 3；型号 W137/ W237 /W337 为负电压输出，三个引出端分别为调整端 1、输入端 2 和输出端 3。正电压输出的可调式三端集成稳压器，其调整端和输出端间内部电压恒等于 1.25V；负电压输出的可调式三端集成稳压器，其调整端和输出端间的内部电压恒等于 −1.25V。

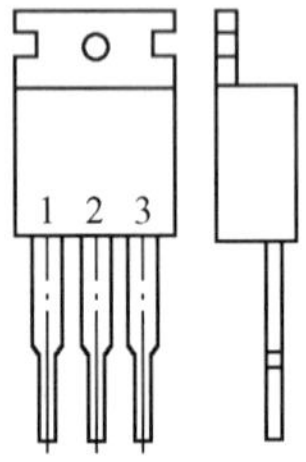

图 12-13 可调式集成稳压器

可调式三端集成稳压电路如图 12-14 所示，如图 12-14（a）所示为可调正电压输出电路，图中 U_I 是整流滤波后的输出电压，R_1、RP 是用来调节输出电压，为使电路正常工作，其输出电流一般不小于 5mA，调节端的电流很小，可忽略。因为 1、3 端的电压恒等于 1.25V，所以输出电压为

$$U_O = 1.25\left(1 + \frac{RP}{R_1}\right)\text{V}$$

如图 12-14（b）所示为可调负电压输出电路。

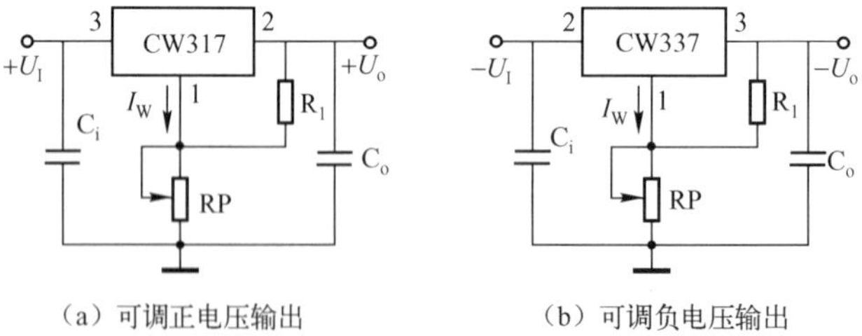

（a）可调正电压输出　　（b）可调负电压输出

图 12-14 可调式三端集成稳压电路

课堂练习 12-8 固定式三端集成稳压器有三个引出端，分别为______端、______端和______端；可调式三端集成稳压器有三个引出端，分别为______端、______端和______端。

课堂练习 12-9 图 12-14 所示电路中，稳压器的型号为 CW7805、CW7905，已知

$U_I=12V$，试估算电路输出电压值。

12.3.2　开关稳压电路

前述三端式集成稳压器有很多优点，使用也很广泛。但由于三端式集成稳压器内部的调整管必须工作在线性放大区，管压降比较大，同时要通过全部负载电流，所以管耗大，电源效率低，一般为40%～60%。特别在输入电压升高、负载电流很大时，管耗会更大，不但电源效率很低，同时使调整管的工作可靠性降低。

开关稳压电源的调整管工作在开关状态，依靠调节调整管导通时间来实现稳压。由于调整管主要工作在截止和饱和两种状态，管耗很小，故使开关稳压电源的效率明显提高，可达80%～90%，而且这一效率几乎不受输入电压大小的影响，即开关稳压电源有很宽的稳压范围。由于效率高，使得电源的体积小、重量轻。开关稳压电源的主要缺点是输出电压中含有较大的纹波。但由于开关稳压电源的优点显著，能源利用率高，故发展迅速，使用也越来越广泛。

*12.4　晶闸管单相可控整流电路

12.4.1　晶闸管单相可控整流电路的组成

在生产实际中，往往需要电压可调的直流电源，如直流电动机的调速、同步电动机的励磁、电解、电镀、通信系统的基础电源等。晶闸管可控整流电路的作用就是把电压不变的交流电变换成电压可调的直流电。利用晶闸管的可控单向导电性，就可以很方便地组成可控整流装置，把交流电源变成电压大小可调的直流电源。

晶闸管可控整流电路通常由主电路（整流电路）和控制电路（触发电路）两部分组成。其组成框图如图12-15所示。主电路主要是将交流电转换成大小可变的直流电，而控制电路是为晶闸管导通提供触发脉冲。

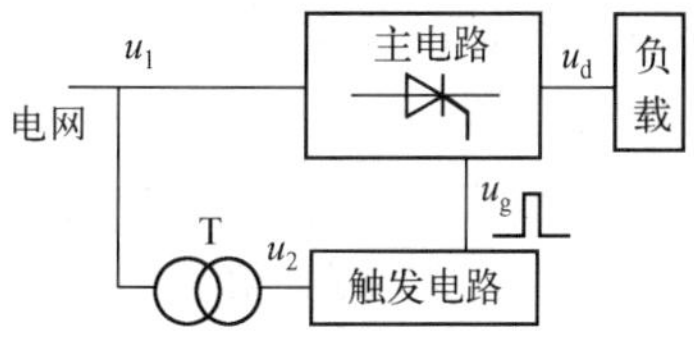

图12-15　可控整流电路组成框图

可控整流电路按电路结构分，可分为半波电路和全波电路；按电路控制特点分，可分为半控电路和全控电路；按电源相数分，可分为单相电路和三相电路。

12.4.2　晶闸管单相可控整流电路的原理及技能训练

将单相半波整流电路中的二极管换成晶闸管，即构成如图12-16（a）所示单相半波可控整流电路。其中晶闸管VS和电阻R_d组成了主电路；控制极的触发脉冲由控制电路提供。

按照图12-16（a）所示电路图，搭接电路，利用示波器观察输出电压u_d、触发脉冲u_g的波形。

通过实训，观察到如图 12-16（b）所示的波形，输入电压是有效值为 120V/50Hz 的正弦波，门极触发脉冲 u_g 是幅值为 10V/100Hz 的矩形脉冲。示波器显示的输出电压波形如图 12-16（b）所示，其有效值为 52. 55V。从双踪示波器可见，门极加上触发脉冲 u_g 时，晶闸管正好被触发导通。

由图 12-16（a）可见，变压器 T 二次电压 u_2，经负载电阻 R_d 加在晶闸管阳极 A 与阴极 K 两端。

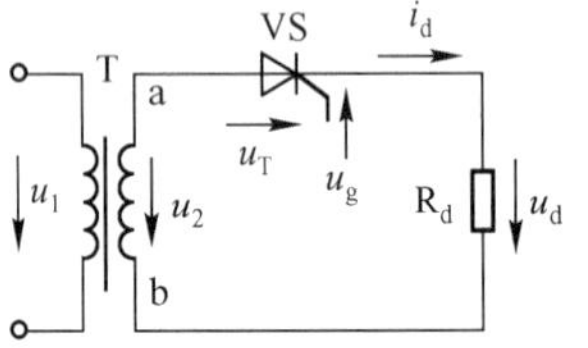

（a）电路图

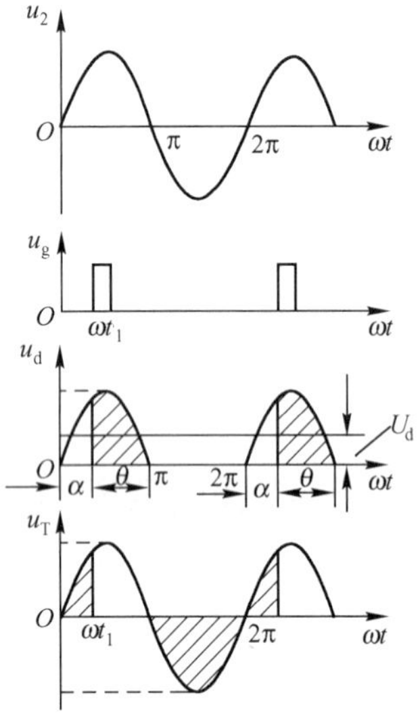

（b）示波器波形图

图 12-16　演示实验 12-5 单相半波可控整流

当 u_2 为正半周（a 端为正、b 端为负）时，在 $0 \sim \omega t_1$ 期间，虽然晶闸管加上了正向电压，因为未加触发脉冲，晶闸管无法导通，处于正向阻断状态，此时 R_d 中没有电流流过，负载两端电压为零，$u_d = 0$，电源电压全部降在晶闸管两端，$u_T = u_2$；在 ωt_1 时刻，门极加上触发脉冲 u_g，晶闸管被触发导通，此时电源电压全部降在负载两端，负载电压 $u_d = u_2$，忽略管压降（即 $u_T = 0$），流过负载的电流为 $i_d = u_d / R_d$，i_d 的波形与 u_d 的波形相似；在 $\omega t = \pi$ 时刻，交流电源 u_2 过零，使流过晶闸管的电流降为零，晶闸管被关断（$i_d = 0$、$u_d = 0$）。

u_2 负半周（a 端为负、b 端为正）晶闸管承受反向电压，处于反向阻断状态（$u_d = 0$，$u_T = u_2$），直至下一个周期，再重复上述过程，这样就把交流电转换成可变的直流电。

u_d、u_T 波形如图 12-16（b）所示，图中 α 为控制角，θ 为导通角（$\theta = \pi - \alpha$）。改变脉冲出现的时刻，即改变了控制角 α 的大小，从而改变了输出电压的大小，达到可控整流的目的。

课堂练习 12-10　简述如图 12-16（a）所示单相半波可控整流电路的工作原理。

*12. 5　家用调光台灯的制作实训

12. 5. 1　家用调光台灯电路的识读

家用调光台灯的电原理图如图 12-17 所示，由单结晶体管 VT，电阻 R_2、R_3、R_4，电位器

RP，电容 C 组成单结晶体管的张弛振荡器。在接通电源前，电容 C 上电压为零。接通电源后，电容经由 R_4、RP 充电而电压 U_e 逐渐升高，当 U_e 达到峰值电压时晶体管 VT e－b_1 间导通，电容上电压经 e－b_1 向电阻 R_3 放电，在 R_3 上输出一个脉冲电压。由于 R_4、RP 的阻值较大，当电容上的电压降到谷点电压时，经由 R_4、RP 供给的电流小于谷点电流，不能满足导通要求，于是单结晶体管 VT 恢复阻断状态。此后，电容又重新充电，重复上述过程，最终在电容上形成锯齿状电压，在 R_3 上则形成脉冲电压。在交流电压的每半个周期内，单结晶体管 VT 都将输出一组脉冲，起作用的第一个脉冲触发晶闸管 VS 的控制极，使晶闸管 VS 导通，灯泡发光。改变 RP 的电阻值，可以改变电容充电的快慢，即改变锯齿波的振荡频率，从而改变晶闸管 VS 导通角的大小，即改变了可控整流电路的直流平均输出电压，达到调节灯泡亮度的目的。本电路可使灯泡两端电压在几十伏至二百伏范围内变化，调光作用明显。

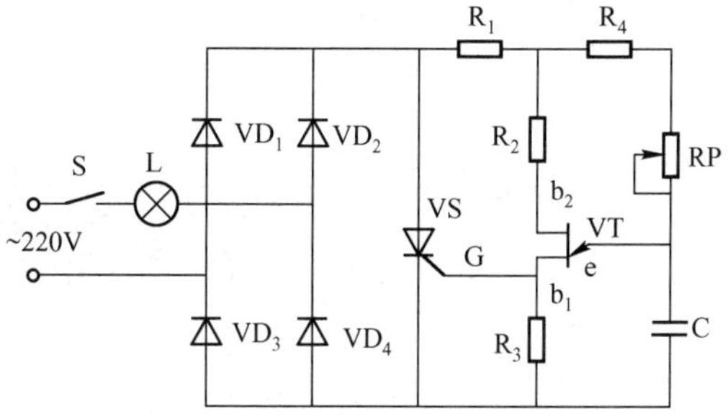

图 12-17　调光台灯电路

12.5.2　家用调光台灯的制作

1. 实训器材

（1）万用表。
（2）组装焊接工具。
（3）元器件，见表 12-2。

表 12-2　家用调光台灯电路元器件明细表

代　号	名　称	型号及规格	单　位	数　量
VS	晶闸管	3CT	只	1
VD_1 ~ VD_4	整流二极管	1N4007	只	4
VT	单结晶体管	BT33	只	1
R_1	电阻器	RTX－0. 25－51kΩ ±5%	只	1
R_2	电阻器	RTX－0. 25－300Ω ±5%	只	1
R_3	电阻器	RTX－0. 25－100Ω ±5%	只	1
R_4	电阻器	RTX－0. 25－18kΩ ±5%	只	1
RP	带开关电位器	WTH－0. 25－18kΩ ±5%	只	1
C	涤纶电容器	CLX－250－0. 022 ±10%	只	1

续表

代　号	名　称	型号及规格	单　位	数　量
L	灯泡	220V/25W	只	1
	灯座		只	1
	电源线			若干
	安装线			若干
PCB	印制电路板		块	1
	散热片			

2. 装配步骤

调光台灯电路 PCB 装配图如图 12-18 所示。

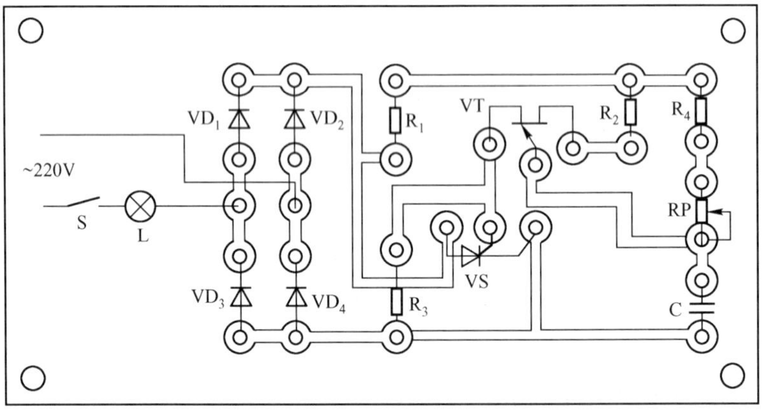

图 12-18　调光台灯电路 PCB 装配图

调光台灯安装步骤如下。

（1）按常规检测所有元器件，并对元器件引脚进行镀锡、成形等处理后，按图 12-18 正确安装各元器件。

（2）带开关电位器用螺母固定在 PCB 的开关 S 定位孔上，电位器用导线连接到印制电路板上的所在位置。

（3）灯泡安装在灯头插座上，灯头插座固定在 PCB 上。根据灯头插座的尺寸在 PCB 上钻固定孔和导线串接孔。

（4）散热片上钻孔，把它安装在可控硅 VS 上，作散热用。

（5）印制电路板四周用四个螺母固定、支撑。

（6）其他元器件的安装工艺要求如下：

1）电阻、二极管均采用水平安装，贴紧印制板。电阻的色环方向应该一致。

2）单结晶体管、单向晶闸管采用直立式安装，底面离印制板（5 ±1）mm。

3）电解电容器尽量插到底，元件底面离印制板最高不能大于 4mm。

4）开关电位器尽量插到底，不能倾斜，三只引脚均需焊接。

5）插件装配美观、均匀、端正、整齐，不能歪斜，要高低有序。

6）所有插入焊片孔的元器件引线及导线均采用直脚焊，剪脚留头在焊面以上（1 ±

0.5）mm，焊点要求圆滑、光亮，防止虚焊、搭焊和散焊。

3. 调试与检测方法

调试前认真、仔细地检查各元器件安装的情况，然后接上灯泡，进行调试。调试时，插上电源插头，打开开关，旋转电位器，灯泡应逐渐变亮。

由于电路直接与市电相连，调试时应特别注意安全，防止触电。调试前应认真、仔细检查，确认正确无误后，再经指导老师检查同意后，方可通电调试。调试时，应注意人体各部分远离 PCB。

4. 常见故障原因及排除

（1）由 VT 组成的单结晶体管张弛振荡器停振，可能造成灯泡不亮、灯泡不能调光。造成停振的原因可能是 VT 损坏，或电容 C 损坏。

（2）电位器 RP 顺时针旋转时，灯泡应逐渐变亮。如果是灯泡逐渐变暗，则可能是电位器中心抽头接错位置所致。

（3）当调节电位器 RP 至电阻最小位置时，突然发现灯泡熄灭，则应适当增大电阻 R_4 的阻值。

本章小结

本章主要介绍了整流滤波电路、稳压电路和晶闸管可控整流电路的组成、工作原理、性能指标及几种典型电路，详见表 12-3。

表 12-3　几种典型电路

电路类型	桥式整流	桥式整流电容滤波	固定三端式稳压电路	可调三端式稳压电路	半波可控整流
电路特点	整流是把交流电转变为脉动的直流电	滤波是把脉动的直流电转变为平滑的直流电	稳压是把平滑的直流电转变为稳定的直流电		可控整流是把交流电转变为可调的直流电
电路图	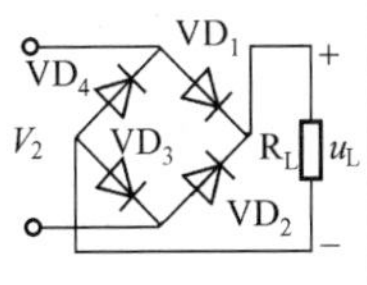	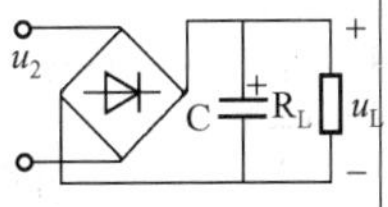	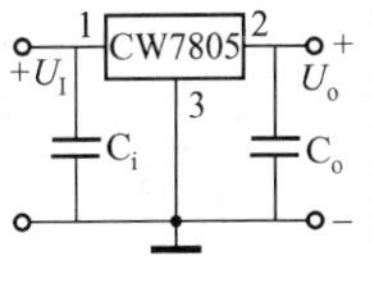	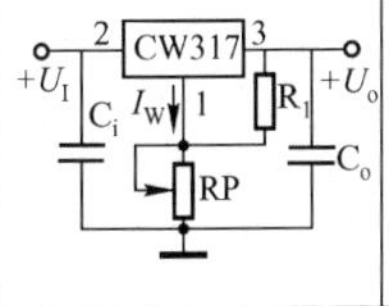	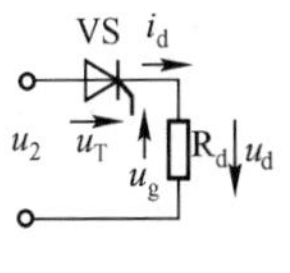
用途	提供要求不高的直流电压	提供平滑的直流电压	为电子设备提供稳压的直流电源		直流调光、调温、调速等

练习与思考

12.1　在如图 12-19 所示的电路中，说明各电路的名称。若 $R_L=100\Omega$，交流电压表 V_2 的读数为 20V，问直流电压表 V 和直流电流表 A 的读数为多大？并在图上标注输出电压的极性。

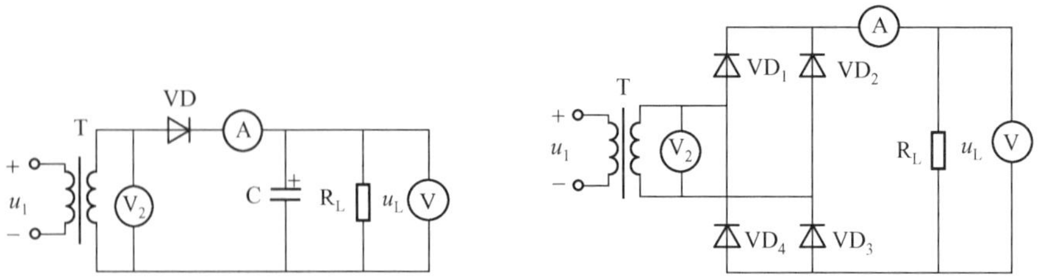

（a）　　　　（b）

图 12-19　习题 12.2 附图

12.2　试说明图 12-20 所示电路名称，分别计算输出电压 U_O值。

12.3　如图 12-21 所示是一种简单的舞台调光电路，试分析电路调光的工作原理，画出 u_d、u_g的波形，并说明电位器 RP、二极管 VD_2 及开关 S 的作用。

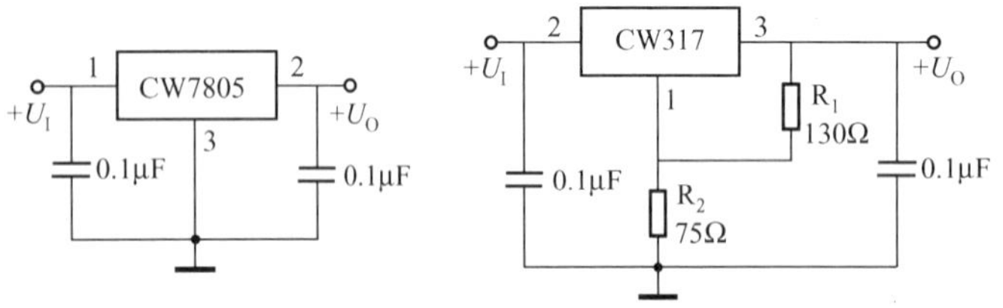

（a）　　　　（b）

图 12-20　习题 12.4 附图

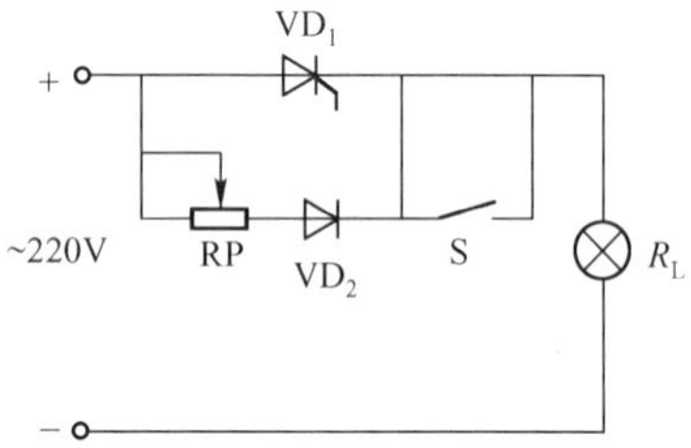

图 12-21　习题 12.6 附图

技能与实践

12.1　如图 12-22 所示是一个电热用具（如电热毯）中的双控开关电路，图中 VD_2是发光二极管，在通电时能发光，分流电阻 R 用于保护 VD_2试问：（1）当开关 S_1和 S_2都闭合时，负载 R_L上加的是________电压，负载 R_L处于________状态；（2）当开关 S_1闭合，S_2断开时，负载 R_L上加的是________电压，负载 R_L处于________状态；（3）当开关 S_1断开时，电路又处于________状态。

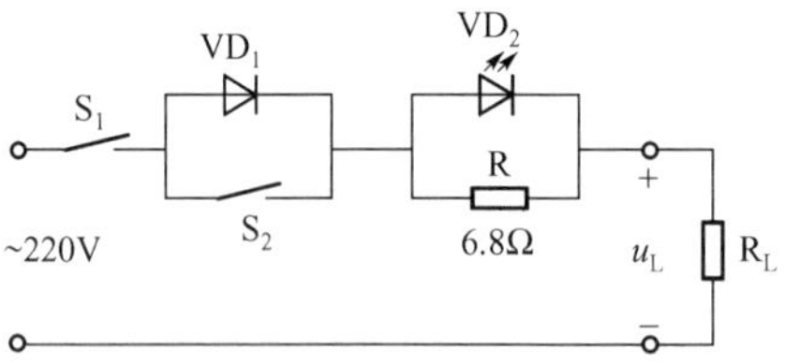

图 12-22　习题 12.1 附图

12.2　在线路板上有 4 只二极管，排列如图 12-23 所示，请接上交流电源和负载电阻实现桥式整流，要求画出的电路简明整洁。

12.3　在在线路板上有如图 12-24 所示的若干元件，请在图中连接单相桥式整流波电容滤波电路，要求画出的电路简明整洁。

12.4　整流滤波电路如图 12-5（a）所示，已知 $U_2 = 20V$，$C = 1000\mu F$，$R_L = 47\Omega$，现用直流电压表测量输出电压，问出现下列几种情况时，其 $U_{L(AV)}$各为多大？（1）正常工作时，$U_{L(AV)}$ = ________；（2）R_L 断开时，$U_{L(AV)}$ = ________；（3）C 断开时，$U_{L(AV)}$ = ____

____；(4) 有一个二极管因虚焊而断开时，$U_{L(AV)}$ = ________。

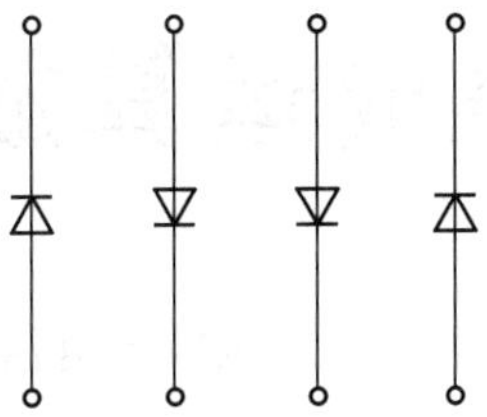

图 12-23　二极管整流电路制作

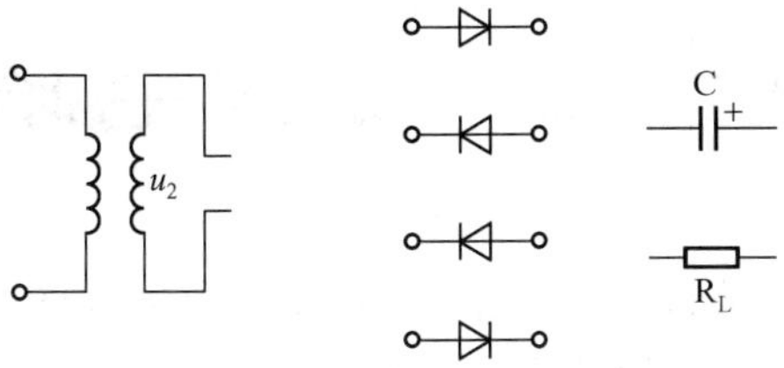

图 12-24　单相桥式整流电路制作

技能训练测试

本项目练习搭接一个输出直流电压 U_O = 10V 的直流稳压电路。

(1) 仪器和器材。自行安排相关的仪器和器材，进行实训。

(2) 技能训练测试电路。自行设计测试电路。

项目十三　放大电路与集成运算放大器

各类音响设备或扩音机内部都有放大电路，放大器的主要功能是放大电信号，这是生活中常见的放大电路的实际应用。

13.1　基本放大电路

13.1.1　共射放大电路组成原理

放大器是电子设备中重要的组成部分。放大器的主要功能是放大电信号，即把微弱的输入信号通过电子元器件的控制作用，将直流电源功率转换成一定强度的、随输入信号变化而变化的输出功率。因此，放大器实质上是一个能量转换器。

1. 基本共射放大电路的组成

如图 13-1 所示是单管电压放大器的电路原理图。被放大的交流信号电压 u_i 从三极管的基极和发射极间输入，放大后的信号电压 u_o 从集电极和发射极间输出，以带动负载 R_L。输入回路和输出回路的公共端是发射极，可见这是一个共发射极放大电路，简称共射放大电路。

2. 基本共射放大电路各元器件的作用

三极管 VT 是放大电路的核心元件，放大电路工作时主要依靠三极管的电流放大作用。

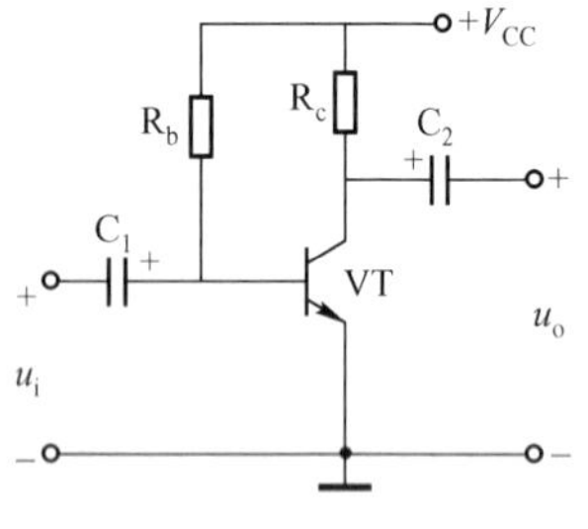

图 13-1　基本共射放大电路

电源 V_{CC} 是放大器的能源，它和阻值合适的 R_b、R_c 相配合，可使发射结正偏、集电结反偏，以满足三极管放大的外部条件。图 13-1 中三极管采用 NPN 型管，如果三极管采用 PNP 型管则电源 V_{CC} 的极性就要反过来。R_b 是基极偏流电阻，改变 R_b 的阻值，即可改变基极偏流 I_B 的大小，从而改变三极管的工作状态。如果把 R_b 开路，$I_B=0$，将导致放大器不能正常放大。集电极负载电阻 R_c 将放大后的电流 I_C 的变化转变为 R_c 上电压的变化，从而引起 u_{ce} 的变化，这个变化电压就是输出电压 u_o。耦合电容 C_1 和 C_2 分别接在放大电路的输入端和输出端，利用电容器对交流电的阻抗很小，交流电很容易通过来实现耦合。又利用电容器对直流电的阻抗很大来隔断直流，从而避免信号源与放大电路之间、放大电路与负载之间直流电流的相互影响。因此耦合电容的作用是“隔直通交”。

为了弄清概念便于分析，其表示符号做如下规定：直流量用大写字母大写脚标符号，如 I_B、U_{BE}；交流量用小写字母小写脚标符号，如 i_b、u_{be}；总变化量是交流量叠加在直流量上，用小写字母大写脚标符号，如 i_B、u_{BE}。

*13.1.2 共射放大电路的直流通路和交流通路

1. 直流通路

放大器未加输入信号即 $u_i=0$ 时，电路的工作状态称为静态。这时电路中没有变化量，电路中的电压、电流都是直流量，如图 13-2 所示，此时直流量 I_B、I_C、U_{CE}的值所对应的点称为放大电路的静态工作点，简称 Q 点。

由此可见，要分析计算放大电路的静态工作点所对应的电压电流 I_B、I_C、U_{CE}，就应先画出放大电路的直流通路。直流通路是放大电路中直流通过的路径。由于电容器具有隔断直流的作用，所以画直流通路时电容相当于开路。如图 13-3 所示是图 13-1 放大电路的直流通路。

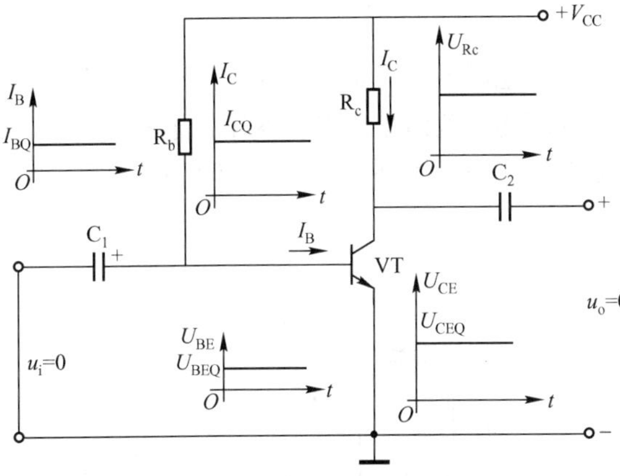

图 13-2 放大电路的静态工作情况

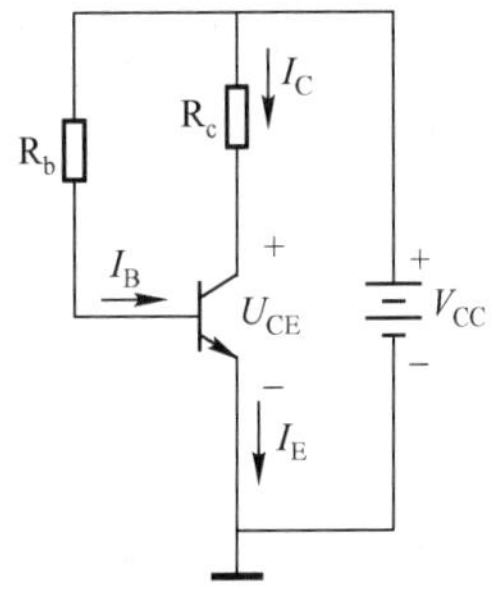

图 13-3 放大器的直流通路

2. 交流通路

放大器输入端输入信号时，电路的工作状态称为动态。这时输入信号 u_i叠加在直流的 U_{BE}上，即 $u_{BE}=U_{BE}+u_i$

基极电流 $$i_B=I_B+i_b$$

式中 i_b是 u_i引起的电流。经过放大 $i_C=I_C+i_c$

而 $$u_{CE}=V_{CC}-R_ci_C=V_{CC}-R_c\ (I_C+i_c)\ =V_{CC}-R_cI_C-R_ci_c=U_{CE}-R_ci_c$$

可见 u_{CE}也是由直流分量 U_{CE}和交流分量 $-R_ci_c$组成的，由于 C_2的隔直通交作用，输出电压只有交流分量，即 $u_o=u_{ce}=-R_ci_c$

上式表明，只要 R_c取值适当，就可使 u_o比 u_i大许多倍，从而实现电压放大。此外，u_o与 R_ci_c在数值上相等，而在相位上却是相反的。因为 u_i、i_b、i_c、u_{Rc}都是同相位，所以 u_o和 u_i的相位相反。这是共射放大电路所具有的倒相作用，如图 13-4 所示。

按照图 13-4 所示电路原理图搭接电路，用示波器观察共射放大电路的输入、输出波形，如图 13-4 所示。可以看到 u_o比 u_i大得多，说明共射放大电路具有电压放大作用。且 u_o和 u_i反相，说明共射放大电路具有倒相作用。

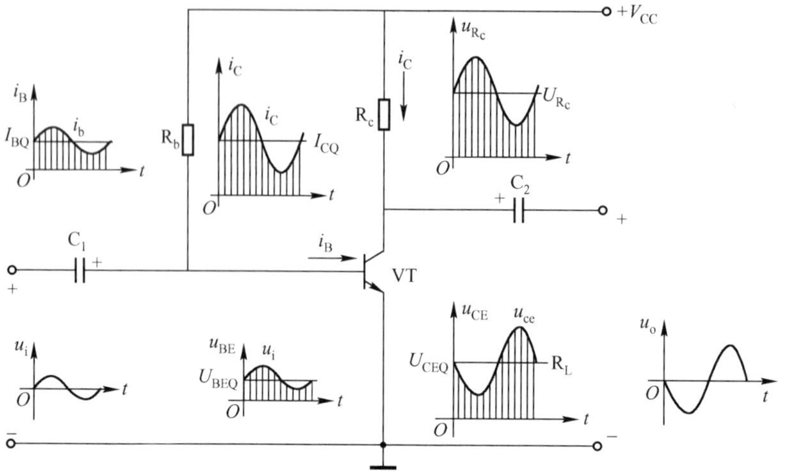

图 13-4　放大电路的动态工作情况

为了分析放大电路的动态工作情况，计算放大电路的放大倍数，应画出交流通路。交流通路是放大电路中交流通过的路径。由于对频率较高的交流信号，电容器相当于短路；同时一般直流电源的内阻很小，对交流信号来说，直流电源可视为短路。如图 13-5 所示为图 13-4 放大电路的交流通路。

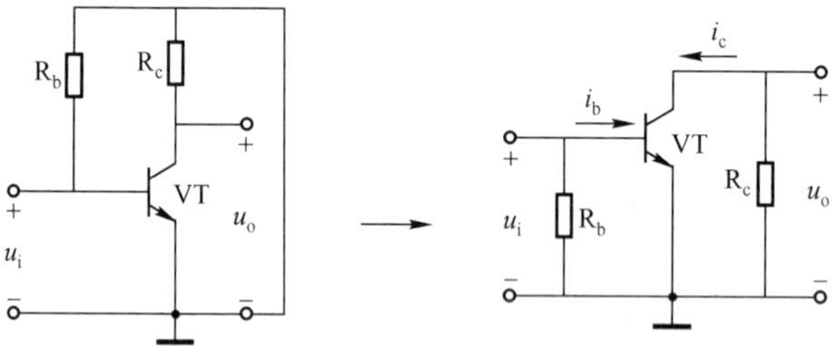

图 13-5　放大电路的交流通路

课堂练习 13-1　试画出图 13-1 所示放大电路带负载（即输出端 u_o 接负载 R_L）时的直流通路。

课堂练习 13-2　试画出图 13-1 放大电路带负载时的交流通路。

13.1.3　放大电路的静态工作点

1. 静态工作点对放大电路的影响

静态时电路中的电压、电流都是直流量，此时直流量 I_B、I_C、U_{CE} 的值称为放大电路的静态工作点，简称 Q 点。

综上所述，放大电路中各点的电位及各支路的电流，都是直流量和交流量的叠加。直流量即静态工作点，是放大电路的基础；交流量是由输入信号产生的，是放大电路工作的目的。交流量是搭载在直流量上进行放大的。因此静态工作点设置是否合理，将直接影响到放大电路能否正常工作。

2. 放大电路的非线性失真

由于静态工作点设置不当，输出信号将出现失真。这种失真是由于三极管的非线性所造成的，因而称为非线性失真。

（1）截止失真。若静态工作点太低，即 I_B、I_C 太小，如图 13-6 所示，输入信号叠加在直流量上后，负半周仍处在发射结的死区或仍使发射结处于反偏，这样 i_B、i_C、u_{Rc} 的负半周被削去，反相后 u_{CE} 和 u_o 的正半周被削去，这种失真是由于三极管的发射结截止所造成的，故称为截止失真。

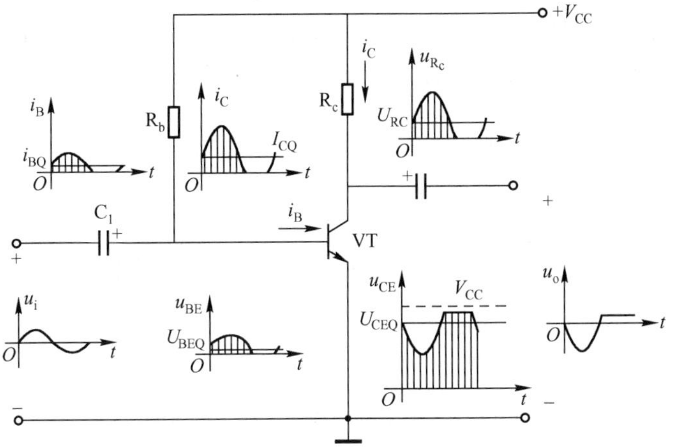

图 13-6　放大电路的截止失真

（2）放大电路的截止失真和克服技能训练

用示波器观察图 13-6 所示电路截止失真时 u_o 的波形，可见 u_o 的正半周被削去，用直流电压表测量 U_{CE}，此时 $U_{CE} \approx V_{CC}$。思考：为什么？如果调节 R_b 并使之减小，则从示波器可观察到截止失真消除。思考：为什么？

（3）饱和失真。若静态工作点太高，即 I_B、I_C 太大，如图 13-7 所示，放大后的 i_C 已经超出了三极管饱和时集电极电流 $I_{CS}=\dfrac{V_{CC}}{R_c}$，因此使 i_C 未变化到正半周的顶部即被削去。与此相应，u_{Rc} 的正半周也被削去，反相后 u_{CE} 和 u_o 的负半周被削去，这种失真是由于三极管饱和

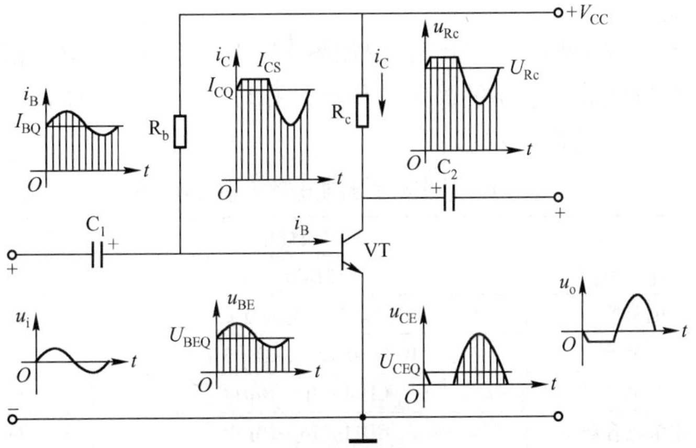

图 13-7　放大电路的饱和失真

所造成的，故称为饱和失真。

（4）放大电路的饱和失真和克服技能训练

用示波器观察图 13-7 所示电路饱和失真时 u_o 的波形，可以看到 u_o 的负半周被削去，用直流电压表测量 U_{CE}，此时 $U_{CE} < 1V$。思考：为什么？如果调节 R_b 并使之增大，则从示波器可观察到失真消除。思考：为什么？

3. 静态工作点的估算

进行静态工作点的估算时，应先画出放大电路的直流通路，然后求解直流通路。

例 13-1 如图 13-8 所示的放大电路中 $R_b = 300k\Omega$，$R_c = 3k\Omega$，$\beta = 50$，$U_{BE} = 0.7V$，$V_{CC} = 9V$，$C_1 = C_2 = 10\mu F$，试求放大电路的静态工作点 Q 点所对应的电压电流 I_B、I_C、U_{CE}。

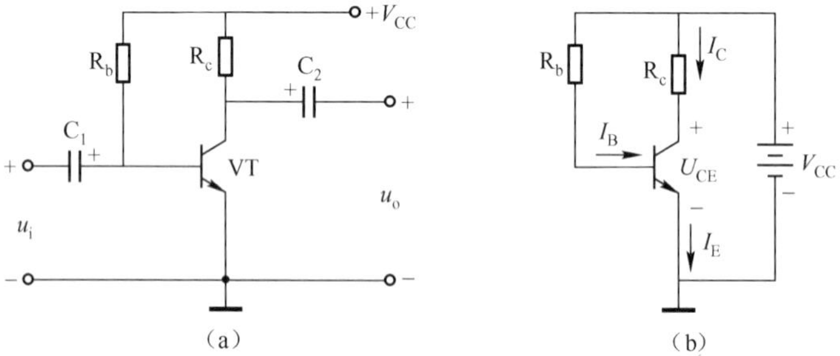

图 13-8 放大电路静态工作点的估算

解 先画出如图 13-8（a）所示放大电路的直流通路，如图 13-8（b）所示。

对 I_B 回路应用 KVL，得 $I_B R_b + U_{BE} = V_{CC}$

则
$$I_B = \frac{V_{CC} - U_{BE}}{R_b} = \frac{9 - 0.7}{300} \approx 30\ (\mu A)$$

这里 $V_{CC} \gg U_{BE}$，故 U_{BE} 可忽略，工程上经常采用这种近似估算。

$$I_C = \beta I_B = 50 \times 30 = 1.5\ (mA)$$

$$U_{CE} = V_{CC} - I_C R_c = 9 - 1.5 \times 3 = 4.5\ (V)$$

因此放大电路的静态工作点的电压电流为 $I_B = 30\mu A$，$I_C = 1.5mA$，$U_{CE} = 4.5V$。

4. 共射放大电路静态工作点测试

在实验电路板上（或 EWB 平台上），按如图 13-8（a）所示的电路图搭接单管共射放大电路。用万用表测量该放大电路的静态工作点，并与例 13-1 的计算结果进行比较。单相桥式整流电路元器件明细表见表 13-1。

表 13-1 单相桥式整流电路元器件明细表

代号	名称	型号及规格	单位	数量
VT	晶体三极管	3DG6	个	1
R_b	电阻器	RTX—0.25—300kΩ ±5%	只	1
R_C	电阻器	RTX—0.25—3kΩ ±5%	只	1
C_1	电解电容器	CD11—16—10μF	只	1
C_2	电解电容器	CD11—16—10μF	只	1
V_{CC}	叠层电池	9V	块	1

课堂练习 13-3　如何判断放大电路发生了饱和失真还是截止失真？又如何消除？

课堂练习 13-4　在如图 13-8 所示放大电路的输出端接上负载 R_L，已知 $R_b=160k\Omega$，$R_c=2k\Omega$，$R_L=6k\Omega$，$\beta=48$，$U_{BE}=0.7V$，$V_{CC}=12V$，$C_1=C_2=10\mu F$。试求放大电路的静态工作点的电压电流 I_B、I_C、U_{CE}；若 $R_b=95k\Omega$，试重新求出静态工作点，并说明此时三极管处于何种工作状态；如三极管没有工作在放大区应如何调整电路参数使三极管工作在放大区。

13. 1. 4　放大电路的性能指标及含义

（1）放大器的电压放大倍数。电压放大倍数 A_u定义为放大器的输出电压 u_o与输入电压 u_i之比，如图 13-9 所示，即

$$A_u=u_o/u_i \tag{13-1}$$

（2）放大器的输入电阻。R_i是从放大器的输入端往里看进去的等效电阻。如图 13-13 所示，如果把一个内阻为 R_s的信号源 u_s加到放大器的输入端时，放大器就相当于信号源的一个负载，这个负载就是放大器的输入电阻 R_i，由图 13-10 所示可知

$$R_i=U_i/I_i \tag{13-2}$$

R_i越大的放大器，表示其输入回路所索取的信号电流 i_i越小。由图 13-10 所示可知

$$U_i=U_s\times\frac{R_i}{R_s+R_i}，若 R_i\gg R_s，则 U_i\approx U_s$$

即 R_i越大意味着 R_s上的电压越小，使放大器的输入端能较准确地反映信号源的电压 u_s。例如，电子测量仪器的前置放大器，其输入电阻越大，则测量精度愈越高。

图 13-9　放大器的电压放大倍数

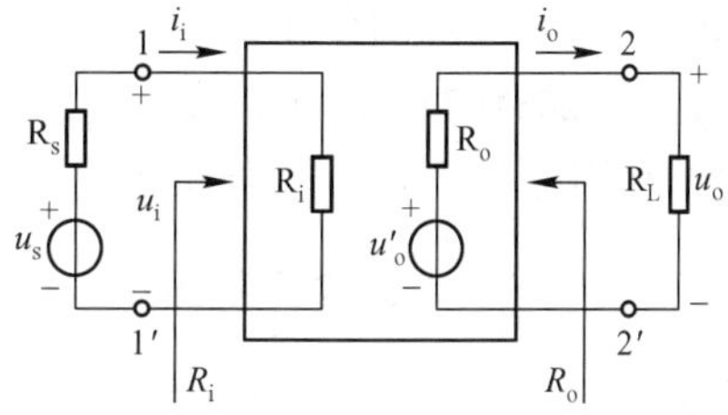

图 13-10　放大器的输入电阻和输出电阻

（3）放大器的输出电阻。从放大器的输出端往里看进去，整个放大器可看成是一个等效电阻为 R_o、等效电动势为 u'_o的电压源，如图 13-10 所示，这个等效电阻就是放大器的输出电阻。

由图 13-10 所示可知：$U_o=U'_o\times\dfrac{R_L}{R_o+R_L}$，若 $R_o\ll R_L$，则 $U_o\approx U'_o$。

显然，R_o越小，则即使负载 R_L变化，输出电压变化也很小。这就是说 R_o越小的放大器带负载能力越强。因此一般情况下，都希望输出电阻 R_o尽量小些。

（4）放大器的通频带。放大器要放大的信号往往不是单一频率的信号，而是一段频率范围的信号。例如，广播中的音乐信号的频率范围通常在几十赫兹到二十千赫兹之间。但由于放大电路中一般都有电抗元件（如电容、电感），它们在各种频率下的电抗值是不相同的，所以使得放大器对不同频率的信号的放大效果是不相同的。

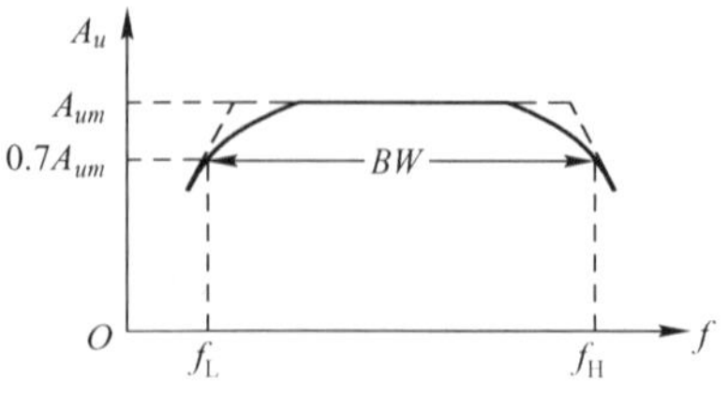

图 13-11　开环与闭环的幅频特性

通常把放大器对不同频率的正弦信号的放大效果称为放大器的频率响应，其中放大倍数的大小和频率之间的关系称为幅频特性。阻容耦合放大电路由于耦合电容随频率降低而容抗增大，所以使信号在低频段受到衰减，放大倍数减小。在高频段由于三极管的结电容和电路的分布电容在高频区容抗较小，对信号的分流作用增大，使放大倍数减小。因而阻容耦合放大电路的幅频特性如图 13-11 所示。当放大倍数下降为 $0.707A_{um}$ 时所对应的两个频率，分别称为下限频率 f_L 和上限频率 f_H，在这两个频率之间的频率范围称为放大器的通频带，用 BW 表示，即 $BW=f_H-f_L$，通频带越宽，表示放大器工作的频率范围越宽。

*13.1.5　分压式偏置稳定放大电路的原理

前面提到半导体三极管的温度稳定性较差，它的性能参数很容易受环境温度的影响，当温度变化时，由于三极管的 β、I_{CEO} 变化等原因，将使 I_C 发生变化，这样已经调整好的静态工作点在温度变化时将发生变化，导致本来不失真的放大信号出现失真。同样的道理，当更换三极管时也会出现类似问题。

基本共射放大电路的偏置电阻一经选定，I_B 也随之确定为恒定值，因此这种电路也称为固定偏置电路。当温度升高时 β 增大、I_{CEO} 增大，使得 I_C 增大、U_{CE} 下降，从而产生饱和失真。因此要使 u_o 波形不失真，就要稳定放大电路的静态工作点；首先要稳定静态 I_C 的值。

如图 13-12 所示的分压式偏置稳定电路在电子技术中应用广泛，该电路有如下两个特点：

（1）利用电阻 R_{b1} 和 R_{b2} 分压来稳定基极电位，由于 I_B 很小，$I_1 \gg I_B$，则 $I_1 \approx I_2$，这样基极电位为：$U_B \approx \dfrac{V_{CC}R_{b2}}{R_{b1}+R_{b2}}$。由于 U_B 是由 V_{CC} 经 R_{b1} 和 R_{b2} 分压决定，故不随温度变化。

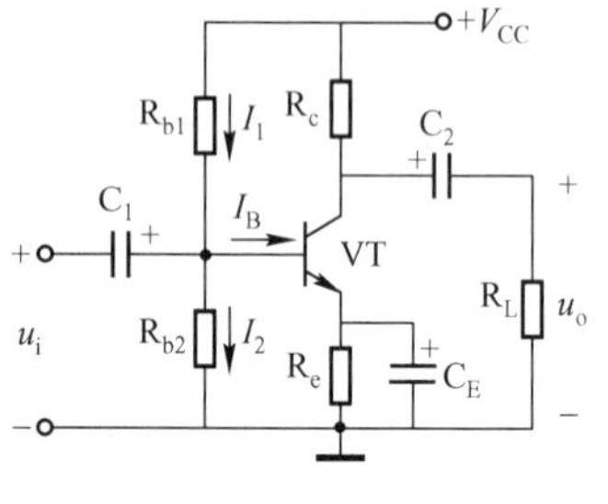

图 13-12　分压式偏置稳定电路

（2）利用发射极电阻 R_e 来获得反映电流 I_E 变化的信号，反馈到输入端，实现静态工作点的稳定。其过程为

$$T(℃)\uparrow \rightarrow I_C\uparrow \rightarrow U_E\uparrow \rightarrow U_{BE}\downarrow \rightarrow I_B\downarrow$$
$$I_C\downarrow \leftarrow$$

通常 $U_B \gg U_{BE}$，所以发射极电流为

$$I_E=\frac{U_B-U_{BE}}{R_e}\approx\frac{U_B}{R_e}=\frac{V_{CC}\times R_{b2}}{R_e\ (R_{b1}+R_{b2})} \qquad (13\text{-}3)$$

根据 $I_1 \gg I_B$ 和 $U_B \gg U_{BE}$ 两个条件得到的式（13-3）说明了 U_B 和 I_C 是稳定的，基本上不随温度而变，而且也基本上与管子的参数 β 无关。

课堂练习 13-5　分压式偏置稳定电路如图 13-15 所示，$R_{b1}=20\text{k}\Omega$，$R_{b2}=10\text{k}\Omega$、$R_c=2\text{k}\Omega$，$R_e=2\text{k}\Omega$，$R_L=4\text{k}\Omega$，$V_{CC}=12\text{V}$，$C_1=C_2=10\mu\text{F}$，$C_e=100\mu\text{F}$；$\beta=50$，$U_{BE}=0.7\text{V}$。试求电路的静态工作点的电压电流 I_B、I_C、U_{CE} 的值。

*13.1.6　射极输出器的主要特点

如图 13–13（a）所示电路是射极输出器。由图可见，其输出电压是直接从发射极引出的，故称为射极输出器。画出射极输出器的交流通路如图 13–13（b）所示，可见集电极是输入、输出回路的共同端点，所以射极输出器是共集电极电路，简称共集电路。

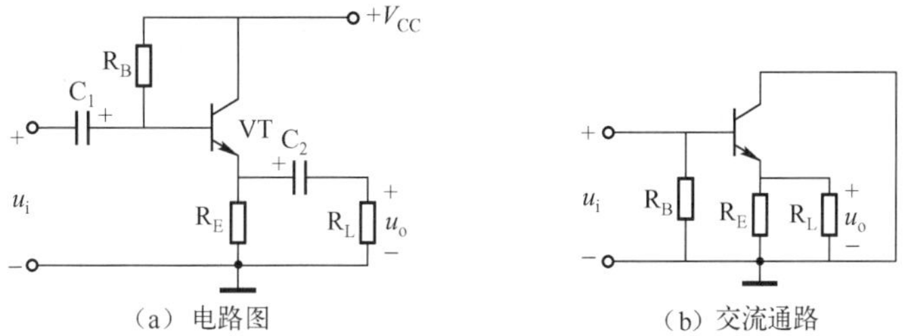

（a）电路图　　（b）交流通路

图 13–13　射极输出器

射极输出器具有以下特点：

（1）电压放大倍数小于但近似等于 1。输出电压 U_i 相位相同，大小近似相等，即 $U_i \approx U_o$，因此射极输出器又称为射极跟随器。虽然它不具有电压放大作用，但仍具有电流放大和功率放大的作用。

（2）输入电阻高。由于射极输出器输入电阻大，所以常用做输入级。

（3）输出电阻低。由于射极输出器输出电阻小，所以带负载能力强，常用做输出级。

课堂练习 13–6　简述射极输出器的主要特点。

13.1.7　多级放大电器的耦合方式及特点

放大器的输入信号往往都很微弱，一般为毫伏级或微伏级。为了推动负载工作需用多级放大电路对微弱信号进行连续放大。如图 13–14 所示为多级放大电路的组成方框图。

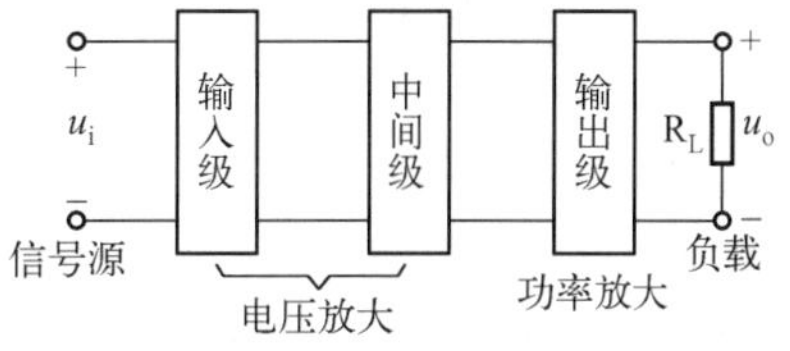

图 13–14　多级放大电路组成方框图

输入级直接连接信号源，一般要求它的输入电阻高一些。输入级和中间级的任务是电压放大。中间级根据需要可以是多级的电压放大电路，将微弱的输入电压放大到足够的幅度。输出级用做功率放大，向负载输出所需的功率。

多级放大电路中每两个单级放大电路之间的连接称为耦合。常用的耦合方式有阻容耦合、直接耦合和变压器耦合。

（1）阻容耦合。级间通过耦合电容与下级输入电阻连接，如图 13–15（a）所示。电容有隔直作用，可把前、后级的直流量隔开，使各级的静态工作点相互没有影响，因而各级放大电路的静态工作点可以单独计算。耦合电容对交流信号的容抗必须很小，以便把前级输出信号几乎没有损失地传送到下一级。

（2）直接耦合。不经过电抗元件，把前后级直接连接起来，如图 13–15（b）所示。由于直接连接，使各级的直流通路相互沟通，因而各级静态工作点相互关联、相互牵制，使调整发生困难。但直接耦合放大电路不仅能放大交流信号，也能放大直流或缓慢变化的信号而获得广泛应用。在集成电路中因无法制作大容量电容而须采用直接耦合。

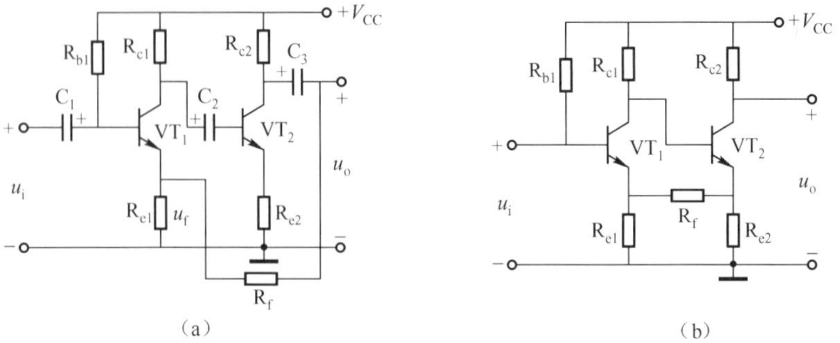

图 13-15 阻容耦合多级放大器和直接耦合多级放大器

(3) 变压器耦合。通过变压器实现级间耦合，如图 13-16 所示。变压器可以隔断直流量，又可传输交流信号，同时进行阻抗变换，使负载获得足够的输出功率。但变压器比较笨重、体积大、成本高、又无法集成化，所以一般都不采用变压器耦合。

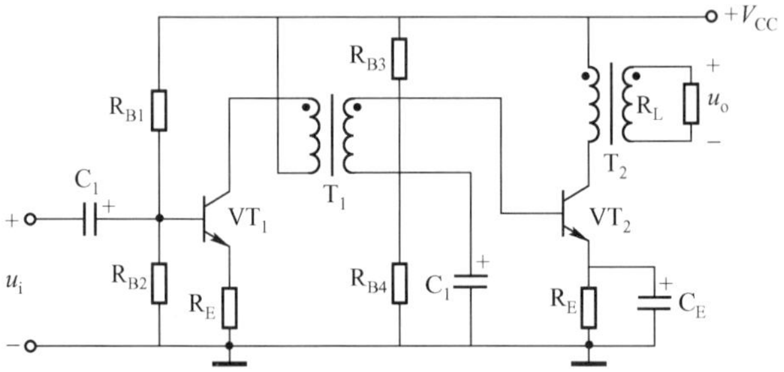

图 13-16 变压器耦合放大电路

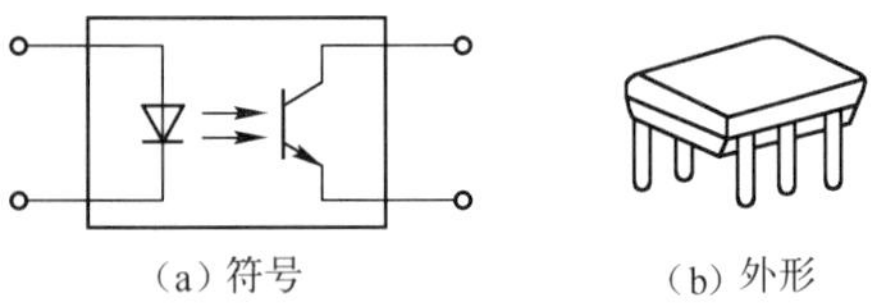

图 13-17 光电耦合器

近年来，光电耦合也获得广泛的应用。光电耦合是将输入的电信号转换为光信号，然后再转换为电信号，即进行“电—光—电”信号的变换。实现光电耦合的器件就是光电耦合器。将发光二极管和光电三极管组合在一起，就构成光电耦合器。光电耦合器的外形和图形符号如图 13-17 所示，符号的左边是发光二极管，右边是光电三极管。由于光电耦合器是靠光照来耦合的，因而输入和输出之间的电气绝缘程度很高。抗干扰能力很强，称为光电隔离，这是它的主要特点。

课堂练习 13-7 直流放大器能不能放大交流信号？阻容耦合或变压器耦合的交流放大器能不能放大直流信号？为什么？

*13.1.8 放大电路应用——光电检测及控制

三极管放大电路有比较广的应用，若要把微弱的电信号放大，就可使用三极管放大电路。

如图 13-18 所示是光电检测与控制电路，图 13-18（a）的电路参数为：$R_{b1}=1k\Omega$，$R_{b2}=4.3k\Omega$，$R_c=5.1k\Omega$，$RP=200\Omega$，$V_{CC}=10V$。图 13-18（b）的电路参数为：$RP=43k\Omega$、$R_b=10k\Omega$、$R_c=5.1k\Omega$，$V_{CC}=10V$。图中 VT_1 管是光电三极管，没有光照时光电三极管截止，电阻大；有光照时光电三极管导通，电阻小。以图 13-18（a）为例，当没有光照时 VT_1 管截止，电阻大，VT_2 管截止，输出电压 $u_o \approx V_{CC}$；当有光照时 VT_1 管导通，电阻小，VT_2 管导通，输出电压 $u_o \approx 0$。这样就把光的强弱转换成电压的高低，并把信号传送给执行机构。

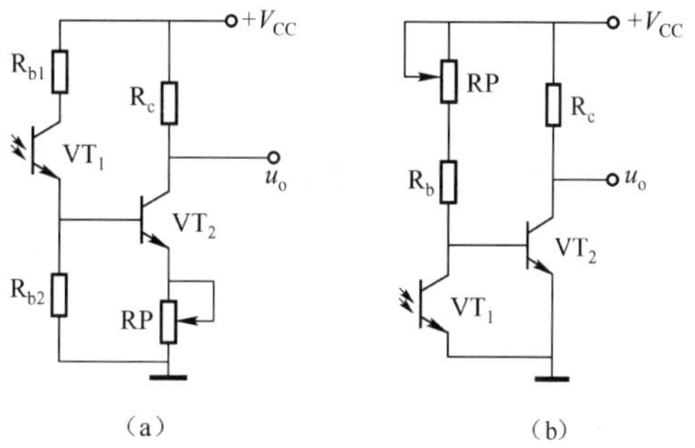

图 13-18　光电检测与控制电路

光电检测与控制电路可作为探测器，用于安防系统，如保护银行不允许其他人进入等重要场所。

课堂练习 13-8　分析图 13-18(a)和(b)所示两个电路的工作情况有何不同？试分析图 13-18(b)电路的工作原理。

*13.2　低频功率放大器

13.2.1　低频功率放大器的基本参数要求和分类

1. 低频功率放大器的功能

一般电子设备多级放大电路的最后一级总是用来推动负载工作，如使扬声器发出悦耳动听的声音、使电动机旋转、使继电器吸合、使仪表指针偏转等。因此要求有大的输出功率，即不但要向负载提供大的信号电压，而且要向负载提供大的信号电流。这种以供给负载足够大的信号功率为目的的输出级称为功率放大器。

就放大信号而言，功率放大器和电压放大器是没有本质区别的。但对电压放大器要求电压放大倍数大，工作稳定；而对功率放大器则要求输出功率大、效率高。

2. 低频功率放大器的基本参数

（1）低频功率放大器的输出功率 P_o。输出功率 P_o 为输出电压与输出电流的有效值之积，即

$$P_o = U_o I_o = \frac{1}{2} U_{om} I_{om} \tag{13-4}$$

（2）电源供给的直流功率 P_{DC}。电源供给的直流功率 P_{DC} 为电源电压与流过电源的平均电流之积，即

$$P_{DC} = 2\left(V_{CC} \times \frac{1}{\pi} I_{om}\right) \tag{13-5}$$

（3）放大器的效率。放大器的效率定义为负载得到的信号功率 P_o 与电源供给的直流功

率 P_{DC}之比，即

$$\eta = P_o / P_{DC} \tag{13-6}$$

3. 低频功率放大器的分类

功率放大器按工作方式来分，有甲类放大、乙类放大和甲乙类放大。在输入信号的整个周期内都有集电极电流通过三极管，这种工作方式称为甲类放大，如前面介绍的电压放大器就是甲类放大。甲类放大由于管子始终导通，静态工作点比较适中，所以失真很小；但随之而来的是耗电多、效率低，在理想情况下效率仅为50%。而仅在输入信号的半个周期内有集电极电流通过三极管，这种工作方式称为乙类放大。乙类放大由于管子只有半个周期内导通，而在另半个周期内 $I_C=0$，所以耗电少、效率高，在理想情况下效率可达78.5%，但乙类放大失真严重。为了达到既要耗电少、效率高，又要失真小的目的，实用的低频功率放大器都工作在甲乙类状态。

功率放大器按电路形式来分，主要有单管功率放大器、变压器耦合功率放大器和互补推挽功率放大器。变压器耦合功率放大器是利用输出变压器实现阻抗匹配，以获得最大的输出功率，因为这类功率放大器体积大、重量重、成本高、不能集成化等原因，现已很少使用。互补推挽功率放大器是由射极输出器发展而来的，它不需要输出变压器，因为其体积小、重量轻、成本低、便于集成化等优点而广泛使用。互补推挽功率放大器主要有OCL电路（如图13-19所示）和OTL电路（如图13-20所示）两种形式。OCL电路采用双电源供电；由于采用双电源供电，在使用中有诸多不便，所以在有些场合采用单电源供电的互补推挽功率放大器，又称为OTL电路。OTL电路是在OCL电路的基础上去掉一组电源（负电源），在输出端接入一个大电容C，利用大电容C的充放电来代替去掉的一组电源。

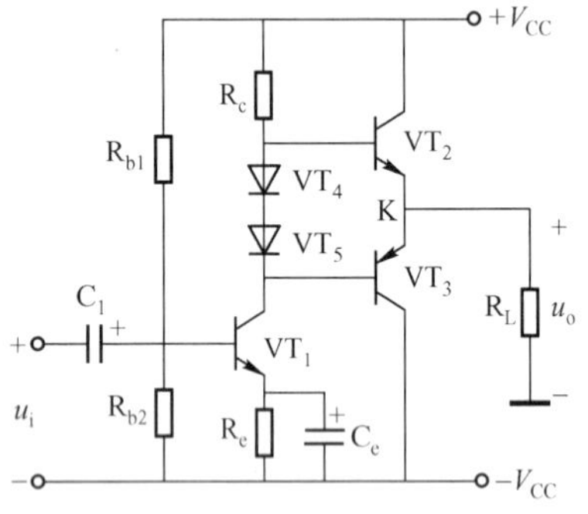

图13-19 甲乙类互补推挽功率放大器（OCL）

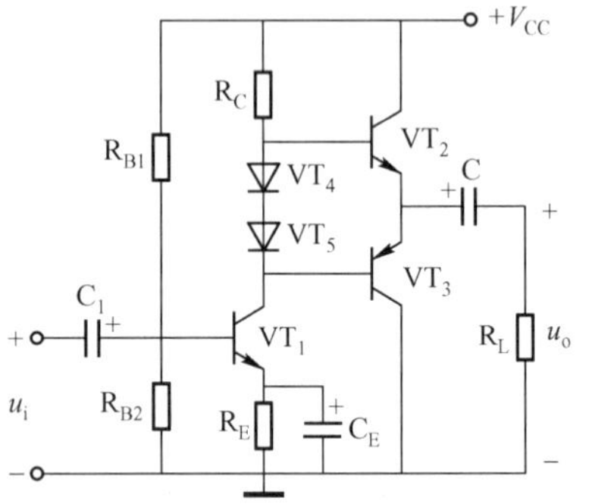

图13-20 单电源互补推挽功率放大器（OTL）

课堂练习13-9 功率放大电路与电压放大电路比较，有哪些异同点？

课堂练习13-10 OTL电路与OCL电路有哪些主要区别？

13.2.2 集成功放及其应用

1. 集成电路

集成电路（IC，Integrated Circuit）是继电子管和晶体管之后发展起来的第三代具有电路功能的电子器件。前面讲的放大电路，都是由互相分开的晶体管、电阻、电容等元器件，一个一个地按一定的要求借助导线或印制电路板连接成一个完整的电路系统，称为分立元件电路。随着技术的进步，人们对电子设备的小型化和可靠性的要求越来越高。随着半导体器件制造工艺的发展，在20世纪60年代开始出现了将整个电路中的晶体管、电阻、电容和导线集中制作在一小块（面积约为0.5mm²）硅片上，封装成为一个整体器件，称为集成电路。

图13-21中画出了若干种集成电路的外形，有圆形、扁平形、双列直插形等。

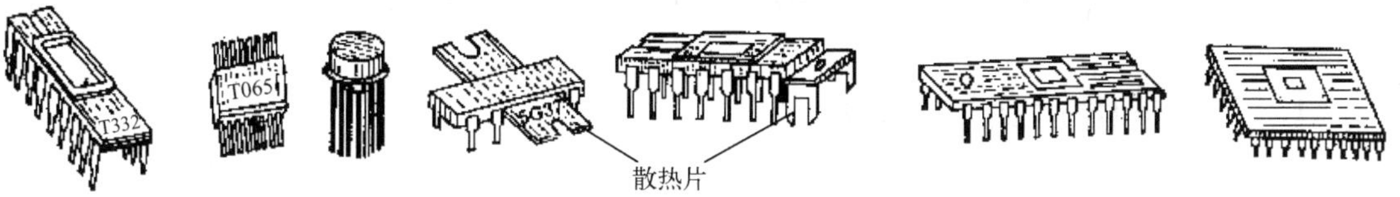

（a）（b）（c）

图13-21　各种类型的半导体集成电路

半导体集成电路按其集成度来分有小规模集成电路（SSI）、中规模集成电路（MSI）、大规模集成电路（LSI）和超大规模集成电路（VLSI）；按其功能来分有数字集成电路和模拟集成电路。数字集成电路用来处理数字信号，数字集成电路中的晶体管通常工作在开关状态，反映在电路的输入端和输出端上的电压，不是高电平就是低电平。一般数字集成电路的通用性较强，广泛应用于计算机技术和自动控制电路中。模拟集成电路用于处理模拟信号，其输入端和输出端通常为连续变化的电压或电流。最常见的模拟集成电路有集成运放电路、集成稳压电路、集成功率放大电路以及其他专用集成电路，其中应用最广的是集成运放电路。

2. 集成功放及其应用

集成功率放大电路是指单片集成电路，即把包括功放管在内的元器件都做在一块芯片上，完成功率放大的功能。集成功率放大电路性能稳定、可靠，能适应长时间连续工作，有的集成功率放大电路内还具有过载保护和热切断保护电路，当输出过载或输出短路均能起保护作用，避免器件损坏。

如图13-22所示是集成功率放大电路TDA2030的引脚排列及应用电路。其电源电压 V_{CC}

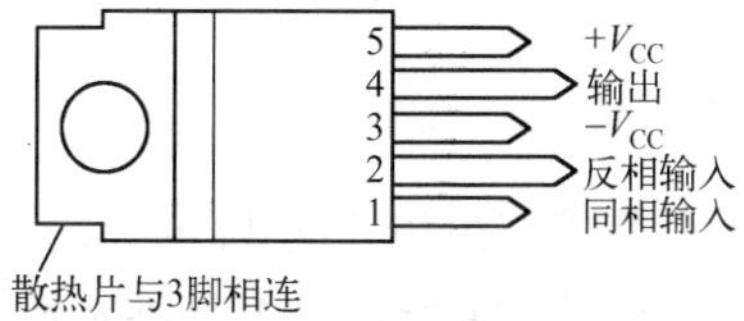

（a）外形及引脚排列

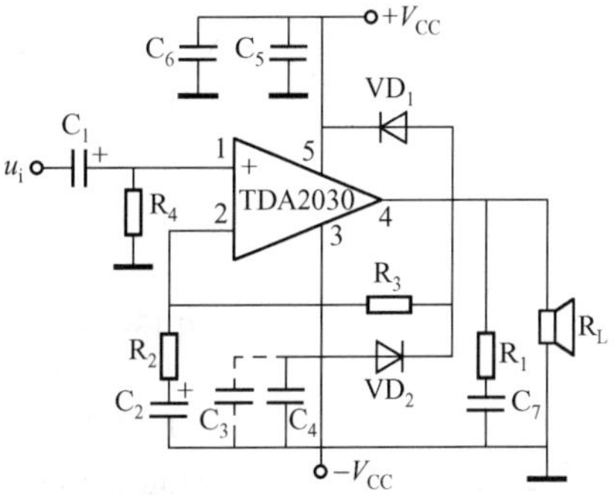

（b）应用电路（OCL电路）

图13-22　TDA2030外形及应用电路

为 ±6V ~ ±18V，输出峰值电流为 3.5A，当 V_{CC} = ±14V，负载阻抗为 4Ω 时，输出功率为 14W。TDA2030 可双电源供电接成 OCL 电路，也可单电源供电接成 OTL 电路。如图 13-22（b）所示是 OCL 电路的接法，其电路元器件参数为：$R_1 = 1\Omega$，$R_2 = 680\Omega$，$R_3 = R_4 = 22k\Omega$，$C_1 = 1\mu F$，$C_2 = 22\mu F$，$C_4 = C_5 = 0.1\mu F$，$C_3 = C_6 = 100\mu F$，$C_7 = 0.22\mu F$，二极管 VD_1、VD_2的型号为 IN4001。

功放集成电路种类繁多，一般电子器件手册都有各种集成功率放大电路的型号、主要参数及典型的电子电路的介绍，可供查阅。

课堂练习 13-11 查阅电子器件手册，找出三种集成功率放大电路，写出其型号。

13.3 集成运算放大器

13.3.1 反馈的概念及类型

1. 反馈的基本概念

（1）反馈支路。在基本放大电路中，信号从输入端进入放大器，经放大后从输出端输出，信号为单方向的正向传送。如果将输出量（电压或电流）的一部分或全部，反方向送回到输入端，这种反向传输信号的过程，称为反馈。因此要判断一个放大电路是否有反馈，只要看放大电路中是否存在把输出端和输入端联系起来的支路，这条支路就是反馈支路。如图 13-23（a）所示是一个两级放大电路，第一级的输出信号作为第二级的输入信号，信号只有从输入到输出的正向传送，输出端与输入端之间没有直接的联系，所以不存在反馈，这种情况称为开环。如图 13-23（b）所示在输出 u_o的正端和 K 点之间增加了连接电阻 R_F，该电路除了从输入到输出的信号正向传送外，还有从输出到输入信号的反向传送，即从输出端到输入端有一条反馈支路 R_F，所以存在反馈，这种情况称为闭环。

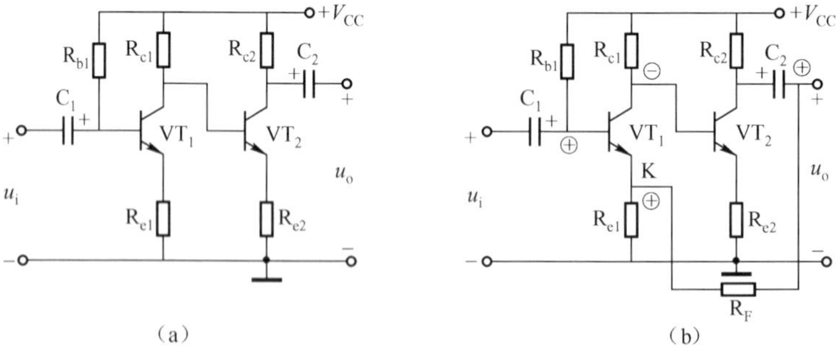

图 13-23 是否有反馈的例子

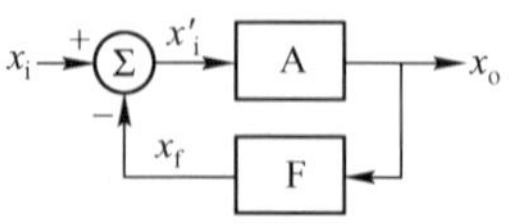

图 13-24 反馈放大器方框图

（2）反馈放大器的组成。由以上分析可知，反馈放大器是由两部分组成的，如图 13-24 所示。A 是基本放大电路，F 是反馈电路，构成一个闭环系统。这里 x 可以表示电压，也可以表示电流。其中 x_i是输入信号，x_o是输出信号，x_f是反馈信号，x_i'是输入信号与输出信号叠加以后的净输入信号。如果反馈量起到加强输入信号的作用，使净输入信号增加，即 $x_i' = x_i + x_f$，这种反馈称为正反馈；如果反馈量起到削弱输入信号的作用，使净输入信号减小，即 $x_i' = x_i - x_f$，这种反馈称为负反馈。

根据如图 13-24 所示的方框图，负反馈放大器有以下一组关系式：

反馈系数 $$F = x_f / x_o \tag{13-7}$$

开环放大倍数 $$A = x_o / x_i' \tag{13-8}$$

闭环放大倍数 $$A_f = \frac{X_o}{X_i} = \frac{X_o}{X_i' + X_f}$$

2. 反馈放大器的类型

（1）反馈极性。反馈使放大器的净输入量得到增强的是正反馈；反之，使放大器的净输入量减弱的则是负反馈。通常采用“瞬时极性法”来判断反馈的极性。

例 13-2 试判断图 13-23（b）所示电路的反馈极性。

解 判断过程的瞬时极性如图 13-23（b）所示，即 u_i经两级放大后再经反馈支路 R_F回送到输入回路的 u_{E1}。由图 13-23（b）所示可知，u_i和 u_{E1}同相，则净输入电压 $u_i' = u_{BE1} = u_i - u_f = u_i - u_{E1}$，使净输入电压 u_i'减小，因此这个反馈是负反馈。

（2）交流反馈和直流反馈。前面介绍过，在放大电路中存在直流分量和交流分量，那么反馈回来的信号如果是交流量，则是交流反馈；反之，如果是直流量，则是直流反馈。如图 13-23（b）所示电路存在直流、交流反馈。

（3）电压反馈和电流反馈。反馈是将输出量回送到放大器的输入端，这就是说，反馈是从输出端取样。如果反馈支路的取样对象是输出电压，则称为电压反馈；如果反馈支路的取样对象是输出电流，则称为电流反馈。如图 13-23(b)所示可知，反馈支路接在输出端，取样对象是输出电压，所以是电压反馈。

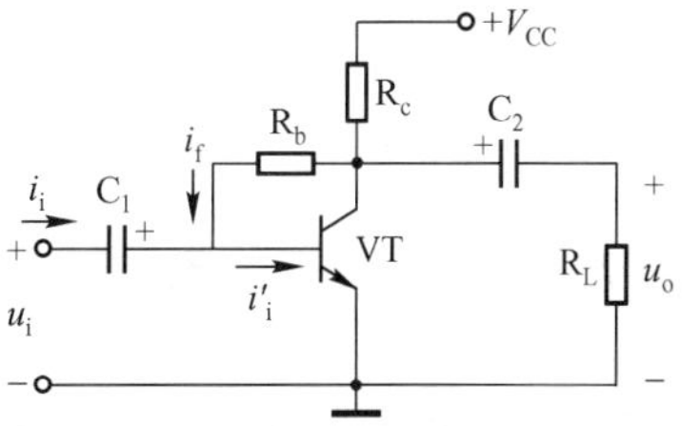

图 13-25 电压并联负反馈

（4）串联反馈和并联反馈。根据反馈在输入端的连接方法，可分为串联反馈和并联反馈。对于串联反馈，其反馈信号和输入信号是串联的；对于并联反馈，其反馈信号和输入信号是并联的。如图 13-23（b）中反馈信号 u_f和净输入信号 u_i'叠加，故是串联反馈。如图 13-25 中反馈信号 i_f和净输入信号 i_i'叠加，故是并联反馈。

13.3.2 负反馈对放大电路性能影响

交流负反馈虽然使放大器的放大倍数减小，但可使放大器其他性能得到改善。

（1）提高放大倍数的稳定性。负反馈放大器的放大倍数稳定性的提高，是以减小放大倍数为代价的。负反馈越深，放大倍数降低越多，然而放大器工作却更加稳定。

（2）减小放大器的非线性失真。由于三极管是非线性器件，所以放大器的静态工作点如果选得不合适，输出信号波形将产生饱和失真或截止失真，即非线性失真。这种失真可以利用负反馈来得到改善，其原理是利用负反馈造成一个预失真的波形来进行矫正。

同样道理，负反馈可以减小由于放大器本身所产生的干扰和噪声。

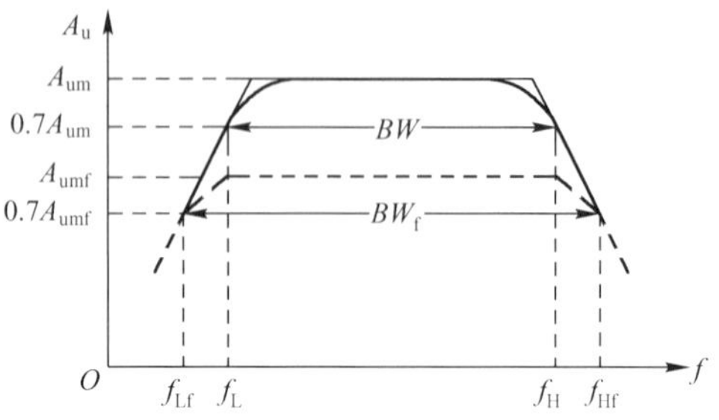

图 13-26　开环与闭环的幅频特性

（3）展宽放大器的通频带。

利用负反馈展宽放大器通频带的原理是在中频段电压放大倍数 A_{um} 较大，则输出电压 U_o 也较大，那么反馈电压 u_f 也较大，这样净输入电压 u_i' 大大减小，从而使反馈后的放大倍数 A_{umf} 大大减小。而在低频段和高频段电压放大倍数 A_u 较小，输出电压 u_o 较小，反馈电压 u_f 也较小，这样使净输入电压 u_i' 减小不多，从而使反馈后的 A_{uf} 减小较小。反馈后的幅频特性如图 13-26 中 f_{Lf} ~ f_{Hf} 之间的曲线所示，由图可见，加了负反馈后虽然各种频率的信号放大倍数都有下降，但通频带 BW 较 BW_f 却加宽了。

（4）改变输入电阻和输出电阻。

1）改变输入电阻。凡是串联负反馈，因为反馈信号与输入信号串联，所以使输入电阻增大；凡是并联负反馈，因为反馈信号与输入信号并联，所以使输入电阻减小。

2）改变输出电阻。凡是电压负反馈，因为具有稳定输出电压的作用，使其接近于恒压源，所以使输出电阻减小；凡是电流负反馈，因为具有稳定输出电流的作用，使其接近于恒流源，所以使输出电阻增大。

综上所述，负反馈使放大器的放大倍数减小，但使放大器其他性能得到改善。而正反馈使放大器的放大倍数增大，利用这一特性可组成振荡电路。

课堂练习 13-12　试判断图 13-15 所示分压式偏置单管放大电路中是否有反馈。

课堂练习 13-13　试判断图 13-16（a）所示电路的反馈极性。

课堂练习 13-14　试简述电压串联负反馈、电压并联负反馈、电流串联负反馈和电流并联负反馈 4 种负反馈电路的主要特点。

13.3.3　集成运放的结构与符号

集成运放实际上是一种放大倍数很高的直接耦合放大器，简称集成运放。集成运放最初作为运算放大电路用于模拟计算机中。由于在集成运放的输入端和输出端之间外加不同的网络即可组成具有各种功能、不同用途的电路，所以集成运放已远远超出原来的运算放大的范围，而广泛应用在工业自动控制、精密检测系统等领域。

集成运放通常由输入级、中间级、输出级和偏置电路组成，如图 13-27 所示。输入级要求输入电阻高，而且要能有效地放大有用信号抑制无用信号，因此都采用差动放大电路；中间级要有足够大的放大倍数；输出级要求输出电阻小带负载能力强。集成运放的偏置电路为各级电路提供稳定的直流偏置电流和工作电流。

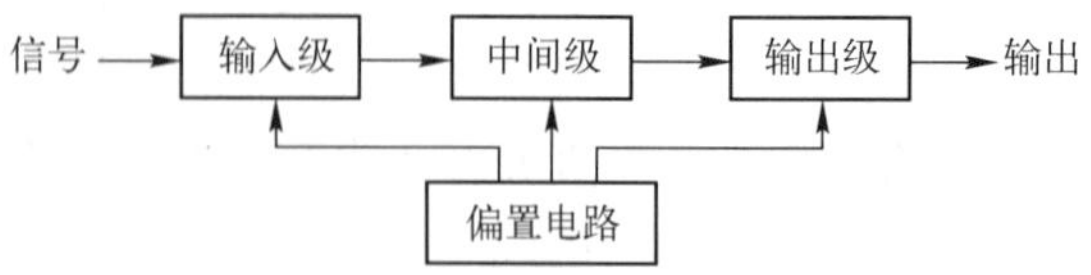

图 13-27　集成运放的组成方框图

通用型集成运放 F007 的外形、引脚排列及图形符号如图 13-28 所示。图中 RP 为外接调零电位器，有的系列的集成运放已无须外接调零电位器。集成运放通常采用对称的正、负电源同时供电。F007 的电源电压为 ±5V ~ ±18V，标称值为 ±15V。

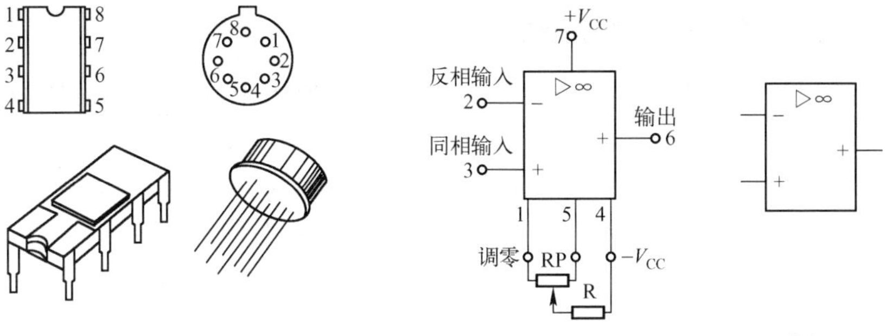

（a）　（b）　（c）

图 13-28　集成运放的外形、引脚排列及电路图形符号

集成运放有两个输入端，一个输出端。如果输入信号 u_I 加在反相输入端，称为反相输入方式，此时输出信号和输入信号相位相反；如果输入信号 u_I 加在同相输入端，称为同相输入方式，此时输出信号和输入信号相位相同；当然输入信号也可同时加在两个输入端，称为双端输入方式，或称为差动输入方式。为了使电路图更加清晰明了，以后集成运放的图形符号一般不再标出电源端和其他引脚端，如图 13-28（c）所示。

线性集成电路中应用最广泛的就是集成运放，由于在集成运放的输入和输出之间外加不同的反馈网络，即可组成各种用途的电路，因而被誉为“万能放大器”的美称。

13.3.4　反相放大器和同相放大器

1. 集成运放线性应用的条件和的特点

如图 13-29 所示，集成运放有两个输入端、一个输出端。在线性放大的条件下，输出和输入的关系为：$u_O=A_{od}u_I=A_{od}(U_+-U_-)$。

（1）集成运放线性应用的必要条件。集成运放加上负反馈网络，可以组成各种运算电路，实现各种数学运算，如比例、加、减、乘、除、积分、微分等运算电路，此外还可组成电压（电流）转换、正弦波发生器等应用电路。这些应用的必要条件是：集成运放必须引入深度负反馈。

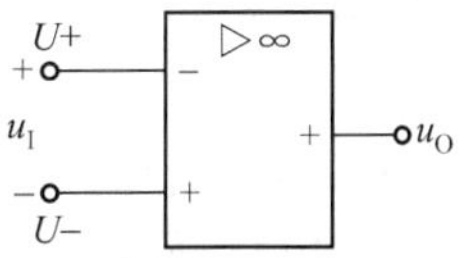

图 13-29　集成运放的输入输出

（2）集成运放线性工作区的特点。

1）虚短：由于集成运放的开环放大倍数 A_{od} 很大，而输出电压是一个有限值，所以集成运放两个输入端之间的电压很小，可以认为近似等于零，即 $u_I=U_+-U_-=u_O/A_{od}\approx 0$

得

$$U_+\approx U_- \qquad (13\text{-}9)$$

因为 U_+ 与 U_- 之间不是真的短路，所以称“虚短”。

2）虚断：由于集成运放的输入电阻很大，所以集成运放流入两个输入端的电流很小，可以认为近似等于零，即：

$$I_+\approx I_-\approx 0 \qquad (13\text{-}10)$$

因为两个输入端不是真的断开，所以称“虚断”。

虚短和虚断这两个结论是分析集成运放线性区应用的重要依据，它简化了集成运放电路的分析和计算过程。

2. 反相放大器和同相放大器功能认识

反相放大器和同相放大器是集成运放的两种基本放大电路，是其他各种运算电路的基础。

（1）反相放大器。用示波器观察如图 13-30 所示反相放大器的输入电压和输出电压的波形及幅值。其中，$R_1=10\text{k}\Omega$、$R_f=20\text{k}\Omega$、$R'=R_1/\!/R_f=6.7\text{k}\Omega$。

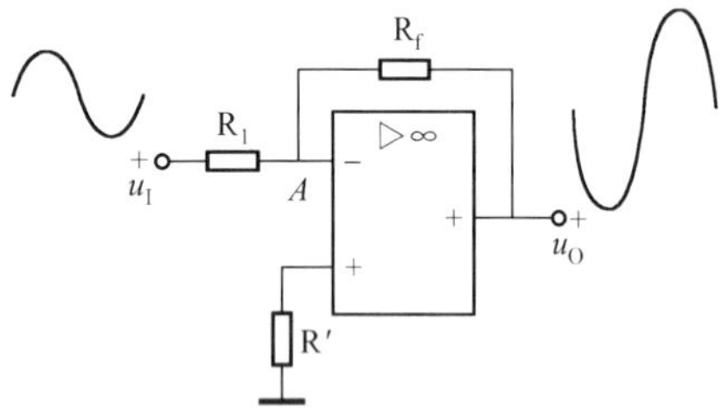

图 13-30　反相比例运算电路

通过测量可见到输出电压的幅值是输入电压的两倍，且输入波形与输出波形相位差 180°（即 u_O 与 u_I 反相），如图 13-30 所示。

图 13-30 中，输入电压 u_I 通过外接电阻 R_1 加在反相端上，同相端经过平衡电阻 R′接地，输出电压 u_O 经过 R_f 接回反相端，形成一个深度电压并联负反馈，故该电路工作在线性区。已知线性区的特点：$U_+=U_-$（虚短）、$I_+=I_-=0$（虚断）。根据虚断，可知同相输入端的输入电流为零，R′上没有电压降，因此 $U_+=0$。根据虚短，$U_+=U_-$，所以 $U_-=0$，即 A 点的电位等于零（$U_A=0$），这种现象称为虚地。虚地是反相输入运算放大电路的一个重要特点。因为从 A 点流入运放的电流为零（$I_-=0$），$I_1=I_f$，$\dfrac{u_I-U_-}{R_I}=\dfrac{U_--u_O}{R_f}$

上式中 $U_-=0$，可求得输出电压和输入电压的关系为

$$u_O=\frac{R_f}{R_1}u_I \qquad (13\text{-}11)$$

可见输出电压 u_O 与输入电压 u_I 成比例关系，式中的负号表示输出电压 u_O 与输入电压 u_I 的反相。对于正弦信号，u_O 与 u_I 相位相反；对于直流信号，u_O 与 u_I 正负极性相反。

例 13-3　如图 13-30 所示电路中，已知 $R_1=R_f=10\text{k}\Omega$，$R'=5\text{k}\Omega$，$u_I=10\text{mV}$，试求输出电压 u_O。

解　$u_O=-(R_f/R_1)u_I=-10\,\text{mV}$

从运算结果可知输出电压 u_O 与输入电压 u_I 大小相同，极性相反。故该电路通常称为“倒相电路”（或变号运算）。

（2）同相放大器。用示波器观察图 13-31 所示的同相放大器输入电压和输出电压的波形及幅值。其中 $R_1=R_f=10\text{k}\Omega$，$R'=5\text{k}\Omega$。

通过测量见到输出电压的幅值是输入电压的两倍，且输出波形与输入波形相位差 0°（即 u_O 与 u_I 同相），如图 13-31 所示。

图 13-31 中，输入电压 u_I 通过 R′加在同相端上，反相端经过 R_1 接地，输出电压 u_O 经过 R_f 接回反相端，形成一个深度电压串联负反馈。故该电路工作在线性区，根据虚断，$I_+=I_-=0$，R′上没有电压降，所以 $U_+=u_I$。根据虚短，$U_-=U_+=u_I$，即 A 点的电位等于输入信号。由图 13-32 所示可知

$$U_+ = U_- = u_O \frac{R_1}{R_1 + R_f}$$

式中 $U_+ = u_I$，可求得输出电压和输入电压的关系为

$$u_O = u_I \frac{R_1 + R_f}{R_1} = u_I \left(1 + \frac{R_f}{R_1}\right) \tag{13-12}$$

可见输出电压与输入电压成比例关系，且 u_O与 u_I的变化方向相同。

例 13-4　电路如图 13-32 所示，已知 $u_I = 10\text{mV}$，试求输出电压 u_O。

解　$\because$ $U_- = U_+ = u_I$，$\therefore$ $u_O = u_I = 10\text{mV}$

从运算结果可知输出电压 u_O与输入电压 u_I大小相同，极性相同，称为"电压跟随器"。

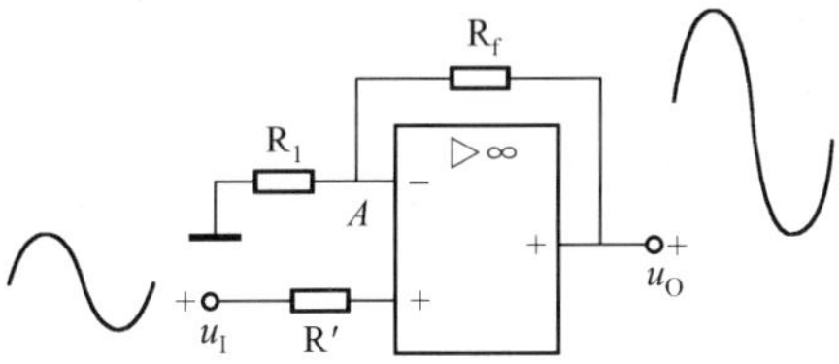

图 13-31　同相放大器

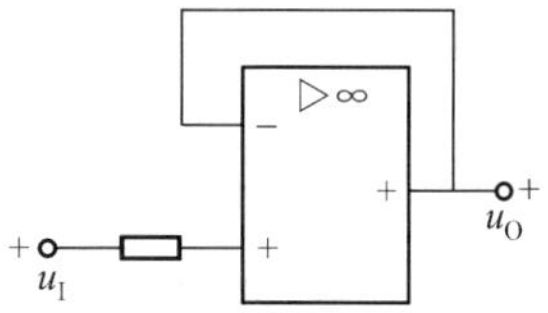

图 13-32　电压跟随器

3. 应用实例

如图 13-33 所示的光电变换电路中，光电二极管作为光电转换器件，流过它的反向饱和电流 I_S可看做受光控制的电流源。把光电二极管接在运放的反相端，即构成了电流（电压转换电路。电路中 R_f构成了电压并联负反馈，根据集成运放线性应用的特点：$I_- = 0$，$I_S = I_F$；$U_- = U_+ = 0$，所以输出电压 U_O为：$U_O = I_F R_f = I_S R_f$，即将电流转换成了电压。如图 13-34所示是电压 - 电流转换电路。

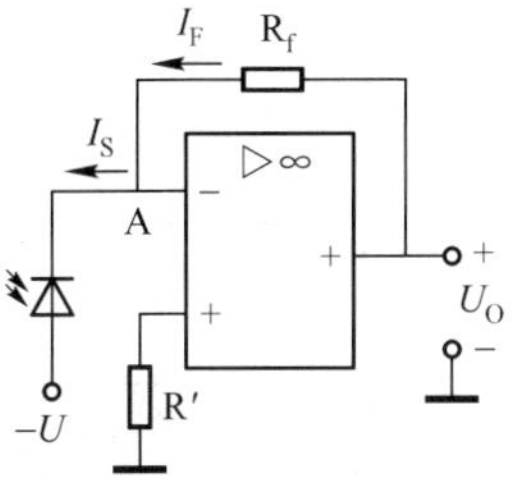

图 13-33　光电变换电路

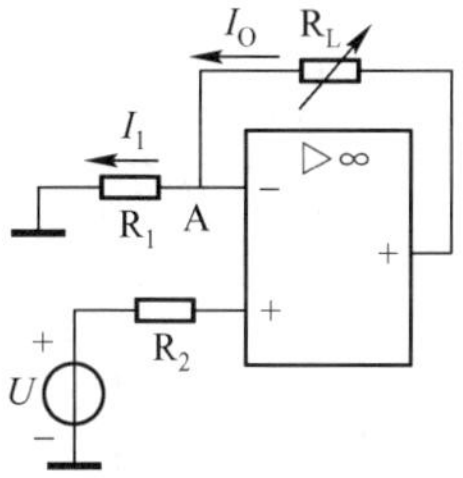

图 13-34　电压 - 电流转换电路

课堂练习 13-15　集成运放工作在线性区的条件是________，特点是________、________。

课堂练习 13-16　试求图 13-34 电路的 I_O表达式，并写出电路名称。

课堂练习 13-17　试求图 13-35 中各电路的 u_O值（先写出表达式再计算），写出电路名称。

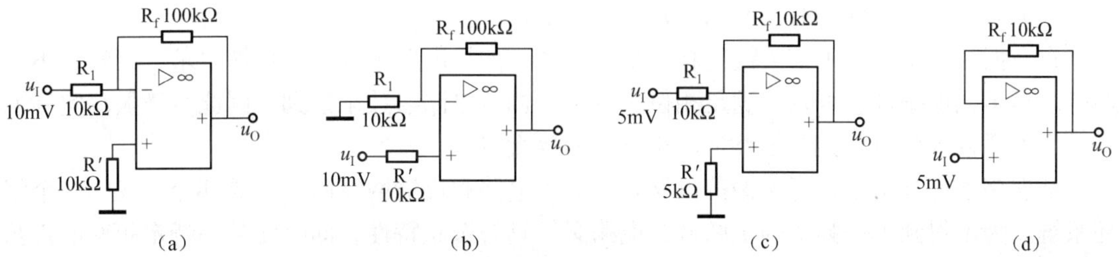

图 13-35　课堂练习 13-17 附图

课堂练习 13-18 试从反馈观点比较反相输入和同相输入两种比例运算电路的特点。

13.4 振荡器

13.4.1 LC 振荡器的主要特点

1. 自激振荡的条件

不需要外加输入信号，能够自行产生特定频率的交流输出信号，从而将电源的直流电能转换成交流电能输出，这种电路就称为自激振荡电路。自激振荡电路中的正弦波振荡电路在自动控制、仪器仪表、广播通信等领域有广泛的应用，实验室中所用的低频信号发生器就是一种正弦波振荡器的实例。

如果在基本放大器中引入正反馈，如图 13-36 所示，则使 u_o 幅值越来越大。

$$u_o\uparrow \rightarrow u_f\uparrow \rightarrow u'_i\uparrow = (u_i + u_f\uparrow)$$

既然如此，可直接将输入信号 u_i 去掉，用 0V 代替输入信号，即在没有输入信号的情况下也能保持一定的输出信号幅度，这就是自激振荡器，其方框图如图 13-37 所示。由图可见，$A = u_o/u'_i$，$F = u_f/u'_i$，$u_f = u'_i$，因此

$$AF = 1 \tag{13-13}$$

要满足 $AF = 1$，才能使振荡器输出电压维持一定的幅值。若 $AF < 1$，即 $u_f < u'_i$，反馈信号逐步减弱，导致输入信号不断减弱，最后停振。

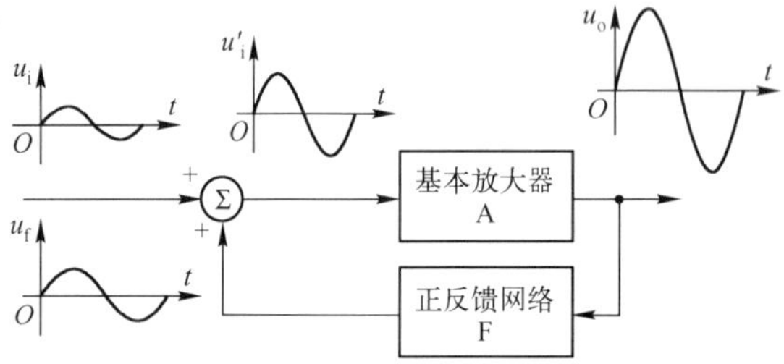

图 13-36 正反馈放大器方框图

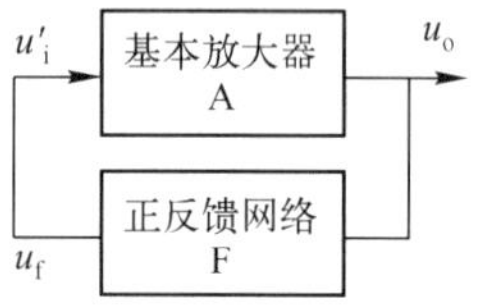

图 13-37 自激振荡器方框图

因此，产生自激振荡必须同时满足两个基本条件：

（1）相位平衡条件。u_f 与 u'_i 必须同相位，也就是要求正反馈。

（2）幅值平衡条件。$AF = 1$，即 u_f 与 u'_i 值相等。

自激振荡两个条件中，关键是相位平衡条件，如果电路不满足正反馈要求，则肯定不会振荡。至于幅值条件，可以在满足相位条件后，调节电路参数来达到。因此自激振荡实际上是一个不要输入信号且具有足够强的正反馈的放大器。

从振荡条件分析中，可见振荡电路是由放大电路和反馈网络两大主要部分组成的一个闭环系统。为了得到单一频率的正弦波，电路必须具有选频特性，即只使某一特定频率的正弦波满足自激振荡条件，应包含选频网络。根据选频网络的不同，正弦波振荡器可分为 LC 振

荡器、RC 振荡器及石英晶体振荡器。

2. LC 振荡电路

LC 振荡器有变压器反馈式和三点式 LC 振荡器。如图 13-38（a）所示是变压器反馈式振荡器，一个优点是便于实现阻抗匹配，因此振荡器的效率高、容易起振；另一个优点是调频方便，只要将谐振电容 C 换成一个可变电容器，就可以实现调节频率的要求。如图 13-38（b）所示是电感三点式振荡器，其优点是容易起振、调节频率方便，并且调节范围较宽；缺点是振荡波形差。如图 13-38（c）所示是电容三点式振荡器，其优点是振荡频率高、振荡波形好；缺点是调节频率较困难。LC 振荡器的振荡频率为 $f_0 = 1/2\pi\sqrt{LC}$。

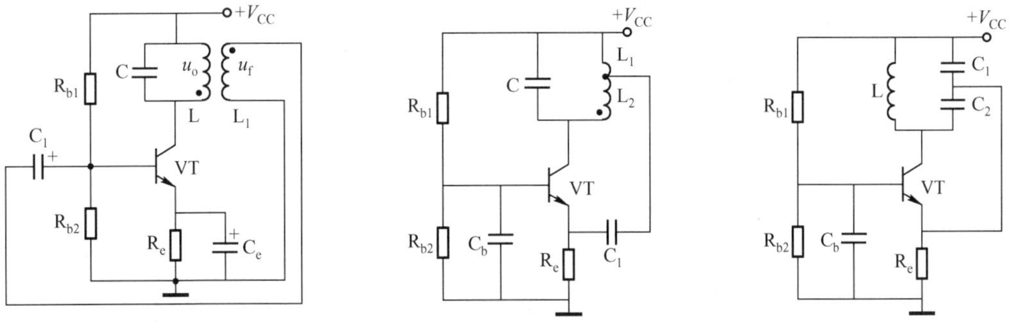

（a）变压器反馈式　（b）电感三点式　（c）电容三点式

图 13-38　各种 LC 振荡器

LC 振荡器的振荡频率范围一般为一兆到几百兆赫，频率过低，将使 L 或 C 值很大而制作困难，会使振荡器体积重量增大损耗加大而不易起振。因此 1MHz 以下的正弦波振荡器多采用 RC 振荡器。

演示实验 13-6　用示波器观察图 13-38 所示 LC 电感三点式振荡器的输出电压波形。调节 L、C，可以看到输出信号的频率发生变化。

13.4.2　石英晶体振荡器的主要特点

石英晶体谐振器是石英晶体振荡器的核心元件，其外形和符号如图 13-39（a）和（c）所示。石英晶体谐振器是从石英晶体上按一定的方位角切下的薄片，这种晶片可以是正方形、矩形或圆形等，然后将晶片的两个对应面喷涂银层形成金属极板，引出电极，其结构如图 13-39（b）所示。

在石英晶体谐振器的两个电极加交变电压，晶体将产生机械形变振动，而这一振动又会产生交变电场，这种现象称为压电效应。通常它们的振幅都很小，但当外加交变电压的频率正好等于石英晶体的固有频率时，振幅突然加大，这种现象称为谐振。因此石英晶体谐振器可等效为一个较复杂的 LC 谐振电路。据分析测定，这个 LC 谐振电路有两个谐振频率：一个是串联谐振频率 f_S，另一个是并联谐振频率 f_P，但这两者很接近。当信号频率 f 正好等于串联谐振频率 f_S 时，石英晶体呈现纯电阻，并且数值很小，可视为一个很小的电阻；当信号频率 f 处于 f_S 和 f_P 之间时，石英晶体呈现电感性，可看成电感。

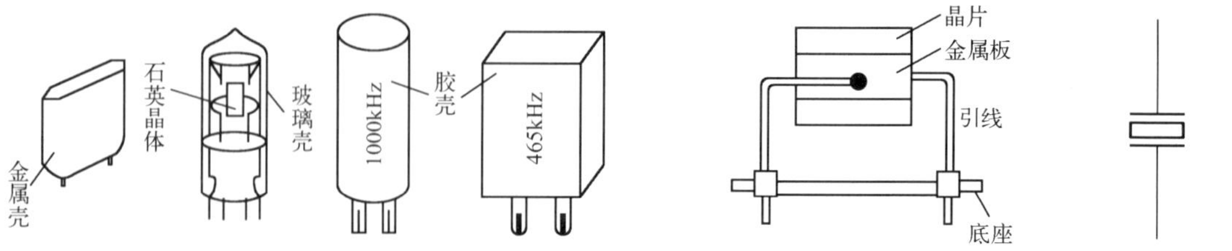

（a）外形　（b）结构　（c）电路图符号

图 13-39　石英晶体谐振器的外形、结构和电路图符号

因此，在组成石英晶体振荡器时有两种方法：一种是振荡频率 $f_0=f_S$，石英晶体看成一个很小的电阻，和其他元件一起构成正反馈电路，如图 13-40 所示，称为串联型石英晶体振荡器；另一种是振荡频率 f_0 处于 f_S 和 f_P 之间，石英晶体看成电感，和其他元件一起组成三点式 LC 振荡电路，如图 13-41 所示，称为并联型石英晶体振荡器。

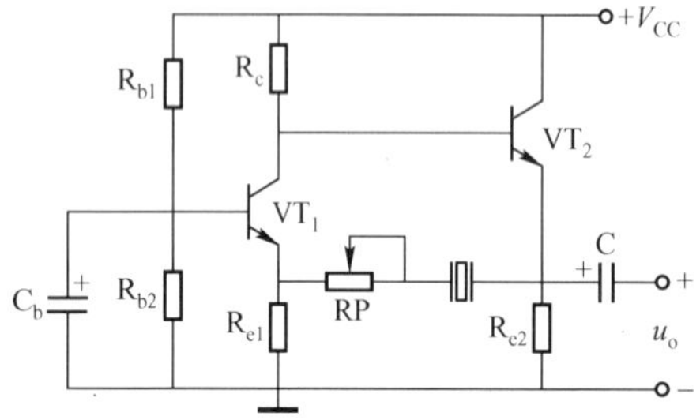

图 13-40　串联型石英晶体振荡器

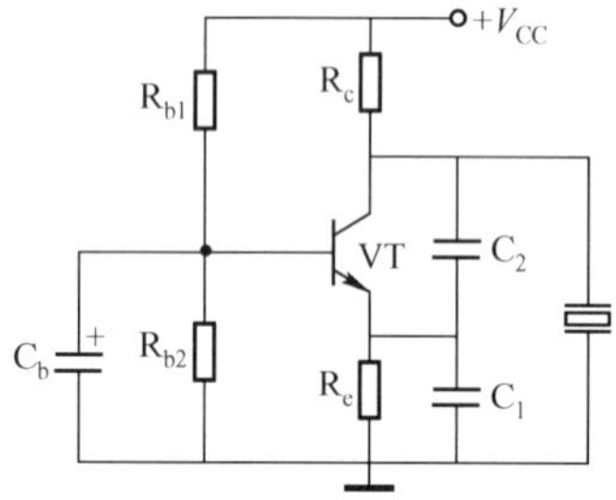

图 13-41　并联型石英晶体振荡器

由于石英晶体谐振器的品质因数 Q 值很高，可达几万以上，所以选频特性极好。因此石英晶体振荡器的突出优点是振荡频率非常稳定，常用于电子钟、精确计时仪器和通信设备上。

课堂练习 13-19　产生自激振荡必须同时满足哪两个基本条件？

课堂练习 13-20　LC 振荡器有哪几种类型？采用什么电路作为选频网络？

课堂练习 13-21　石英晶体振荡器采用什么电路作为选频网络？有哪几种类型？

13.5　共射放大电路的安装调试实训

13.5.1　共射放大电路的组装步骤

共射放大电路组装的方法和步骤如下。

（1）电子元器件的检验与筛选。为了保证电路组装质量，必须在安装前对所使用的电子元器件进行检验和筛选。

1）外观质量检验。外形应完好无损；各种型号、规格标志应该清晰、牢固；对于电位器等可调元器件，其调节范围内应该活动平滑、灵活。

2）参数性能测试。不同的元器件，应采用不同的方法测试。测量结果应该符合该元器件的有关指标，并在标称值允许的偏差范围内方可使用。

（2）电子元器件的安装。元器件在印制电路板上的分布应尽可能匀称合理；元器件的排列应整齐美观，一般应做到横平竖直排列元件；元器件应布置在电路板的同一面；元器件在印制电路板上的固定有直立式和卧式二种，安装方法如图 13-42 所示。为整齐美观，一块电路板上应尽可能采用一种固定方式，且同种元件的安装高度应一致。元件引线弯曲处离根部应大于 5mm，以免损坏元器件。元器件安装时，有标志的一面应朝上或朝向看得清的一方，以便检查和维修。对较大、较重的元件，还需采用金属或塑料固定架加以固定。

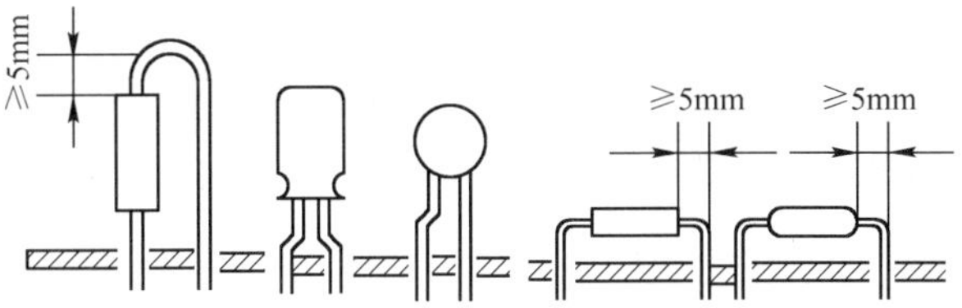

图 13-42 元器件在电路板上固定的方式

*13.5.2 静态工作点的调试方法和步骤

放大电路静态工作点的调试方法和步骤如下。

（1）接通电源，在 $U_i=0$ 的条件下，调节电位器 RP，使集电极电流为静态工作电流 I_C。可用短路线短接输入端，使 $U_i=0$；然后调节电位器 RP，使集电极电流为静态工作电流 I_C。

测量 I_C 有两种方法：第一种方法是直接将直流电流表串接在集电极电阻 R_C 支路上，电流表的读数即为集电极电流 I_C 的读数；第二种方法是将直流电压表并联在集电极电阻 R_C 的两端，则 $I_C = U_{RC}/R_C$。

（2）用直流电压表和直流电流表测量放大电路静态工作点的其他数据，如 I_B、U_{CE} 等。放大电路的静态工作点是放大电路正常工作的基础。如果静态工作点设置得不合适，会使被放大的输出信号产生失真。即使静态工作点设置得合适，但由于输入信号太大，也会产生失真。

13.5.3 主要性能指标的测试

放大电路的性能指标参数较多，对共射放大电路来说，主要有电压放大倍数、输入电阻和输出电阻。

（1）电压放大倍数的测量。在放大电路的输入端加一正弦小信号电压，用交流毫伏表测量输出、输入的电压，两者之比即为放大电路的电压放大倍数 A_u，$A_u=\dfrac{U_o}{U_i}$。

（2）输入电阻的测量。测量放大电路输入电阻的方法很多，一般常用下面介绍的方法来测量：因为放大器的输入电阻 R_i 对信号源来说就是其负载，所以只要在信号源与放大器之间串接一个已知电阻 R，如图 13-43 所示，根据分压原理，用交流毫伏表分别测出 U_i 和 U'_i，则输入电阻 $R_i=\dfrac{RU'_i}{U_i-U'_i}$。

（3）输出电阻的测量。从放大器的输出端看进去，放大器可等效成一个大小等于开路的输出电压的电压源和一个内阻相串联的电路，这个等效电源的内阻就是放大器的输出电阻。

所以，测量输出电阻时，通常在放大器的输入端加一正弦小信号，用交流毫伏表分别测出负载开路和接上固定负载时的输出电压 U_o 和 U'_o，由 $R_o = \frac{R_L (U_o - U'_o)}{U'_o}$，可求出放大器的输出电阻，测量线路如图 13-44 所示。

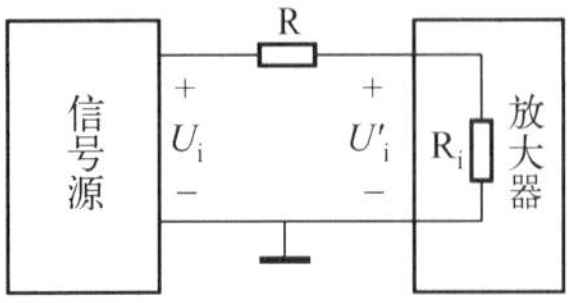

图 13-43　放大器输入电阻测量线路

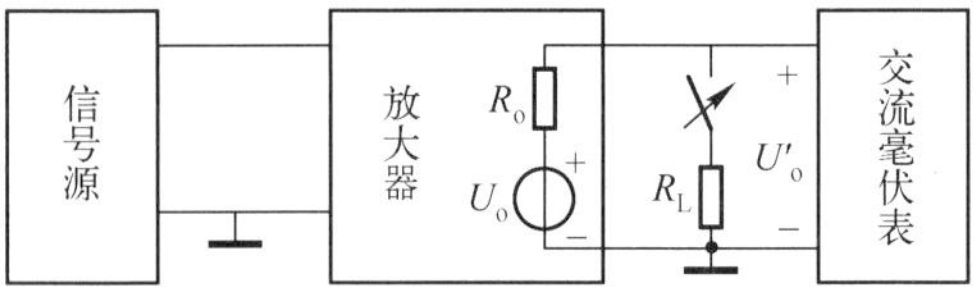

图 13-44　放大器输出电阻测量线路

13.5.4　安装与调试实训练

1. 实训目的

（1）学会连接并焊接电子线路板，组装单管电压放大器电路。
（2）掌握放大电路静态工作点的调整和测试方法。
（3）学会用示波器观察静态工作点对输出电压波形的影响。
（4）掌握测量放大电路的电压放大倍数的方法。
（5）了解放大电路输入电阻和输出电阻的测量方法。

2. 实训仪器和器材

（1）实训仪器。
1）直流稳压电源，1 台；
2）交流毫伏表，1 台；
3）双踪示波器 ，1 台；
4）万用表 ，1 只。
（2）实训器材。其余实训元器件的选择见表 13-2。

表 13-2　单管放大电路元器件明细表

代　号	名　称	型号及规格	单　位	数　量
R_{B1}	电阻器	RTX—0. 125—10kΩ ±5%	只	1
R_{B2}	电阻器	RTX—0. 125—10kΩ ±5%	只	1
R_C	电阻器	RTX—0. 125—5. 1kΩ ±5%	只	1
R_E	电阻器	RTX—0. 125—2kΩ ±5%	只	1
C_1	电解电容器	CD11—25V—10μF ±10%	只	1
C_2	电解电容器	CD11—25V—10μF ±10%	只	1
C_E	电解电容器	CD11—25V—100μF ±10%	只	1
RP	电位器	WH9—1—0. 25—500kΩ ±5%	只	1
VT	晶体三极管	3DG6	只	1
	印制电路板	单管放大电路	块	1

3. 实训线路

电原理图如图 13-45 所示，印制电路板图如图 13-46 所示。

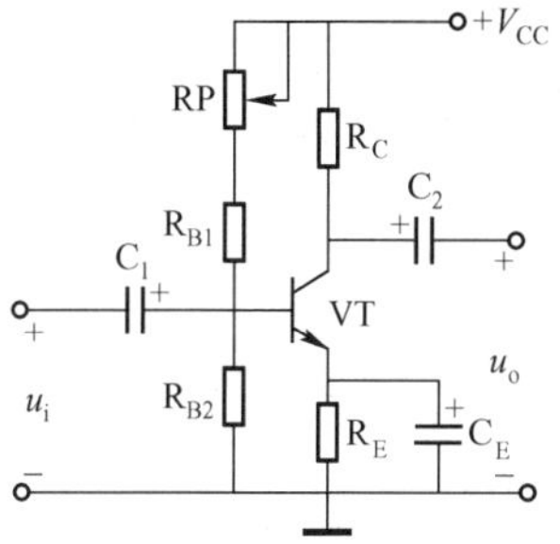

图 13-45 单管电压放大器电原理图

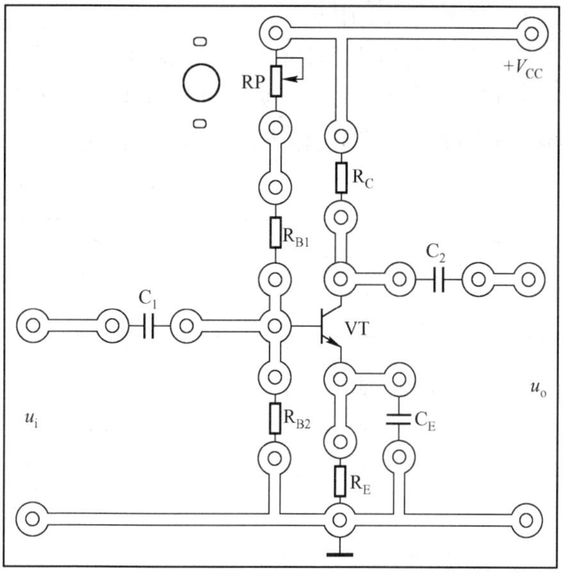

图 13-46 单管电压放大器印制电路板图

4. 实训内容

（1）检测各元器件的性能，进行筛选。

（2）根据电原理图和印制电路板图，将筛选后的元器件插入印制电路板相应的通孔中，并按规范安装焊接。

（3）接通电源，在 $U_i=0$ 的条件下，调节电位器 RP，使静态工作电流 $I_C=1\text{mA}$。

要使 $U_i=0$，可用短路线短接输入端；要使 $I_C=1\text{mA}$，可调节电位器 RP，并用万用表测量 U_E，使 $U_E=R_E\times I_{CQ}=2\text{k}\Omega\times1\text{mA}=2\text{V}$。

（4）按表 13-3 所示要求，用万用表测量并计算有关数据，填入表内。

表 13-3 测量记录表

条　件	测　量　值			计　算　值		
$I_{CQ}=1\text{mA}$	U_E	U_B	U_C	U_{CE}	U_{BE}	I_B
$U_i=0$						

（5）测量电压放大倍数。

条件：$I_{CQ}=1\text{mA}$，使输入电压 $U_i=10\text{mV}$，$f_i=1\text{kHz}$。

按表 13-4 所示要求，用交流毫伏表测量并计算有关数据，填入表内。并用示波器观察输出电压波形。

表 13-4 测量记录表

条件 $I_{CQ}=1\text{mA}$	测　量　值		计算值 A_u
	U_i	U_o（U'_o）	
$R_L=\infty$			
$R_L=2\text{k}\Omega$			

（6）测量输入电阻。

条件：输入电压 $U_i=10\text{mV}$，$f_i=1\text{kHz}$。

按表 13-5 所示要求，用交流毫伏表测量并计算有关数据，填入表内（其中 U_i' 是在输入端串接一个 1kΩ 电阻后的输入信号电压）。

表 13-5 测量记录表

条 件	测 量 值		计算值 R_i
	U_i	U_i'	
$I_{CQ}=1\text{mA}$			

（7）测量输出电阻。

条件：开关 S_1 闭合，使输入电压 $U_i=10\text{mV}$，$f_i=1\text{kHz}$。

按表 13-6 所示要求，用交流毫伏表测量并计算有关数据，填入表内。

表 13-6 测量记录表

条 件	测 量 值		计算值 R_o
$U_i=10\text{mV}$	U_o（$R_L=\infty$）	U_o'（$R_L=2\text{k}\Omega$）	
$I_{CQ}=1\text{mA}$			

（8）观察静态工作点及输入电压太大对输出电压波形的影响。

按表 13-7 所示要求进行调节，并观察输出电压波形的失真。

表 13-7 测量记录表

条 件	输出电压波形
RP 不变，增大 U_i	
$U_i=20\text{mV}$，使 RP 太大	
$U_i=20\text{mV}$，使 RP 太小	

思考：分析输出电压波形失真的原因，提出解决的办法。

5. 实训报告要求

（1）说明调整和测试静态工作点的方法。

（2）总结本次安装焊接过程中的经验和教训。

（3）回答下列思考题：

1）若测出静态工作电流 $I_C=0$，但检测 U_{BE} 值却是正常的，则电路中可能存在什么故障？

2）若三极管发射结开路，则在检测电路静态工作点时将出现什么不正常的现象？

本章小结

1. 晶体三极管是一种电流控制器件，它的输出特性曲线可以分为三个工作区域：放大区、饱和区和截止区。要使其正常放大，发射结必须正偏，集电结必须反偏。为了保证进行不失真的放大，放大电路必须设置静态工作点。这样放大电路中有交流和直流两种成分，交流搭载在直流上，直流是基础，交流是目的。放大电路的分析计算，必须把交流和直流分开来。静态工作点由直流通路来分析。交流性能（放大倍数、输入电阻和输出电阻）的分析，先要画出交流通路，进而画出微变等效电路，然后根据定义计算。

2. 多级放大器的耦合方式有阻容耦合、直接耦合和变压器耦合。集成运放电路其内部是一个高增益、直接耦合的放大电路。为了克服零点漂移，集成运放电路的输入级往往采用差动放大电路。

3. 反馈的实质是输出量参与控制，反馈使净输入量减小的为负反馈，常用瞬时极性法来判断反馈的极性。电压负反馈的取样对象是输出电压，能稳定输出电压；电流负反馈的取样对象是输出电流，能稳定输出电流。串联负反馈在输入回路中输入信号和反馈信号是串联的，能提高输入电阻；并联负反馈在输入回路中输入信号和反馈信号是并联的，能减小输入电阻。负反馈能改善动态性能是以牺牲放大倍数为代价的。

4. 正弦波振荡器实质上是一个满足相位平衡条件和幅度平衡条件的正反馈放大器。按照选频网络的不同，正弦波振荡器可分为 LC 振荡器、RC 振荡器和石英晶体振荡器。

5. 功率放大器和电压放大器本质上都是能量转换器。功率放大器要求有大的功率输出。互补推挽功率放大器中三极管只在信号的半个周期内导通工作，称为乙类工作状态。

6. 集成运放是一种高放大倍数的多级直接耦合放大器，简称集成运放。在各个领域获得了广泛的应用，有“万能放大器”的美称。集成运放的应用分为线性与非线性两类。

当集成运放工作在线性放大状态时，集成运放运算电路通常接成负反馈形式，其特点是：运放两个输入端之间的电压几乎为零，称为虚短（当同相输入端接地时，称为虚地），即 $U_+ \approx U_-$（虚短）；流入运放两个输入端的电流几乎为零，称为虚断，即 $I_+ \approx I_- \approx 0$（虚断）。这是分析计算集成运算电路时两个十分重要的概念，必须熟练掌握。

练习与思考

13.1 试判断图 13-47 所示各电路能否进行不失真的放大？为什么？

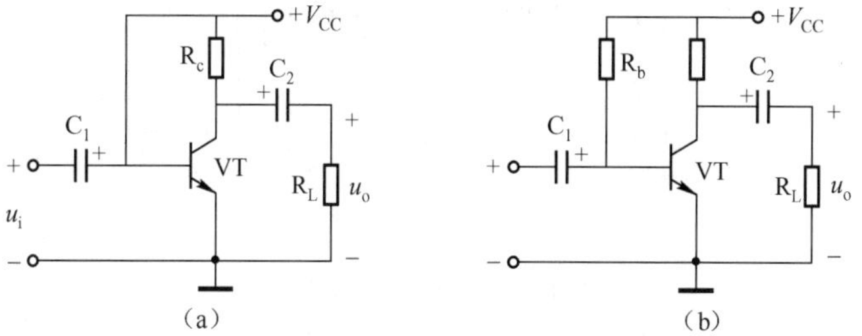

图 13-47 习题 13.1 附图

13.2 在如图 13-48 所示基本放大电路中已知 $V_{CC}=15V$，$R_c=3k\Omega$，$R_b=300k\Omega$、$R_L=6k\Omega$，$\beta=60$，$U_{BE}=0.7V$，$I_{CEO}=0$。要求（1）画出放大电路的直流通路；（2）估算放大电路静态工作点的电压电流 I_C、I_B、U_{CE}的值。

13.3 在如图 13-49 所示的分压式偏置稳定电路中，已知 $V_{CC}=15V$，$R_{b1}=12k\Omega$，$R_{b2}=27k\Omega$，$R_e=2k\Omega$，$R_c=3k\Omega$，三极管的$\beta=40$，$U_{BE}=0.7V$；试求：（1）估算放大器的静

态工作点的电压电流 I_C、I_B、U_{CE}；（2）若换上一只 $\beta=100$ 的同类型的三极管，试问放大电路能否工作在正常状态？（3）说明当温度升高时 U_C 将如何变化。

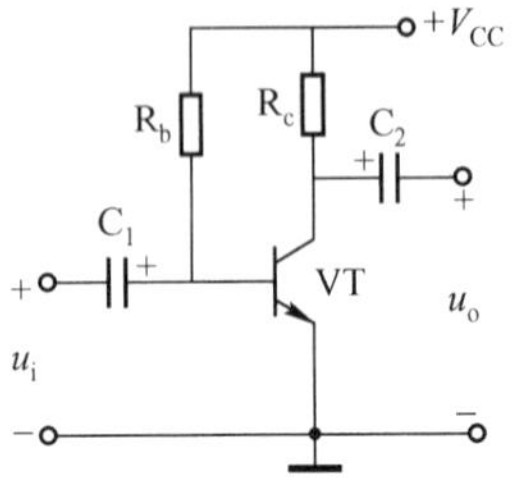

图 13-48　习题 13.2 附图

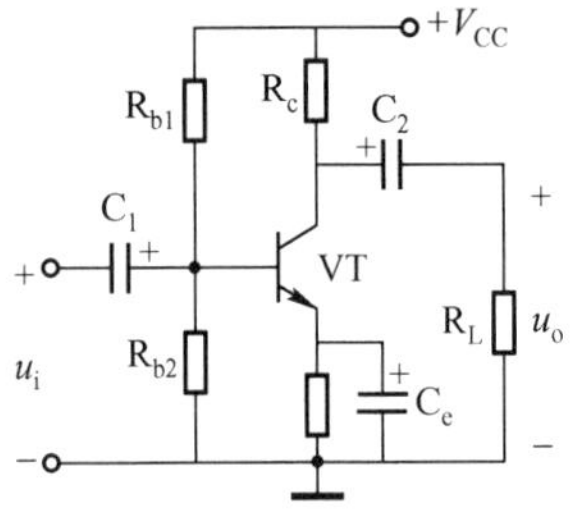

图 13-49　习题 13.3 附图

13.4　如图 13-50 所示的电路中，设 $R_e=2\text{k}\Omega$，$R_L=2\text{k}\Omega$，$R_b=200\text{k}\Omega$，三极管的 $\beta=60$，电路的静态电流 $I_E=2.6\text{mA}$，试求：（1）判断该电路的反馈类型；（2）说明该电路的名称，并简述其特点；（3）求该电路的电压放大倍数。

13.5　如图 13-51 所示各电路中的集成运放均是理想的，试分别求出输出电压与输入电压的关系式。

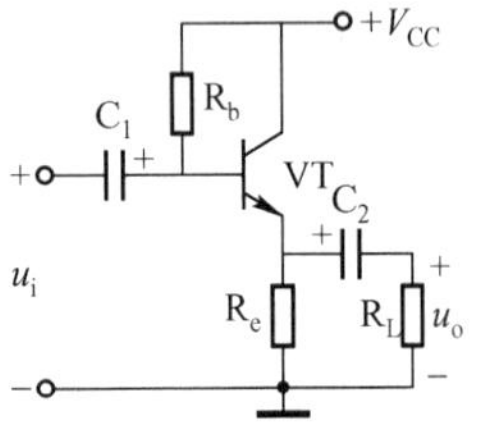

图 13-50　习题 13.4 附图

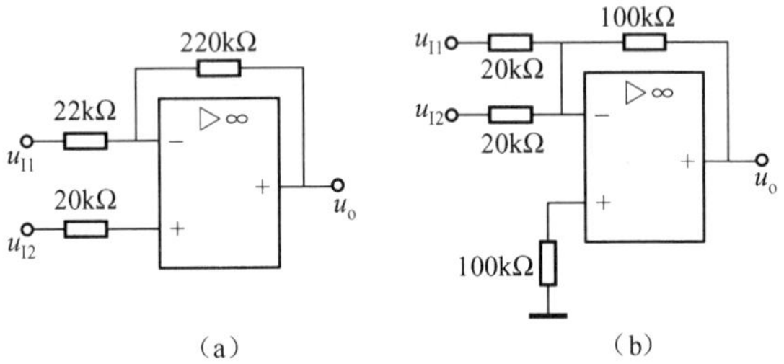

图 13-51　习题 13.5 附图

13.6　如图 13-52 所示电压与电流转换电路，试写出 i_0 与 u_0 的表达式，并说明电路名称。

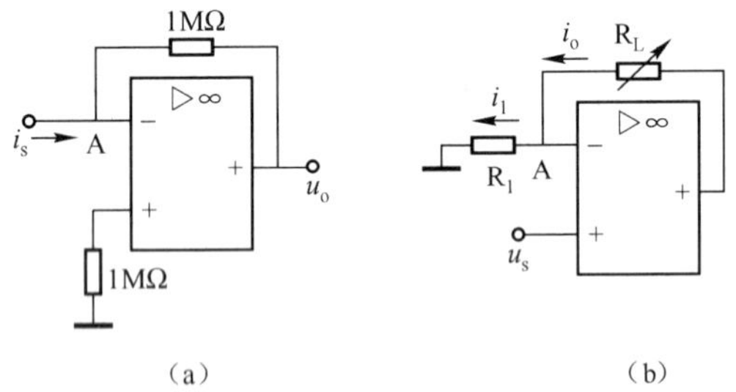

图 13-52　习题 13.6 附图

13.7　反相输入比例运算电路如图 13-30 所示，已知 $R_1=10\text{k}\Omega$，$R_f=30\text{k}\Omega$，试估算它的电压放大倍数 A_u，R' 应取多大？

技能与实践

13.1　在如图 13-53（a）的放大电路中，若输入信号电压波形如图 13-49（b）所示，问：（1）输出电压发生了何种失真？（2）应如何调整来消除失真？（3）图 13-49（a）中偏流电阻为什么要分成固定和可调两部分，如果只装一个可调电阻会有什么问题？

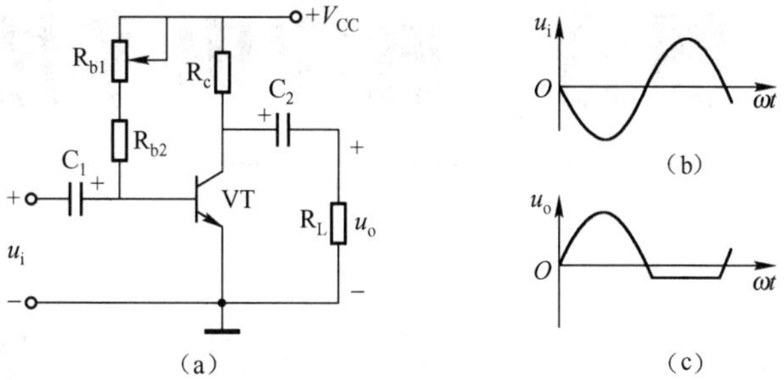

图 13-53　习题 13.1 附图

13.2　电路如图 13-54 所示，三极管的 $\beta=100$，试估算开关 S 分别接通 A、B、C 时的静态工作点的电压电流 I_B、I_C、U_{CE}，并说明三极管工作在何种状态。

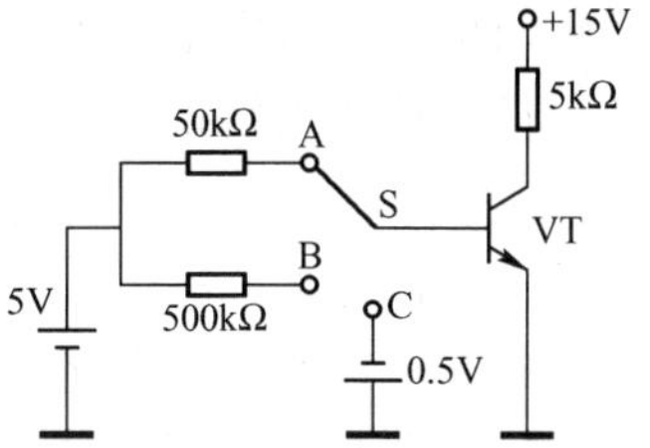

图 13-54　习题 13.2 附图

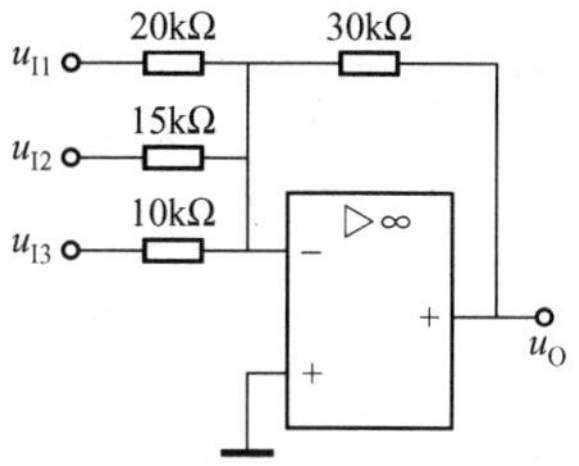

图 13-55　习题 13.3 附图

13.3　如图 13-55 所示电路中，当输出电压 $u_O \geq 3V$ 时，驱动报警信号。当输入信号 $u_{I1}=u_{I2}=u_{I3}=0$ 时，输出电压 $u_O=0V$。如果 $u_{I1}=1V$，$u_{I2}=-4.5V$，试问 u_{I3} 多大时发出报警信号？

技能训练测试

（1）测试项目。用集成运放搭接一个电压跟随器。

（2）仪器和器材。自拟。

（3）技能训练测试电路。自拟。

第三部分　数字电子技术

项目十四　数字电子技术基础

在啤酒、汽水、罐头和卷烟等生产线上，常装有自动计数器，以便计算产量。计数器的种类很多，光电计数器是较常见的一种，如图 14-1 所示。当传送带上无啤酒瓶时，光源发出的光线毫无阻挡地到达光敏元件，此时光电转换电路的输出电压为低电平。当传送带上有啤酒瓶时，光源发出的光线被啤酒瓶阻挡而不能到达光敏元件，使光电转换电路输出一个高电平。由于该高电平是因随啤酒瓶的出现而存在，所以是短暂的，这种信号称为脉冲信号。该脉冲的个数即是啤酒瓶的只数。然后先对脉冲信号进行放大，使它的幅度增大；再对这一信号整形，使它成为规则的矩形脉冲，以便于计数器计数，并通过译码显示电路，即能在显示屏上显示出啤酒瓶的个数。这里计数器、译码器、数码显示电路都是典型的数字电路。

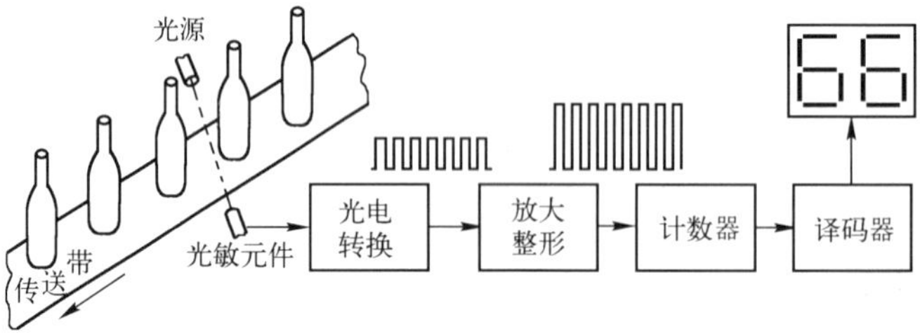

图 14-1　光电计数器的工作原理

14.1　数字电路基础知识

14.1.1　数字信号的特点和数字电路

1. 数字信号的特点

在上述生产线上的光电计数器的例子中，啤酒瓶的有无只有两种情况，因此从光电转换电路输出的脉冲信号和放大整形后的输出信号都是二值量信号，即高电平和低电平，这可以用最简单的数字“1”和“0”表示，这种信号就是数字信号。数字信号具有下述特点：

(1) 数字信号是二值量信号。数字信号只有“0”和“1”两种可能，容易用电路状态来表述。例如，三极管截止时，其输出为“1”，饱和导通时，其输出为“0”；脉冲的高电平为“1”，脉冲的低电平为“0”。

（2）数字信号是依靠脉冲的有无、宽度、频率来表达的，各种干扰与噪声，只对脉冲的幅值有一定影响，一般不致于影响脉冲的有无。这一特点使数字电路具有精度高、速度快、抗干扰能力强等优点，因而在工业自动控制、计算机技术、雷达、电视、遥测遥控等许多方面获得日益广泛的应用。

2. 数字电路

处理数字信号的电子电路称为数字电路，如在上述光电计数器的例子中，计数器、译码显示器等都是数字电路。由于数字电路处理的信号不是高电平就是低电平，所以在数字电路中的晶体管多数工作在开关状态，即要么饱和导通，要么截止，这对电路的精度要求不高，功耗小，便于集成化。除此之外，数字电路还有许多特殊的优点，如抗干扰能力强、工作速度高、可靠性好。数字电路现都制成集成电路，即数字集成电路，其种类繁多，从集成度来看，有小规模集成电路（SSI）（每个芯片含有10～100个元件）、中规模集成电路（MSI）（每个芯片含有100～1000个元件）、大规模集成电路（LSI）（每个芯片含有1000～10000个元件）、超大规模集成电路（VLSI）（每个芯片含有10000～100000个元件）、超超大规模集成电路（VVLSI）（每个芯片含有1000000个以上元件）。从工作速度来看，有低速集成电路（工作速度大于40ns）、高速集成电路（工作速度小于6ns）。从电路结构来看，有TTL电路、CMOS电路。TTL电路，即晶体管－晶体管逻辑电路，它发展早、工艺成熟、工作速度高、价格低；CMOS电路，即互补金属－氧化物－半导体集成电路，它集成度高、功耗低、电源电压范围宽（3～18V）、抗干扰能力强。对于这些具体产品的型号、性能，可查阅电子元器件手册。目前数字电路已广泛应用于数字通信、自动控制、电子计算机、数字测量仪器、家用电器等各个领域。随着信息时代的到来，数字电路的发展将更加迅猛。

14.1.2　二进制数

由于电路的状态用二进制表示比较方便，如输入脉冲高电平为“1”，低电平为“0”；开关接通为“1”，断开为“0”等，所以在数字电路中广泛采用二进制数。二进制采用“0”和“1”两个数码按照一定的规律排列起来表示数值的大小。二进制数是以2为基数的计数体制，其计数规律是“逢二进一”。例如，4位二进制数“1101”可表示为

$$(1101)_2 = (1\times2^3+1\times2^2+0\times2^1+1\times2^0)_{10} = (13)_{10}$$

这里“2^0”、“2^1”、“2^2”……分别称为各位的权。

二进制数与十进制数的对应关系见表14-1。

表14-1　二进制数与十进制数的对应关系

二进制数	0000	0001	0010	0011	0100	0101	0110	0111	1000	1001
十进制数	0	1	2	3	4	5	6	7	8	9

14.1.3 8421BCD 码

在数字系统中，各种文字、符号等特定的信息，也往往采用一定位数的二进制码来表示，通常把这种二进制码称为代码、建立这种代码与文字、符号等特定的信息之间一一对应的过程，称为编码。

二-十进制码，又称为 BCD（Binary Coded Decimal）码。它是用 4 位二进制数组成一组代码，表示 1 位十进制数。十进制数的基数是 10，四位二进制数共有 $2^4=16$ 种不同组合。因此，选取哪十种组合的编码方案有多种。8421 BCD 码是最基本的一种有权码，各位的权分别为 8、4、2、1。十进制数与 8421 BCD 码的对应关系见表 14-2。十进制数要转换成 8421BCD 码，只要把每一位十进制数用表 14-2 所示的二进制代码表示即可，例如

$$(219)_{10}=(001000011001)_{8421BCD}$$

表 14-2　十进制数与 8421 BCD 码对应关系

十进制数	0	1	2	3	4	5	6	7	8	9
8421BCD 码	0000	0001	0010	0011	0100	0101	0110	0111	1000	1001

14.2 逻辑门电路

14.2.1 基本逻辑门（与、或、非）的逻辑功能和符号

在生活中和自然界中，许多现象往往存在着相互对立的双方。例如：开关的闭合和打开；灯泡的亮和暗；晶体管的导通和截止；脉冲的有和无；电平的高和低……我们采用只有两个取值（0、1）的变量（通常用英文字母来表示）来描述这种对立的状态，这种二值变量称为逻辑变量。逻辑关系是指事物的因果关系，即“条件”与“结果”的关系。在数字电路中用输入信号表示“条件”，用输出信号表示“结果”，这种电路称为逻辑电路。最基本的逻辑关系有三种，即与逻辑、或逻辑、非逻辑关系。相应的最基本的逻辑电路也有三种，即与门电路、或门电路、非门电路。门电路可以用二极管、三极管等分立元器件组成，也可以制成集成电路。本书主要讨论集成门电路的逻辑功能和应用。

1. 与门电路及其逻辑功能测试

（1）与逻辑。与逻辑是指决定事件的所有条件都具备之后，该事件才会发生而且一定会发生，这样的因果关系称为与逻辑关系（亦称逻辑乘）。如图 14-2（a）所示，图中要发生的事件是灯亮，开关 A、B 闭合是事件发生的条件。显然，只有开关 A、B 都闭合，灯才会亮。

（2）集成与门电路。与门电路的图形符号如图 14-2（b）所示，图中“&”是与门的总限定符号。A、B 为输入端，Y 为输出端。74LS08 集成器件为 2 输入四与门 电路，其引脚排列如图 14-2（c）所示。

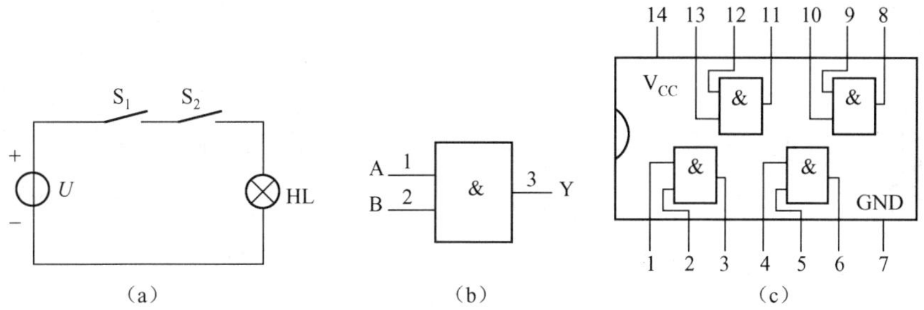

图 14-2　与逻辑、集成与门电路

采用 74LS08 集成器件中一组与门电路，测试与门电路的逻辑功能。使用时，先将集成器件 V_{CC}（14 引脚）接5V 电源，GND（7 引脚）接地。在输入端1 引脚（A）、2 脚引（B）按表 14-2（a）所示的要求分别逐次加入高电平信号 U_{IH}（3.6V）、低电平信号 U_{IL}（0.3 V），用直流电压表测输出端3 引脚（Y）的电压值。

通过测试可得到如表 14-3（a）所示的实验结果，若用“1”表示高电平，用“0”表示低电平，则表 14-3（a）可转换成表 14-3（b）所示的与门真值表。用“1”表示高电平，用“0”表示低电平，称为正逻辑体制，本书采用正逻辑体制。

（3）与逻辑表达式。由表 14-3（b）所示与门的真值表可知，与逻辑的基本运算规则如下：

$0\cdot0=0$，$0\cdot1=0$，$1\cdot0=0$，$1\cdot1=1$

与逻辑表达式为：$Y=A\cdot B=AB$，如果与门电路的输入不止两个，则它们的逻辑表达式为：$Y=ABCD\cdots$。

表 14-3　与门电平关系和真值表

U_A（V）	U_B（V）	U_Y（V）
0.3	0.3	0.3
0.3	3.6	0.3
3.6	0.3	0.3
3.6	3.6	3.6

(a)

A	B	Y
0	0	0
0	1	0
1	0	0
1	1	1

(b)

综上所述，与逻辑关系可总结为：“有0 出0，全1 为1”。

2. 或逻辑、或门电路及其逻辑功能测试

（1）或逻辑。或逻辑是指决定事件的各个条件中，只要具备一个条件，事件就会发生，这样的关系称为或逻辑关系（亦称逻辑加）。如图 14-3（a）所示，图中要发生的事件是灯亮，开关 A、B 闭合是事件发生的条件。显然，开关 A、B 中只要有任何一个开关闭合，灯 Y 就会亮。

（2）集成或逻辑电路。或门电路的图形符号如图 14-3（b）所示，图中“≥”是或门的总限定符号。A、B 为输入端，Y 为输出端。74LS32 集成器件为 2 输入四或门电路，其引脚排列如图 14-3（c）所示。

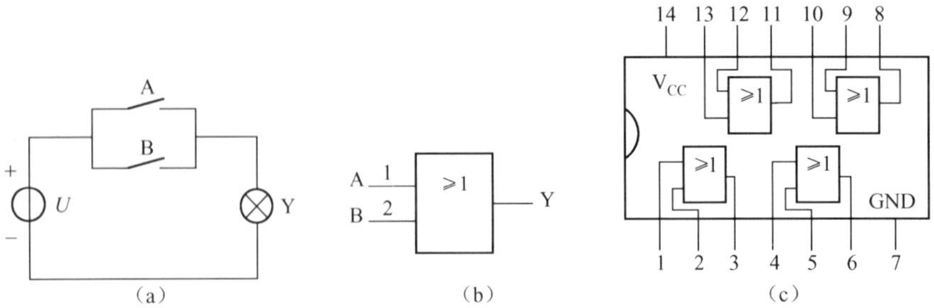

图 14-3 或逻辑、集成或门电路

用 74LS32 中一组或门，按表 14-4 所示要求，分别逐次输入 U_{IH}（3.6V）和 U_{IL}（0.3V）信号，测试或门电路的逻辑功能。

通过测试，可得到如表 14-4（a）所示的实验结果，根据实验结果可得或门的真值表见表 14-4（b）。

表 14-4 或门电平关系和真值表

U_A（V）	U_B（V）	U_Y（V）
0.3	0.3	0.3
0.3	3.6	3.6
3.6	0.3	3.6
3.6	3.6	3.6

（a）

A	B	Y
0	0	0
0	1	1
1	0	1
1	1	1

（b）

（3）或逻辑表达式。由表 11-4（b）所示与门的真值表可知，或逻辑的基本运算如下：

$0+0=0$，$0+1=1$，$1+0=1$，$1+1=1$

或逻辑表达式为：$Y=A+B$，或门电路的输入也可以不止两个，它们的逻辑表达式为：$Y=A+B+C+\cdots$。

综上所述，或逻辑关系总结为："有 1 出 1，全 0 为 0"。

3. 非逻辑、非门电路及其逻辑功能测试

（1）非逻辑。"非"就是否定、相反的意思。即决定事件的条件具备了，结果没有发生；而条件不具备时，结果一定发生。图 14-4（a）所示为"非"逻辑的概念，图中要发生的事件仍是灯亮，事件发生的条件是开关 A 是否闭合；显然开关 A 闭合，灯不亮；开关 A 不闭合，灯就亮。

（2）集成非门电路。非门电路的图形符号如图 14-4（b）所示，图中"1"是缓冲器总限定符号，小圆圈表示输出端的逻辑非符号。74LS04 是集成六非门电路，图 14-4（c）所示为 74LS04 引脚排列图。

用 74LS04 集成非电路中的一组非门，测试非门电路的逻辑功能。在输入端 A 分别加入 V_{IH}（3.6V）和 V_{IL}（0.3V）信号，测输出端 Y 的电位。

通过测试，可得到如表 14-5（a）所示的实验结果，根据实验结果可得非门的真值表见

表 14-5（b）。

表 14-5　非门电平关系和真值表

U_A（V）	U_Y（V）
0.3	3.6
3.6	0.3

（a）

A	Y
0	1
1	0

（b）

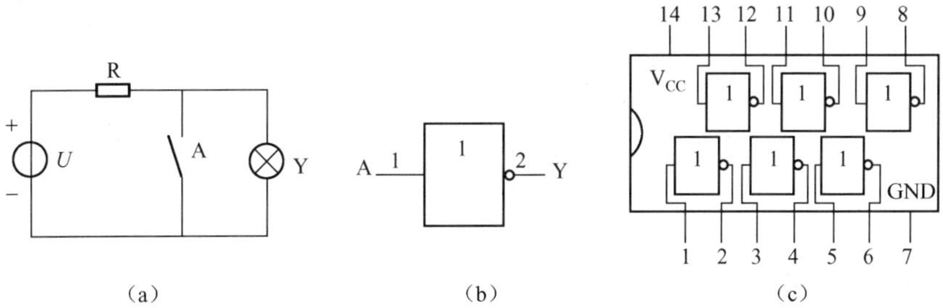

图 14-4　非逻辑、集成非门电路

（3）非逻辑表达式。由表 14-5（b）所示与门的真值表可知，非逻辑的基本运算为

$$\overline{0}=1 \text{ 和 } \overline{1}=0$$

非逻辑表达式为

$$Y=\overline{A}$$

课堂练习 14-1　如图 14-5 所示是数字集成电路 74LS21 引脚排列图，试写出该与门的逻辑表达式和真值表，画出图形符号。

课堂练习 14-2　如图 14-6（a）所示逻辑电路的输入波形如图 14-6（b）所示，试画出逻辑电路输出端 Y 的波形。

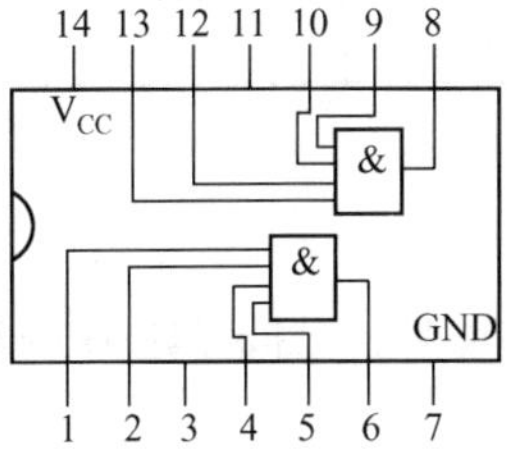

图 14-5　74LS21 引脚排列图

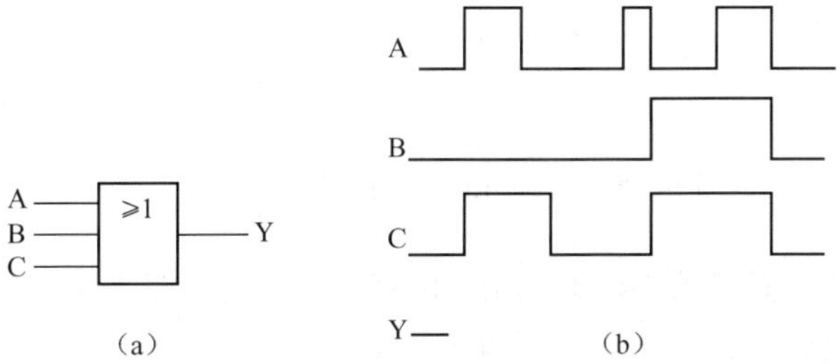

图 14-6　课堂练习 14-2 附图

14.2.2　复合逻辑门（与非、或非、与或非）的逻辑功能和符号

与、或、非是三种最基本的逻辑，实际的逻辑问题往往比较复杂，但都可由与、或、非的组合来实现。

1. 与非门电路

与非门电路是由与门和非门组合而成，其电路图形符号如图 14-7（a）所示，逻辑表达式为

$$Y=\overline{A\cdot B}$$

显然与非门的真值表见表 14-6，由此可见，与非逻辑关系可总结为："有 0 出 1，全 1 为 0"。

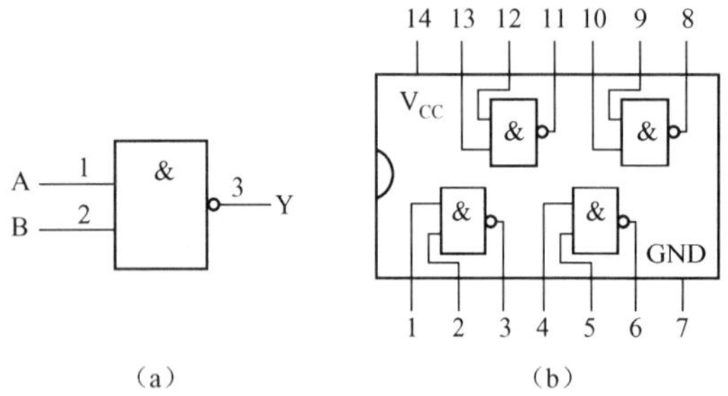

（a）　（b）

图 14-7　与非门的逻辑符号

表 14-6　与非门真值表

A	B	Y
0	0	1
0	1	1
1	0	1
1	1	0

2. 或非门电路

或非门电路由或门和非门组合而成，其图形符号如图 14-8 所示，逻辑表达式为

$$Y=\overline{A+B}$$

显然或非门的真值表见表 14-7，由此可见，或非逻辑关系可总结为："有 1 出 0，全 0 为 1"。

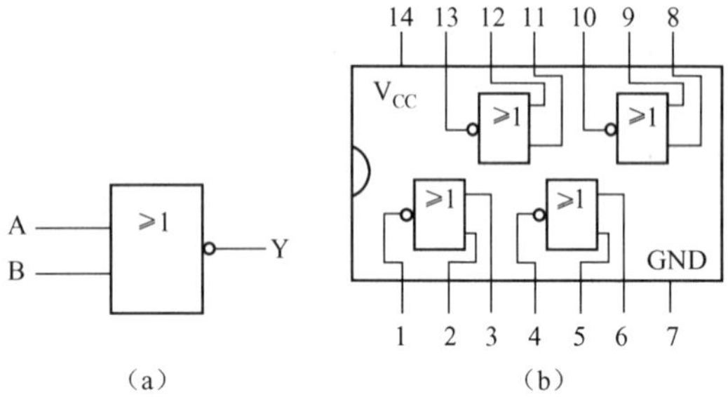

（a）　（b）

图 14-8　或非门的逻辑符号

表 14-7　或非门真值表

A	B	Y
0	0	1
0	1	0
1	0	0
1	1	0

课堂练习 14-3　如图 14-7（b）所示是 74LS00 的引脚排列图。试问 74LS00 是什么样的集成电路，试述各引脚的功能。

课堂练习 14-4　如图 14-8（b）所示是 74LS02 的引脚排列图。问 74LS02 是什么样的集成电路，并试述各引脚的功能。

14.2.3　TTL 门电路的型号及使用常识

1. TTL 集成电路的型号

TTL74 系列数字集成电路是国际上通用的标准电路，其品种通常有 6 大类，即 74 × ×

（标准）、74S××（肖特基，Schottky）、74LS××（低功耗肖特基）、74ALS××（先进低功耗肖特基）、74AS××（先进肖特基）和74H××（高速），其逻辑功能完全相同。TTL54系列数字集成电路与TTL74系列数字集成电路主要区别在于工作环境、温度范围和电源电压允许变化范围的不同，TTL54系列产品更胜一筹。我国TTL数字集成电路标准系列器件型号用CT表示。

例14-1　如CT74LS160CJ——74系列十进制同步计数器TTL集成电路型号含义如下：

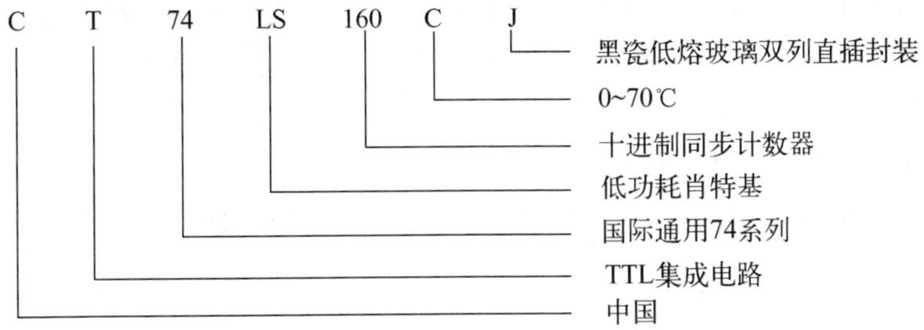

2. TTL门电路使用中应注意的问题

（1）多余输入端的处理。TTL门电路如果有多余输入端不用，一般处理的方法如下：

1）对于与门、与非门电路，将多余输入端经过一个1～3kΩ的电阻接到电源正极，如图14-9（a）所示；对于或门、或非门电路，则将多余输入端直接接地，如图14-9（b）所示。

2）将多余输入端和其他信号输入端并联使用，如图14-9（c）所示。

3）对于与门、与非门电路，将多余输入端接标准高电平，如图14-9（d）所示；对于或门、或非门电路，则将多余输入端接低电平，如图14-9（e）所示。

从理论上来说，TTL与非门（与门）输入端悬空相当于输入高电平。实际使用中，悬空的输入端容易接受各种干扰信号，导致工作不可靠，一般不予提倡。

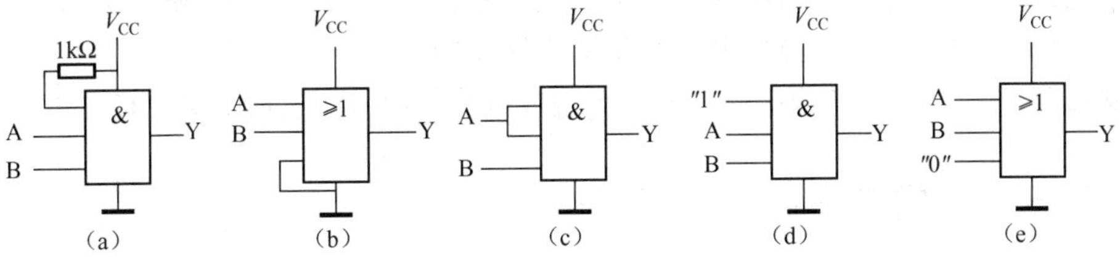

图14-9　TTL门电路多余输入端的处理

（2）安装、调试注意事项

① 集成块外引脚根部尽量不要弯曲，以免折断；

② 注意电源电压大小和极性，V_{CC}尽量稳定在+5V，以免损坏集成块；

③ 输出高电平时，输出端绝对不可碰地；输出低电平时，输出端绝对不可碰电源，以免损坏输出端。

14.2.4 CMOS 门电路的型号及使用常识

1. CMOS 集成电路的型号

74 系列高速 CMOS 电路共分为三大类产品。HC 为 CMOS 工作电平；HCT 为 TTL 电平，可与 74LS 系列互换使用；HCU 为无缓冲级的 CMOS 电路。74 系列高速 CMOS 电路的逻辑功能和外引脚排列与相应的 74LS 系列相同，工作速度也相当，而功耗却大大降低。我国的型号为 CC。CC54HC 与 CC74HC 系列仅有工作温度范围的区别，特性是一致的。各厂家的产品除首标（厂标代号）和尾标（封装形式等）有自己的标记外，其余都是用 CC54HC/CC74HC 命名的，其引脚排列、逻辑功能和基本电参数是一样的。

例 14-2 CC4066EJ—4000 系列四双向开关 CMOS 集成电路型号含义如下：

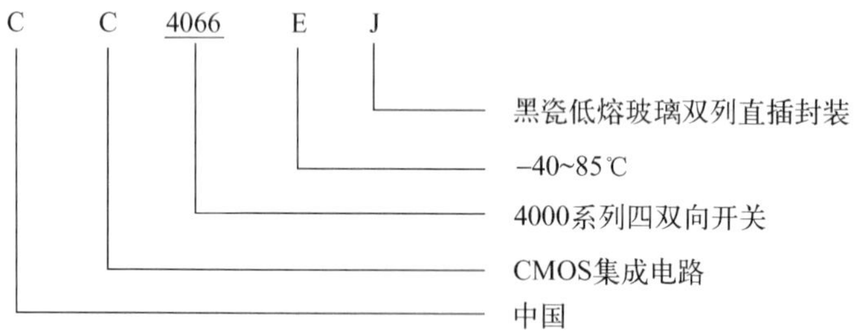

2. CMOS 门电路使用中应注意的问题

（1）CMOS 电路多余输入端不能悬空。对于或门、或非门可将多余输入端直接接地；对于与门、与非门，可将多余输入端直接接电源，切记不可悬空，否则将造成逻辑不定状态或将栅极击穿。

（2）在储存和运输中，CMOS 集成块引脚应用金属箔包好，装入金属盒内屏蔽。切不可用不导电的容器，如塑料袋、塑料盒等。否则将造成静电击穿而损坏 CMOS 电路。

CMOS 电路使用中其他注意的事项和 TTL 电路相同。

课堂练习 14-5 TTL 集成电路和 CMOS 集成电路使用时要注意的事项有哪些？

14.2.5 逻辑门电路应用实例

数字频率计是用来测量周期信号频率的，也就是用来测量被测信号在 1s 内重复变化的次数。如图 14-10 所示，被测信号是频率为 f_x 的正弦信号，首先经过放大整形电路，把被测信号变换成与其频率相同的矩形脉冲信号，然后送入与门电路。与门电路的 A 端是信号端。B 端加的是由秒脉冲发生器产生的宽度为 1s 的脉冲信号，它使与门电路在这段时间里开通，A 端的矩形脉冲信号也只有在这一段时间内才可以通过与门电路进入计数器。计数器是累计信号脉冲个数的装置，这里所累计的信号脉冲个数就是被测信号在 1s 内的重复次数，即被测信号的频率。最后通过译码器、显示器，将被测信号的频率以数字直接显示出来。

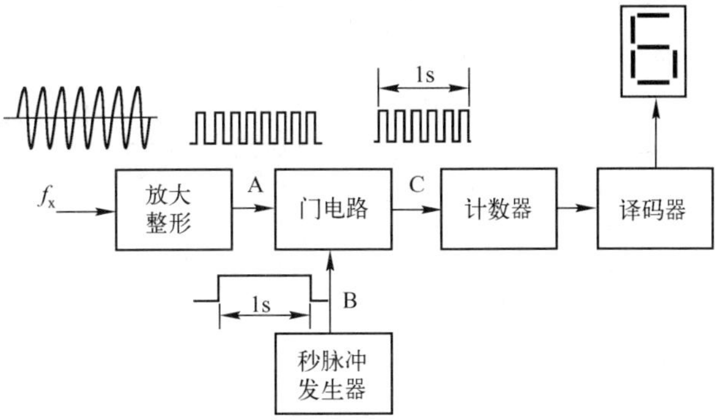

图 14-10　数字频率计的原理方框图

*14.3　逻辑门电路的识别与判断实训

1. 实训目的

熟悉几种常用门电路的逻辑功能，掌握其测试方法。

2. 实验仪器和器材

(1) 74LS20, 4 输入二与非门，　　1 块；
(2) 74LS27, 3 输入三或非门，　　1 块；
(3) 74LS86, 2 输入四异或门，　　1 块；
(4) 万用表，　　1 台；
(5) 电学实验台（或数字电路实验箱），　　1 台。

3. 实训原理

表 14-8 列出了常用门电路的逻辑功能。

表 14-8　常用门电路的逻辑功能

名称	与门	或门	非门	与非门	或非门	异或门
电路图形符号	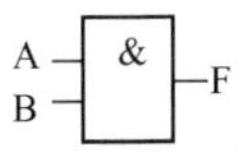	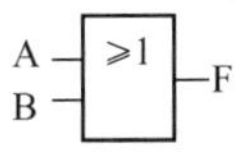	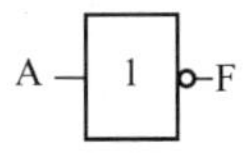	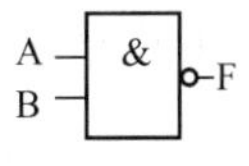	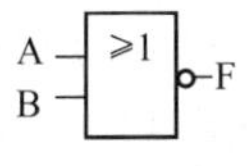	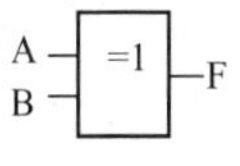
真值表	A B F 0 0 0 0 1 0 1 0 0 1 1 1	A B F 0 0 0 0 1 1 1 0 1 1 1 1	A F 0 1 1 0	A B F 0 0 1 0 1 1 1 0 1 1 1 0	A B F 0 0 1 0 1 0 1 0 0 1 1 0	A B F 0 0 0 0 1 1 1 0 1 1 1 0

每个输入端分别通过一个开关接 +5V 或地（电平开关），输入 1 或 0，输出端接 LED，LED 发亮，输出 1；LED 灭，输出 0。若集成门电路的输出与输入关系与表 14-8 所示的逻辑功能一致，则该集成门电路是好的。

4. 实训内容

(1) 测试与非门（74LS20）逻辑功能

1）按图 14-11 所示接线。

2）按表 14-9 要求做实验，将结果填入表中。

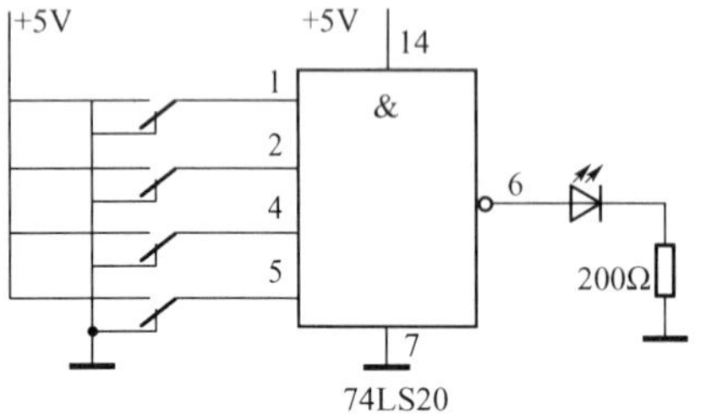

图 14-11 与非门逻辑功能测试电路图

表 14-9 测量值记录表

输 入 端				输出端
1	2	4	5	6
0	0	0	0	
0	0	0	1	
0	0	1	1	
0	1	1	1	
1	1	1	1	

3）写出逻辑表达式。

思考：① 将与非门改成非门，应如何连接？

② 将与非门改成与门，如何连接？

③ 若利用 74LS20 中一组门电路，完成 $F = \overline{AB}$，多余输入端如何处理？

（2）测试或非门（74LS27）逻辑功能。

① 按图 14-12 所示接线。

② 按表 14-10 要求做实验，将结果填入表中。

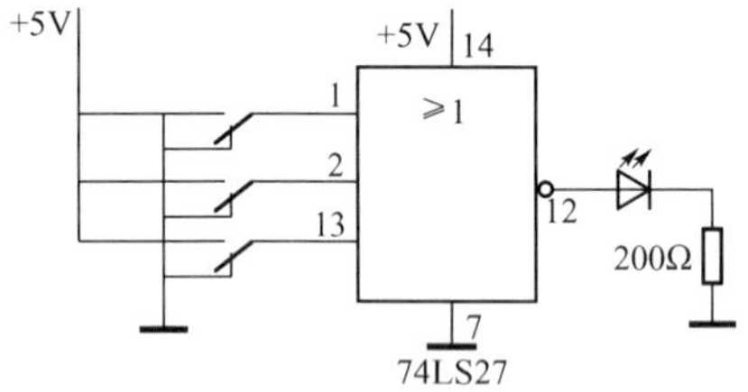

图 14-12 或非门逻辑功能测试电路图

表 14-10 测量值记录表

输 入 端			输出端
1	2	13	12

③ 写出逻辑表达式。

思考：若用一组或非门完成 $F = A + B$，多余输入端如何处理？

（3）测试异或门（74LS86）逻辑功能。

① 按图 14-13 所示接线。

② 按表 14-11 要求做实验；将结果填入表中。

③ 写出逻辑表达式。

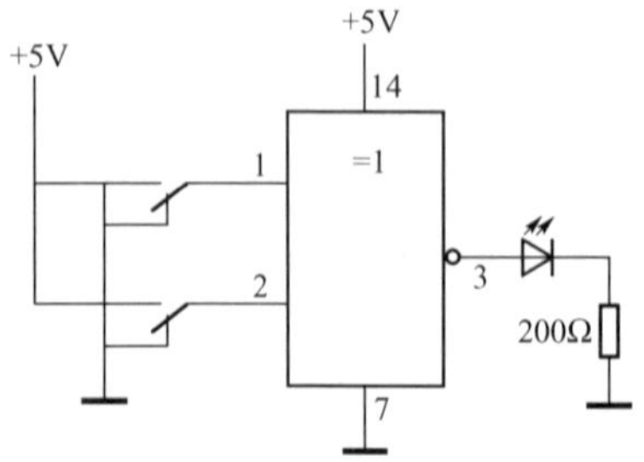

图 14-13 异或门逻辑功能测试电路图

表 14-11 测量值记录表

输入端		输出端
1	2	3
0	0	
0	1	
1	0	
1	1	

5. 实训报告要求

（1）整理有关实验数据，写出这些门的真值表和逻辑表达式。

（2）回答思考题。

本章小结

1. 在时间和幅度上都是离散的信号称为数字信号，处理数字信号的电子电路称为数字电路。在数字电路中主要应用二进制数，十进制与二进制可相互转换。BCD 码是用 4 位二进制数组成一组代码，表示 1 位十进制数。

2. 常用的逻辑门电路见表 14-12。

表 14-12　常用的逻辑门电路

逻辑关系	逻辑表达式	记忆口诀	图形符号	常用型号
与	$Y=AB$	有 0 出 0 全 1 为 1	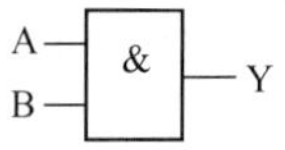	74LS08（TTL） CC4081（CMOS）
或	$Y=A+B$	有 1 出 1 全 0 为 1	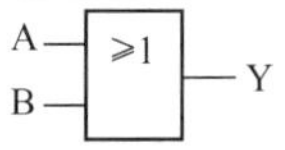	74LS32（TTL） CC4071（CMOS）
非	$Y=\overline{A}$	有 1 为 0 有 0 为 1	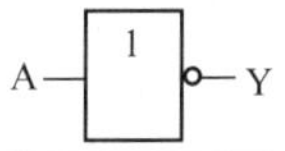	74LS04（TTL） CC4069（CMOS）
与非	$Y=\overline{AB}$	有 0 出 1 全 1 为 0	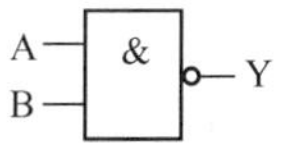	74LS00（TTL） CC4011（CMOS）
或非	$Y=\overline{A+B}$	有 1 出 0 全 0 为 0	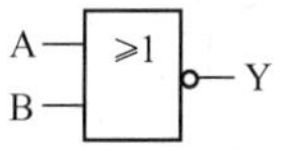	74LS02（TTL） CC4001（CMOS）

练习与思考

14.1　将下列二进制数转换成十进制数：（1）110；（2）1010。

14.2　将下列十进制数转换成二进制数：（1）3；（2）7。

14.3　将下列 8421BCD 码转换成十进制数：（1）0101 1001；（2）0010 0111 0000。

14.4　试用与非门连接成与门；或非门连接成或门。

14.5　如图 14-14 所示是与或非门的图形符号，试写出其逻辑表达式和真值表。

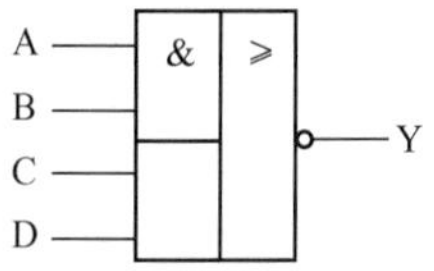

图 14-14　与或非门的电路图形符号

14.6　真值表相同，则逻辑表达式相等。试利用这一原理证明如下等式成立：

$$\overline{A\cdot B}=\overline{A}+\overline{B}$$

14.7　根据图 14-15 所示门电路和输入信号 A、B、C，画出输出 F_1、F_2 波形。

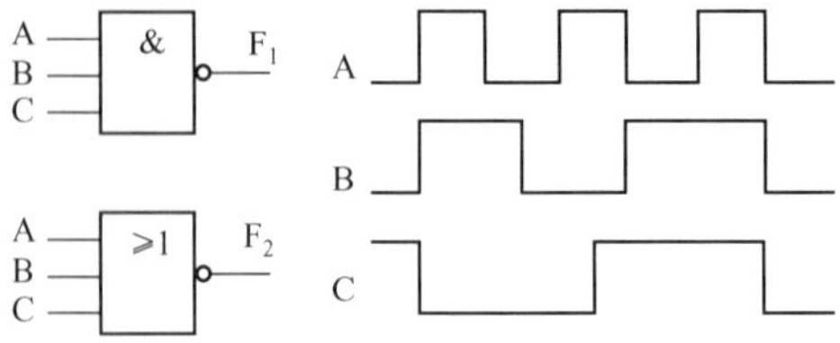

图 14-15　习题 14.7 附图

14.8　如图 14-16 所示是电动机转速测量方框图。在被测电动机上装一个圆盘，圆盘上打一个孔。用光源照射圆盘，光线通过小孔到达光敏元件。这样电动机每转一周，光敏元件就被照射一次，输出一个短暂的脉冲电流。试根据方框图简述电动机转速测量的原理，并说明方框图中门电路的作用，该门电路应该采用什么样的逻辑门电路。

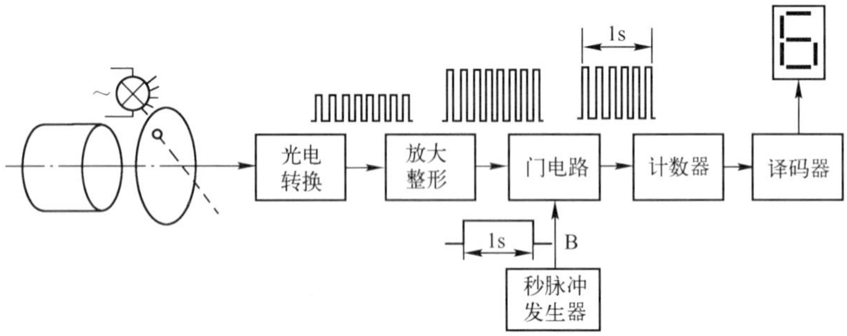

图 14-16　电动机转速测量方框图

14.9　判断图 14-17 所示 TTL 逻辑电路中多余输入端接法是否正确，正确的打√，若不正确请打×。

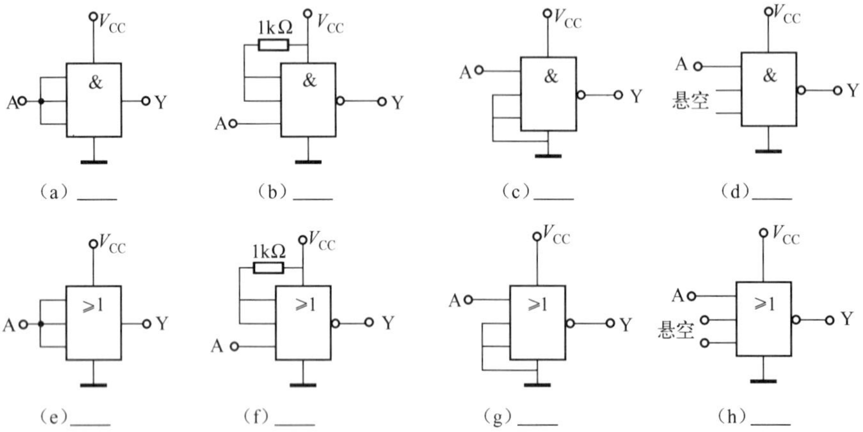

图 14-17　习题 14.9 附图

技能训练测试

技能训练测试项目　将两个二输入端的与非门接成一个二输入端的与门。

仪器和器材　自拟。

技能训练测试电路　自拟。

项目十五　组合逻辑电路和时序逻辑电路

计数译码显示电路是组合逻辑电路和时序逻辑电路的实际应用。该电路的功能是先进行计数，形成二进制数码；然后将二进制数码转换成人们习惯的文字或十进制数形式，用数码管显示出来。这里用到的计数器、译码器、数码显示电路都是典型的数字电路。其中，译码器、数码显示电路是组合逻辑电路，计数器则是时序逻辑电路。

15.1　组合逻辑电路

15.1.1　组合逻辑电路的特点和种类

与、或、非等基本逻辑门电路功能比较简单，实用中常将与、或、非等基本逻辑门电路组合起来，以实现各种复杂的逻辑功能。数字电路可分为组合逻辑电路和时序逻辑电路。

如果一个逻辑电路在任何时刻的输出状态仅取决于这一时刻的输入状态，而与电路的原来状态无关，则该电路称为组合逻辑电路，又称为组合电路。在电路结构上，组合逻辑电路由逻辑门电路组成，不会有记忆单元，而且只有从输入到输出的通路，没有从输出反馈到输入端的回路。描述组合逻辑电路逻辑功能的方法主要有逻辑表达式、真值表和逻辑图等。

组合逻辑电路种类繁多，常用的组合逻辑电路有编码器、译码器、全加器、数值比较器、数据选择器、数据分配器等。

15.1.2　组合逻辑电路的读图方法和步骤

组合逻辑电路的读图是指根据给定的逻辑电路图，找出输出信号与输入信号之间的关系，从而确定它的逻辑功能。组合逻辑电路的读图可按下列步骤进行：

（1）根据给定的逻辑电路图写出输出逻辑函数表达式。一般从输入端逐级写出各个门的输出对其输入的逻辑表达式，从而写出整个逻辑电路的输出对输入变量的逻辑函数表达式。

（2）列出输出逻辑函数的真值表。将输入变量的状态以自然二进制数顺序的各种取值组合代入输出逻辑函数表达式，求出相应的输出状态，并填入表中，即得真值表。

（3）分析逻辑功能。通常根据真值表的特点来说明逻辑电路的功能。

例 15-1　分析图 15-1（a）所示逻辑电路的逻辑功能。

解（1）写出输出逻辑函数表达式为

$$Y=\overline{Y_2\cdot Y_3}=\overline{A\,\overline{Y_1}\cdot B\,\overline{Y_2}}=\overline{A\,\overline{AB}\cdot B\,\overline{AB}}$$

（2）列出逻辑函数的真值表。将输入变量 A、B 取值各种组合代入上式中，求出输出 Y 的值，由此可列出表 15-1 所示的真值表。

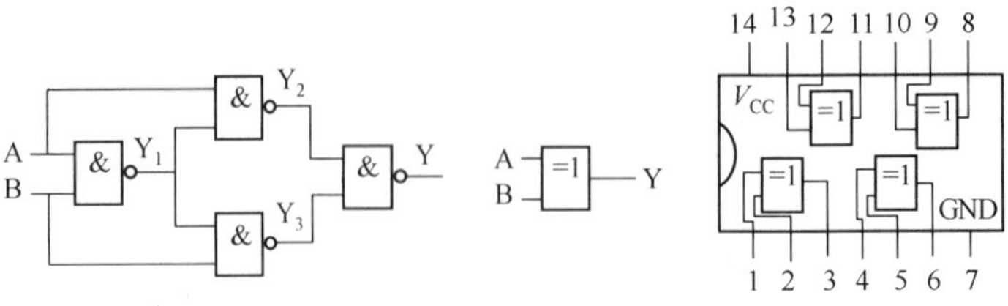

（a）逻辑电路　（b）电路图形符号　（c）74LS86 引脚图

图 15-1　异或门电路

表 15-1　异或门真值表

A	B	Y
0	0	0
0	1	1
1	0	1
1	1	0

（3）逻辑功能分析。由表 15-1 所示可知，当 A 和 B 不同时，Y = 1；而当 A 和 B 相同时，Y = 0。即事件成立的条件是 A 与 B 相异，这种逻辑关系称为异或逻辑。

异或关系的运算符号是⊕，则异或门的逻辑表达式又可写成 $Y = A \oplus B$

异或门的电路图形符号如图 15-1（b）所示。如图 15-1（c）所示是 74LS86 两输入四异或门的引脚排列图。

15.2　编码器

15.2.1　编码器的基本功能

在数字系统中，将具有某些信息的符号（如文字、十进制数、运算符号）变换成若干位二进制代码，并赋予每一组代码特定的含义，这个过程叫编码，能实现这种编码功能的电路称为编码器。

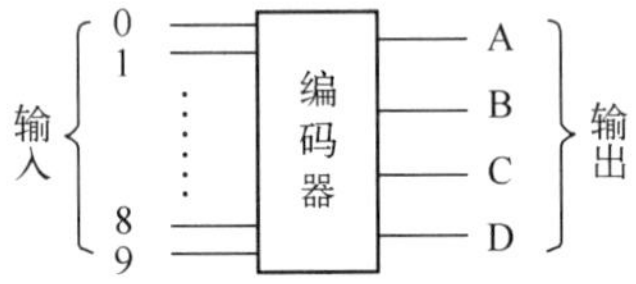

图 15-2　编码器的方框图

编码器是多输入多输出组合电路，若编码器有 n 个输入和 m 个输出，则输出和输入间应满足 $n = 2^m$，如图 15-2 所示是编码器的方框图。一般来说，编码器的每个输入端分别代表某一个符号。如图 15-2 中的“9”线有效时，代表十进制的“9”。编码器的全部输出代表和这个符号对应的二进制代码，如图 15-2 中 ABCD 为“1001”。在同一时刻只允许一个输入端有效，其余几个输入端都无效。

在数字系统中，特别是计算机系统中，经常会出现几个工作对象需要控制，如计算机要控制打印机、磁盘驱动器等。当某个部件需要操作时，必须先发一个信号请求控制中心，控制中心进行识别后发出操作指令。若几个部件同时请求控制中心，而同一时间控制中心只能给其中一个部件发操作指令，则要根据情况轻重缓急，规定受控对象先后次序，即优先级别。优先编码器可以识别这类请求信号，并进行编码。

15.2.2　集成编码器及其使用

1. 集成编码器

74LS148 是一个典型的优先编码器，该电路有 8 个输入端和 3 个输出端，因此又称 8 线

-3 线优先编码器。其逻辑图和引脚排列如图 15-3 所示，图中$\overline{IN_0} \sim \overline{IN_7}$为输入信号，$\overline{Y_0}\,\overline{Y_1}\,\overline{Y_2}$为 3 位二进制编码的输出信号，$\overline{EN_i}$为使能端，$\overline{EN_o}$是使能输出端，$\overline{Y_{EX}}$为优先编码输出端。表 15-2 是 74LS148 8 线 -3 线优先编码器的真值表。

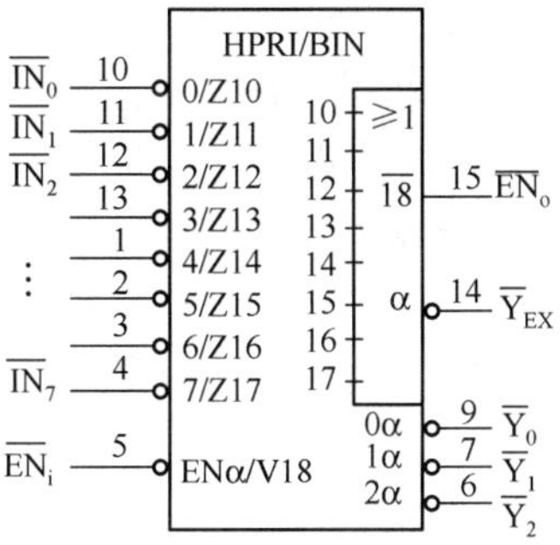

（a）电路图形符号

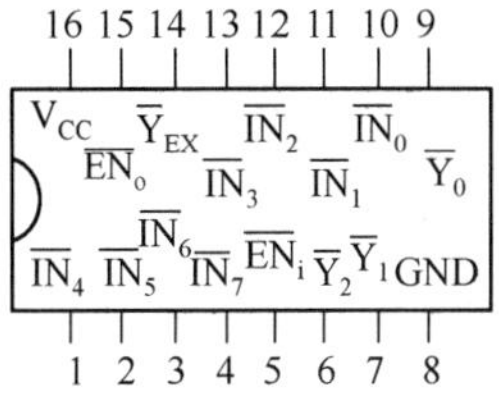

（b）集成电路引脚排列图

图 15-3　74LS148 优先编码器的电路图形符号和引脚排列图

表 15-2　74LS148 8 线 -3 线优先编码器真值表

输入									输出				
$\overline{EN_i}$	$\overline{IN_0}$	$\overline{IN_1}$	$\overline{IN_2}$	$\overline{IN_3}$	$\overline{IN_4}$	$\overline{IN_5}$	$\overline{IN_6}$	$\overline{IN_7}$	$\overline{Y_2}$	$\overline{Y_1}$	$\overline{Y_0}$	$\overline{Y_{EX}}$	$\overline{EN_o}$
1	×	×	×	×	×	×	×	×	1	1	1	1	1
0	1	1	1	1	1	1	1	1	1	1	1	1	0
0	×	×	×	×	×	×	×	0	0	0	0	0	1
0	×	×	×	×	×	×	0	1	0	0	1	0	1
0	×	×	×	×	×	0	1	1	0	1	0	0	1
0	×	×	×	×	0	1	1	1	0	1	1	0	1
0	×	×	×	0	1	1	1	1	1	0	0	0	1
0	×	×	0	1	1	1	1	1	1	0	1	0	1
0	×	0	1	1	1	1	1	1	1	1	0	0	1
0	0	1	1	1	1	1	1	1	1	1	1	0	1

由表 15-2 分析可得出以下结论：

（1）输入低电平有效，即$\overline{IN_0} \sim \overline{IN_7}$取值为 0 时表示有信号，为 1 时表示无信号；×表示任意信号，即取 0 取 1 都无影响；输出为 3 位二进制反码，例如：当$\overline{IN_7}=0$时，$\overline{Y_2}\,\overline{Y_1}\,\overline{Y_0}=000$。

（2）各输入端的优先顺序，$\overline{IN_7}$为最高权位，$\overline{IN_0}$为最低权位，即只要$\overline{IN_7}=0$，不管其他输入端是 0 还是 1，输出总是对应$\overline{IN_7}$的编码$\overline{Y_2}\,\overline{Y_1}\,\overline{Y_0}=000$。

（3）$\overline{EN_i}$为使能端（或称输入选通端）。当$\overline{EN_i}=0$时，允许编码；当$\overline{EN_i}=1$时，禁止编码，此时输入不论为何种状态，输出端$\overline{Y_2}\,\overline{Y_1}\,\overline{Y_0}=111$（无效输出，此时使能输出端$\overline{EN_o}=1$）。

（4）$\overline{Y}_{EX}$为优先编码输出端（或称扩展输出端）。以$\overline{EN}_i=0$允许编码为前提，并且$\overline{IN}_0$ ~ $\overline{IN}_7$中有编码信号输入时$\overline{Y}_{EX}=0$。该输出端用在输出编码位数需要扩展时。

课堂练习 15-1 表 15-3 是 74LS147 10 线 -4 线优先编码器真值表，试根据真值表填空：

（1）输入有________条数据线，即________，分别代表________，输入为________电平有效，即取值为________时，表示有信号，为________时表示无信号。

（2）输出线有________条，即________，全部输出线代表________，输出为________电平有效，即输出相应 BCD 码的________。

（3）当输入均为高电平时，输出为________，若对应十进制数 8，则输入线________ = 0，输出线$\overline{Y}_3\overline{Y}_2\overline{Y}_1\overline{Y}_0$ = ________。

（4）各输入端的优先顺序为：________________，即只要________ =0，不管其他输入端是 0 还是 1，输出总是对应________的编码$\overline{Y}_3\overline{Y}_2\overline{Y}_1\overline{Y}_0$ = ________。

表 15-3　74LS147 编码器真值表

十进制数	输入									输出			
	$\overline{I}_1$	$\overline{I}_2$	$\overline{I}_3$	$\overline{I}_4$	$\overline{I}_5$	$\overline{I}_6$	$\overline{I}_7$	$\overline{I}_8$	$\overline{I}_9$	$\overline{Y}_3$	$\overline{Y}_2$	$\overline{Y}_1$	$\overline{Y}_0$
9	×	×	×	×	×	×	×	×	0	0	1	1	0
8	×	×	×	×	×	×	×	0	1	0	1	1	1
7	×	×	×	×	×	×	0	1	1	1	0	0	0
6	×	×	×	×	×	0	1	1	1	1	0	0	1
5	×	×	×	×	0	1	1	1	1	1	0	1	0
4	×	×	×	0	1	1	1	1	1	1	0	1	1
3	×	×	0	1	1	1	1	1	1	1	1	0	0
2	×	0	1	1	1	1	1	1	1	1	1	0	1
1	0	1	1	1	1	1	1	1	1	1	1	1	0
0	1	1	1	1	1	1	1	1	1	1	1	1	1

2. 编码器的应用

编码器应用范围很广，在现代通信设备、数控机床、家电音响及其他各个领域都有应用。

（1）红外遥控发射器中的编码电路。常见的电风扇遥控器、电视接收机的遥控器等，就是在红外遥控发射器中有编码电路存在，它根据按键要求编码，产生不同的二进制代码作为控制信号，然后用这些二进制代码信号调制高频载波。这些已调波经红外管发射出去，到达接收器后被译码电路识别而作用于受控电路，如图 15-4 所示。

目前常见的遥控器是将编码器、载波发生器（振荡器）及调制器集成在同一芯片上，如图 15-5 所示电风扇遥控发射器电路用了一块集成芯片 LC219，其中就存在编码器部分，该芯片用于完成脉冲编码、产生载波及调制的功能。图中 K_1 ~ K_4是 4 个控制开关，分别代

表一定编码方式；R_1、C_2决定振荡器的振荡频率（调至 38kHz），R_2、C_3是滤波电路，经编码脉冲调制的 38kHz 已调波从 13 引脚输出，由三极管进行功率放大后，驱动红外发射管 VD_1向外辐射红外光脉冲指令。

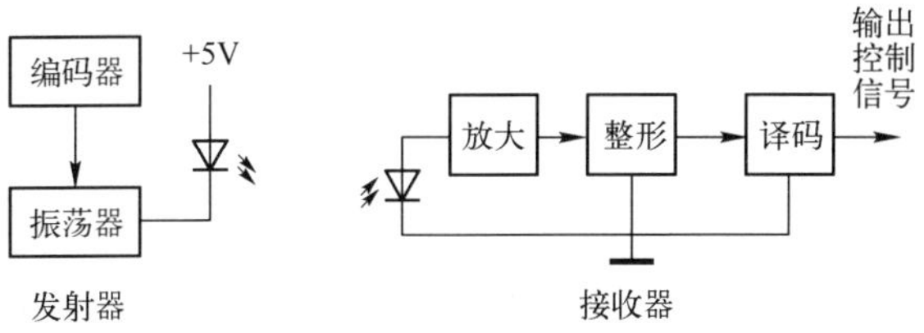

图 15-4　红外遥控器中编码器示意图

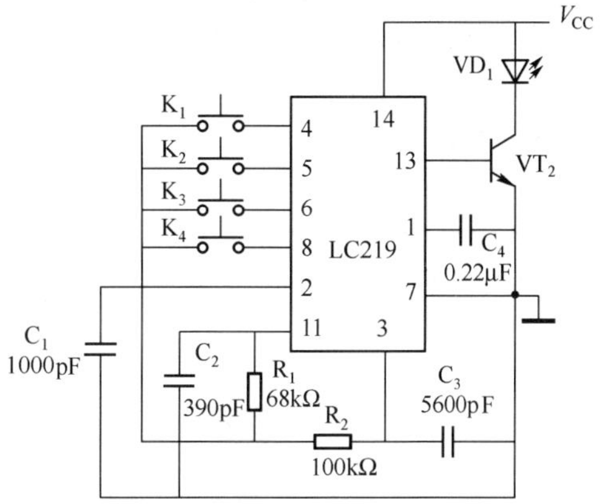

图 15-5　电风扇遥控发射器电路

（2）摄像机中的编码器。摄像机的工作原理如图 15-6 所示，被摄景物光线经光学透镜照射到光电转换器件 CCD 表面转换成电信号，该电信号放大后需进入编码电路，进行彩色编码，最后形成标准全电视信号。

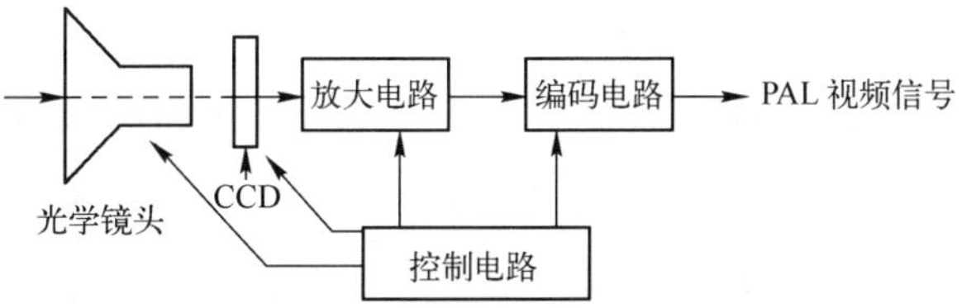

图 15-6　摄像机原理图

15.3 译码器

15.3.1　译码器的基本功能

译码是编码的逆过程，能实现译码的电路称为译码器。它能将二进制代码“翻译”出来，还原成特定意义的输出信息，其方框图如图 15-7 所示。译码器为多个输入和多个输出端，每输入一组二进制代码，只有一个输出端有效。n 个输入端最多可有 $2n$ 个输出端。

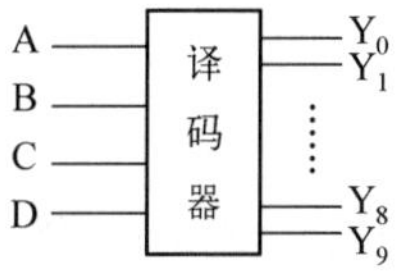

图 15-7　译码器组成方框图

按输出端的功能不同，译码器可分成两大类：通用译码器和显示译码器。通用译码器用于不同数制间的转换，如 3 线 - 8 线译码器，4 线 - 16 线译码器；显示译码器可将表示数字、文字、符号的代码转换成可供显示器显示的数字、文字和符号。

15.3.2 集成通用译码器基本知识

通用译码器能将给定的输入二进制数码“翻译”成相应的状态。通用译码器有 2 线 -4 线译码器、3 线 -8 线译码器、4 线 -16 线译码器、4 线 -10 线译码器等多种型号。表 15-4 列出了常用的通用译码器的种类和型号。现以 74LS138 3 线 -8 线译码器为例，说明通用译码器的工作原理。

表 15-4　常用的通用译码器型号

类　型	TTL	CMOS
双 2 线 -4 线译码器	74LS139	CC4555
3 线 -8 线译码器	74LS138	
4 线 -16 线译码器	74LS154	CC4514
4 线 -10 线译码器	74LS42	CC4028

如图 15-8（a）所示是 3 线 -8 线译码器的方框图。输入端 ABC 是二进制代码，输出端 $Y_0 \sim Y_7$是对应于输入二进制代码的输出信号。每输入一组二进制代码只有一个输出端 $\overline{Y}_0 \sim \overline{Y}_7$有信号输出。可见输出端 $\overline{Y}_0 \sim \overline{Y}_7$的状态是由输入二进制代码 ABC 决定的。如图 15-7（b）所示是 74LS138 3 线 -8 线译码器的图形符号。图中 BIN/OCT 是 3 线 -8 线译码器的总限定符号，输出端 $\overline{Y}_0 \sim \overline{Y}_7$的小圆圈表示输出低电平有效。SA、$\overline{S_B}$、$\overline{S_C}$是使能端（又称选通端），$S_A$端没有小圆圈表示输入高电平有效，$\overline{S_B}$、$\overline{S_C}$都有小圆圈表示输入低电平有效。由此可知：当 $S_A = 1$，$\overline{S_B} = \overline{S_C} = 0$ 时，译码器处于工作译码状态；而当 $S_A = 0$ 或$\overline{S_B} = \overline{S_C} = 1$ 时，译码器处于禁止状态，此时译码器输出端 $\overline{Y}_0 \sim \overline{Y}_7$均为 1，无输出。例如，当 $S_A = 1$，$\overline{S_B} = \overline{S_C} = 0$ 时，输入二进制代码 ABC = 011，则译码器处于工作译码状态 $\overline{Y}_3 = 0$（有效输出），其余 $\overline{Y}_0$、$\overline{Y}_1$、$\overline{Y}_2$、$\overline{Y}_4 \sim \overline{Y}_7$均为 1（无效），表示只有 $\overline{Y}_3$端有信号，其余输出端都没有信号输出。这也说明 74LS138 3 线 -8 线译码器的输出是低电平有效。

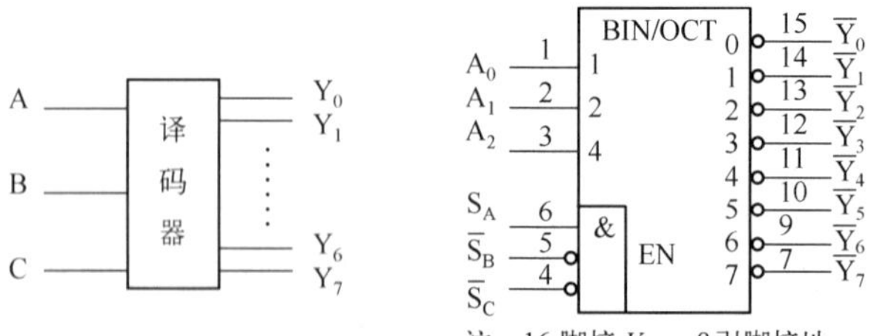

注：16 脚接 V_{CC}，8引脚接地

（a）3 线 -8 线译码器方框图　（b）74LS138 译码器电路图形符号

图 15-8　74LS138 3 线 -8 线译码器的方框图和图形符号

15.3.3 集成通用译码器的应用

译码器是组合电路中应用最广泛的一种器件，如组成存储器地址译码器（片选信号）、

扩展成更多线的译码器，组成一线－多线数据分配器、脉冲分配器和逻辑函数发生器等。

（1）用译码器作数据分配器。数字系统中，往往要求把总线传输的数据（信息）按要求分配到指定接收装置对应通道，它要求有一个输入端（数据 D 输入）和多个数据输出端（$Y_0 \sim Y_n$）。这时可用译码器输入端（作为地址码）译出数据有效输出端。如图 15-9 所示是用 74LS138 作数据分配器的示意图：$A_0 \sim A_2$为通道选择地址码，$\overline{Y}_0 \sim \overline{Y}_7$为接收装置的输入接口，数据从使能端输入，由$\overline{Y}_0 \sim \overline{Y}_7$中某一被选中端输出而进入对应通道，（a）图输出反码，（b）图输出原码。例如要让数据从$\overline{Y}_3$送出，只要 $A_2A_1A_0=011$，$\overline{Y}_3$即被选中，此时若按（b）图接线，则 $D=0$，$\overline{Y}_3=0$；$D=1$，$\overline{Y}_3=1$，$\overline{Y}_3$端输出数据变化与 D 一致；若按（a）图接线，$\overline{Y}_3$端输出数据变化与 D 相反。

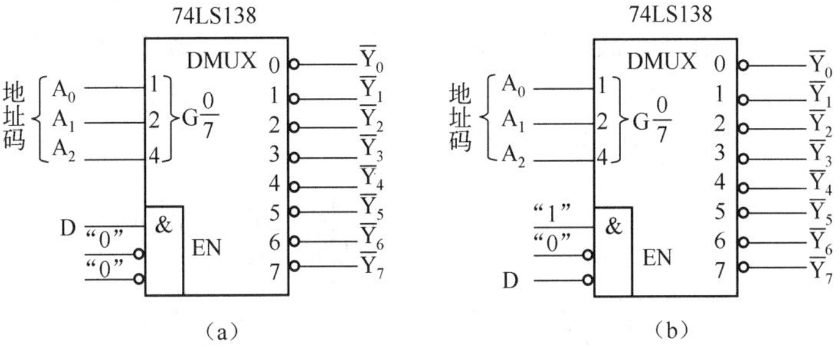

图 15-9　译码器作数据分配器示意图

（2）用译码器作脉冲分配器。如图 15-10 所示是用 74LS138 构成的 3 线－8 线脉冲分配器。要选择的通道由地址码 $A_0 \sim A_2$决定，要传送的脉冲由 S_A（或$\overline{S}_B$）输入。当 $S_A=0$（或$\overline{S}_B=1$）时，$\overline{Y}_0 \sim \overline{Y}_7$全为高电平；当 $S_A=1$（或$\overline{S}_B=0$）时，$A_0 \sim A_2$决定$\overline{Y}_0 \sim \overline{Y}_7$中某一输出端呈现低电平。改变 $A_0 \sim A_2$地址，S_A（或$\overline{S}_B$）输入的脉冲就分配到相应输出端$\overline{Y}_0 \sim \overline{Y}_7$，输出脉冲极性与 S_A（或$\overline{S}_B$）相反（或相同），宽度、周期与 S_A（或$\overline{S}_B$）端完全相同。

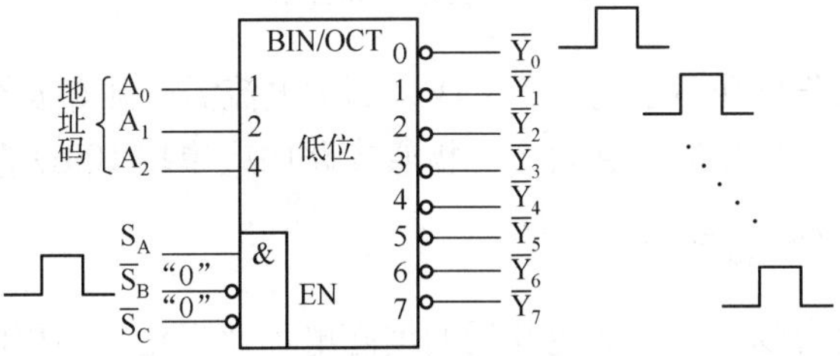

图 15-10　用译码器作脉冲分配器示意图

课堂练习 15-2　为了使 74LS138 3 线－8 线译码器正常工作，其使能端应如何处理？为使$\overline{Y}_6$端输出为低电平，各输入端 A_2、A_1、A_0应置何种电平？请标注在 74LS138 的逻辑符号图上。

课堂练习 15-3　用 74LS138 作数据分配器，要求数据从$\overline{Y}_6$送出，输出反码。

15.3.4 半导体数码管的结构原理

数字系统中，常常需要将信息或测量运算结果直接用人们习惯的文字或十进制数形式显示出来，这就需要有译码显示电路。该电路由显示译码器、驱动器和显示器组成。

常用数字显示器有荧光数码管、辉光数码管、半导体发光二极管数码管、液晶显示器等，荧光数码管和辉光数码管是真空管，现已淘汰。

1. 半导体发光二极管数码管（LED 数码管）

以常用七段数码管为例，实质上是由 7 个条状发光二极管排成“8”字形，加上小数点“.”构成。按驱动方式可分成共阴、共阳两种，如图 15-11 所示。LDD680 是共阴接法，LDD681 是共阳接法。使用时，共阳接法的 LED 数码管“共”端应接 $+V_{CC}$、a ~ g 各端应接低电平，这样能显示 0 ~ 9 十个数字；而共阴接法的 LED 数码管，“共”端应接地，a ~ g 各端应接高电平，这样才能显示 0 ~ 9 十个数字。

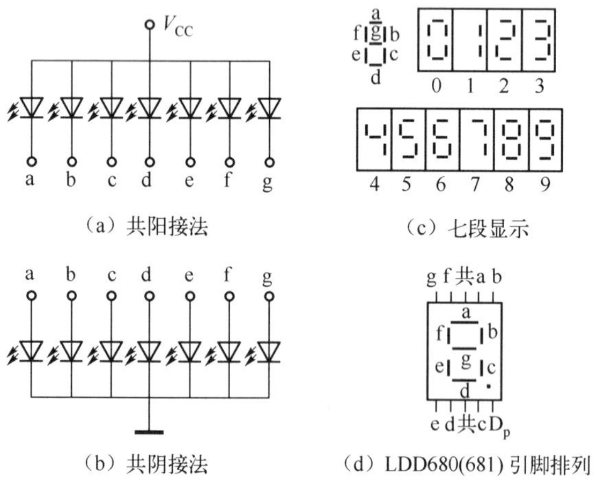

图 15-11　7 段发光二极管结构示意图

发光二极管正向工作电压一般为 1.5 ~ 3V，驱动电流需要几毫安至几十毫安不等。为了防止二极管过流而损坏，使用时，在每个二极管支路中应串接 100Ω 左右的限流电阻。

2. 液晶数码管（LCD 数码管）

液晶是一种有机化合物，它的颜色和透明度随电场而变化，利用液晶的这种性质可制成液晶数码管。液晶本身并不发光，它靠自然光或外来光源显示数码。液晶数码管的显示屏有点阵式和分段式两种。液晶数码管的优点主要是电压低、功耗小。

15.3.5 集成显示译码器及其使用

数字系统以各种代码表示不同的数值，要让数码管能显示数，首先要将代码翻译出来，然后经驱动电路“点亮”对应显示段。显示译码器就是完成这一任务的器件。常用的显示译码集成电路见表15-5。现以74LS48七段译码器/驱动器为例说明显示译码器的使用。

如图15-12所示是74LS48引脚排列图，各引脚功能和使用方法说明如下：

表15-5　常用的显示译码集成电路

七段译码器	TTL电路	CMOS电路
输出高电平	74LS48	CC4511
输出低电平	74LS47	

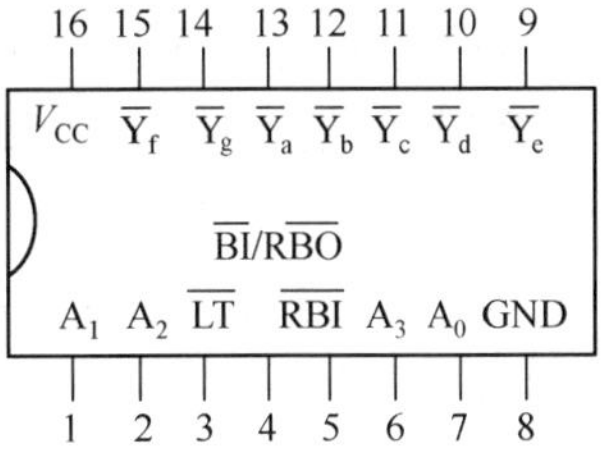

图15-12　74LS48引脚排列图

(1) 该译码器输出$Y_a \sim Y_g$是高电平有效，适用于驱动共阴的LED数码管，如LDD680数码管，如图15-13所示。

(2) $A_3 \sim A_0$是二进制代码输入端，用来控制LED的a～g中哪些段发亮。

(3) $\overline{LT}$是试灯信号输入端，当该端加低电平时，各段应全亮，否则说明显示器有故障。正常工作时，$\overline{LT}$应接高电平。

(4) $\overline{RBI}$是串行消隐输入端，$\overline{RBO}$是串行消隐输出端，显示多位十进制数时使用。当显示1位十进制数时，$\overline{RBI}$和$\overline{RBO}$都置1。

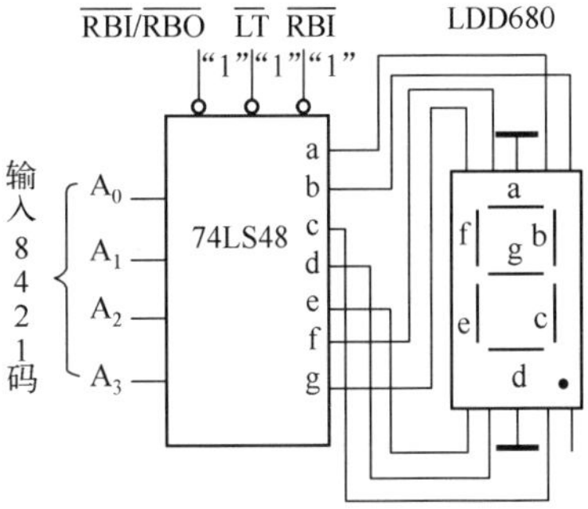

图15-13　74LS48驱动共阴LED连接图

(5) 该译码器有拒绝伪数据的能力，当输入译码二进制代码为1010～1111时，则显示5个不正常的符号或不发光。

练习译码器的使用方法时，可用74LS48七段译码器/驱动器和LDD680数码管组成如图15-12所示的显示译码电路，显示0～9十个数码。

15.4　触发器

15.4.1　基本RS触发器的组成和逻辑功能

1. 时序逻辑电路的特点

时序逻辑电路又称为时序电路，与组合逻辑电路不同，时序逻辑电路在任何时刻的输出状态不仅与当时的输入信号有关，还与电路的原来状态有关。时序逻辑电路一般由门电路和触发器组合而成。

2. 基本RS触发器特点及其逻辑功能测试

(1) 触发器的特点。触发器是一种具有记忆功能的基本逻辑单元，它有两个重要特征。

1) 触发器输出端有两个稳定状态：当$Q=0$、$\overline{Q}=1$时，称为0态；当$Q=1$、$\overline{Q}=0$时，

称为 1 态。稳定状态时 Q 与 $\overline{Q}$ 总是互补的。

2）在外加输入信号的作用下，触发器可从一种稳定状态转换为另一种稳定状态，信号终止，稳态仍能保持下去，所以触发器也称为双稳态触发器。

（2）基本 RS 触发器。用与非门组成的基本 RS 触发器是由两个与非门交叉反馈连接而成的，如图 15-14所示。

在基本 RS 触发器的输入端分别加入表 15-6 所示的四组输入信号测试其逻辑功能。观察输入信号变化时输出状态变化的情况。

实验结果见表 15-6，表中 Q^n 为信号输入前触发器输出状态，通常称为现态；Q^{n+1} 为信号输入后触发器状态，称为次态。

表 15-6 所示的真值表包含有输出 Q^n 的状态，这种真值表称为特性表。由表 15-6 可知，触发器的输出端状态变化不仅与输入信号变化有关，而且还与原状态有关。

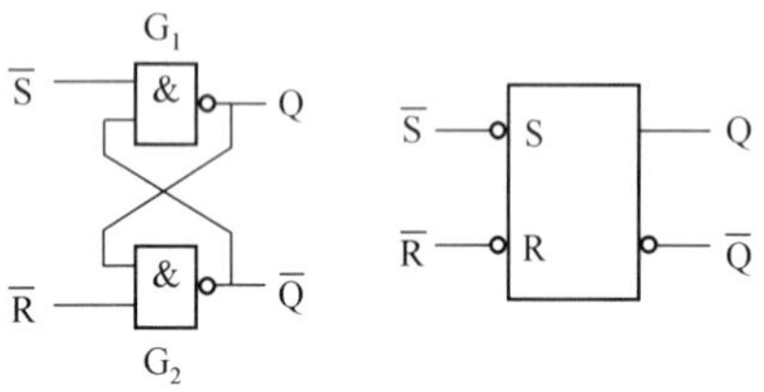

（a）基本 RS 触发器　　（b）电路图形符号

图 15-14　用与非门组成的基本 RS 触发器

表 15-6　基本 RS 触发器特性表

$\overline{R}$ $\overline{S}$	Q^n	Q^{n+1}	功能
0 0	0	不定	不允许
0 0	1	不定	
0 1	0	0	置 0
0 1	1	0	
1 0	0	0	置 1
1 0	1	1	
1 1	0	0	保持
1 1	1	1	

由表 15-6 所示的特性表可知，基本 RS 触发器具有置“0”、置“1”、保持功能。当 $\overline{R}=0$ 时，$Q^{n+1}=0$，故 $\overline{R}$ 端称为置“0”端，也称为复位端；当 $\overline{S}=0$ 时，$Q^{n+1}=1$，故 $\overline{S}$ 端称为置“1”端，也称为置位端。要注意的是，$\overline{R}=0$、$\overline{S}=0$ 是不允许出现的，一旦出现将造成逻辑混乱。表 15-7 是表 15-6 用与非门组成的基本 RS 触发器特性表的简化形式。

基本 RS 触发器电路图形符号如图 15-14（b）所示。图中输入端的小圆圈，表示输入信号为低电平有效。

例 15-2　如图 15-14 所示的基本 RS 触发器的输入信号 $\overline{R}$、$\overline{S}$ 的波形如图 15-15 所示，设触发器初态为 0，试画出输出端 Q、$\overline{Q}$ 波形。

表 15-7　基本 RS 触发器简化特性表

$\overline{R}$	$\overline{S}$	Q^{n+1}
0	0	不定
0	1	0
1	0	1
1	1	Q^n

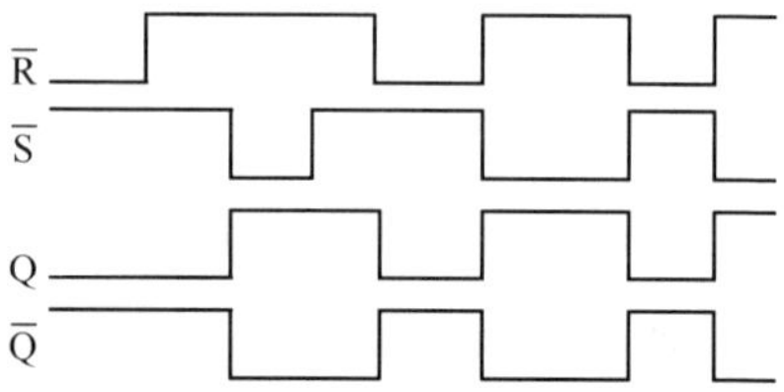

图 15-15　例 15-2 附图

解　对照用与非门组成的基本 RS 触发器的特性表，可以画出图 15-15 所示 Q 和 $\overline{Q}$ 的波形。

课堂练习 15-4　如图 15-16 所示是用或非门组成的基本 RS 触发器，表 15-8 是其简化的特性表，说明该触发器的逻辑功能。

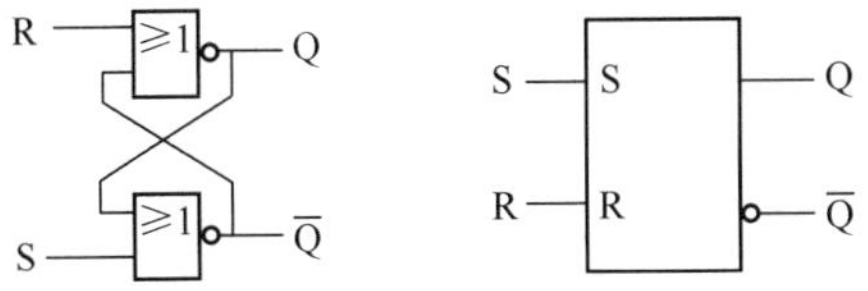

（a）或非门 RS 触发器　（b）电路图形符号

图 15-16　用或非门组成的基本 RS 触发器

表 15-8　用或非门组成的基本 RS 触发器特性表

R	S	Q^{n+1}
0	0	Q^n
0	1	1
1	0	0
1	1	不定

15.4.2　同步 RS 触发器的特点和逻辑功能

基本 RS 触发器是一种直接触发的触发器，其输入不受条件约束，随时可将触发器清 0 或置 1。而在数字系统中，往往含有多个触发器，所示要求触发器的翻转时刻受到控制，以便各个触发器能够协调工作。这就需要在触发器中引入一个同步控制信号。这个同步控制信号简称同步信号，也称为时钟脉冲，用 CP 表示。如图 15-17 所示为同步 RS 触发器及图形符号。

当 CP = 0 时，G_3 和 G_4 门被封锁，输出高电平，所以 R 和 S 输入端的信号不起作用，触发器保持原状态不变。

当 CP = 1 时，G_3 和 G_4 门解除封锁，则 R 和 S 输入端的信号通过 G_3 和 G_4 门作用到基本 RS 触发器的输入端。S 是置位信号，R 是复位信号，由于经过了 G_3 和 G_4 门的反相，它们是高电平有效。其特性见表 15-9。

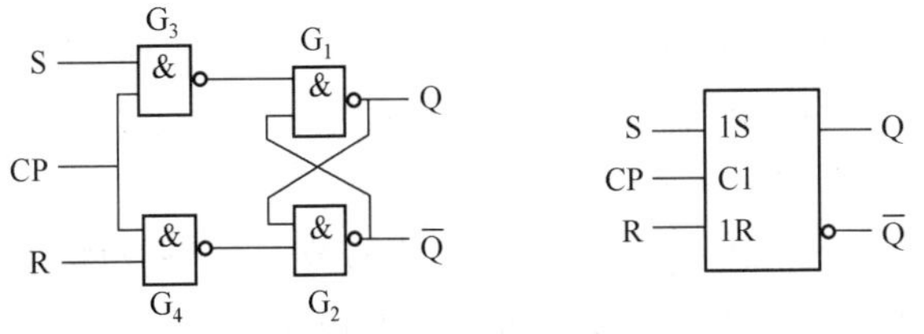

（a）同步 RS 触发器　（b）图形符号

图 15-17　同步 RS 触发器及图形符号

表 15-9　同步 RS 触发器特性表

R	S	Q^{n+1}
0	0	Q^n
0	1	1
1	0	0
1	1	不定

同步触发器在时钟脉冲 CP 为高电平 1 期间，若输入信号发生多次变化，则其输出状态也会相应发生多次变化，这种现象称为触发器的空翻。由于同步触发器存在空翻，因此使用时要注意保持 CP 作用时间内信号不变，故其可靠性和抗干扰能力较差。也由于同步触发器存在空翻，它只能用于数据锁存，不能用做计数器、移位寄存器和存储器等。边沿触发器的状态变化发生在时钟脉冲 CP 上升沿或下降沿到来时刻，其他时间触发器状态均不变。所以边沿触发器抗干扰能力强，工作可靠。作为应用，主要应了解触发器的逻辑功能。下面介绍几种不同逻辑功能的边沿触发器。

*15.4.3 JK 触发器

1. JK 触发器的电路图形符号

如图 15-18 所示是边沿 JK 触发器图形符号。图中时钟脉冲输入端处的“ > ”是边沿触发符号，小圆圈表示 CP 下降沿有效；若没有小圆圈表示 CP 上升沿有效。C1 是控制关联符号，即在 CP 对 1J、1K 输入下降沿前一瞬间的输入信号起作用，输出端出现相应状态。

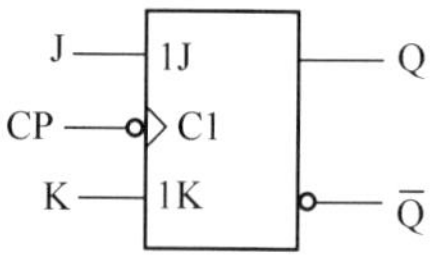

图 15-18　边沿 JK 触发器电路图形符号

2. JK 触发器的逻辑功能

JK 触发器的逻辑功能见表 15-10。可见 JK 触发器具有置 0、置 1、保持、翻转等功能。

例 15-3　对图 15-18 所示边沿 JK 触发器，输入图 15-19 所示信号，画出输出端 Q、$\overline{Q}$ 波形（设触发器初态为 0）。

表 15-10　JK 触发器特性表

J	K	Q^{n+1}	功能
0	0	Q^n	保持
0	1	0	置 0
1	0	1	置 1
1	1	$\overline{Q}^n$	翻转

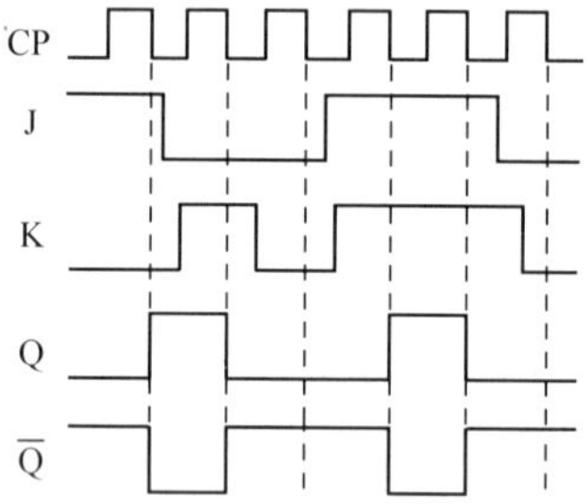

图 15-19　例 15-3 附图

解　如图 15-18 所示是 CP 下降沿触发的边沿 JK 触发器，在 CP 由 1→0 时，使 CP 下降沿前一瞬间 1J、1K 的信号起作用，按表 15-10 所示规律画出的输出波形如图 15-19 所示。

下降沿触发的 JK 触发器工作频率较高，抗干扰能力强。如 74LS112 即为双下降沿 JK 触发器，其电路图形符号、引脚排列如图 15-19 所示。

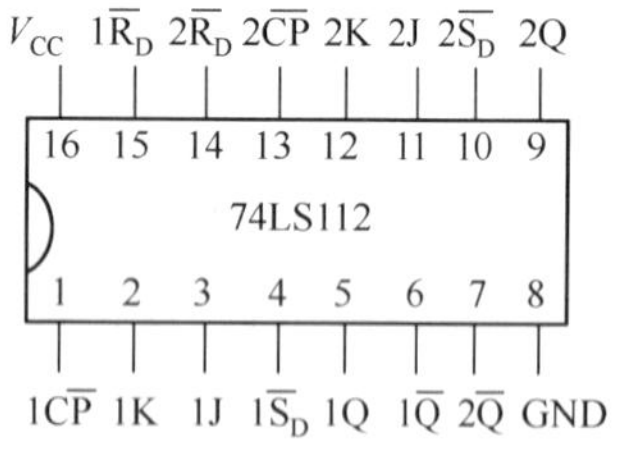

图 15-20　74LS112 引脚排列

课堂练习 15-5　74LS112 为双 JK 触发器，其图形符号、引脚排列如图 15-20 所示。试问：这种触发器是上升沿触发还是下降沿触发？试说明各引脚的作用。

*15.4.4 D 触发器

1. D 触发器的图形符号

D 触发器电路图形符号如图 15-21（a）所示，时钟脉冲输入端处没有小圆圈，表示 CP

上升沿有效。

2. D 触发器的逻辑功能

D 触发器的逻辑功能见表 15-11。可见 D 触发器只具有置 0、置 1 功能，即 D 触发器的状态是由触发时输入信号决定。

表 15-11　D 触发器特性表

D	Q^{n+1}	功能
0	0	置 0
1	1	置 1

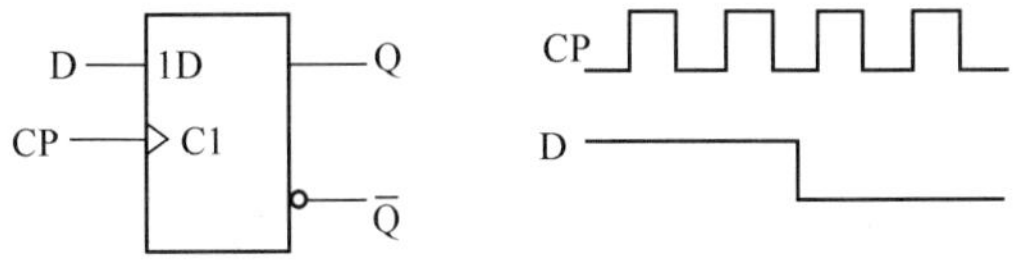

（a）D 触发器图形符号　　（b）课堂练习 15-6 附图

图 15-21　D 触发器

课堂练习 15-6　对如图 15-21（a）所示边沿 D 触发器输入如图 15-21（b）所示的信号，试画出输出端 Q 的波形。

15.4.5　触发器的应用

触发器是组成时序逻辑电路的基本单元，利用触发器可以组成寄存器、计数器，还可以组成其他一些实用电路。

1. 组成分频电路

在时钟脉冲 CP 的作用下，T′触发器具有翻转功能，因此可用来组成分频电路。如图 15-22（a）所示是用 D 触发器构成的分频电路，如图 15-22（b）所示为其输入和输出波形。由波形图可见，输出端 Q 的波形周期为输入时钟脉冲 CP 周期的 2 倍，其频率则为 CP 的 1/2，因此称为二分频电路。

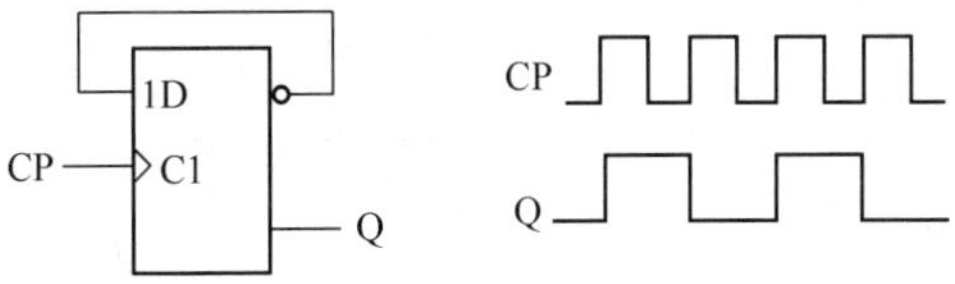

（a）电路图　　（b）波形

图 15-22　用 D 触发器构成二分频电路

2. 消除抖动的电路

例 15-4　如图 15-23 所示是利用基本 RS 触发器消除开关抖动的电路。若用普通的机械开关，由于按点金属片有弹性，在按下时触点会发生抖动，使输出信号不是“10”，而是“101010…”，这将造成误动作。接上基本 RS 触发器后，当开关 S_1 由 $\overline{R}$ 端扳向 $\overline{S}$ 端时，触发器输入端 $\overline{S}=0$、$\overline{R}=1$，触发器状态置 1。此后 S_1 多次抖动使 $\overline{S}$ 在 0、1 两种状态下抖动，但

$\overline{R}=\overline{S}=1$ 和 $\overline{S}=0$、$\overline{R}=1$ 都能使输出置 1，确保输出端为 1。

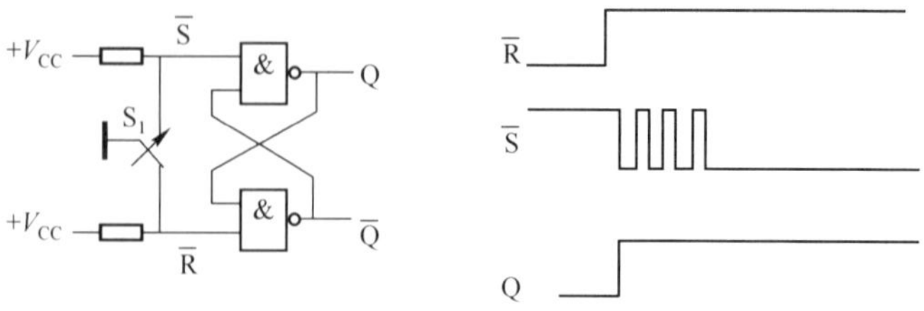

（a）消除开关抖动电路　　（b）波形图

图 15-23　消除开关抖动电路

15.5 寄存器

15.5.1 寄存器的功能和类型

寄存器是一种用来暂时存放二进制数码的逻辑部件，在计算机和数字电路中广泛应用。寄存器存放数据的方式有并行和串行两种。并行方式是数码从各对应输入端同时输入到寄存器中；串行方式是数码从一个输入端逐位输入到寄存器中。

寄存器输出数据的方式也有并行和串行两种。并行输出方式中，被取出的数码同时出现在各位的输出端；串行输出方式中，被取出的数码在一个输出端逐位出现。

根据功能不同，寄存器可分为数码寄存器和移位寄存器。数码寄存器具有暂时存放数码的功能，根据需要可以随时把寄存的数码取出。如图 15-24 所示是用 D 触发器组成的 4 位数据寄存器逻辑电路图。根据 D 触发器特性可知：当有寄存指令时（CP 端加正脉冲），各触发器的输出状态和输入信号 $D_3 \sim D_0$ 一致。

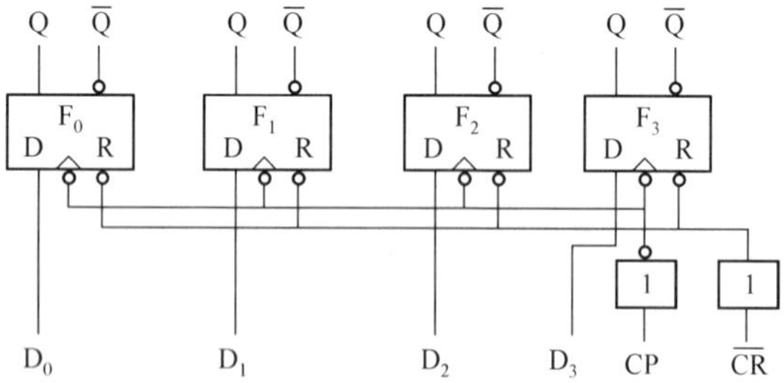

图 15-24　单拍工作方式数据寄存器

15.5.2 集成移位寄存器的功能和工作过程

1. 右移寄存器

如图 15-25 所示是由 4 个 D 触发器组成的右向（由低位到高位）移位寄存器逻辑电路

图。图中各触发器的 CP 接在一起作为移位脉冲控制端；数据从最低位触发器 D 输入，前一触发器输出端和后一触发器 D 端连接。

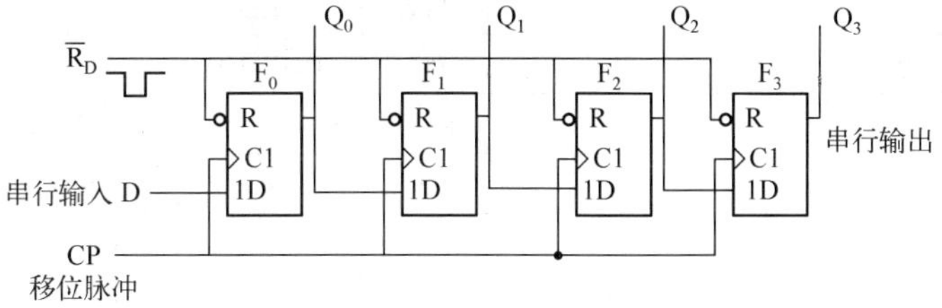

图 15-25　右移寄存器逻辑电路图

设 4 位二进制数码 $d_3d_2d_1d_0$，按移位脉冲工作节拍，从 d_3 到 d_0 逐位送到 D 端。根据 D 触发器特性，经第一个 CP 后，$Q_0=d_3$；经第二个 CP 后，F_0 状态移入 F_1，F_0 移入新数码 d_2，即变成 $Q_1=d_3$，$Q_0=d_2$，以此类推，经过 4 个 CP 脉冲 $Q_3=d_3$，$Q_2=d_2$，$Q_1=d_1$，$Q_0=d_0$。可见数码由低位触发器逐次移入高位触发器，是一个右移寄存器。

2. 左移寄存器

如图 15-26 所示是用 JK 触发器组成的左向（由高位向低位）移位寄存器。R_D 为正脉冲清零端；各触发器 CP 连在一起做移位脉冲控制端。如果 J 和 K 相反，从 JK 触发器的特性表可知，这样的触发器仅有置 0 和置 1 功能，即 JK 触发器转换成 D 触发器。因此最高位触发器转换成 D 触发器；D 端做串行数码输入端。其余各触发器也具有 D 触发器的功能。显然，经过 4 个 CP 后 4 位数据全部存入寄存器。

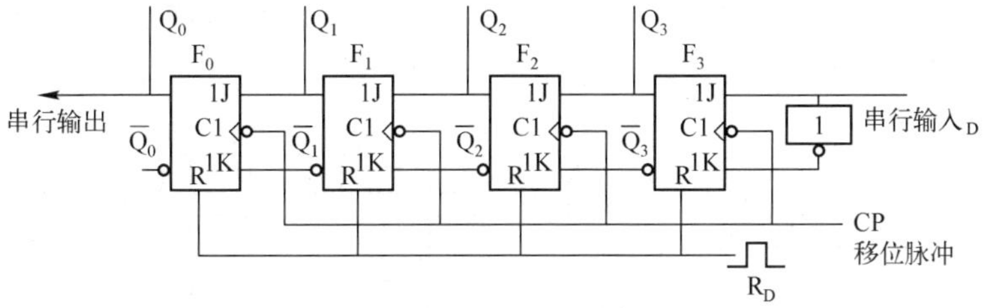

图 15-26　左移寄存器逻辑图

3. 双向移位寄存器

如前所述的单向移位寄存器原理可知，右移寄存器和左移寄存器的电路结构是基本相同的。如果适当加入一些控制电路和控制信号，就可将右移寄存器和左移寄存器结合在一起，构成双向移位寄存器。

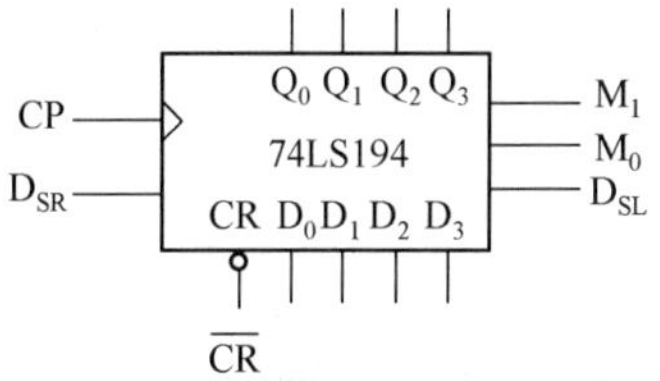

图 15-27　双向移位寄存器 CT74LS194

如图 15-27 所示为 4 位双向移位寄存器 CT74LS194 的逻辑功能示意图。图中 $\overline{CR}$ 为置零端，$D_3D_2D_1D_0$ 为并行数码输入端，D_{SL} 为右移串行数码输入端，D_{SR} 为左移串行数码输入端，$Q_3Q_2Q_1Q_0$ 为并行数码输出端，CP 为移位脉冲输入端。74LS194 的逻辑功能见表 15-12。

表 15-12　中规模集成双向移位寄存器 74LS194 功能表

输入							输出	功能
清 0	工作方式		左移	右移	计数脉冲	数据	$Q_3Q_2Q_1Q_0$	
$\overline{CR}$	M_1	M_0	D_{SL}	D_{SR}	CP	$D_3D_2D_1D_0$		
0	×	×	×	×	×	××××	0000	置"0"
1	×	×	×	×	0	××××	保持	保持
1	1	1	×	×	↑	$d_3d_2d_1d_0$	$d_3d_2d_1d_0$	并行置数
1	0	1	×	1	↑	××××	$1Q_0\ Q_1\ Q_2$	右移输入 1
1	0	1	×	0	↑	××××	$0\ Q_0\ Q_1\ Q_2$	右移输入 0
1	1	0	1	×	↑	××××	$Q_1\ Q_2\ Q_3\ 1$	左移输入 1
1	1	0	0	×	↑	××××	$Q_1\ Q_2\ Q_3\ 0$	左移输入 0
1	0	0	×	×	×	××××	保持	保持

4. 移位寄存器的应用

移位寄存器可组成环形计数器、扭环形计数器和顺序脉冲发生器。顺序脉冲发生器是指在每个循环周期内，在时间上按一定先后顺序排列的脉冲信号。产生顺序脉冲信号的电路称为顺序脉冲发生器。在数字系统中常用以控制某些设备按照事先规定的顺序进行运算或操作。

如图 15-28（a）所示为由 4 位双向移位寄存器 74LS194 构成的顺序脉冲发生器。当取 $M_1M_0=10$、$\overline{CR}=1$、$D_3D_2D_1D_0=1000$，并使电路处于 $Q_3Q_2Q_1Q_0=D_3D_2D_1D_0=1000$，同时将 Q_0 和左移串行数码输入端相连时，随着移位脉冲 CP 的输入，电路开始左移操作，由 $Q_3Q_2Q_1Q_0$ 端依次输出顺序脉冲，如图 15-28（b）所示。顺序脉冲的宽度为 CP 的一个周期，它实际上也是一个环形计数器。

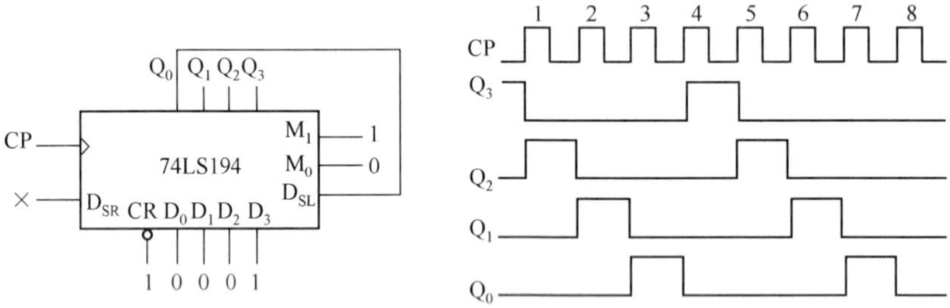

（a）电路图　　（b）波形图

图 15-28　顺序脉冲发生器

15.6 计数器

15.6.1 计数器的功能和类型

计数器在数字系统中应用极广，不仅可用于累计输入脉冲个数，而且能够完成多种特定的逻辑功能，如分频、定时、执行数字运算等。

计数器种类很多。按进位制不同，分为二进制计数器、十进制计数器和 N（任意）进制计数器；按功能不同，分为加法计数器、减法计数器、可逆计数器；若按计数器中各触发器翻转时间不同，可分成同步计数器、异步计数器。同步计数器是指组成计数器的所有触发器共用同一个时钟脉冲，使应该翻转的触发器在时钟脉冲作用下同时翻转，并且该时钟脉冲即输入的计数脉冲。而在异步计数器中，各触发器的时钟端有的受计数输入脉冲控制，有的受其他触发器输出控制，所以触发器的翻转是不同步的。

15.6.2　集成计数器及其应用

1. 二进制计数器

二进制计数器是构成其他进制计数器的基础。1 位二进制数需用 1 个触发器，n 位二进制数需用 n 个触发器，由 n 个触发器构成的二进制计数器称做 n 位二进制计数器。

74LS161 可预置数的 4 位二进制计数器是 4 位二进制加法计数器，其逻辑符号如图 15-29 所示。计数器在时钟脉冲的上升沿触发翻转。$\overline{CR}$是异步清零端，$\overline{LD}$是同步置数端，CT_T、CT_P是使能端，$D_3D_2D_1D_0$是预置数端，CO 是进位输出端。74LS161 的功能见表 15-13。

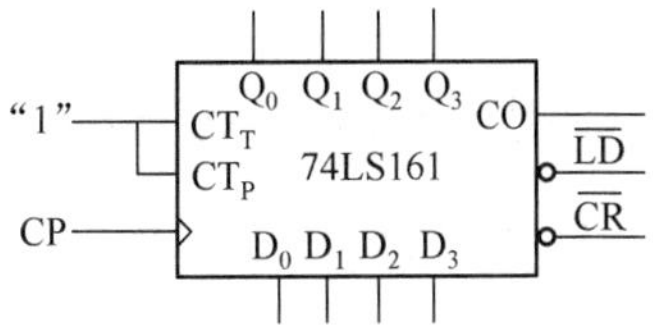

图 15-29　74LS161 的逻辑符号图

表 15-13　中规模集成计数器 74LS161 功能表

输入					输出	功能
清 0 $\overline{CR}$	使能 CT_T CT_P	置数 $\overline{LD}$	计数脉冲 CP	数据 $D_3D_2D_1D_0$	$Q_3Q_2Q_1Q_0$	
0	× ×	×	×	× × × ×	0 0 0 0	异步置“0”
1	× ×	0		$d_3d_2d_1d_0$	$d_3d_2d_1d_0$	同步置数
1	1 1	1	↑	× × × ×	8421 码递增	加法计数
1	0 × × 0	1		× × × ×	$Q_3^nQ_2^nQ_1^nQ_0^n$	保持
1	× ×	×	1	× × × ×	$Q_3^nQ_2^nQ_1^nQ_0^n$	保持

由 74LS161 功能表可知，74LS161 有如下 4 个功能：

（1）异步清“0”。当$\overline{CR}=0$ 时，$Q_3Q_2Q_1Q_0=0000$。注意：清“0”不受计数脉冲的影响。

（2）同步置数。当$\overline{CR}=1$，$\overline{LD}=0$ 时，在计数脉冲 CP 上升沿来到后计数器置数，使$Q_3Q_2Q_1Q_0=D_3D_2D_1D_0$。

（3）同步计数。当$\overline{CR}=1$，$\overline{LD}=1$，$CT_T=CT_P=1$ 前提下，在计数脉冲 CP 上升沿来到后计数器实现按 8421 码递增规律同步计数。

（4）当$\overline{CR}=1$，$\overline{LD}=1$，CT_T、CT_P不全为 1 时，计数器保持原状态不变。

2. 十进制计数器

74LS290 二－五－十进制计数器是由一个独立的二进制计数器和一个独立的异步五进制计数器组成。将两计数器串接，可构成十进制计数器（2×5＝10），所以称 74LS290 为异步二－五－十进制计数器。74LS290 引脚排列如图 15-30 所示，其中 R_{0A}、R_{0B}是异步清 0 端，S_{9A}、S_{9B}是异步置 9 端。实际上 74LS290 CP_A是二进制计数器时钟脉冲输入端，CP_B是五进制计数器时钟脉冲输入端。若将 Q_A与 CP_B连接，计数脉冲从 CP_A输入，构成 8421BCD 码十进制计数器，如图 15-30 所示。无论是二、五或十进制计数器，只有在异步清 0 端和异步置 9 端均无效时，电路才能计数。若 $R_{0A}=R_{0B}=1$，则异步清 0；若 $S_{9A}=S_{9B}=1$，则异步置 9。

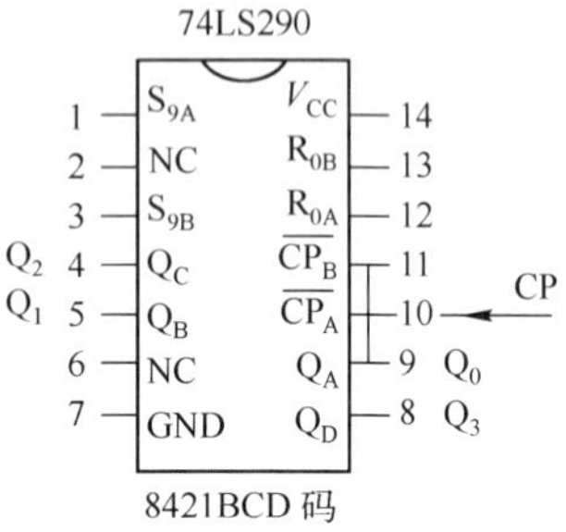

图 15-30　74LS290 连接方法

15.6.3　集成计数器及其应用

集成计数器可用反馈法构成任意进制计数器。

1. 反馈清 0 法

在计数过程中，利用某个中间状态反馈到清 0 端，迫使计数器返回到 0，再重新开始计数。如图 15-31 所示为用 74LS161 计数器组成的十二进制计数器，当计数到“1100”时，与非门输出为 0，迫使计数器清 0，计数器从 0000 计数到 1011，所以是十二进制计数器。

如图 15-32 所示为用 74LS290 计数器组成的八进制计数器，Q_0和 CP_1相连组成十进制计数器。又因为 Q_3和 R_{0A}相连，所以当计数到“1000”时，计数器清 0，计数器从 0000 计数到 0111，所以是八进制计数器。

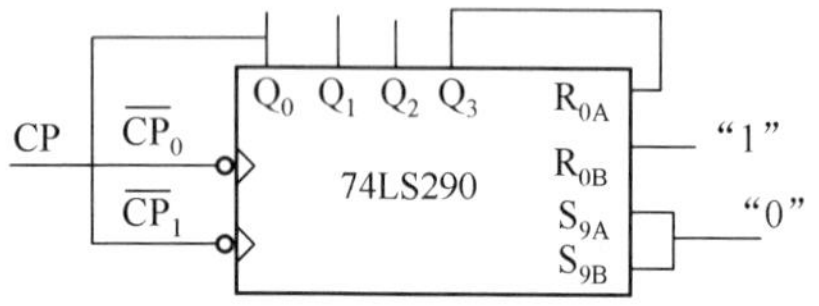

图 15-31　用反馈清 0 法构成十二进制计数器

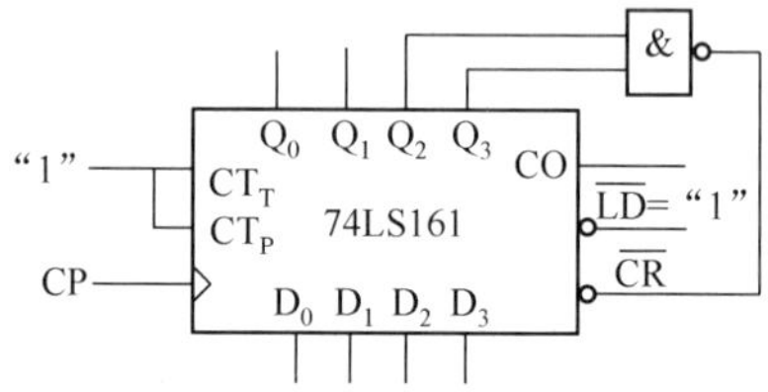

图 15-32　用反馈清 0 法构成八进制计数器

2. 反馈置数法

在计数过程中，利用反馈提供置数信号，使计数器将指定数置入，并由此状态继续计数，也可构成 *N* 进制计数器。如图 15-33 所示是用反馈同步置数法构成的八进制计数器。当计数到 1010 时，与非门输出为 0，在下一个 CP 脉冲到来后，置数为 0011，计数从 0011 到 1010，所以是八进制计数器。

3. 进位输出置最小数法

如图 15-34 所示计数器，当计数到 1111 时，进位输出端 CO＝1，经与非门输出为 0，即$\overline{LD}=0$，在下一个CP脉冲到来后，置数为0110，计数从0110到1111，所以是十进制计数器。

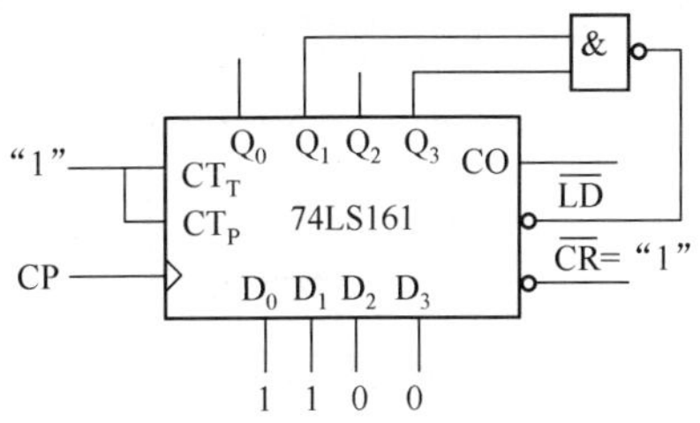

图15-33　用反馈置数法构成八进制计数器

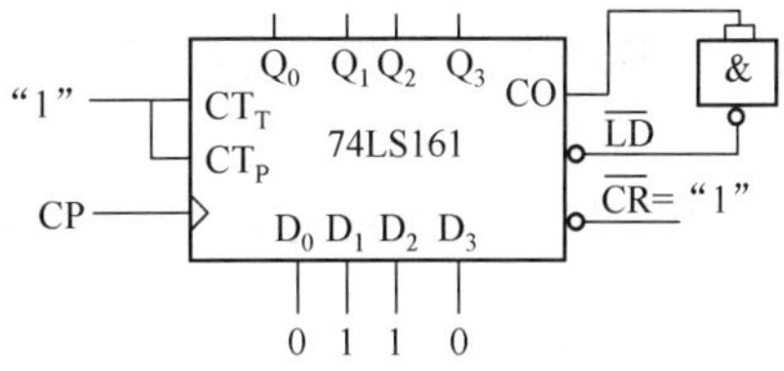

图15-34　用进位置数法构成十进制计数器

课堂练习15-7　试分析如图15-35所示的计数电路是几进制计数器。

课堂练习15-8　试分析如图15-36所示的计数电路是几进制计数器。

课堂练习15-9　试分析如图15-37所示的计数电路是几进制计数器。

4. 计数器应用举例

如图15-38所示是用74LS290集成计数器、74LS48七段显示译码器、七段LED组成的十进制计数显示器。在计数脉冲连续作用下可完成0～9计数。

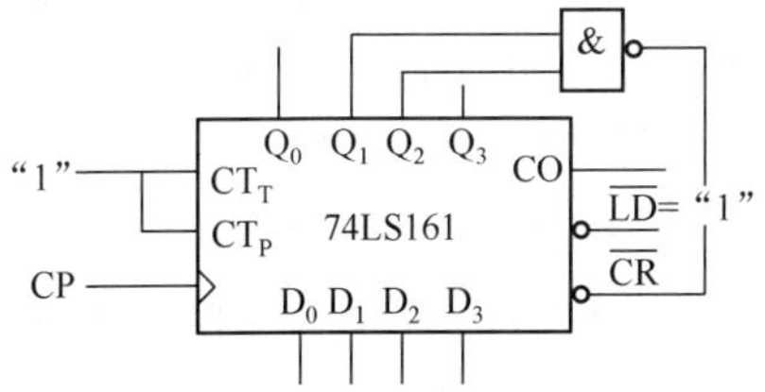

图15-35　课堂练习15-7附图

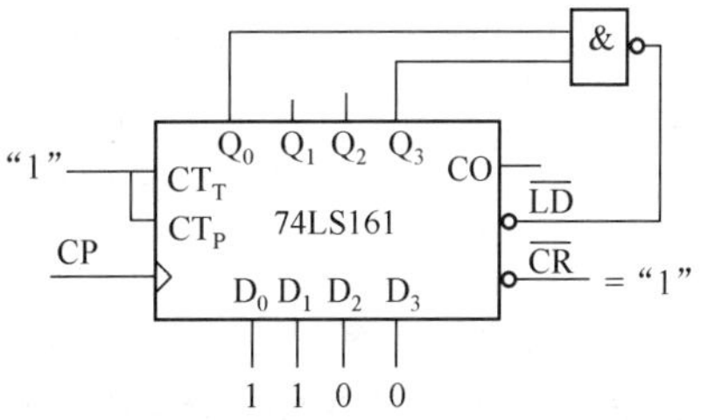

图15-36　课堂练习15-8附图

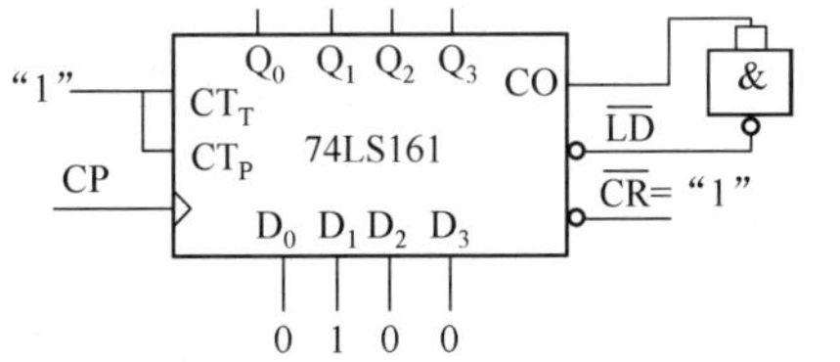

图15-37　课堂练习15-9附图

*15.7　计数、译码显示电路的使用实训

1. 实训目的

学习中规模集成十进制计数器、译码及显示器的使用方法。

2. 实训仪器和器材

（1）74LS290 二－五－十进制计数集成电路，1 块；
（2）74LS48 BCD－七段译码器/驱动器，1 块；
（3）LDD680R 共阴极发光数码管，1 块；
（4）万用表，1 只；
（5）电学实验台（或数字电路实验箱），1 台。

3. 实训线路

实训线路如图 15-38 所示。

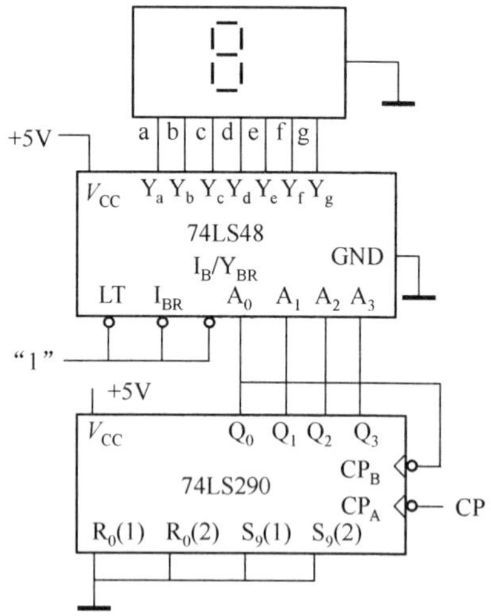

图 15-38 计数、译码显示电路

4. 实训原理

（1）计数器是对输入脉冲数实现计数操作的逻辑器件。中规模集成计数器 74LS290 将$\overline{CP}_1$与 Q_0 连接，计数脉冲由$\overline{CP}_0$输入，输出为 8421 码。用反馈复零法可将集成计数器组成 N 进制计数器。

（2）74LS48 是 BCD－七段译码器/驱动器，输入 8421BCD 码，输出驱动共阴极 LED 数码管，点燃对应的显示段，显示数码对应的字形。

74LS48 的输出端也可分别接 LED 显示输出 1 或 0，这样就可测试其逻辑功能。

（3）LDD680R 是共阴极发光数码管，可对各显示段分别加上串接 2kΩ 电阻的 +5V 高电平，观察对应的显示段是否发亮，判断其好坏。接上 74LS48 后，应显示数码对应的字形。

（4）计数脉冲输入到 N 进制计数器，其输出由译码器译出，并驱动发光二极管，显示出输入脉冲数。电路框图如图 15-39 所示。

5. 实训内容

（1）按图 15-39 组装 8421 码十进制加法计数、译码、显示电路。观察数码管是否显示了输入的脉冲数。将结果填入表 15-14 内。

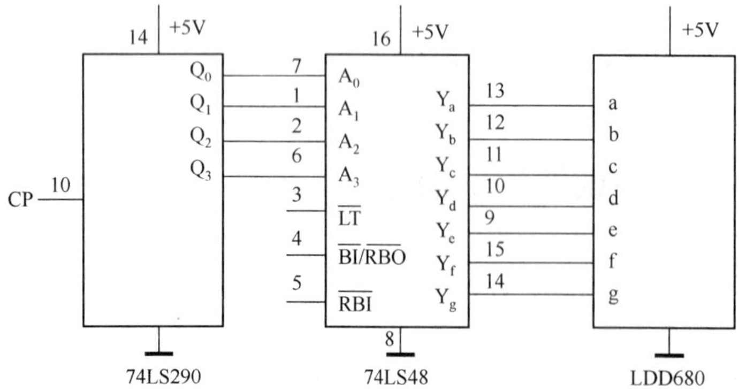

图 15-39 计数、译码、显示电路框图

表 15-14 测量值记录表

脉冲数	Q_3	Q_2	Q_1	Q_0
0	0	0	0	0
1				
2				
3				
4				
5				
6				
7				
8				
9				
10				

（2）组装六进制、八进制加法计数、译码、显示电路。观察数码管是否显示了输入的脉冲数。

6. 实训报告要求

（1）整理有关实验数据。

（2）简要说明若要显示 0 ~ 9 十个数字，74LS48 的 $\overline{LT}$、$\overline{RBI}$、$\overline{BI}/\overline{RBO}$ 应分别为什么电平。

（3）实验中若出现有的显示段不亮或显示的数码不对等现象，应该如何检查、排除故障？

本章小结

（1）组合逻辑电路的特点是输出信号仅与当时的输入信号有关，组合逻辑电路一般由门电路组合而成。常用的组合逻辑电路见表 15-15。

（2）组合逻辑电路的读图方法是根据逻辑电路图列出真值表，进而得出逻辑功能。

（3）触发器的主要特点是：有两个互补的稳定状态；在一定外加信号作用下，可从一个稳定状态翻转为另一稳定状态；无外加信号作用时，维持原状态不变，触发器有存储、记忆功能。各种类型的触发器其特性见表 15-16。

（4）计数器的基本功能是累计输入脉冲个数。按进位制的不同，计数器可分成二进制计数器、十进制计数器和 *N*（任意）进制计数器。集成计数器大多为二进制和十进制，可利用反馈法构成任意进制计数器。

表 15-15　常用的组合逻辑电路

电路名称	功　能	图形符号	常用型号
异或电路	相反为 1 相同为 0	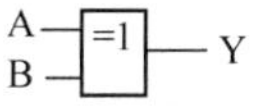 $Y=A\overline{B}+\overline{A}B$	74LS86（TTL） CC4070（CMOS）
同或电路	相同为 1 相反为 0	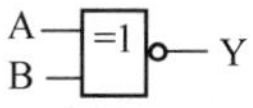 $Y=AB+\overline{A}\overline{B}$	
编码器	将信息变换成二进制代码	（略）	74LS147（TTL） 74LS148（TTL）
译码器	将二进制代码还原成特定意义的输出信息	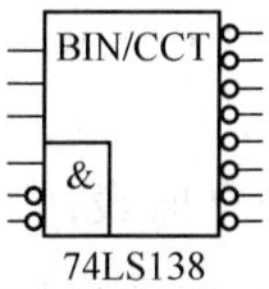 74LS138	74LS138（TTL） 74LS42（TTL） 74LS155（TTL） CC4028（CMOS） CC4515（CMOS）
显示译码器	将二进制代码翻译成显示器所需电平	（略）	74LS47（TTL） 74LS48（TTL） CC4511（CMOS）

表 15-16　各种触发器特性表

<table>
<tr><th>项目
类型</th><th>图 形 符 号</th><th>状态转换真值表</th></tr>
<tr><td>RS 触发器</td><td>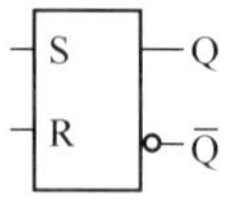</td><td><table><tr><td>R</td><td>S</td><td>Q^{n+1}</td></tr><tr><td>0</td><td>0</td><td>Q^n</td></tr><tr><td>0</td><td>1</td><td>1</td></tr><tr><td>1</td><td>0</td><td>0</td></tr><tr><td>1</td><td>1</td><td>不定</td></tr></table></td></tr>
<tr><td>JK 触发器（74LS112）</td><td>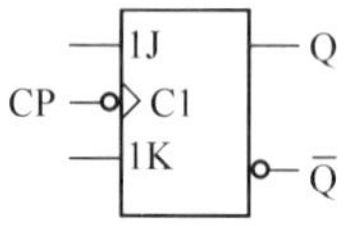</td><td><table><tr><td>J</td><td>K</td><td>Q^{n+1}</td></tr><tr><td>0</td><td>0</td><td>Q^n</td></tr><tr><td>0</td><td>1</td><td>0</td></tr><tr><td>1</td><td>0</td><td>1</td></tr><tr><td>1</td><td>1</td><td>翻转</td></tr></table></td></tr>
<tr><td>D 触发器（74LS74）</td><td>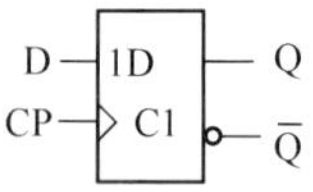</td><td><table><tr><td>D</td><td>Q^{n+1}</td></tr><tr><td>0</td><td>0</td></tr><tr><td>1</td><td>1</td></tr></table></td></tr>
<tr><td>T 触发器</td><td>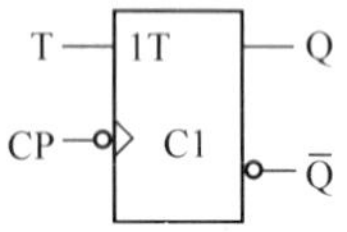</td><td><table><tr><td>T</td><td>Q^{n+1}</td></tr><tr><td>0</td><td>Q^n</td></tr><tr><td>1</td><td>翻转</td></tr></table></td></tr>
<tr><td>T′触发器</td><td>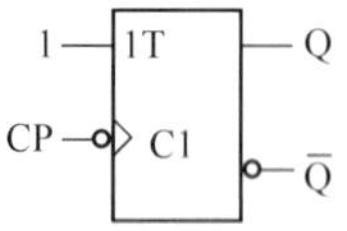</td><td><table><tr><td>T</td><td>Q^{n+1}</td></tr><tr><td>1</td><td>翻转</td></tr></table></td></tr>
</table>

（5）寄存器是利用触发器两个稳定状态寄存“0”、“1”数据，按功能可分为数据寄存器和移位寄存器两大类。

练习与思考

15.1　试利用与非门组成异或门和同或门电路。

15.2　某班级举行体操比赛，为使比赛结果公正，特设两名裁判员，并规定只有当两名裁判员都认为运动员动作规范才能得分。试列出运动员得分的真值表、写出逻辑表达式，并画出逻辑电路图。

15.3　试分析图 15-40 所示电路的逻辑功能，请问 LED 什么时候发亮？

15.4　有一组合逻辑电路，其输入信号 A、B、C 的波形和输出信号 F 的波形如图 15-41 所示，试列出该逻辑电路的真值表，写出其逻辑表达式，并说明它的逻辑功能。

15.5　基本 RS 触发器的逻辑符号如图 15-42（a）所示。（1）输入端 $\overline{R}$、$\overline{S}$ 的名称分别是什么？其功能是什么？

（2）输入信号是低电平有效还是高电平有效？

（3）已知输入信号如图 15-42（b）所示，画出 Q 和 $\overline{Q}$ 端的输出波形。

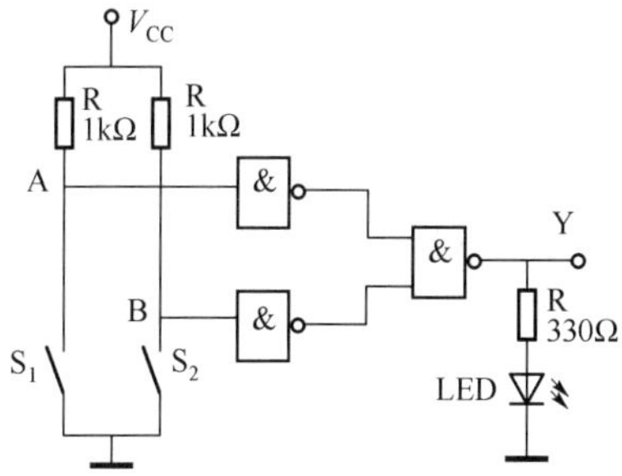

图 15-40　习题 15.3 附图

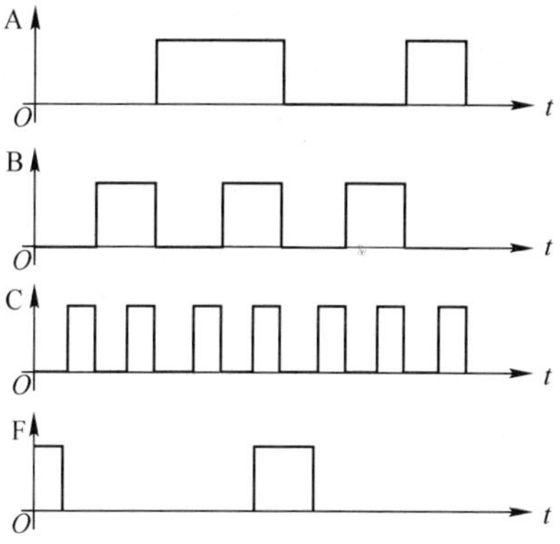

图 15-41　习题 15.4 附图

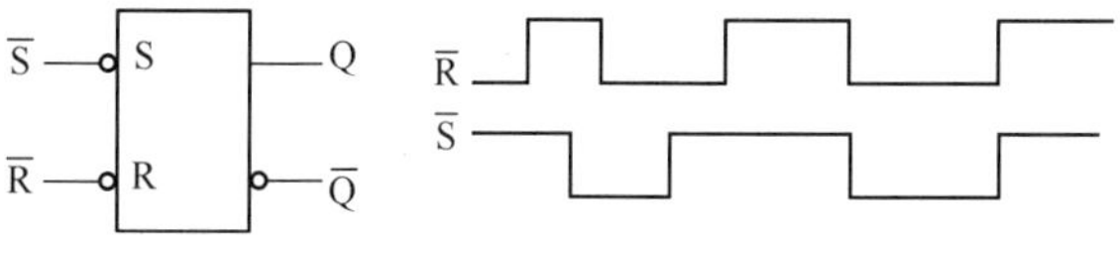

（a）　　　　（b）

图 15-42　习题 15.5 附图

15.6　74LS74 为双 D 触发器，其图形符号、管脚排列和输入波形如图 15-43。试问：这种触发器是上升沿触发还是下降沿触发？输入的 6 个 CP 脉冲如图 15-43 所示，试画出 Q 和 F 的输出波形（设触发器初态为 0）。

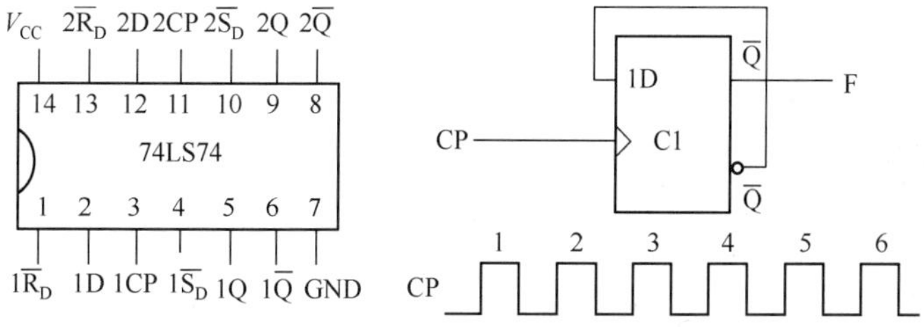

（a）　　　　（b）

图 15-43　习题 15.6 的图

15.7　JK 触发器为 74LS112，输入波形如图 15-44 所示，试画出触发器 Q 端的输出波形。

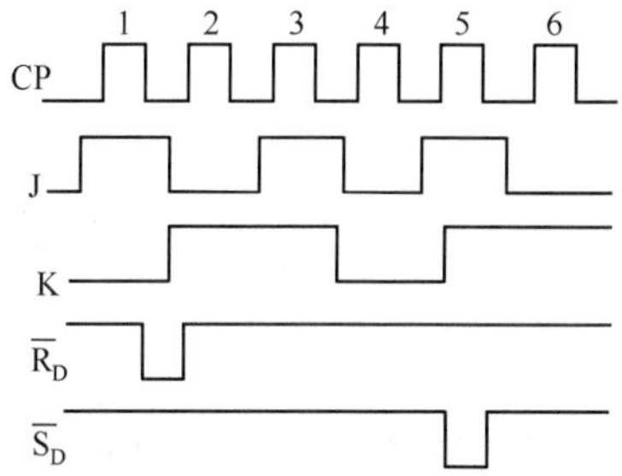

图 15-44　习题 15.7 的图

15.8　由 D 触发器组成的移位寄存器和输入波形如图 15-45 所示。设各触发器初态为 0，试画出 $Q_0 \sim Q_3$ 的输出波形。

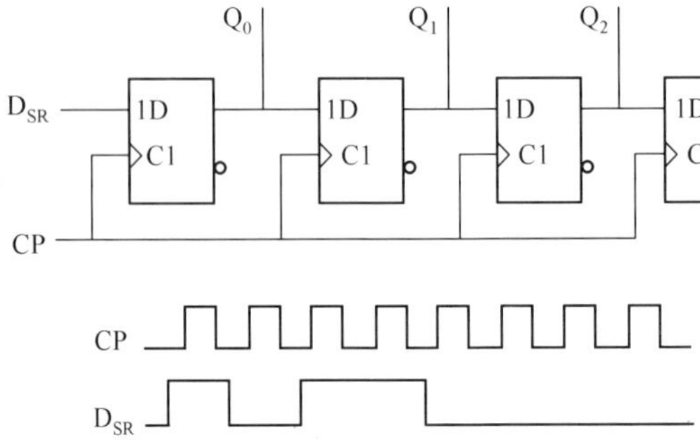

图 15-45　习题 15.8 的图

15.9　将图 15-46 中：（a）组成 0000 ~ 1001 的十进制计数器；（b）组成 0011 ~ 1011 九进制计数器。

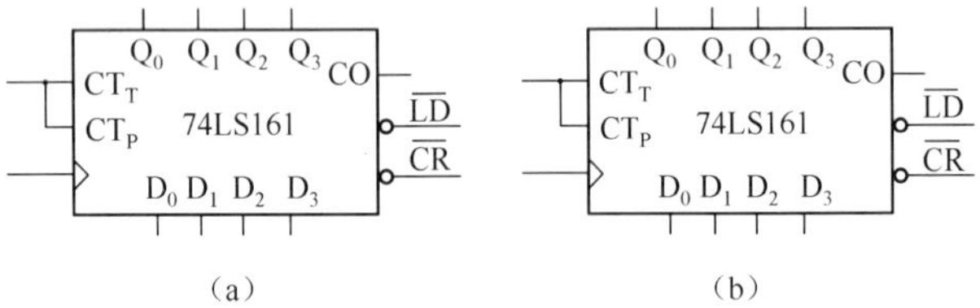

图 15-46　习题 15.9 附图

技能与实践

15.1　某压力报警系统的逻辑电路如图 15-47 所示。已知压力传感器的输出是两种逻辑状态：压力安全时，F 端为 0 状态；反之，压力不安全时，F 端为 1 状态。按钮开关 SB 是供维修人员使用。试通过阅读逻辑电路，回答下列问题：

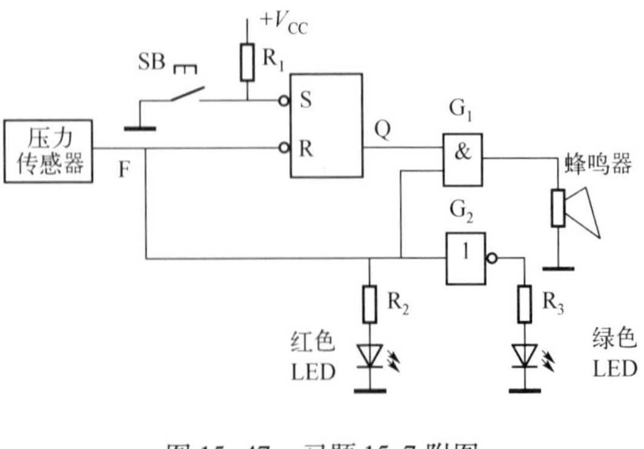

图 15-47　习题 15.7 附图

（1）设在压力安全时，F 为 0 状态：①RS 触发器的 Q 端是________状态；②门 G_1 的输出是________状态，蜂鸣器________；③门 G_2 的输出是________状态，________色 LED 发光。

（2）在压力不安全时，F 为 1 状态，若 SB 处于常开：①RS 触发器的 Q 端输出是________状态；②门 G_1 的输出是________状态，蜂鸣器________；③门 G_2 的输出是________状态，________色 LED 发光。

（3）压力不安全时，有维修人员在场，按下过 SB：①RS 触发器的 Q 端是________状态；②门 G_1 的输出是________状态，蜂鸣器________；③门 G_2 的输出是________状态，________色 LED 发光。

15.2　在图 15-48 所示电路中，若地址输入端 $A_2A_1A_0$ 连续地输入 000～111 代码，问发光二极管将如何指示？若发现仅与 1、3、5、7 相连的发光二极管发亮，其余的发光二极管均不亮，试问这是什么原因造成的？设 74LS138 和发光二极管均是好的。

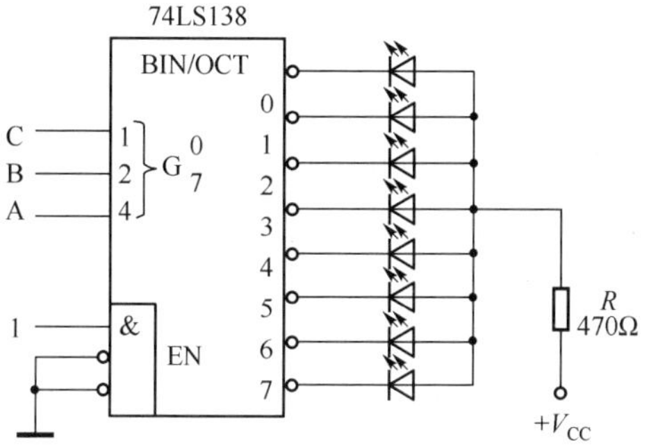

图 15-48　习题 15.2 附图

15.3　某同学做显示译码电路实验时，单独对 74LS48 和 LDD680 检查时都能正常工作，但按图 15-38 连接后，却发现显示器只显示 1、3、5、7、9。经检查连线走向正确，请问故障出在哪里？

技能训练测试

技能训练测试项目　用 74LS00 构成异或门电路。

仪器和器材　自拟。

技能训练测试电路　自拟。

项目十六　数字电路的应用

16.1　数字电路的典型应用

16.1.1　555 集成定时器的应用

1. 555 定时器

（1）555 定时器的结构特点。555 定时器是将模拟和数字电路集成于一体的中规模集成电路。它的应用十分广泛，通常只要外接几个阻容元件，就可以组成多谐振荡器、单稳态触发器和施密特触发器等电路，且它的电源范围宽，带负载能力强。

555 定时器的产品有双极型和 CMOS 两大类。所有双极型产品型号的最后三个数码都是 555，电源电压在 4.5～18V 之间，所有 CMOS 产品型号的最后四个数码都是 7555，电源电压在 3～18V 之间。下面以 CC7555 集成定时器为例进行讨论，其他产品的逻辑功能和外部引线排列与它完全相同。

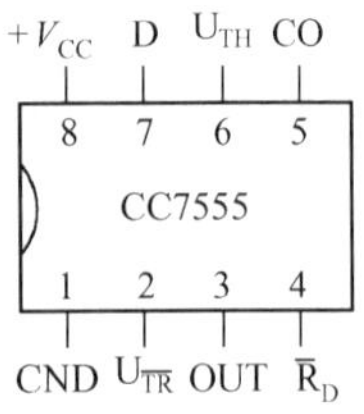

图 16-1　CC7555 定时器引脚排列

CC7555 定时器内部是由两个比较器、一个基本 RS 触发器、放电管 VT、缓冲反相器等几部分组成。三个 5kΩ 电阻接在比较器输入端形成分压器，所以命名为 555 定时器。三个电阻组成的分压器为两个比较器提供$\frac{2}{3}V_{cc}$、$\frac{1}{3}V_{cc}$两个参考电压；比较器输出控制基本 RS 触发器的状态，触发器的输出经缓冲反相器作为 555 定时器的输出。同时，触发器的输出又控制 VT 的导通与截止。

（2）555 定时器的功能。如图 16-1 所示是 CC7555 定时器引脚排列。图中 7 端 D 是放电端，它内接放电管 VT；5 端 CO 是电压控制端，使用时该端通过一个约 0.01μF 的小电容接地，可防止干扰信号的串入；3 端 OUT 是输出端；$\overline{R}_D$ 端是复位端；2 端 $U_{\overline{TR}}$是低触发端，其输入电压将与$\frac{1}{3}V_{CC}$参考电压比较；6 端 U_{TH}是高触发端，其输入电压将与$\frac{2}{3}V_{CC}$参考电压比较。CC7555 定时器的功能表见表 16-1。

2. 用 555 定时器组成脉冲波形产生与变换电路

（1）用 555 定时器构成 RS 触发器。555 定时器用做 RS 触发器时，2 端 $U_{\overline{TR}}$可看做$\overline{S}$端，6 端 U_{TH}可看做 R 端，其真值表见表 16-2。

表 16-1　CCT555 定时器的功能表

输入			输出	
U_{TH}（R）	$U_{\overline{TR}}$（$\overline{S}$）	$\overline{R}_D$	U_O	放电管 VT
×	×	0	0	导通
$>\frac{2}{3}V_{CC}$	$>\frac{1}{3}V_{CC}$	1	0	导通
$<\frac{2}{3}V_{CC}$	$<\frac{1}{3}V_{CC}$	1	1	截止
$<\frac{2}{3}V_{CC}$	$>\frac{1}{3}V_{CC}$	1	不变	不变

表 16-2　用 555 定时器构成 RS 触发器的真值表

U_{TH}（R）	$U_{\overline{TR}}$（$\overline{S}$）	$\overline{R}$　$\overline{S}$	U_O
$>\frac{2}{3}V_{CC}$	$<\frac{1}{3}V_{CC}$	0　0	不允许
$>\frac{2}{3}V_{CC}$	$>\frac{1}{3}V_{CC}$	0　1	0
$<\frac{2}{3}V_{CC}$	$<\frac{1}{3}V_{CC}$	1　0	1
$<\frac{2}{3}V_{CC}$	$>\frac{1}{3}V_{CC}$	1　1	保持原状态

（2）用 555 定时器组成多谐振荡器。多谐振荡器可用于产生矩形波，故又称矩形波发生器。这种电路的特点是没有稳定状态，只有两个暂稳态。

将 555 接成多谐振荡器的电路如图 16-2 所示。该电路工作原理简述如下：电源接通时电容 C 上电压 $U_C=0$，使 $U_{TH}=U_{\overline{TR}}=0$，导致 $U_O=$ “1”，放电管 VT 截止，V_{CC}经 R_A、R_B 对电容 C 充电。充电回路为 $V_{CC}\rightarrow R_A\rightarrow R_B\rightarrow C\rightarrow$地，电路处于第一暂稳态。当电容上的电压 U_C 上升到$\frac{2}{3}V_{CC}$时，输出端翻转为 $U_O=$ “0”，电路进入第二暂稳态。此时，放电管 VT 导通，电容 C 开始放电，放电回路为 $C\rightarrow R_B\rightarrow$放电管 VT→地。当电容 C 上电压 U_C 下降到$\frac{1}{3}V_{CC}$时，第二暂稳态结束，又进入第一暂稳态，如此周而复始，波形如图 16-3 所示。

电路振荡频率为　$$f_o=\frac{1}{0.7(R_A+2R_B)C}=\frac{1.43}{(R_A+2R_B)C}$$

用示波器观察如图 16-2 所示的由 555 定时器组成的多谐振荡器的输出电压波形。通过实训可观察到多谐振荡器的输出电压波形如如图 16-3 所示。

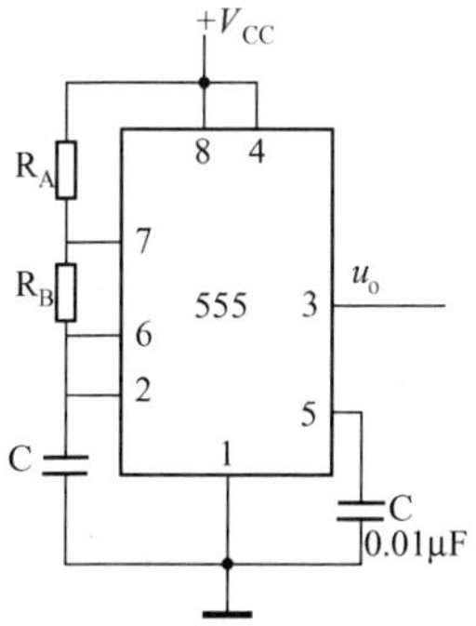

图 16-2　多谐振荡器

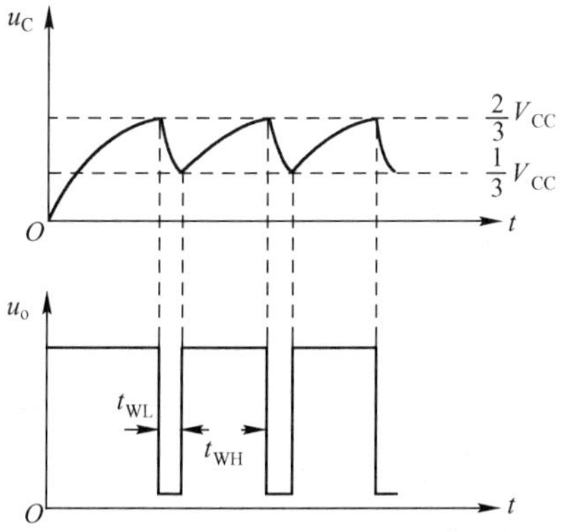

图 16-3　555 组成多谐振荡器工作波形

（3）用 555 定时器构成单稳态触发器。单稳态触发器只有一个稳定状态。只有当加入触发信号之后，电路才翻转成另一个状态，但这个状态只是暂时稳定的，所以称为暂稳态，经过一段时间后，它会自动返回到原来的稳定状态。暂稳态的持续时间完全由电路本身参数决定，与外加触发信号无关。单稳态触发器用于定时、整形、延时等。

如图 16-4（a）所示是由 555 定时器组成的单稳态触发器。其工作原理如下：电源接通时，V_{CC}经 R 对 C 充电，当电容上电压上升到 $U_C=\frac{2}{3}V_{CC}$时，输出端 $U_O=0$，放电管 VT 导通而使 U_C 下降。这时，只要 $U_{\overline{TR}}>\frac{1}{3}U_C$（我们认为没加输入信号），$U_C$ 下降至 0，输出端将一直维持低电平状态不变，这是电路的稳态。

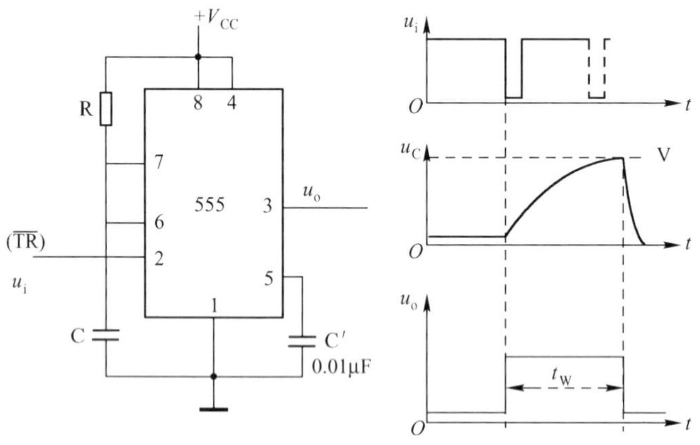

（a）单稳态触发器　　（b）波形图

图 16-4　用 555 定时器构成单稳态触发器

当输入端 $U_{\overline{TR}}$加负触发脉冲且 $U_{\overline{TR}}<\frac{1}{3}V_{CC}$时，输出端翻转成 $U_O=1$，放电管截止，V_{CC}又经 R 对 C 充电，电路进入暂稳态。在电容上电压未上升到 $U_C=\frac{2}{3}V_{CC}$之前，输入端负脉冲已撤走，由于 $U_C<\frac{2}{3}V_{CC}$、$U_{\overline{TR}}>\frac{1}{3}V_{CC}$，输出端一直保持高电平状态，直到电容上电压上升到 $U_C=\frac{2}{3}V_{CC}$时，输出端又翻转为 $U_O=0$，暂稳态结束，放电管导通，U_C 下降，电路恢复到（$U_C=0$、$U_O=0$）稳态。工作波形如图 16-4（b）所示，输出脉冲宽度取决于放电时间常数 $\tau=RC$，负脉冲宽度 $t_w\approx 1.1RC$。

用示波器观察如图 16-4（a）所示的由 555 定时器组成的单稳态触发器的输入、输出电压波形。通过实训观察到单稳态触发器的输入、输出电压波形如图 16-4（b）所示。

（4）用 555 定时器构成施密特触发器。施密特触发器有两个稳定状态，它是以电平触发方式工作的，不仅是两个稳定状态之间的转换需要外加触发脉冲，而且稳态的维持也依赖外加触发脉冲。它可以把不规则的脉冲波形变换成数字电路所需的矩形脉冲。

如图 16-5 所示是由 555 定时器构成的施密特触发器及其工作波形，根据表 16-1 很容易分析其工作原理：

（1）当 u_i 由低电位逐渐上升到 $u_i=\frac{2}{3}V_{CC}$时，输出跳变为低电平 $u_o=$ “0”；

（2）当 u_i 由高电位逐渐下降到 $u_i\leqslant\frac{1}{3}V_{CC}$时，输出跳变为高电平 $u_o=$ “1”；

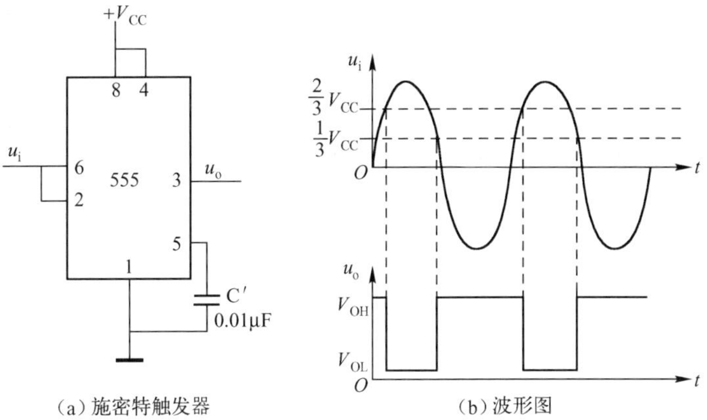

（a）施密特触发器　　　　（b）波形图

图 16-5　555 定时器组成的施密特触发器

（3）无论 u_i 上升或下降，当其电位处于中间状态，即$\frac{1}{3}V_{CC} < u_i < \frac{2}{3}V_{CC}$时，输出保持前一稳态值不变。

课堂练习 16-1　电路如图 16-2 所示，$R_A = 20\text{k}\Omega$、$R_B = 80\text{k}\Omega$，求输出脉冲宽度与周期。

课堂练习 16-2　电路如图 16-4（a）所示，$R = 100\text{k}\Omega$、$C = 47\mu\text{F}$，求输出脉冲宽度 t_W。

课堂练习 16-3　用555 定时器构成能完成图 16-6 所示波形的变化。要求画出接线图，并标明有关参数。

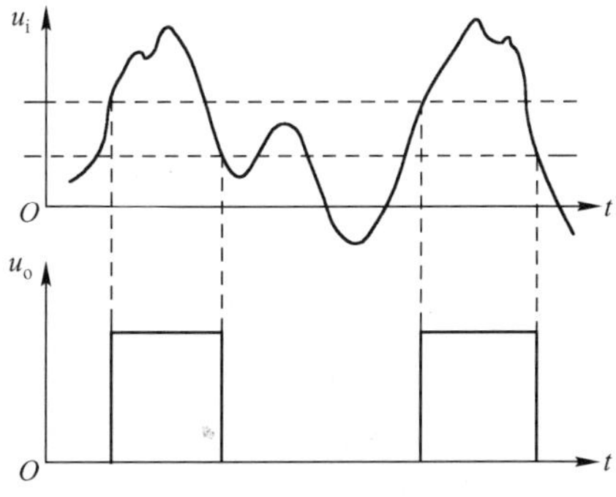

图 16-6　课堂练习 16-3 附图

3. 555 定时器应用实例

（1）模拟声响发生器。如图 16-7 所示是用集成器件 5G556（包含两组 555 定时器）和外围元件组成的模拟声响发生器。调节 R_1、R_2 和 C_1 使第一个振荡器的振荡频率为 1Hz，调节 R_3、R_4 和 C_2 使第二个振荡器的振荡频率为 1kHz。将第一个低频振荡器的输出端接到第二个振荡器的复位端 $\overline{\text{R}}_D$（4 引脚），则当第一个振荡器输出高电平时，第二个振荡器可以振荡，输出 1kHz 的音频信号；当第一个振荡器输出低电平时，第二个振荡器被复位而停振。使扬声器发出“呜呜”的间歇声响。

（2）照明灯自动点熄器。如图 16-8 所示是路灯自动点熄电路，可自动控制照明灯的通断。图中 2CU2B 是光敏电阻 R，利用其光敏特性，实现控制。白天光照较强，R 的阻值较小，A 点电位大于$\frac{2}{3}V_{CC}$，555 定时器输出低电平，继电器断电，开关 J 对 B 点断开，灯不亮；黑夜来临时，R 的阻值逐渐变大，A 点电位下降，当 $U_A \leqslant \frac{1}{3}V_{CC}$时，555 定时器输出高电平，继电器线圈通电，开关 J 对 B 点吸合，灯被点亮。当$\frac{1}{3}V_{CC} \leqslant U_A \leqslant \frac{2}{3}V_{CC}$时，555 定时器输出端保持原状，电路能防止因突发事件引起灯的闪烁而设置的，如黑夜时突然有亮光照射，白天时天气时阴时晴。

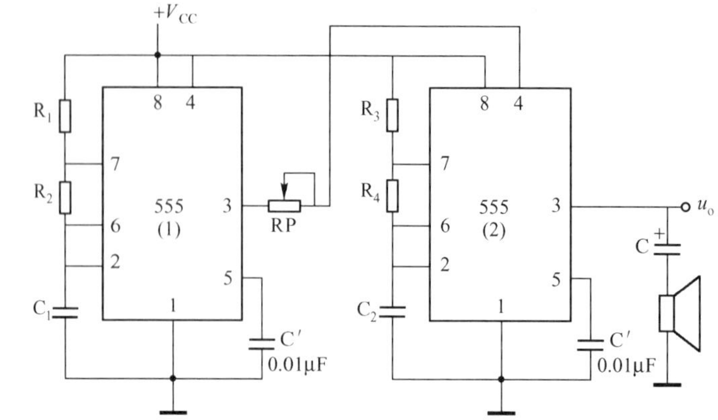

图 16-7　模拟声响发生器

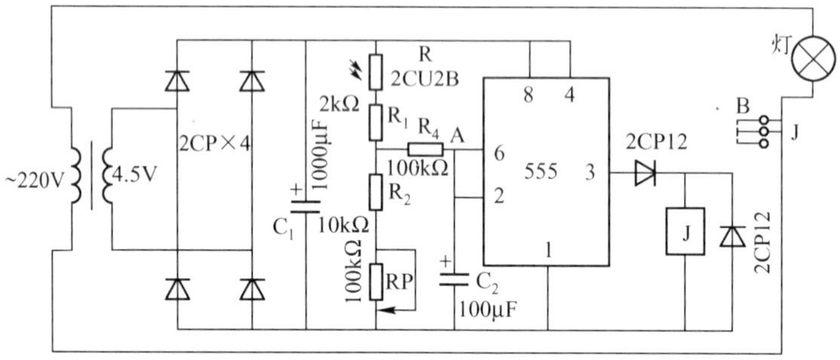

图 16-8　555 定时器组成的照明灯自动点熄器

16.1.2　模数和数模转换的特点

在电子技术、自动控制、自动检测、遥控、通信等系统中广泛使用数字电路来处理模拟信号。电子计算机已广泛用于生产过程的自动控制，而生产过程中的参数（温度、压力、流量等）大多是模拟量。要使数字电路能处理模拟信号，必须有能将模拟信号转换成数字信号的转换器，即 A/D 转换器。有时还得把经处理后的数字信号转换成模拟信号，这就需要将数字信号转换成模拟信号的转换器，即 D/A 转换器。

1. D/A 转换

（1）D/A 转换器的特点。把输入的数字量转换成与之成比例的模拟量的过程称为 D/A 转换。D/A 转换器有权电阻网络、T 型电阻网络、倒 T 型电阻网络等几种类型。D/A 转换器由译码网络（如倒 T 形电阻网络）、模拟开关、求和放大器及基准电源组成。集成 D/A 转换器有两类：一类是内部仅有电阻网络和电子模拟开关两部分，如 5G7520，常用于一般的电子电路；另一类是内部除有电阻网络和电子模拟开关外，还带有数据锁存器，并具有片选控制和数据输入控制端，便于和微处理器进行接口的 D/A 转换器，如 CDA7524 是 CMOS8 位并行 D/A 转换器，多用于微机控制系统。

如图 16-9 所示为利用 5G7520 搭接的 10 位倒 T 形电阻网络集成 D/A 转换器。倒 T 形电阻网络、模拟开关和求和放大器的反馈电阻被集成，求和放大器是外接的，图中 $D_0 \sim D_9$ 是输入的10位数字量，转换后的输出电压为

$$U_o = -\frac{V_{REF}}{2^n}(D_{n-1}2^{n-1} + D_{n-2}2^{n-2} + \cdots + D_1 2^1 + D_0 2^0)$$

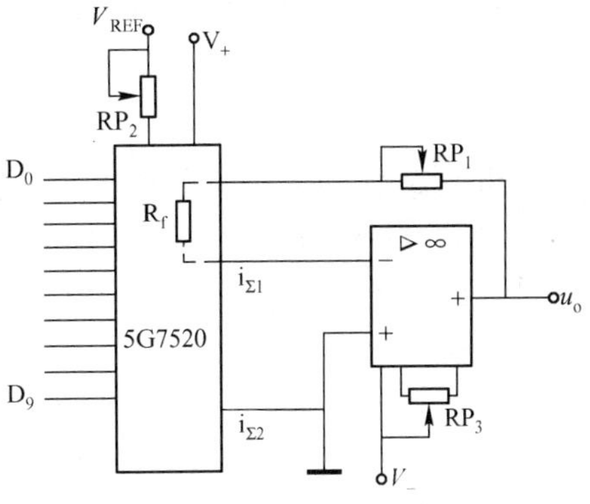

图 16-9　5G7520 D/A 转换电路

（2）D/A 转换器的主要技术指标。

1）分辨率。分辨率是指最小输出电压和最大输出电压之比。它取决于 D/A 转换器的位数。例如 8 位 D/A 转换器，最小输出电压与数字 00000001 对应，而最大输出电压与 11111111 对应。所以，分辨率为$\frac{1}{2^8-1}=\frac{1}{255}=0.0039$。

2）精度。精度是指输出模拟电压的实际值和理论值之差，即最大静态误差。它主要是参考电压偏离标准值、运算放大器零点漂移、模拟开关的压降、电阻值误差等引起的。

3）转换时间。转换时间是指 D/A 转换器完成一次转换所需的最大时间。

2. A/D 转换

（1）A/D 转换的特点。将模拟信号转换成数字信号需要经过采样、保持、量化和编码4个步骤。

1）采样与保持。采样是将时间上连续变化的模拟量转换成时间上断续变化的模拟量。如果要将采样所得的离散信号恢复成输入的原始信号，要求采样频率$f_s \geq 2f_{imax}$（f_{imax}为输入信号频谱中的最高频率）。实际使用时常取$f_s=(2.5 \sim 3)f_{imax}$。

采样时间极短，采样输出是一串断续的窄脉冲，量化装置来不及将它数字化。因此，在两次采样间，应将采样的模拟信号暂时存储起来，并把该模拟信号保持到下一采样脉冲到来之前，这就需要保持电路。

如图 16-10 所示是采样保持电路，用一频率为f_s的周期脉冲控制场效应管U_E的栅极电位，U_E导通期间输入信号存储在电容上；U_E截止期间，电容上电压$u_o(t)$保持截止前的数值，直止下次导通时，$u_o(t)$再变化，实际输出$u_o(t)$是采样后展开的阶梯信号，如图 16-11 所示。

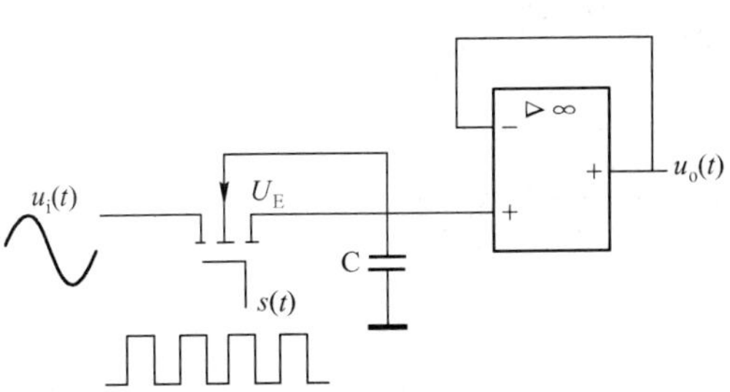

图 16-10　采样保持电路

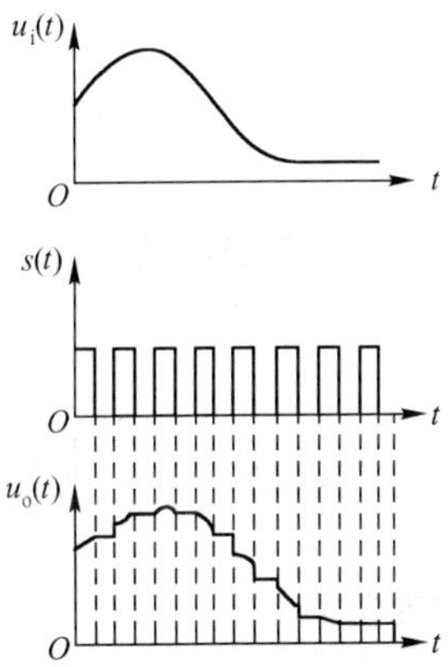

图 16-11　采样值展开后的阶梯信号

2）量化与编码。将上述阶梯波用一个规定的最小量单位 Δ 去度量，最终模拟量可用这个最小量单位 Δ 的整数倍来表示。这个最小量单位 Δ 叫量化单位。量化的结果用代码进行表示，称为编码。

由于模拟量不一定被 Δ 整除，所以量化过程中不可避免会产生误差，这种误差叫量化误差。

（2）A/D 转换器的类型。A/D 转换器分直接型和间接型两大类。并行比较型 A/D 转换器、计数型 A/D 转换器、逐次逼近型 A/D 转换器属于直接型 A/D 转换器；单积分 A/D 转换器、双积分 A/D 转换器等属于间接型 A/D 转换器。

（3）A/D 转换器的主要技术指标。

1）分辨率。A/D 转换器的分辨率是指输出数字量最低位变化一个单位所对应的输入模拟量的变化量，即

$$分辨率=\frac{模拟输入满度值}{2^n-1}$$

例如，对于 8 位 A/D 转换器，输入电压范围为 0～10V，其分辨率为$\frac{10}{2^n-1}=39.2\text{mV}$。

2）相对误差。相对误差是指 A/D 转换器实际输出数字量和理想输出数字量之间的差别，通常以最低位有效位的倍数表示。例如，给出相对误差≤LSB/2，这表明实际输出数字量和理论计算出的数字量之间的误差不大于最低位 1 的一半。

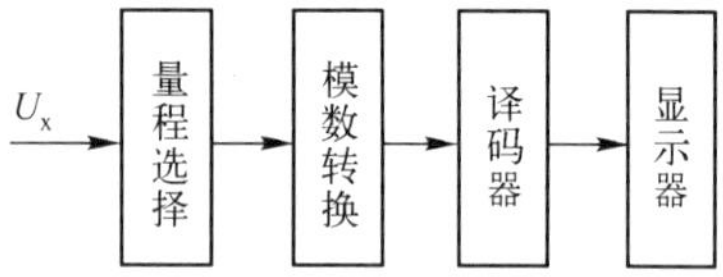

图 16-12　数字式直流电压表的原理框图

3）转换时间。转换时间是指完成一次 A/D 转换所需时间。并行比较型 A/D 转换器的转换速度最高，约为几十纳秒；逐次逼近型 A/D 转换器转换速度次之，约为几十微秒；双积分 A/D 转换器转换速度最慢，约为几十毫秒。

（4）应用举例。如图 16-12 所示是数字式直流电压表的原理框图。测量时，被测量的输入电压 U_x 经过量程选择电路加到 ADC 上，将 U_x 转换成数字量，再经过译码显示电路显示出测量的结果。

课堂练习 16-4　请计算 10 位 D/A 转换器的分辨率。若 $U_R=5\text{V}$，试计算最大输出模拟电压和最小输出模拟电压，以及 D＝1000010011 时的输出电压。

课堂练习 16-5　若输入电压范围为 0～10V，请计算 10 位 A/D 转换器的分辨率。

课堂练习 16-6　将数字信号转换成模拟信号，应采用________转换。将模拟信号转换成数字信号，应采用________转换。A/D 转换过程包括________、________、________、________ 4 个步骤。从理论上说取样频率至少是模拟信号频率的________倍。

16.2　用 555 集成定时器组成应用电路实训

16.2.1　用 555 集成定时器组成多谐振荡器

1. 实训目的

（1）学会用 555 集成定时器组装多谐振荡器。

（2）掌握555集成定时器组成多谐振荡器的工作原理。

2. 实训仪器和器材

实训仪器和器材见表16－3。

表16-3　多谐振荡电路元器件明细表

代号	名称	型号及规格	单位	数量
	555定时器	CC7555	只	1
R_A	电阻器	RTX—0.25—1kΩ ±5%	只	1
R_B	电阻器	RTX—0.25—10kΩ ±5%	只	1
C_1	涤纶电容器	CLX—250—0.01 ±10%	只	1
C	电解电容器	CD11—16—10μF	只	1
	电源线			若干
	安装线			若干
PCB	印制电路板		块	1
	万用表		只	1
	组装焊接工具		只	1

3. 实训电路

实训电路如图16-13所示。

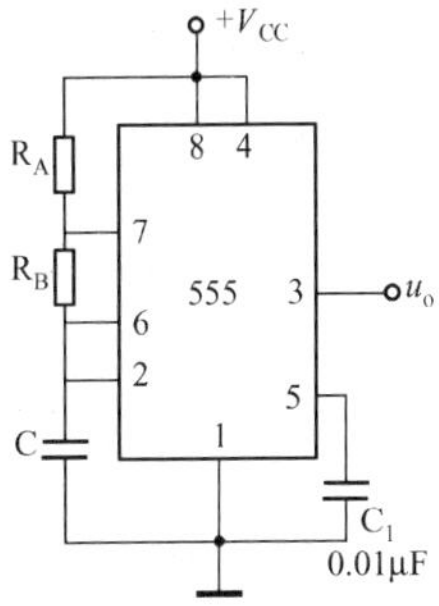

图16-13　多谐振荡器

4. 实训内容

（1）在电路板上按图16-13所示电路图搭接多谐振荡器电路。

（2）用示波器观测输出电压波形，并把波形测绘下来，记录周期T = ________ ms。

（3）用交流毫伏表测量输出电压，U_o = ________ V。

16.2.2　用555集成定时器组成模拟声响发生器

1. 实训目的

（1）学会用555集成定时器组装模拟声响发生器。

（2）掌握555集成定时器组成模拟声响发生器的工作原理。

2. 实训仪器和器材

实训仪器和器材见表16-4。

表16-4　模拟声响发生器元器件明细表

代号	名称	型号及规格	单位	数量
	555定时器	CC7555	只	2
R_1	电阻器	RTX—0.25—500kΩ ±5%	只	1
R_2	电阻器	RTX—0.25—500kΩ ±5%	只	1

续表

代号	名称	型号及规格	单位	数量
R_3	电阻器	RTX—0. 25—0. 5kΩ ±5%	只	1
R_4	电阻器	RTX—0. 25—0. 5kΩ ±5%	只	1
RP	电位器	WS—2—0. 5—00 kΩ ±5%	只	1
C	电解电容器	CD11—16—4. 7μF	只	1
C_1	涤纶电容器	CD11—16—1μF	只	1
C_2	电解电容器	CD11 -16-1μF	只	1
	电源线			若干
	安装线			若干
	电路板		块	1
	万用表		只	1
	组装工具		只	1

3. 实训电路

实训电路图如图 16-14 所示。

4. 实训内容

（1）在电路板上按图 16-14 所示搭接模拟声响发生器电路。

（2）用示波器观测输出电压波形，并把波形测绘下来，记录周期 T = ________ ms。

（3）用交流毫伏表测量输出电压，U_o = ________ V。

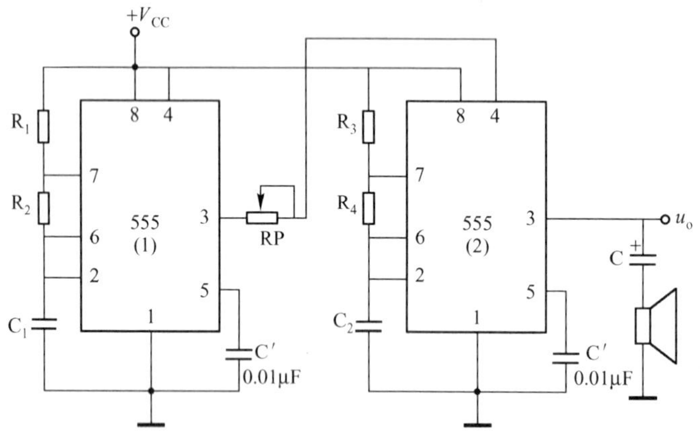

图 16-14　模拟声响发生器

本章小结

1. 555 定时器的应用见表 16-5。

表 16-5　555 定时器的应用

项目	RS 触发器	多谐振荡器	单稳态触发器	施密特触发器
电路图	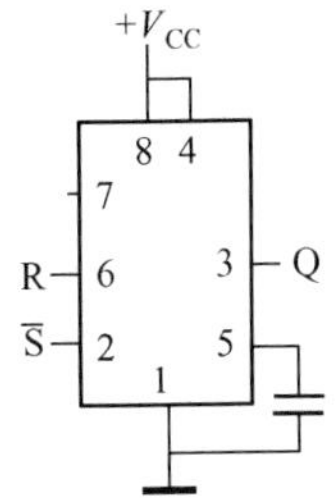	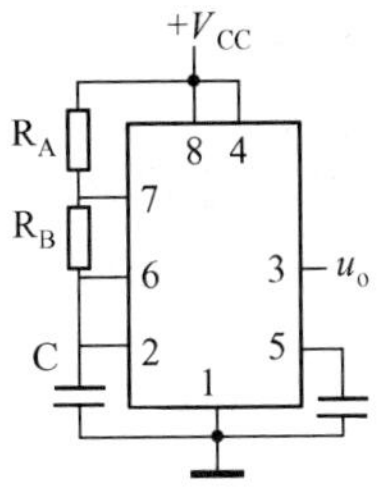	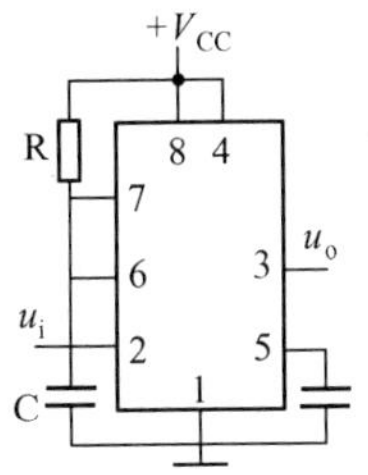	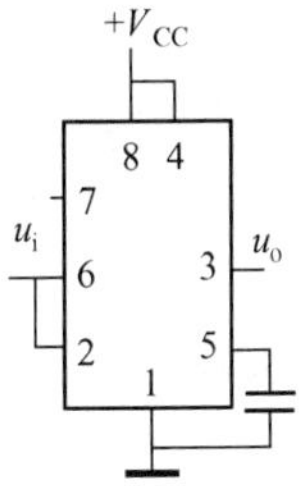
特点	有两个互补的稳定状态	有两个暂稳态，没有稳定状态	只有一个稳定状态，外加信号为暂稳态	有两个受触电电平控制的稳定

2. 数/模和模/数转换器的特点见表 16-6。

表 16-6　数/模转换器和模/数转换器

	数/模转换器	模/数转换器
功能	将数字量转换成相应的模拟量	将模拟量转换成相应的数字量
原理	根据相应的数字位将 V_{REF} 接（或不接）电阻译码网络，产生与该位的权值成正比的电流或电压相加后即为模拟电压输出	转换过程包括：取样、保持、量化、编码。为正确反映原信号，必须满足 $F_s \geq 2f_{max}$
类型	权电阻网络 DAC、T 型电阻网络 DAC、倒 T 型电流 DAC、权电容 DAC	并行比较 ADC、逐次逼近型 ADC、双积分型 ADC
型号	AD7541、DAC0832、AD561	ADC0820、ADC0832、ADC0809

练习与思考

16.1　图 16-15 所示为一个简单触摸开关电路，当手摸金属片 A 时，发光二极管发光。试分析其工作原理，估算发光二极管发光时间。

16.2　图 16-16 所示为用 555 定时器组成的冰箱温控电路，R_{t1}、R_{t2} 是负温度系数热敏电阻，K 为冰箱压缩机控制继电器线圈，K 得电，压缩机工作；反之，则停机。试说明此电路工作原理。

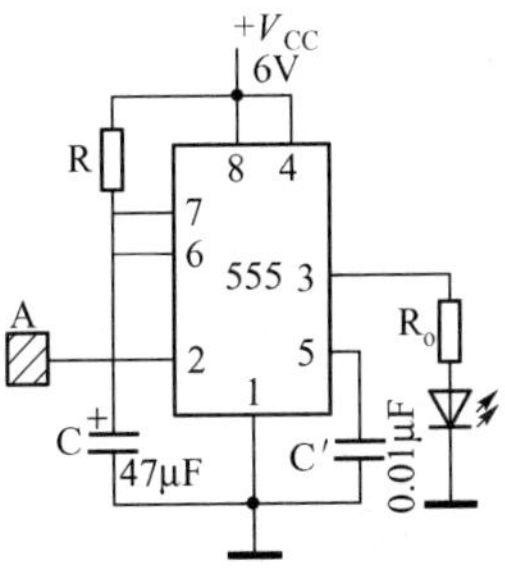

图16-15　习题 16.1 附图

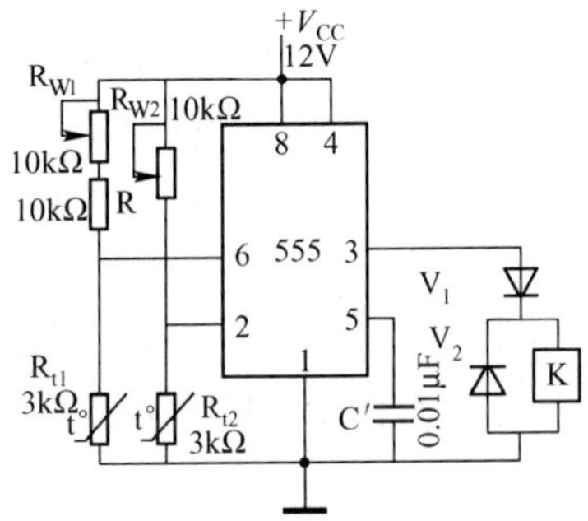

图 16-16　习题 16.2 附图

16.3　试求 8 位 DAC 的分辨率？若该 DAC 输出最大电压是 10V，其能分辨的最小电压是多少？D = 1010010111 时相应的输出电压 U_O = ？

16.4　5G7520D/A 转换器的 U_R = 10V，试问：由于 U_R 不稳定引起的误差小于 LSB/2 时 U_R 的变化量是多少？

16.5　设音乐信号的最高频率为 20kHz，如果要将音乐信号转换成数字量，请说明取样频率至少应选多大？已知：ADC0809 的转换时间为 100μs，请问 ADC0809 是否能满足信号转换要求？

技能与实践

16.1　图 16-17 是 555 定时器组成的防盗报警电路，请分析电路工作原理，并求振荡频率。

16.2　为实现图 16-18 中（a）、（b）、（c）、（d）所示从输入 u_i 到输出 u_o 的波形变换，各应选哪一种类形的电路？请将答案填在相应标号的括号内。

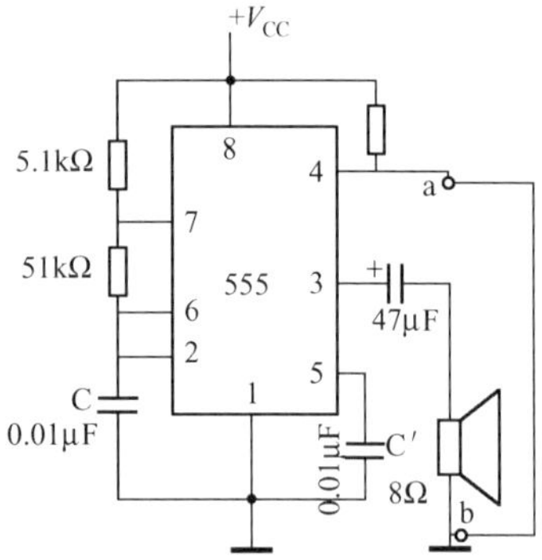

图 16-17　习题 16.1 附图

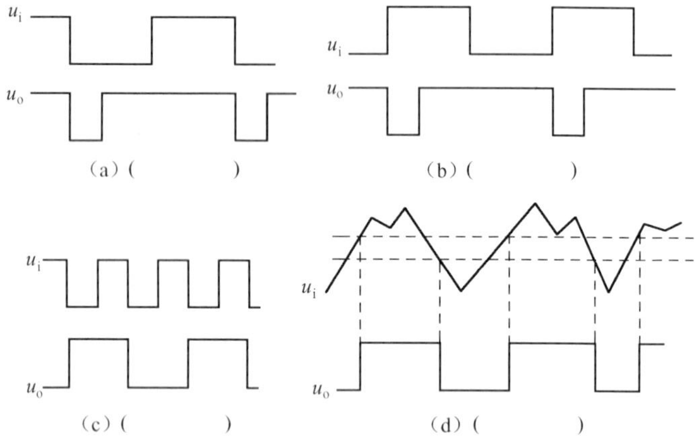

图 16-18　习题 16.2 附图

技能训练测试

技能训练测试项目　简单触摸开关电路

技能训练测试方法　触摸开关电路的功能是当手摸金属片 A 时，发光二极管发光。按图 16-19 所示为一个简单触摸开关电路搭接、调试电路。

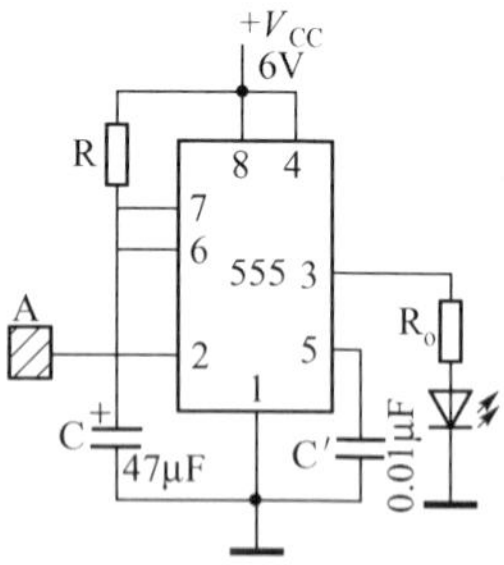

图 16-19

仪器和器材　电工电子实训台（箱）、元器件自拟。

技能训练测试电路　如图 16-19 所示。

参考文献

[1] 徐国和．电工学与工业电子学(第5版)．北京:高等教育出版社,1993.

[2] 李树燕．电路基础(第2版)．北京:高等教育出版社,1997.

[3] 劳动部培训司组织．维修电工生产实习(第2版)．北京:中国劳动出版社,2000.

[4] 戴一平．电工技术(机制类)．北京:机械工业出版社, 2001.

[5] 中国石油化工集团公司职业技能鉴定指导中心．维修电工．北京:中国石化出版社,2006.

[6] 李传珊．电工基础学习辅导与练习．北京:电子工业出版社,2006.